Anleitung

zur statischen Berechnung

von

Eisenkonstruktionen

im Hochbau.

Von

H. Schloesser,

Ingenieur.

Mit 160 in den Text gedruckten Abbildungen, einer Beilage und einem Bauplan.

Dritte, verbesserte Auflage,

bearbeitet und herausgegeben von

W. Will,

Ingenieur.

Springer-Verlag Berlin Heidelberg GmbH 1903

ISBN 978-3-662-39403-8   ISBN 978-3-662-40464-5 (eBook)
DOI 10.1007/978-3-662-40464-5
Softcover reprint of the hardcover 3rd edition 1903

Aus dem
Vorwort zur ersten Auflage.

Bei der vielfachen Verwendung des Eisens im Hochbau ist sehr oft die Frage nach der zweckmässigsten Eisenkonstruktion und nach den hierfür erforderlichen und zu wählenden Profilen zu beantworten. Nicht immer besitzt der Techniker oder Architekt, dem eine solche Aufgabe gestellt wird, eine Vorbildung, die deren rein wissenschaftliche Lösung voraussetzt. Andererseits fehlt denen, die die nötigen Vorkenntnisse wohl haben (oder haben sollten), oft die Zeit, sich von neuem mit umfangreichen wissenschaftlichen Hilfsmitteln zu befassen; von vielen aber ist im Laufe der Jahre das früher Erlernte fast ganz vergessen worden, zumal wenn es an Gelegenheit zu seiner praktischen Anwendung fehlte.

Bei dieser Sachlage ist eine „Anleitung", die auch den Nichtstatiker möglichst schnell in den Stand setzen soll, die häufiger vorkommenden Konstruktionsfälle ohne fremde Hilfe zu erledigen und selbständig die von der Bau-Polizei geforderte statische Berechnung der Träger, Balken, Stützen u. s. w. anzufertigen, sicherlich ein Bedürfnis. Denn ein eigentliches Lehrbuch schreckt den mitten in der praktischen Tätigkeit Stehenden durch die vielen zu erlernenden Einzelheiten ab und fordert eine grössere Vertiefung in das Wesen der Sache, als sie die verfügbare Zeit und Arbeitskraft des Praktikers zulässt. Die Neueren haben gezeigt, dass sich eine Sprache am ehesten und leichtesten durch das Sprechen und nicht durch die voraufgegangene Übung der Grammatik erlernen lässt. Ebenso ist die Auffassung berechtigt, dass das Anfertigen von statischen Berechnungen am schnellsten durch wirkliches Rechnen gelernt wird.

Die Befürchtung, dass hierdurch der Wissenschaft geschadet und einem rohen Erfahrungswissen Vorschub geleistet werde, hat wenig für sich. Denn wie der Gebildete nach praktischer Erlernung einer Sprache das Verständnis für deren Gesetze mittels der Grammatik und durch das Lesen guter Schriftsteller zu erlangen sucht, so wird auch jemand, der nicht zu vorübergehendem Gebrauche sondern aus Liebe zur Sache das vorliegende Buch benutzt hat, darin genug Aufforderung gefunden haben, sich frei zu machen von der nackten Formel und beengenden Vorschrift, um nicht ratlos anders gearteten Fällen gegenüber zu stehen. Und das kann nur erreicht werden durch näheres Eingehen auf die Gesetze der Mechanik und Festigkeitslehre, also durch das Studium der Statik. Was aber die Wissenschaft durch die gleichsam spielende Benutzung ihrer Ergebnisse an Vornehmheit und Ansehen verlieren sollte, dürfte ihr zu gute kommen in der Zahl der für sie Neugewonnenen, die doch ohne eine solche Einführung ihr fern geblieben wären.

Berlin, April 1885.

H. Schloesser.

Vorwort zur dritten Auflage.

Ingenieur H. Schloesser, der verdienstvolle Verfasser der ersten und zweiten
Auflage dieses Werkes, ist im Jahre 1899 verstorben. Die Verlagsbuchhandlung
sah sich deshalb veranlasst, durch Vermittlung meines verehrten früheren Chefs,
des Königlichen Baurats R. Cramer (Berlin), mir die weitere Herausgabe des viel-
begehrten Buches zu übertragen, ein Anerbieten, das ich im Hinblick auf meine
langjährige Tätigkeit und Erfahrung auf statischem Gebiete und als Redakteur der
16. und 17. Auflage des Ingenieur-Taschenbuches der „Hütte" gern annahm,
zumal ich in meiner Stellung als Lehrer für Statik und Eisenkonstruktionen an
der Berliner (staatlichen und städtischen) Baugewerkschule den für H. Schloesser
grundlegenden und leitenden Gedanken, durch das der Wirklichkeit entlehnte
Beispiel zu lehren, vorher schon bei den Bauschülern der obersten Klassen mit
grossem Erfolg angewandt hatte.

Die vorliegende dritte Auflage ist dem Programm der beiden ersten Auflagen
vollkommen treu geblieben, wenn auch ihr Inhalt so zahlreiche Erweiterungen und
Umarbeitungen erfahren hat, dass das Buch fast ein neues geworden ist. Überall
ist eine knappe, aber genau kennzeichnende Ausdrucksweise und möglichste Klarheit
angestrebt. Die Zahl der Beispiele wurde vermehrt. Die Maßeinheiten sind an
keiner Stelle weggelassen worden, da der sorgsame und sichere Rechner sie stets
im Auge behalten muss.

Die einschlägigen Bestimmungen der Berliner Bau-Polizei sind allerorts
angezogen und hervorgehoben, so dass abweichende baupolizeiliche Verordnungen
anderer Städte leicht berücksichtigt werden können. So wurde beispielsweise die
in Berlin zulässige Biegungsbeanspruchung der flusseisernen Walzträger mit
875 $^{kg}/_{qcm}$ (vrgl. S. 1) einheitlich durchgeführt. Dieser Wert ist als $^7/_8 \cdot 1000$ für
das Rechnen bequem und liegt genau in der Mitte zwischen den Beanspruchungen
750 $^{kg}/_{qcm}$ und 1000 $^{kg}/_{qcm}$, von denen die erste in Berlin für die (kaum noch
benutzten) Träger aus Schweisseisen und die letzte für bei Staatsbauten verwendete
schmiedeiserne Walzträger gilt, deren Eisen vor der Abnahme geprüft wird und
die als Bauteile keinen Erschütterungen oder starken Belastungswechseln ausgesetzt sind. In einzelnen Städten ist statt 875 $^{kg}/_{qcm}$ 850, 870, 880 oder
900 $^{kg}/_{qcm}$ vorgeschrieben.

Die Zahlenwerte der Normalprofile für $\mathbf{I}$, $\mathbf{C}$, L, $\perp$, $\daleth$-Eisen, Belag-
und Quadranteisen sind in den Tafeln auf S. 220 bis 227 und im Text genau den
Angaben der fünften, also der neuesten Auflage des Deutschen Normal-Profilbuches
für Walzeisen zu Bau- und Schiffbauzwecken (s. S. 2 u. 3) entsprechend abgeändert
worden. Die Bemerkungen über Auflagerlängen (S. 7), Auflagerplatten (S. 10 u.
11), Winkeleisen-Anschlusslaschen und Niete (S. 21) sind neu aufgenommen; das

allgemeine Verfahren zur Berechnung von frei auf zwei Auflagern liegenden Trägern (S. 24) ist vereinfacht worden.

Als Hilfsmittel bei der Ausrechnung der Ansätze soll die als besondere Beilage am Schlusse des Werkes angebrachte Zahlentafel dienen, falls nicht der Rechenschieber benutzt wird. Die bis dahin vorhandene Tafel vierstelliger Logarithmen (nebst Erläuterung) wurde, als für den vorstehenden Zweck weniger geeignet, diesmal weggelassen. Zur Bequemlichkeit des Benutzers ist die am häufigsten angewandte Tafel der Normalprofile der I-Eisen am Schluss der Beilage wiederholt worden.

Das für den Anfänger besonders anziehende Kapitel „Balkon- und Erkerkonstruktionen" (S. 46 u. f.) wurde einer gründlichen Umarbeitung und Klarstellung unterworfen.

Die „Durchbiegung der Träger" (S. 66 u. f.) ist neu bearbeitet; àn Stelle der zur Berechnung dienenden bisherigen Tafel (2. Aufl., S. 55) sind einfache und übersichtliche Formeln getreten. Der kurze Absatz über „Eingespannte Träger" (S. 81 u. f.), die für den Hochbau keinen praktischen Wert haben, ist belassen worden, um den Nichteingeweihten auf die für die Sicherheit der Einspannung notwendigen grossen Auflagerlängen aufmerksam machen zu können. Der Abschnitt „Kontinuierliche Träger" (S. 87 u. f.) wurde umgearbeitet und durch eine Tafel zur Berechnung gleichmässig belasteter Träger auf mehreren, gleichweit voneinander entfernten Stützpunkten (S. 98) und durch ein Annäherungs-Rechnungsverfahren (S. 99) erweitert. Doch ist der Hinweis nicht unterblieben, dass kontinuierliche Träger im Hochbau nur mit Vorsicht anzuwenden sind.

Der Absatz „Bogenförmig gekrümmte Träger" der 2. Auflage ist, als weit über den Rahmen des Buches hinausgehend, gestrichen und durch den hier brauchbareren Abschnitt „Berechnung der Holzbalken" (S. 101 u. f.) ersetzt worden, um in freundlichen Zuschriften an H. Schloesser geäusserte Wünsche zu erfüllen. Als Unterabsatz konnte dabei die aus Biegung und Druck (bezw. Zug) „Zusammengesetzte Festigkeit" (S. 106 u. f.) neu aufgenommen werden.

Das wichtige Kapitel „Berechnung der Stützen" (S. 109 u. f.) hat eine umfangreiche Vervollständigung erfahren. Die Herleitung der drei gebräuchlichen „Knickformeln" (für Schmiedeisen, Gusseisen und Holz) ist angegeben und die „Exzentrische Belastung" der Stützen übersichtlich und für den Anfänger verständlich erläutert worden. Neu sind hier auch die Bemerkungen über die Konstruktion durchlaufender Säulenstränge (s. Fussnote S. 118). Die auf S. 125 bis 128 und auf S. 132 bis 134 (Beispiel 73) gemachten bedeutungsvollen Ausführungen sind hinzugekommen. Auf die auf S. 186 neu gegebene Berechnung der Stärke einer gusseisernen Säulenfussplatte möge hier verwiesen werden.

Die Tafel der neuerdings eingeführten nicht normalen, breitflanschigen Differdinger I-Grey-Profile wurde aufgenommen (S. 234); an passenden Stellen im Text ist auf die praktische Verwendbarkeit dieser Profile hingewiesen. Ebenso ist die Tafel der Normalprofile für Bauhölzer, aufgestellt im Jahre 1898 vom Innungs-Verband Deutscher Baugewerksmeister (S. 233), und die Tafel über Mauern aus vollen Ziegelsteinen (nach der von der Berliner Bau-Polizei gegebenen Anleitung) neu hinzugefügt worden (S. 227). Die Tafeln der Gewichtsangaben und der zulässigen Beanspruchungen (S. 236) wurden vervollständigt. Die Tafeln der Wellbleche, Säulenprofile und Säulenfussplatten (S. 228 bis 232) haben nur geringe Änderungen erfahren. Die Tafel der Gewichte von Metallplatten, die auf S. 235 Aufnahme gefunden hat, wird sich bei der Gewichtsberechnung von Eisenkonstruktionen als ein brauchbares Hilfsmittel erweisen. — Tragfähigkeitstafeln für Träger und Stützen sind, weil völlig nutzlos, in diesem Buche weggelassen worden, da ja doch die Bau-Polizei den Nachweis der Tragfähigkeit für Träger und Stützen stets fordert, also die bis zu Ende durchgeführte, genaue Rechnung in keinem Falle erspart werden kann.

Wie in den ersten Auflagen wurde auch hier die vollständige statische Berechnung der Konstruktionsteile eines ganzen Bauentwurfs durchgeführt (S. 135 u. f.). Sie soll dem Lernenden Gelegenheit bieten, die einfacheren Rechnungsfälle durch öftere Wiederholung einzuüben, und ihm andererseits die Überwindung einiger konstruktiven Schwierigkeiten vorführen. Belastungs- und Profil-Skizzen sowie die ganze Darstellungsweise sind bei dieser statischen Berechnung in der von der Berliner Bau-Polizei gewünschten Art gebracht worden. Am Schlusse (S. 218) wurden allgemeine Gesichtspunkte über Ausdehnung und Anordnung der statischen Berechnungen für Hochbauten neu gegeben.

Der Herausgeber wird jede einsichtsvolle Beurteilung, jede gütige Mitteilung von Unrichtigkeiten und Abänderungsvorschlägen dankbar anerkennen und für die nächste Auflage gern benutzen.

Berlin W 35, Steglitzerstrasse 39,
    April 1903.

Wilhelm Will.

Inhaltsverzeichnis.

Zweiter Abschnitt.
Berechnung der Holzbalken.

Dritter Abschnitt.
Berechnung der Stützen.

Vierter Abschnitt.
Statische Berechnung für ein Wohn- und Vereinshaus.

(Hierzu die angehängte Zeichnung.)

Fünfter Abschnitt.
Tafeln.

Erster Abschnitt.
Berechnung der gewalzten, eisernen Träger.

Die Träger-Berechnung geht am natürlichsten von dem Fall des frei ausladenden Trägers (des **Freiträgers**) aus.

a) Frei ausladende Träger mit einfacher Belastung.

Der Träger wird durch die an einem längeren oder kürzeren Hebelarm angreifende Belastung auf Biegung in Anspruch genommen. Der Querschnitt der grössten Beanspruchung (Bruchquerschnitt, gefährdeter oder gefährlicher Querschnitt) ist hierbei der, für den der Hebelarm der Belastung am längsten ist, d. i. die Stelle, wo der Träger aus dem Mauerwerk u. s. w. heraustritt, das ihn hält und einspannt.

Um den Träger statisch zu berechnen, d. h. um sein Profil zu bestimmen, stelle man die Grösse seiner Belastung P in Kilogramm (kg) fest und multipliziere die Belastung mit ihrem Hebelarm l in Zentimeter (cm), d. h. mit ihrem Abstand von dem Einspannungspunkt. Dieses Produkt ist das Angriffsmoment M (M_{max}) der Belastung in cmkg. Wird dieses durch die zulässige Beanspruchung (zulässige Spannung) k des Trägermaterials in kg auf 1 qcm (Quadratzentimeter) Querschnitt, also für flusseiserne Träger durch $k = 875\ {}^{kg}/_{qcm}$[1]) dividiert, so erhält man das erforder-

---

[1]) **Bekanntmachung.** Auf Grund des § 6 der Baupolizeiordnung für den Stadtkreis Berlin vom 15. August 1897 wird hierdurch bekannt gemacht, dass (in Abänderung der Bekanntmachung vom 21. Februar 1887 und unter Aufhebung der Bekanntmachung vom 18. Juli 1898) fortan für **Flusseisen** auf Zug oder Druck — also auch auf Biegung — eine Beanspruchung von $k = 875\ {}^{kg}/_{qcm}$ allgemein zugelassen wird.

Bei den Gliedern genau berechneter, zusammengesetzter Konstruktionssysteme — z. B. bei Dachbindern, Brücken u. s. w. — darf diese Zahl auf $1000\ {}^{kg}/_{qcm}$ erhöht werden.

Berlin, den 3. März 1899.
Der Polizei-Präsident.
(gez.) von Windheim.

Für **Schweisseisen** bleibt also die Vorschrift vom 21. Februar 1887 ($k = 750\ {}^{kg}/_{qcm}$) bestehen, jedoch werden die deutschen Normal-Profile für Walzeisen und sonstige Profileisen fast ausschliesslich aus Flusseisen — und nur auf besondere Bestellung aus Schweisseisen — hergestellt. [Flusseisen und Schweisseisen haben den gemeinsamen Namen **Schmiedeisen**.]

liche Widerstandsmoment W in cm³. Aus den Träger-Tafeln[1]) im fünften Abschnitt dieses Buches ist alsdann das Profil zu wählen, das dasselbe oder das nächst höhere Widerstandsmoment W_x aufweist.

Für die Berechnung aller auf Biegung beanspruchten Träger gilt die

$$\textit{allgemeine Formel: } W = \frac{M}{k}$$

und für den einfachsten Fall des Freiträgers im besonderen die

$$\textit{Formel: } W = \frac{P \cdot l}{k}.$$

Beispiel 1. In dem nebenstehend skizzierten Fall (Freiträger von 1,40 ^{m} Freilänge, am freien Ende durch die Einzellast $P = 1000$ ^{kg} beansprucht) ist erforderlich

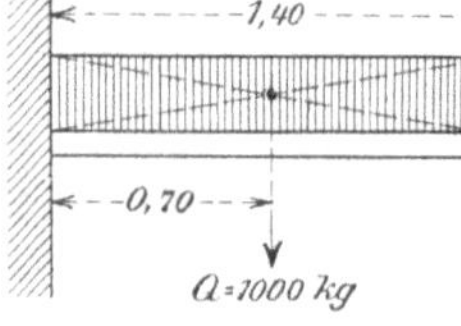

$$W = \frac{1000 \cdot 140}{875} = \frac{140\,000}{^7/_8 \cdot 1000} = 140 \cdot 1^1/_7 = 160 \text{ cm}^3.$$

Gewählt (aus der Tafel der Doppel-**T**-Eisen) Normal-Profil **I** Nr. 18 mit $W_x = 161$ ^{cm³}.

Beispiel 2. Der Freiträger von 1,40 ^{m} Freilänge ist durch eine gleichmässig verteilte Last $Q = 1000$ ^{kg} beansprucht (die man sich in ihrem Schwerpunkt auf der halben Freilänge vereinigt zu denken hat).

Erforderlich

$$W = \frac{1000 \cdot 70}{875} = 80 \text{ cm}^3$$

(d. h. die Hälfte des Widerstandsmoments im vorigen Beispiel). Gewählt Normal-Profil **I** Nr. 14 mit $W_x = 81,7$ ^{cm³}.

Beispiel 3. Der Träger ladet 0,90 m weit frei aus und wird belastet

1) 0,30 m vom festen Ende mit $P = 2400$ kg,

2) über die äusserste 0,40 m lange Strecke gleichmässig verteilt, daher an einem mittleren Hebelarm 0,70 m wirkend, mit $Q = 1800$ „

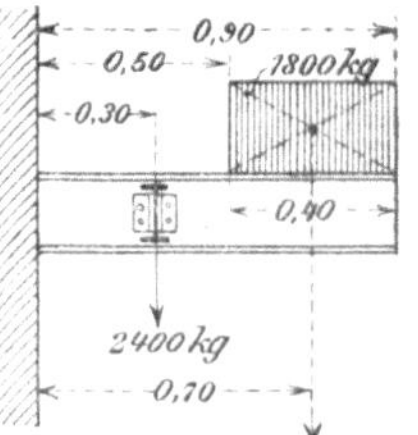

zus. 4200 kg.

Erforderlich

$$W = \frac{2400 \cdot 30 + 1800 \cdot 70}{875} = \frac{198\,000}{^7/_8 \cdot 1000} = 198 \cdot 1^1/_7 = 226{,}3 \text{ cm}^3.$$

Gewählt Normal-Profil I Nr. 21 mit $W_x = 244$ cm³, oder zwei Träger des Normal-Profils I Nr. 16 mit $W_x = 2 \cdot 117 = 234$ cm³.

Mit der rechnungsmässigen Ermittlung des Trägerprofils ist indes der Fall des frei ausladenden Trägers noch nicht erledigt. Es ist vielmehr noch nachzuweisen, das eine Bewegung des Trägers ausgeschlossen ist, indem

1. das Dreh-Bestreben des Trägers (das Dreh- oder Kippmoment) durch das Moment einer genügenden Gegenlast (das sogen. Stabilitätsmoment) aufgehoben wird und

2. ein für Last und Gegenlast genügendes Auflager des Trägers vorhanden ist.

Die Erledigung dieser beiden Fragen wird in dem einfachen Fall des folgenden Beispiels gezeigt.

Beispiel 4. In dem I. Obergeschoss[1]) eines Neubaues mit vier Obergeschossen und Drempel sollen zur Herstellung von Balkonen über Erdgeschoss in der Mitte der Frontpfeiler gewalzte, eiserne Träger, je 1,25 m weit frei ausladend, angeordnet werden, dazwischen Trägerwellblech. Das Gewicht des Trägerwellblechs

---

nur nach besonderer Übereinkunft). Längen, grösser als die Normallängen, bedingen einen Preiszuschlag.

Für die neueste, die 5. Auflage des Deutschen Normalprofilbuches sind die Querschnitte, Gewichte, Schwerpunktsabstände, Trägheits- und Widerstandsmomente der Profile mit mathematisch genauer Berücksichtigung der vorhandenen Abrundungen und Abschrägungen berechnet worden; daher die Abweichungen dieser Angaben gegen ältere Tafeln.

[1]) Die Geschosse (Stockwerke, Etagen) eines Gebäudes werden im folgenden unterschieden in: Kellergeschoss, Erdgeschoss, Zwischengeschoss (wenn vorhanden), I., II., III. und IV. Obergeschoss, Dachgeschoss.

mit Ausmauerung und Pflaster, Verkleidung von unten, sowie einschliesslich zufälliger Belastung werde zu 750 $^{kg}/_{qm}$ im Grundriss angenommen. Das schmiedeiserne Gitter kann dabei vernachlässigt werden. Behufs Ermittlung der Gegenlast sei die Höhe des I. bis IV. Obergeschosses zu 4,25 ^{m}, 4,05 ^{m}, 3,90 ^{m} und 3,75 ^{m} (von Balken-Oberkante bis Balken-Oberkante gerechnet) gegeben; der Drempel werde vernachlässigt. Die Frontmauerstärke des I. bis IV. Obergeschosses sei 0,52 ^{m}, 0,52 ^{m}, 0,39 ^{m} und 0,39 ^{m}.

[Den Normal-Ziegelmauerwerksmassen von 0,51 ^{m} und 0,38 ^{m} ist dabei 1 ^{cm} für das Gewicht des Putzes zugesetzt. Auch vereinfacht es nicht unwesentlich die Mauerwerks-Gewichtsberechnungen,

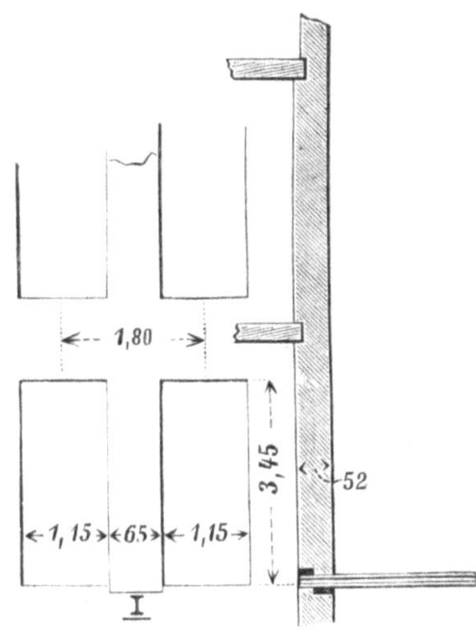

wenn die anzusetzenden Mauerstärken Vielfache von 0,13 ^{m} sind; denn man kann alsdann bei diesen Berechnungen alle Stärken = 0,13 ^{m} setzen und dafür die wirklichen Höhen, je nach der wirklichen Mauerstärke, 4-mal, 3-mal u. s. w. so gross rechnen.]

Die Breite der Öffnungen (Balkontür und Fenster darüber) sei in allen Geschossen 1,15 ^{m}, im Inneren gerechnet, ihre Höhe 3,45 ^{m}, 2,45 ^{m}, 2,30 ^{m} und 2,15 ^{m}. Die Breite des Pfeilers zwischen zwei Öffnungen betrage 0,65 ^{m}. Die Entfernung zweier Balkonträger ist daher 1,15 + 0,65 = 1,80 ^{m} (= Entfernung von Mitte zu Mitte Fenster, Fensterteilung, Fensterachse).

[Die Fensteranschläge und die Fenstergewichte pflegt man gegen die Brüstungs-Verschwächungen zu vernachlässigen, also die etwa 0,80 ^{m} hohen Fensterbrüstungen ebenso stark zu rechnen wie das zugehörige Frontmauerwerk.]

Die Belastung eines Balkonfachs beträgt

$$1,25 \cdot 1,80 \cdot 750 ^{kg} \quad . \quad . \quad . \quad . \quad . = 1688 ^{kg}.$$

Die Belastung eines Balkonträgers ist daher

$$2 \cdot \frac{1688 ^{kg}}{2} \quad . \quad . \quad . \quad . \quad . = 1688 ^{kg}$$

Da der Schwerpunkt der Last in der Mitte liegt, so ist

erforderlich $\quad W = \dfrac{1688 \cdot 62{,}5}{875} = 120{,}6\ ^{\mathrm{cm^3}}$.

Gewählt Normal-Profil I Nr. 17 mit $W_x = 137\ ^{\mathrm{cm^3}}$, oder zwei Träger I Nr. 13 mit $W_x = 2 \cdot 67 = 134\ ^{\mathrm{cm^3}}$.

Die Kippkante wird durch eine 0,26 m breite Unterlags-platte geschützt. Die Achse für das Drehbestreben des Trägers werde auf ein Drittel der Plattenbreite, also auf rund 9 cm von der Kippkante angenommen. Mit Bezug auf diese Achse beträgt das Drehmoment (da $0{,}625 + 0{,}09 = 0{,}715$ m)

$$M_1 = 1688 \cdot 0{,}715 \quad \ldots \ldots = 1207\ ^{\mathrm{mkg}}.$$

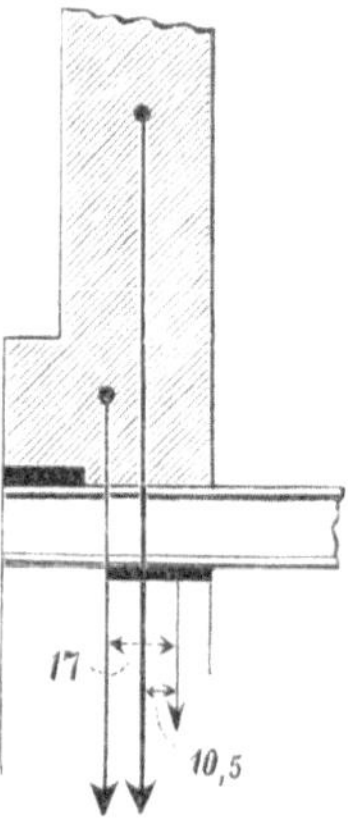

Die in einem Pfeiler gewonnene Gegen-last beträgt (da 1 ^{cbm} Ziegelmauerwerk aus vollen Steinen 1600 ^{kg} wiegt)

1) an Mauerwerk des I. und II. Obergeschosses

$$[1{,}80 \cdot (4{,}25 + 4{,}05) - 1{,}15 \cdot (3{,}45 + 2{,}45)] \cdot 0{,}52 \cdot 1600\ ^{\mathrm{kg}} = 6785\ ^{\mathrm{kg}},$$

2) an Mauerwerk des III. und IV. Ober-geschosses

$$[1{,}80 \cdot (3{,}90 + 3{,}75) - 1{,}15 \cdot (2{,}30 + 2{,}15)] \cdot 0{,}39 \cdot 1600\ ^{\mathrm{kg}} = 5399\ ^{\mathrm{kg}}.$$

[Ausser dem Drempel sollen hier auch die Eigengewichte der Deckenlasten ausser Ansatz bleiben.]

Der Schwerpunkt der Last 6785 ^{kg} liegt $\dfrac{0{,}52\ ^{\mathrm{m}}}{2} = 0{,}26$ m hinter der Kippkante, also $0{,}26 - 0{,}09 = 0{,}17$ m hinter der Drehachse, der von 5399 ^{kg} liegt $\dfrac{0{,}39\ ^{\mathrm{m}}}{2} = 0{,}195$ m hinter der Kippkante, also $0{,}195 - 0{,}09 = 0{,}105$ m hinter der Drehachse. Das Moment der Gegenlast (das Stabilitätsmoment) ist hiernach

$$M_2 = 6785 \cdot 0{,}17 + 5399 \cdot 0{,}105 = 1153 + 567 = 1720\ ^{\mathrm{mkg}}$$

und übertrifft das Drehmoment M_1 (Kippmoment) um $1720 - 1207 = 513\ ^{\mathrm{mkg}}$; eine Drehung des Trägers ist also ausgeschlossen.

Da schon ein Zehntel von 567 zu 1153 addiert Sicherheits-überschuss ergibt, so genügt als Gegenlast $6785\ ^{\mathrm{kg}} + {}^1/_{10} \cdot 5399\ ^{\mathrm{kg}} = 7325\ ^{\mathrm{kg}}$. Die Unterlagsplatte hat daher eine Last von $7325\ ^{\mathrm{kg}} + 1688\ ^{\mathrm{kg}} = 9013\ ^{\mathrm{kg}}$ aufzunehmen; soll sie höchstens 11 $^{\mathrm{kg}}/_{\mathrm{qcm}}$ Druck übertragen, so erfodet sie bei 26 ^{cm} Breite eine Länge von $\dfrac{9030}{26 \cdot 11} = 32\ ^{\mathrm{cm}}$.

Das innere Trägerende erhält (auch wegen der Möglichkeit einer Mauerwerksfuge daselbst) eine Deckplatte von $26^{cm}.26^{cm}$. Da die Plattenmitte $0,17 + 0,13 = 0,30^m$ von der Drehachse entfernt liegt, so erhält die Deckplatte einen Druck von $1207 : 0,30 = 4023^{kg}$; sie belastet also das Mauerwerk mit $4023 : (26 . 26) =$ rund $6^{kg}/_{qcm}$.

In Fällen, wo nicht eine so reichliche Gegenlast an Mauerwerk vorhanden, ist es durchaus statthaft, auch das Eigengewicht der Balkenlagen mit $250^{kg}/_{qm}$ und das des Schiefer- oder Ziegeldaches mit $125^{kg}/_{qm}$ bei Festsetzung der Gegenlasten mitzurechnen.

Bei leichten Balkonen wird man übrigens meist von der Ermittlung des Stabilitätsmoments absehen können, wenn durch Deckplatte und Unterlagsplatte von angemessener Grösse die Sicherheit gegen Bewegung gewahrt ist. Wo indes wegen mangelnder Erfahrung ein Urteil über die gegenbelastenden Massen und deren Wirkung fehlt, ist die Stabilitätsberechnung unerlässlich.

Minder einfache Fälle von Freiträgern folgen bei der Berechnung der Balkon- und Erker-Konstruktionen (S. 46 u. f.).

---

b) An beiden Enden frei aufliegende Träger.

Der am häufigsten vorkommende Träger ist der an beiden Enden frei aufliegende (also nicht fest eingespannte).

Für die Berechnung der mit zwei Auflagern versehenen, eingemauerten oder mittels Winkeleisenlaschen angenieteten oder angeschraubten Träger ist der Sicherheit halber grundsätzlich ein **freies Aufliegen** (also **keine feste Einspannung**) an den beiden Enden anzunehmen. Selbst beiderseitig verankerte Träger werden im Hochbau als frei aufliegend angesehen, also mittels der folgenden Formeln und nicht nach den Angaben für eingespannte Träger auf S. 81 u. f. berechnet.

Ist die **Belastung gleichmässig über den Träger verteilt**, so beträgt das erforderliche Widerstandsmoment der achte Teil von dem, das für dieselbe Belastung erforderlich sein würde, wenn diese am freien Ende eines ebenso langen, frei ausladenden Trägers angriffe.

$$Formel:\ W = \frac{Q \cdot l}{8 \cdot k},$$

worin das Widerstandsmoment W in cm³, die gleichmässige Belastung Q in kg, die Freilänge l in cm und die zulässige Beanspruchung k des Trägermaterials in kg/qcm auszudrücken ist.

Jeder der beiden Auflagerdrucke ist gleich der Hälfte von Q. Der Bruchquerschnitt liegt in der Trägermitte.

———

Beispiel 5. Ein $0{,}50^{\mathrm{m}}$ hoch und $0{,}13^{\mathrm{m}}$ stark auszumauernder Träger hat bei $4{,}20^{\mathrm{m}}$ Freilänge eine $5{,}60^{\mathrm{m}}$ tiefe Balkenlage zur Hälfte zu tragen. Die gesamte Balkenlast (bestehend aus Eigengewicht und Nutzlast) ist, wie in Wohnräumen gewöhnlich, mit $500\ ^{\mathrm{kg}}/_{\mathrm{qm}}$ und als gleichmässig verteilt zu rechnen.

Die Belastung beträgt

$$4{,}20 \cdot \left\{ 0{,}50 \cdot 0{,}13 \cdot 1600^{\mathrm{kg}} + \frac{5{,}60}{2} \cdot 500^{\mathrm{kg}} \right\} = 4{,}20 \cdot 1504^{\mathrm{kg}} = 6317^{\mathrm{kg}}.$$

Erforderlich

$$W = \frac{6317 \cdot 420}{8 \cdot 875} = \frac{6317 \cdot 420}{7000} = 6317 \cdot 0{,}06 = 379^{\mathrm{cm}^3}.$$

Gewählt Normal-Profil I No. 25 mit $W_x = 396^{\mathrm{cm}^3}$.

Wird das $4{,}20 \cdot 38{,}7 = 162{,}5^{\mathrm{kg}}$ betragende Eigengewicht des Trägers I Nr. 25 mit berücksichtigt, so ist erforderlich

$$W = 379 + \frac{162{,}5 \cdot 420}{8 \cdot 875} = 379 + 162{,}5 \cdot 0{,}06 = 389^{\mathrm{cm}^3},$$

so dass das gewählte Profil noch genügt.

Der Auflagerdruck ist $^1/_2 \cdot 6318^{\mathrm{kg}} = 3159^{\mathrm{kg}}$. Da der Träger das Auflager-Zementmauerwerk nur mit $11\ ^{\mathrm{kg}}/_{\mathrm{qcm}}$ belasten darf und I Nr. 25 eine Flanschbreite von 11^{cm} hat, so überträgt der Träger auf 1^{cm} Auflagerlänge $11 \cdot 11 = 121^{\mathrm{kg}}$. Es ist daher erforderlich eine Auflagerlänge von $3159 : 121 = $ rund 26^{cm}.

[Für einen Träger ergibt sich die erforderliche **Auflagerlänge** l in cm, wenn b die Flanschbreite des Trägers in cm, $k = 11\ ^{\mathrm{kg}}/_{\mathrm{qcm}}$ die zulässige Druckbeanspruchung des Auflagermauerwerks (hierfür schreibt die Berliner Baupolizei vor: 8 Schichten aus bestem Ziegelmaterial in Zementmörtel) und A den Auflagerdruck in kg bezeichnet, im allgemeinen aus

$$l = \frac{A}{b \cdot k};$$

jedoch soll mindestens genommen werden, wenn h die Trägerhöhe in cm bedeutet,

für Normal-Profil I Nr. 8 bis 15 die Auflagerlänge $l = 15^{\mathrm{cm}}$,

„   „ I „ 16 „ 24 „   „ $l = h$,

für Normal-Profil I Nr. 25 bis 38 die Auflagerlänge $l = 25\,^{\mathrm{cm}}$,

,,   ,, I ,, 40 ,, 60 ,,   ,, $l = {}^{2}/_{3}\,h.$

Ist die berechnete Auflagerlänge über $5\,^{\mathrm{cm}}$ grösser als die vorstehenden Angaben, so beschafft man die erforderliche Druckfläche durch eine entsprechend grosse Auflagerplatte (s. S. 10), der Materialersparnis wegen und weil der Träger sich unter der Last etwas durchbiegt, daher am stärksten auf die innere Mauerwerkskante drückt und hierdurch das Ende des zu langen Auflagers vom Mauerwerk vollständig abhebt, so dass am Auflagerende kein Druck übertragen wird.]

Beispiel 6. Ein rechteckiger Wohnraum von $6,0 \cdot 10,0 = 60\,^{\mathrm{qm}}$ Grundriss soll eine Koenen'sche Plandecke erhalten. Die Deckenträger von $6,0\,^{\mathrm{m}}$ Freilänge in $2,0\,^{\mathrm{m}}$ Teilung (Entfernung von Mitte zu Mitte Träger) sind zu bestimmen.

Gewicht der 21 ^{cm} hohen Betondecke . . . . . $= 188\,^{\mathrm{kg}}/_{\mathrm{qm}},$

7 ^{cm} Schlackenbeton (Gewicht 750 $^{\mathrm{kg}}/_{\mathrm{cbm}}$) $70 \cdot 0,750 = 53$,,

Holzlatten und Rundeisenstäbe . . . . $= 10$,,

Rohrung und Putz . . . . $= 15$,,

1,5 ^{cm} Zementestrich (Gewicht 2000 $^{\mathrm{kg}}/_{\mathrm{cbm}}$) $15 \cdot 2 \cdot = 30$,,

Linoleum . . . . $= 4$,,

Deckenträger, geschätzt zu 50 $^{\mathrm{kg}}/_{\mathrm{m}} : 2,0\,^{\mathrm{m}}$ . . . . $= 25$,,

Decken-Nutzlast für Wohngebäude . . . . . . $= 250$,,

daher die Decken-Gesamtlast zus. 575 $^{\mathrm{kg}}/_{\mathrm{qm}}.$

Trägerbelastung

$$6,0 \cdot 2,0 \cdot 575\,^{\mathrm{kg}} \ . \ . \ . \ . \ . \ . \ = 6900\,^{\mathrm{kg}}.$$

Erforderlich

$$W = \frac{6900 \cdot 600}{8 \cdot 875} = 591\,^{\mathrm{cm^3}}.$$

Gewählt Normal-Profil I Nr. 29 mit $W_x = 594\,^{\mathrm{cm^3}}.$

Die Flanschbreite des Trägers I Nr. 29 ist 12,2 ^{cm}. Bei 26 ^{cm} Auflagerlänge wird das Zementmauerwerk gedrückt mit

$$\frac{{}^{1}/_{2} \cdot 6900}{26,0 \cdot 12,2} = \frac{3450}{317,2} = \text{rund } 11\,^{\mathrm{kg}}/_{\mathrm{qcm}}.$$

Beispiel 7. Ein rechteckiger Raum für Fabrikzwecke von $5,60 \cdot 16,50\,^{\mathrm{m}}$ Grundriss soll eine Kleine'sche Decke erhalten. Eigengewicht der Decke 290 $^{\mathrm{kg}}/_{\mathrm{qm}}$, Nutzlast (vorgeschrieben durch die Berliner Baupolizei) 500 $^{\mathrm{kg}}/_{\mathrm{qm}}$, also Gesamtgewicht 790 $^{\mathrm{kg}}/_{\mathrm{qm}}$ der

Grundfläche. Freilänge der Deckenträger 5,60 m; ihre Teilung wird zu 16,50 : 11 = 1,50 m gewählt.

Belastung

$$5,60 . 1,50 . 790 \ldots \ldots = 6636 \text{ kg}.$$

Erforderlich $W = \dfrac{6636 . 560}{8 . 875} = 6636 . 0,08 = 531 \text{ cm}^3.$

Gewählt Normal-Profil $\mathbf{I}$ Nr. 28 mit $W_x = 541$ cm^3.

Auflagerlängen von 26 cm genügen auch hier.

Für die beiden Träger an den Wänden ist erforderlich

$W = {}^1/_2 . 531 = 265,5$ cm^3. Gewählt $\mathbf{I}$ Nr. 22 mit $W_x = 278$ cm^3.

Wäre die Trägerteilung (also die Entfernung von Mitte zu Mitte) statt zu 1,50 m zu 16,50 : 10 = 1,65 m gewählt worden, so würde erforderlich sein

$$W = 531 \cdot \frac{1,65}{1,50} = 531 \cdot \frac{11}{10} = 584 \text{ cm}^3,$$

so dass dann (statt $\mathbf{I}$ Nr. 28) $\mathbf{I}$ Nr. 29 mit $W_x = 594$ cm^3 zur Verwendung kommen müsste.

Beispiel 8. Das Normal-Profil $\mathbf{I}$ Nr. 22 mit $W_x = 278$ cm^3 soll als Träger der 1 Stein starken preussischen Kappen unter einer Durchfahrt bei 3,50 m Freilänge verlegt werden. Die grösste zulässige Trägerteilung ist zu bestimmen. Gesamtes Deckengewicht (baupolizeilich vorgeschrieben) 1250 kg/qm der Grundfläche. Wird die gesuchte Teilung mit t bezeichnet, so muss sein

$$278 = \frac{(3,50 . t . 1250) . 350}{8 . 875},$$

woraus

$$t = \frac{278 . 7000}{3,5 . 1250 . 350} = \frac{278}{3,5 . 1^1/_4 . 50} = \frac{278}{218,75} = 1,27 \text{ m}.$$

Beispiel 9. Eine durch drei Geschosse 4,18 m, 3,96 m und 3,70 m hoch gehende Scheidewand aus Vollsteinen, 0,13 m stark, ohne Öffnungen, soll auf 4,50 m Freilänge von einem Träger aufgenommen werden.

Die Belastung beträgt

$$4,50 . (4,18 + 3,96 + 3,70) . 0,13 . 1600 \text{ kg} = 4,50 . 2463 \text{ kg} = 11083 \text{ kg}.$$

Erforderlich $W = \dfrac{11083 . 450}{8 . 875} = \dfrac{498735}{7000} = 712$ cm^3.

Gewählt Normal-Profil $\mathbf{I}$ Nr. 32 mit $W_x = 781$ cm^3.

Wird das $4{,}50 \cdot 60{,}6 = 273^{\,kg}$ betragende Eigengewicht des Trägers $\mathbf{I}$ Nr. 32 mit berücksichtigt, so ist erforderlich

$$W = 712 + \frac{273 \cdot 450}{8 \cdot 875} = 712 + 0{,}039 \cdot 450 = 712 + 17 = 729^{\,cm^3},$$

so dass das gewählte Profil noch genügt und die übliche Vernachlässigung des Trägereigengewichts begründet erscheint.

Auf jedes Auflager (das, wie üblich, $25^{\,cm}$ lang angenommen wird, vrgl. S. 8) kommt ein Auflagerdruck von

$$\frac{11\,083 + 273}{2} = \frac{11\,356}{2} = 5678^{\,kg}.$$

Da der Träger $\mathbf{I}$ Nr. 32 eine Flanschbreite von $13{,}1^{\,cm}$ hat, so ist seine Auflagerfläche $25 \cdot 13{,}1 = 327{,}5^{\,qcm}$. Diese darf aber nur mit $11^{\,kg/qcm}$, also mit $327{,}5 \cdot 11 = 3603^{\,kg}$ das darunter liegende Mauerwerk (in Berlin acht Schichten aus bestem Ziegelmaterial in Zementmörtel) belasten. (Wenn $\mathbf{I}$ Nr. 32 den Druck $5678^{\,kg}$ unmittelbar auf das Mauerwerk übertragen soll, so müsste die erforderliche Auflagerlänge $5678 : (13{,}1 \cdot 11) =$ rund $40^{\,cm}$ sein, was nicht zu empfehlen ist (vrgl. S. 8). Gewählt daher Auflagerplatten $25^{\,cm} \cdot 25^{\,cm}$, die bei $F = 25 \cdot 25 = 625^{\,qcm}$ das Mauerwerk nur mit $5678 : 625 =$ rund $9^{\,kg/qcm}$ Druck beanspruchen.[1]

Soll dieselbe Scheidewand aus porigen Lochsteinen hergestellt werden (Gewicht $1100^{\,kg/cbm}$), so beträgt die Belastung

$$4{,}50 \cdot (4{,}18 + 3{,}96 + 3{,}70) \cdot 0{,}13 \cdot 1100^{\,kg} = 4{,}50 \cdot 1693^{\,kg} = 7619^{\,kg}.$$

Erforderlich $\quad W = \dfrac{7619 \cdot 450}{8 \cdot 875} = 490^{\,cm^3},$

oder (s. S. 9, unten) $\quad W = 712 \cdot \dfrac{1100}{1600} = 490^{\,cm^3}.$

Gewählt Normal-Profil $\mathbf{I}$ No. 27 mit $W_x = 491^{\,cm^3}$.

Wird die Einwirkung des Trägereigengewichts mit

$$W = \frac{(4{,}50 \cdot 44{,}5) \cdot 450}{8 \cdot 875} = 13^{\,cm^3}$$

berücksichtigt (erforderlich $W = 490 + 13 = 503^{\,cm^3}$), so wäre das Profil $\mathbf{I}$ Nr. 27 um

---

[1] **Auflagerplatten** im Handel meist aus Gusseisen, $2{,}5$ bis $3{,}5^{\,cm}$, gewöhnlich $3^{\,cm}$ stark; aus Schmiedeisen $1{,}5$ bis $2^{\,cm}$ stark. Auflagerfläche rechteckig oder quadratisch, in Mauerwerksmassen; auch sind Platten mit Seitenlängen von 20, 25, 30, 35, $40^{\,cm}$ u. s. w. erhältlich. Gusseiserne Auflagerplatten mit zu geringer Stärke brechen unter der Belastung leicht durch und tragen dann nicht mehr. Harte Auflager-Quadersteine (Sandstein, Granit, Basalt) mindestens $23^{\,cm}$ stark (drei Mauerwerkschichten entsprechend).

$$\frac{(503 - 491) \cdot 100}{503} = 2{,}4 \text{ v. H.}$$

zu klein, so dass I Nr. 28 mit $W_x = 541$ cm³ gewählt werden müsste. Die Berliner Baupolizei gestattet jedoch in gewöhnlichen Fällen Abweichungen nach unten bis zu 3 v. H. (Prozent, $^0/_0$).

Auch hier sind Auflagerplatten 25 cm . 25 cm gewählt.

Beispiel 10. Eine Mittelwandöffnung ist mit 2,50 m frei liegenden Trägern zu überdecken. Die Belastung setzt sich aus einer Balkenlage und dem Mauerwerk der Mittelwand, bis Oberkante Balken 1,25 m hoch, 0,39 m stark, zusammen. Die Balken des I. Obergeschosses sind zwischen Vorderfront und Mittelwand 5,60 m tief, zwischen der Mittelwand und der — etwas schiefen — Hinterfront am einen Ende 5,30 m, am andern 5,10 m tief. Sonst liegt über der Öffnung von 2,50 m wieder eine Öffnung.

Die Balken sind als kontinuierlich anzunehmen (d. h. ohne Stoss von Vorderfront bis Hinterfront reichend), wenn nicht ein Stoss oder (besser) Nebeneinanderliegen besonders angeordnet ist. In einem solchen Fall (durchlaufender Balken) kommt auf die Mittelwand nicht die halbe Balkenlast, sondern $^5/_8$ derselben. Von der eigentlichen Balkenlänge darf hier der in der Mittelwand liegende Teil der Balkenlage vernachlässigt werden, was gerechtfertigt ist, da das Mauerwerk bis Oberkante Balken gerechnet wird.

Hiernach beträgt die Belastung der Träger

$$2{,}50 \cdot \left\{ 1{,}25 \cdot 0{,}39 \cdot 1600^{\text{ kg}} + {}^5/_8 \cdot \left(5{,}60 + \frac{5{,}30 + 5{,}10}{2} \right) \cdot 500^{\text{ kg}} \right\}$$

$$= 2{,}50 \cdot 4155^{\text{ kg}} \quad . \quad . \quad . \quad . \quad = 10388^{\text{ kg}}.$$

Erforderlich

$$W = \frac{10388 \cdot 250}{8 \cdot 875} = \frac{10388}{28} = 371 \text{ cm}^3.$$

Wegen des 39 cm starken, zu tragenden Mauerwerks werden gewählt zwei Träger des Profils I Nr. 19 mit $W_x = 2 \cdot 185 = 370$ cm³.

(Der Fehlbetrag von $W = 1$ cm³ ist bei 371 cm³ belanglos.)

Auflagerplatten 38 cm . 20 cm. (Bei nebeneinander liegenden Trägern sind Auflagerplatten konstruktiv erforderlich und in Berlin baupolizeilich vorgeschrieben. Die Träger liegen auf den Platten besser auf und kommen gleichartig zum Tragen, der Auflagerdruck wird gleichmässig auf das unter den Platten befindliche Zement-Mauerwerk verteilt.)

Die Formel auf S. 6 dient auch zur Berechnung des gleichmässig belasteten **Wellblechs.**

Beispiel 11. Das 1,25 ^{m} breite Trägerwellblech[1]) der
Balkone auf S. 3 u. f. liegt 1,80 ^{m} frei und wird auf 1 ^{m} Breite
belastet mit

$$1,80 \cdot 750 \text{ kg} \quad \ldots \ldots \ldots = 1350 \text{ kg}.$$

Erforderlich $\quad W = \dfrac{1350 \cdot 180}{8 \cdot 875} = 34,7 \text{ cm}^3.$

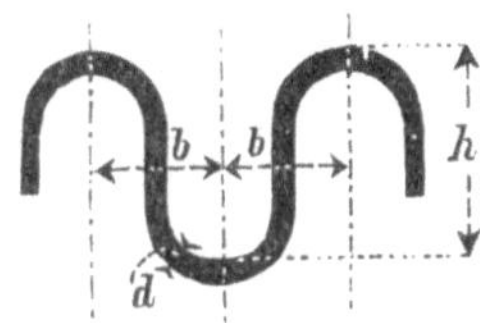

Das Trägerwellblech-Profil mit der (halben) Wellenbreite
$b = 50$ ^{mm}, der mittleren Wellenhöhe $h =$
75 ^{mm} und der Stärke $d = 1$ ^{mm} hat für 1 ^{m}
Tafelbreite ein Widerstandsmoment $W =$
36,6 $^{cm^3}$, genügt daher in dem vorliegenden
Fall; jedoch muss bestimmungsgemäss, wegen des Abrostens, eine Stärke $d = 2$ ^{mm}
gewählt werden.

[In der Deutung des Zeichens b besteht Verschiedenheit. Hier
ist b die Breite von Wellenberg bis Wellental, während vielfach
die Breite von Wellenberg zu Wellenberg mit b, also das gewählte Profil mit $b = 100$ ^{mm}, $h = 75$ ^{mm} bezeichnet wird.

Die Angaben der Lieferanten in Bezug auf das Widerstandsmoment der Wellbleche können mittels der Wellblech-Tafel im
fünften Abschnitt dieses Buches auf ihre Richtigkeit geprüft werden.
Diese Tafel gibt für das gewählte Profil, da $\dfrac{h}{b} = \dfrac{75}{50} = 1,5,$

$$W = d \cdot b \cdot w = 1 \cdot 5 \cdot 7,40 = 37 \text{ cm}^3,$$

wobei indes nicht die Beanspruchung in der obersten und untersten
Kante, sondern die in der Mitte der Wellblechstärke zu Grund gelegt wird. Soll W mit Bezug auf die äussersten Randpunkte genau
ermittelt werden, so ergibt das Trägheitsmoment (s. Wellblechtafel)

$$T = d \cdot b^2 \cdot t = 1 \cdot 5^2 \cdot 5,549 = 139 \text{ cm}^4$$

den Wert $\quad W = \dfrac{2 \cdot 139}{7,6} = 36,6 \text{ cm}^3.$

In der Praxis reicht die erstere Bestimmung völlig aus.]

---

[1]) Trägerwellblech (für Decken und Treppen) ist Wellblech, bei dem
die Wellenhöhe h gleich oder grösser ist als die halbe Wellenbreite b, also
$\dfrac{h}{b}$ gleich oder grösser als 1. Hierbei muss, gemäss Bestimmung der Berliner
Baupolizei, die rechnungsmässig ermittelte Stärke d um 1 ^{mm} grösser gewählt
werden, um den durch das Abrosten entstehenden Folgen bezüglich der Tragfähigkeit vorzubeugen.

Beispiel 12. Das zur Abdeckung eines eisernen Daches dienende flache Wellblech[1]) liegt zwischen den Fetten im Grundriss 2,40 m frei. Die gesamte Wellblechbelastung (Eigengewicht + Schnee- und Winddruck) ist zu 130 $^{kg}/_{qm}$ der Grundfläche ermittelt worden. Daher Belastung auf 1 m Blechbreite

$$2,40 \cdot 130^{\,kg} \ldots \ldots \ldots = 312^{\,kg}.$$

Erforderlich $\quad W = \dfrac{240 \cdot 312}{8 \cdot 875} = 10,7^{\,cm^3}.$

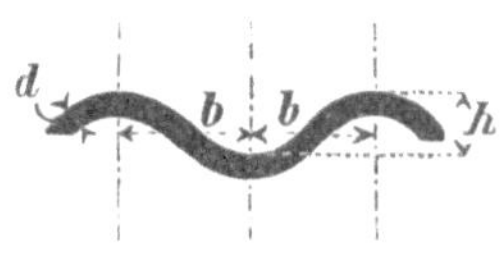

Flaches Wellblech mit $b = 50^{\,mm}$, $h = 34^{\,mm}$ und $d = 1^{\,mm}$ hat für 1 m Tafelbreite ein $W = 10,9^{\,cm^3}$; 1 ^{mm} Stärke genügt, weil das Wellblech nur Dachdeckmaterial ist.

(Die Tafel der Wellbleche im fünften Abschnitt ergibt, da $\dfrac{h}{b} = \dfrac{34}{50} = 0,68$, unmittelbar $W = 1 \cdot 5 \cdot 2,25 = 11,25^{\,cm^3}$, genauer dagegen mittels des Trägheitsmoments $T = 1 \cdot 5^2 \cdot 0,764 = 19,1^{\,cm^4}$,

$$W = \frac{2 \cdot 19,1}{3,5} = 10,9^{\,cm^3}.)$$

Wenn **eine Einzellast P in der Mitte des Trägers** angreift, so ist das erforderliche Widerstandsmoment doppelt so gross als bei gleichmässiger Lastverteilung, also ein Viertel desjenigen Widerstandsmoments, das für einen ebenso langen frei ausladenden Träger erforderlich sein würde, wenn die Last am freien Ende angriffe.

$$\textit{Formel: } \boldsymbol{W = \frac{P \cdot l}{4 \cdot k}}.$$

Jeder der beiden Auflagerdrucke ist gleich der Hälfte von P. Der Bruchquerschnitt liegt in der Trägermitte.

Beispiel 13. Ein Unterzug liegt 3,40 m frei und wird in der Mitte dieser Länge belastet durch einen 5,80 m langen Querträger, der zwei Gewölbekappen von 1,75 m Breite je zur Hälfte trägt. Das Gesamtgewicht der gewölbten Decke ist 1000 $^{kg}/_{qm}$ im Grundriss.

Der Kappenträger hat eine gleichmässig verteilte Belastung von

$$5,80 \cdot 2 \cdot \frac{1,75}{2} \cdot 1000^{\,kg} = 5,80 \cdot 1750^{\,kg} \ldots = 10\,150^{\,kg},$$

---

[1]) Flaches Wellblech (für Dachdeckungen, Wände, Jalousien u. s. w.) ist Wellblech, bei dem h kleiner ist als b, also $\dfrac{h}{b}$ kleiner als 1. Die baupolizeiliche Bestimmung wegen des Abrostens gilt hierfür nicht.

wofür er ein Widerstandsmoment erfordert von

$$W = \frac{10150 \cdot 580}{8 \cdot 875} = 841\ ^{cm^3}.$$

Gewählt Normal-Profil $\mathbf{I}$ Nr. 34 mit $W_x = 922\ ^{cm^3}$.

Der Unterzug wird in der Mitte belastet mit

$$^{1}/_{2} \cdot 10150\ ^{kg} \quad \ldots \ldots \quad = 5075\ ^{kg}.$$

Erforderlich $\quad W = \dfrac{5075 \cdot 340}{4 \cdot 875} = 493\ ^{cm^3}.$

Normal-Profil $\mathbf{I}$ Nr. 27 mit $W_x = 491\ ^{cm^3}$ genügt noch; es empfiehlt sich aber, falls der Kappenträger durch Winkeleisen-laschen und Niete an den Unterzug angeschlossen (also nicht darauf gelegt) wird, das nächst höhere Profil $\mathbf{I}$ Nr. 28 mit $W_x = 541\ ^{cm^3}$ zu wählen, weil der Unterzug in unmittelbarer Nähe des Bruch-querschnitts durch Nietlöcher geschwächt wird.

———

Beispiel 14. Der Scheidewandträger des Beispiels 9 (S. 9) treffe auf die Mitte einer 2,20$^{\,m}$ weiten Mauer-Öffnung. Es ist deshalb dort ein Wechselträger angeordnet, der bei 2,20$^{\,m}$ Frei-länge in der Mitte die Last aufnimmt von

$$^{1}/_{2} \cdot 11083\ ^{kg} \quad \ldots \ldots \quad = 5542\ ^{kg},$$

oder bei porigen Lochsteinen $^{1}/_{2} \cdot 7619\ ^{kg} \quad \ldots \ldots \quad = 3810\ ^{kg}.$

Erforderlich $\quad W = \dfrac{5542 \cdot 220}{4 \cdot 875} = 346\ ^{cm^3},$

wofür gewählt wird Normal-Profil $\mathbf{I}$ Nr. 24 mit $W_x = 353\ ^{cm^3}$;

im anderen Fall ist erforderlich $W = \dfrac{3810 \cdot 220}{4 \cdot 875} = 239\ ^{cm^3},$

wofür Profil $\mathbf{I}$ Nr. 21 mit $W_x = 244\ ^{cm^3}$ genügt.

———

Wenn die **Belastung** eines Trägers sich **zusammensetzt aus einer gleichmässig** über den Träger **verteilten Last Q und einer in der Mitte angreifenden Einzellast P,** so lässt sich die Berechnung auf die des Trägers mit gleichmässiger Last zurückführen, indem man der gleichmässigen Belastung Q das Doppelte der in der Mitte angreifenden Last P zusetzt.

$$\textit{Formel:}\ \ W = \frac{(Q + 2 \cdot P) \cdot l}{8 \cdot k}.$$

Jeder der beiden Auflagerdrucke ist gleich der Hälfte der beiden Lasten Q und P. Der Bruchquerschnitt liegt in der Trägermitte.

———

Beispiel 15. Ein Unterzug von 3,25 m Freilänge wird gleichmässig belastet durch eine 4,0 m hohe, 0,13 m starke Wand ohne Öffnungen und in der Mitte durch einen Kappenträger von 5,45 m Freilänge, der zwei halbe Kappen von je 1,65 m Breite trägt.

Der Kappenträger hat (bei einer Deckengesamtlast von 1000 $^{kg}/_{qm}$ der Grundfläche) eine Belastung

$$5,45 \cdot 1,65 \cdot 1000^{\,kg} = 5,45 \cdot 1650^{\,kg} \quad . \quad . \quad = 8993^{\,kg}.$$

Erforderlich $\quad W = \dfrac{8993 \cdot 545}{8 \cdot 875} = 700^{\,cm^3},$

wofür Profil $\mathbf{I}$ Nr. 32 mit $W_{\alpha} = 781^{\,cm^3}$ zu wählen ist.

Der Unterzug wird belastet

1) gleichmässig mit $3,25 \cdot 4,0 \cdot 0,13 \cdot 1600^{\,kg} = 3,25 \cdot 832^{\,kg} = 2704^{\,kg}$,
2) in der Mitte durch den Kappenträger mit $^1/_2 \cdot 8993^{\,kg} = 4496$ „

$$\text{zus. } 7200^{\,kg}.$$

Erforderlich $W = \dfrac{(2704 + 2 \cdot 4496) \cdot 325}{8 \cdot 875} = 543^{\,cm^3}.$

Gewählt Normal-Profil $\mathbf{I}$ Nr. 28 mit $W_x = 541^{\,cm^3}$.

Bei 11,9 cm Flanschbreite des Trägers $\mathbf{I}$ Nr. 28 ist eine Auflagerlänge von $\dfrac{^1/_2 \cdot 7200}{11,9 \cdot 11} = 27,5^{\,cm}$ erforderlich, weil das Mauerwerk mit höchstens 11 $^{kg}/_{qcm}$ gedrückt werden darf.

Wenn insbesondere ein Träger (von l cm Freilänge) durch eine **Wand, die in der Mitte eine Tür** (von b cm Breite) hat, (mit Q kg) belastet ist, so kann, wenn nicht Ausmauerung auch für den unter der Türöffnung liegenden Wand- und Trägerteil zu rechnen ist, die Belastung als gleichmässig verteilt gerechnet werden über einen Träger, dessen Freilänge um das unbelastete Trägerstück kürzer ist.

$$\textit{Formel: } \boldsymbol{W = \dfrac{Q \cdot (l - b)}{8 \cdot k}}.$$

Die Auflagerdrucke sind hierbei gleich gross, d. h. gleich der Lasthälfte. Der Bruchquerschnitt liegt an beliebiger Stelle innerhalb der Strecke b.

Beispiel 16. Über einem Querträger von 5,75 m Freilänge wird eine 0,13 m starke Wand durch vier Geschosse, 4,25 m, 4,05 m, 3,90 m und 3,75 m hoch, aus porigem Mauerwerk (Gewicht 1300 $^{kg}/_{cbm}$) ausgeführt, in deren Mitte in allen Geschossen eine Flügeltür von 1,50 m . 2,80 m angeordnet ist.

Die Belastung beträgt

$$[5,75 \,.\, (4,25 + 4,05 + 3,90 + 3,75) - 4 \,.\, 1,50 \,.\, 2,80]$$
$$. \, 0,13 \,.\, 1300^{\,kg} = 12\,660^{\,kg}.$$

Der belastete Trägerteil hat eine Länge von $5,75 - 1,50 = 4,25^{\,m}$.

Erforderlich daher $W = \dfrac{12\,660 \,.\, 425}{8 \,.\, 875} = 769^{\,cm^3}$.

Gewählt Normal-Profil $\mathtt{I}$ Nr. 32 mit $W_x = 781^{\,cm^3}$,
oder zwei Träger $\mathtt{I}$ Nr. 25 mit $W_x = 2 \,.\, 396 = 792^{\,cm^3}$.

In beiden Fällen sind Auflagerplatten von $25^{\,cm} \,.\, 25^{\,cm}$ erforderlich.

Ist die **Belastung symmetrisch** über den Träger verteilt, d. h. entspricht jeder Belastung in irgend einer Entfernung von einem Trägerauflager eine ebenso grosse Belastung in demselben Abstand vom andern Auflager, so ergibt sich das erforderliche Widerstandsmoment, indem man die sämtlichen Lasten einer Trägerhälfte mit den Abständen ihrer Schwerpunkte (bei Streckenlasten) oder ihrer Angriffspunkte (bei Einzellasten) vom zugehörigen Auflager multipliziert (Lasten in kg und Abstände in cm) und die Summe dieser Produkte durch die zulässige Beanspruchung des Trägermaterials (für Flusseisen $875^{\,kg/_{qcm}}$) dividiert. Ist unter den Belastungen eine solche, deren Schwer- oder Angriffspunkt genau in der Trägermitte liegt, so ist sie den beiden Trägerhälften je zur Hälfte zuzurechnen.

Die Auflagerdrucke sind hierbei gleich gross, also gleich der Lastsumme einer Trägerhälfte. Der Bruchquerschnitt liegt in der Strecke zwischen den zwei mittleren Strecken- oder Einzellasten bezw. in der Trägermitte.

Beispiel 17. Ein $4,60^{\,m}$ frei liegender eiserner Unterzug wird durch vier Gewölbekappenträger belastet, die je $5,40^{\,m}$ Freilänge haben und je zwei halbe Kappen von zus. $1,20^{\,m}$ Breite tragen. Abstand der Kappenträger also $1,20^{\,m}$. Zwei der Kappenträger greifen je $0,50^{\,m}$ vom Unterzugauflager an, die beiden anderen also je $1,70^{\,m}$ vom Auflager (Deckengesamtlast $1000^{\,kg/_{qm}}$ im Grundriss).

Jeder der vier Kappenträger nimmt eine Last auf von
$$5,40 \,.\, 1,20 \,.\, 1000^{\,kg} \; \ldots \ldots \; = 6480^{\,kg}.$$

Erforderlich $W = \dfrac{6480 \,.\, 540}{8 \,.\, 875} = 500^{\,cm^3}$.

Gewählt Normal-Profil $\mathtt{I}$ Nr. 28 mit $W_x = 541^{\,cm^3}$.

Der Unterzug wird belastet, je 0,50^{m} und je 1,70^{m} vom Auflager, mit $^1/_2$. 6480^{kg} = 3240^{kg},

also zusammen mit 4 . 3240^{kg} = 12960^{kg}.

Erforderlich

$$W = \frac{3240 . (50 + 170)}{875} = \frac{712800}{^7/_8 . 1000} = 1^1/_7 . 712,8 = 815 \text{ cm}^3.$$

Gewählt Profil Ⅰ Nr. 34 mit $W_x = 922$ cm³.

Für den Unterzug Auflagerplatten von 25 . 25 = 625^{qcm}, die das darunter liegende Mauerwerk in Zementmörtel belasten mit $\frac{^1/_2 . 12960}{625}$ = rund 10,4 $^{\mathrm{kg}}/_{\mathrm{qcm}}$.

Beispiel 18. Ein gleichfalls 4,60^{m} frei liegender Unterzug werde von drei Kappenträgern, und zwar je 0,50^{m} vom Auflager und in der Mitte, belastet. Die Kappenbreite beträgt 1,80^{m}. Kappenträgerlänge und Deckenlast wie im vorigen Beispiel.

Jeder der drei Kappenträger nimmt eine Last auf von

$$5,40 . 1,80 . 1000^{\mathrm{kg}} \quad . \quad . \quad . \quad . \quad . = 9720^{\mathrm{kg}}.$$

Erforderlich $\qquad W = \dfrac{9720 . 540}{8 . 875} = 750$ cm³.

Gewählt Profil Ⅰ Nr. 32 mit $W_x = 781$ cm³.

Der Unterzug trägt $3 \cdot \dfrac{9720^{\mathrm{kg}}}{2} = 3 . 4860^{\mathrm{kg}} \quad . \quad . \quad . = 14580^{\mathrm{kg}}.$

Erforderlich $W = \dfrac{4860 . 50 + 2430 . 230}{875} = 916$ cm³

[oder auch $W = \dfrac{4860 . (50 + ^1/_2 . 230)}{875} = 916$ cm³].

Gewählt Profil Ⅰ Nr. 34 mit $W_x = 922$ cm³.

Für den Unterzug genügen Auflagerplatten von 25 cm . 30 cm.

Beispiel 19. Die umstehend im Grundriss skizzierte Treppe ist mittels $^1/_2$ Stein starker Kappengewölbe in Podest- und Wangenträgern hergestellt. Die Belastung wird (baupolizeilich vorgeschrieben) zu 500 + 500 = 1000 $^{\mathrm{kg}}/_{\mathrm{qm}}$ im Grundriss gerechnet.

Die vier Wangenträger liegen in wagerechter Projektion 3,20^{m} frei. [Die wirkliche Freilänge in schräger Richtung kommt nicht in Betracht; dieses gilt allgemein für schräg liegende Träger.] Die Belastung eines Wangenträgers beträgt

$$3,20 \cdot \frac{1,40}{2} \cdot 1000^{\mathrm{kg}} = 3,20 . 700^{\mathrm{kg}} = 2240^{\mathrm{kg}}.$$

Erforderlich $\qquad W = \dfrac{2240 . 320}{8 . 875} = 102$ cm³.

Gewählt Normal-Profil $\mathbf{I}$ Nr. 16 mit $W_x = 117\ ^{\mathrm{cm^3}}$, oder, weil konstruktiver, Normal-Profil $\mathbf{[}$ Nr. 16 mit $W_x = 116\ ^{\mathrm{cm^3}}$.

Der gesamte wagerechte Schub H der Kappe (Horizontalschub) auf einen Wangenträger beträgt, wenn die Kappenpfeilhöhe h gleich $^1/_{10}$ der Kappenspannweite s und Q das Gesamtgewicht der Kappe in kg ist, angenähert

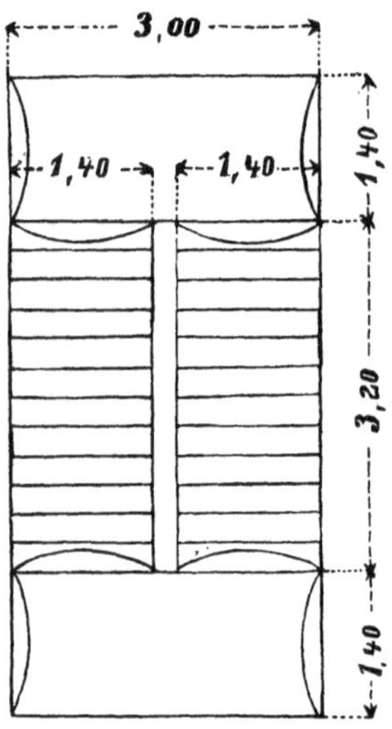

$$H = \frac{Q \cdot s}{8 \cdot h} = \frac{2 \cdot 2240 \cdot 140}{8 \cdot 14} = 5600\ ^{\mathrm{kg}}.$$

Hiergegen wirkend, werden in jedem Lauf drei Zwischenanker (Zugstangen) in den Viertelpunkten der Wangenträger, also in $^1/_4 \cdot 3{,}20 = 0{,}80^{\,\mathrm{m}}$ wagerechtem Abstand, angeordnet. Ein Zwischenanker überträgt höchstens $^2/_7 \cdot 5600 = 1600\ ^{\mathrm{kg}}$ Zug,[1]) so dass sein Querschnitt überall $\dfrac{1600}{875} = 1{,}83\ ^{\mathrm{qcm}}$ gross sein muss.

Rundeisen von $16\ ^{\mathrm{mm}}$ Durchmesser und $2\ ^{\mathrm{qcm}}$ Querschnitt genügt hierfür. (Die beiden Podestträger übernehmen je etwa $^1/_{10} \cdot 5600 = 560\ ^{\mathrm{kg}}$ Zug.) — Für den Wangenträger ist, wegen der wagerechten Beanspruchung durch H, bei drei Zwischenankern erforderlich

$$W_y = {}^2/_{15} \cdot W = {}^2/_{15} \cdot 102 = 13{,}6\ ^{\mathrm{cm^3}}.$$

Vorhanden bei $\mathbf{I}$ Nr. 16 $W_y = 14{,}7\ ^{\mathrm{cm^3}}$ und, nach der $\mathbf{[}$-Eisen-Tafel, bei $\mathbf{[}$ Nr. 16 $W_y = \dfrac{T_y}{b - x} = \dfrac{85{,}3}{6{,}5 - 1{,}84} = 18{,}3\ ^{\mathrm{cm^3}}.$

Ein Podestträger wird bei $3{,}00^{\,\mathrm{m}}$ Freilänge belastet

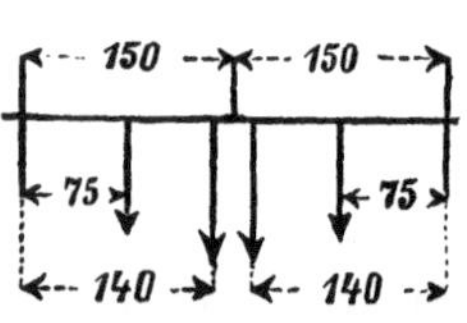

1) gleichmässig mit $3{,}00 \cdot \dfrac{1{,}40}{2} \cdot 1000\ ^{\mathrm{kg}}$

$$= 3{,}00 \cdot 700\ ^{\mathrm{kg}} = 2100\ ^{\mathrm{kg}},$$

2) je $1{,}40^{\,\mathrm{m}}$ vom Auflager mit

$$\frac{2240\ ^{\mathrm{kg}}}{2} = 1120\ ^{\mathrm{kg}},\ 2 \cdot 1120 = \underline{2240\ \text{„}}$$

zus. $4340\ ^{\mathrm{kg}}$.

---

[1]) Die Brüche $^2/_7$ für den Ankerzug und $^2/_{15}$ für W_y ergeben sich, da $H = \dfrac{5}{4} \cdot Q = \dfrac{5}{2} \cdot \dfrac{Q}{2}$, aus der Tafel für gleichmässig belastete, kontinuierliche Träger (S. 98). Bei zwei Zwischenankern in $^1/_3 \cdot 3{,}20 = 1{,}067^{\,\mathrm{m}}$ wagerechtem Abstand ist erforderlich für $^{11}/_{30} \cdot 5600 = 2053\ ^{\mathrm{kg}}$ Zug ein Ankerquerschnitt von $\dfrac{2053}{875} = 2{,}35\ ^{\mathrm{qcm}}$ und $W_y = {}^2/_9 \cdot 102 = 22{,}7\ ^{\mathrm{cm^3}}$; bei einem Zwischenanker in der Mitte der Wangenträger ist erforderlich für $^5/_8 \cdot 5600 = 3500\ ^{\mathrm{kg}}$ Zug ein Ankerquerschnitt von $\dfrac{3500}{875} = 4\ ^{\mathrm{qcm}}$ und $W_y = {}^5/_8 \cdot 102 = 64\ ^{\mathrm{cm^3}}.$

Die Belastung 1) kann als aus zwei je $0,75^{\mathrm{m}}$ vom Auflager angreifenden Lasten von 1050^{kg} bestehend angesehen werden.

$$\text{Erforderlich } W = \frac{1050 \cdot 75 + 1120 \cdot 140}{875} = 269{,}2 \text{ cm}^3.$$

Gewählt Normal-Profil $\mathbf{I}$ Nr. 22 mit $W_x = 278 \text{ cm}^3$.

[Man hätte statt der Belastungshälften ebenso gut die ganzen Lasten mit dem Nenner 2 setzen und schreiben können:

$$\text{Erforderlich } W = \frac{2100 \cdot 75 + 2240 \cdot 140}{2 \cdot 875} = 269{,}2 \text{ cm}^3.]$$

Die Belastungen durch die Auflagerdrucke der dicht an den Wänden liegenden beiden Wangenträger, die (mittels der Anschluss-Niete) in Abständen von höchstens 5^{cm} von der Wand angreifen, sind bei der vorstehenden Berechnung der Podestträger vernachlässigt worden. Werden diese je 1120^{kg} betragenden Belastungen berücksichtigt, so ist erforderlich

$$W = 269{,}2 + \frac{1120 \cdot 5}{875} = 269{,}2 + 6{,}4 = 275{,}6 \text{ cm}^3.$$

Auch ist es üblich, um vorstehende Vernachlässigung auszugleichen, die Summe zweier Wangenträger-Auflagerdrucke als eine Einzellast in der Mitte des Podestträgers angreifend anzu nehmen, also nach der Formel auf S. 14 zu rechnen:

$$\text{Erforderlich } \quad W = \frac{[2100 + 2 \cdot (2 \cdot 1120)] \cdot 300}{8 \cdot 875} = 282 \text{ cm}^3;$$

dieses Ergebnis ist mithin um etwa $^1/_{44}$ zu gross.

Der Auflagerdruck des Podestträgers beträgt

$$^1/_2 \cdot 4340 + 1120 = 3290^{\mathrm{kg}}.$$

Bei 24^{cm} Länge kann das Auflager des Trägers $\mathbf{I}$ Nr. 22 mit $9{,}8^{\mathrm{cm}}$ Flanschbreite übertragen einen Druck von

$$24{,}0 \cdot 9{,}8 \cdot 14^{\mathrm{kg}} = 3293^{\mathrm{kg}},$$

so dass Auflagerplatten entbehrlich sind. Der Horizontalschub der Podestkappe wird von den Gewölben der Treppenläufe und der widerstandsfähigen Seitenwand aufgenommen. Sonst:

Ein Podestträger an der Wand,[1] der bei $3{,}00^{\mathrm{m}}$ Freilänge durch den halben Podest gleichmässig belastet wird mit

$$3{,}00 \cdot \frac{1{,}40}{2} \cdot 1000^{\mathrm{kg}} = 3{,}00 \cdot 700^{\mathrm{kg}} = 2100^{\mathrm{kg}}$$

---

[1] Vorschrift der Berliner Baupolizei: Treffen Podestkappen gegen nur $1^1/_2$ Stein starke Frontwände oder gegen unzureichend belastete Mittelmauern, so sind (mindestens) 15^{cm} hohe $\mathbf{I}$-Träger zur Entlastung davor zu legen. — Die $\mathbf{I}$-Träger der Podestkappen dürfen nicht auf Türbögen ruhen. — Die Verwendung von (alten oder neuen) Eisenbahnschienen als Träger ist unzulässig.

Erforderlich $W = \dfrac{2100 \cdot 300}{8 \cdot 875} = 90$ cm³ und $W_y = {}^2/_{15} \cdot 90 = 12$ cm³,

bei drei Rundeisenankern von 16 mm Durchmesser (vrgl. S. 18).

Gewählt Profil $\mathbf{I}$ Nr. 15 mit $W_x = 97{,}9$ cm³ und $W_y = 12{,}5$ cm³.

Über gewölbte Treppen mit steigenden Läufen (ohne Wangenträger) s. das Beispiel 29 auf S. 32.

———

Beispiel 20. Die Kappen der Treppenläufe und Podeste im Beispiel 19 werden ersetzt durch gerades, also nicht gewölbtes (nicht bombiertes) Trägerwellblech. Die Belastung ist alsdann mit 300 kg/qm Eigenlast, 500 kg/qm Nutzlast, zusammen 800 kg/qm im Grundriss ausreichend bemessen.

In diesem Fall berechnet sich die Belastung eines Wangenträgers bei 3,20 m Freilänge zu

$$3{,}20 \cdot \frac{1{,}40}{2} \cdot 800 \text{ kg} = 3{,}20 \cdot 560 \text{ kg} = 1792 \text{ kg}.$$

Erforderlich $\qquad W = \dfrac{1792 \cdot 320}{8 \cdot 875} = 82$ cm³.

Gewählt Normal-Profil $\mathbf{I}$ Nr. 14 mit $W_x = 81{,}7$ cm³,
oder Normal-Profil $\mathbf{C}$ Nr. 14 mit $W_x = 86{,}4$ cm³.

Zwischenanker sind hier überflüssig, weil kein Horizontalschub vorhanden ist.

Belastung eines Podestträgers von 3,00 m Freilänge

1) gleichmässig mit $3{,}00 \cdot \dfrac{1{,}40}{2} \cdot 800$ kg $= 3{,}00 \cdot 560$ kg $\qquad = 1680$ kg,

2) je 1,40 m vom Auflager mit $\dfrac{1792 \text{ kg}}{2} = 896$ kg, $2 \cdot 896 = 1792$ „

$$\text{zus. } 3472 \text{ kg.}$$

Erforderlich $W = \dfrac{1680 \cdot 75 + 1792 \cdot 140}{2 \cdot 875} = 215$ cm³.

Gewählt Normal-Profil $\mathbf{I}$ Nr. 20 mit $W_x = 214$ cm³,
oder Normal-Profil $\mathbf{C}$ Nr. 22 mit $W_x = 245$ cm³.

Ein Podestträger an der Wand wird bei 3,00 m Freilänge durch den halben Podest gleichmässig belastet mit

$$3{,}00 \cdot \frac{1{,}40}{2} \cdot 800 \text{ kg} = 3{,}00 \cdot 560 \text{ kg} = 1680 \text{ kg}.$$

Erforderlich $\qquad W = \dfrac{1680 \cdot 300}{8 \cdot 875} = 72$ cm³.

Gewählt Normal-Profil $\mathbf{I}$ Nr. 14 mit $W_x = 81{,}7$ cm³,
oder Normal-Profil $\mathbf{C}$ Nr. 14 mit $W_x = 86{,}4$ cm³.

Das Trägerwellblech ist in der auf S. 12 angegebenen Weise zu berechnen.

Anmerkung. Wenn allgemein, wie hier bei den Treppen mit Wangen- und Podestträgern, ein getragener (der Wangenträger) an einen ihn tragenden Träger (den Podestträger) mittels Winkeleisen-Laschen und Niete anzuschliessen ist, so ist, falls zur Ermöglichung des Anschlusses notwendig, der getragene Träger zu verschneiden und so an seinem Auflager im Profil zu verschwächen, nicht aber der tragende (Podest-, Unterzugs- oder Wechsel-) Träger. Liegt doch vielfach, wie in den beiden vorigen Beispielen an der Anschlussstelle der mittleren Wangenträger, gerade an dieser Stelle der gefährliche (Bruch-) Querschnitt des tragenden Trägers, in welchem die höchste Beanspruchung des Eisens stattfindet.

Die bei einer derartigen Laschenverbindung zu benutzenden gleichschenkligen Winkeleisen sind, je nach der Nummer des anzuschliessenden Trägerprofils, die Winkelprofil-Nummern 6 bis 8 mit Schenkelstärken von 6 bis 10 mm. Diese und den für das anzuschliessende Profil üblichen Nietdurchmesser d (in mm) ergibt die folgende Tafel. Die für den betreffenden Auflagerdruck A (in kg) vor und hinter dem Stoss erforderliche Nietzahl n erhält man, indem man A durch den in der Tafel enthaltenen Wert p oder $2p$ dividiert und das Ergebnis auf die nächst höhere ganze Zahl abrundet, und zwar gilt p, wenn der Niet nur durch einen, und $2p$ wenn er durch zwei Winkelschenkel hindurchgehen soll (einschnittiger oder zweischnittiger Niet). Jedoch soll die Nietzahl n mindestens gleich 2 genommen werden (Regel: Ein Niet ist hier kein Niet).

Profil ⌶ Nr.	8 bis 20	21 bis 25	26 bis 29	30 bis 36	38 bis 42¹/₂	45 bis 60
Winkel in mm	60 . 60 . 6	60 . 60 . 8	65 . 65 . 9	70 . 70 . 9	75 . 75 . 10	80 . 80 . 10
d in mm . .	14	16	18	20	24	26
p in kg . .	925	1200	1500	1900	2700	3200
$2p$ in kg . .	1850	2400	3000	3800	5400	6400

Beispiel. Es ist ein Unterzug ⌶ Nr. 34 mit einem Auflagerdruck $A = 9784$ kg an einen Wechselträger ⌶ Nr. 23 anzuschliessen, so dass die Unterflansche bündig liegen.

Lösung: Das Ende des Trägers ⌶ Nr. 34 wird für den Anschluss passend verschnitten. Zwei Winkel 70 . 70 . 9 mm werden als Laschen und der Nietdurchmesser $d = 20$ mm gewählt. Da die durch ⌶ Nr. 34 gehende Niete zweischnittig sind, so ist die erforderliche Nietzahl $n = 9784 : 3800 = 2^{2184}/_{3800} =$ rund 3; hinter dem Stoss gehen durch ⌶ Nr. 23 entsprechend $2 . 3 = 6$ einschnittige Niete.

Es ist nach Möglichkeit bei der Anordnung der Niete dafür zu sorgen, dass in denselben wagerechten Schnitt des Winkeleisens nicht zwei Nietlöcher kommen, weil das Winkeleisen an dieser Stelle zu sehr geschwächt würde.

Schraubenbolzen, anstatt der Niete, werden genau so wie diese in Bezug auf d und n ermittelt; jedoch sind Niete konstruktiver und besser als Schrauben.

Beispiel 21. Die Träger in einer Mittelwandöffnung liegen 2,70 m frei und werden belastet durch die bis Oberkante Balken 0,80 m hohe und 0,52 m starke Ausmauerung, durch die 39 cm starke

Mittelwand, in der in jedem der vier 4,10 m, 4,00 m, 3,80 m und 3,65 m hohen Obergeschosse genau über Trägermitte eine Tür von 1,20 m 2,60 m angeordnet ist, und durch die Decken und Dachbelastungen. Die Tiefe der Balken beträgt von unten bis oben: vorn 5,53 m, 5,73 m, 5,73 m, 5,86 m, 5,86 m, hinten 5,18 m, 5,37 m, 5,37 m, 5,50 m, 5,50 m. Die letzten Tiefen 5,86 m und 5,50 m sind auch für das Dach massgebend.

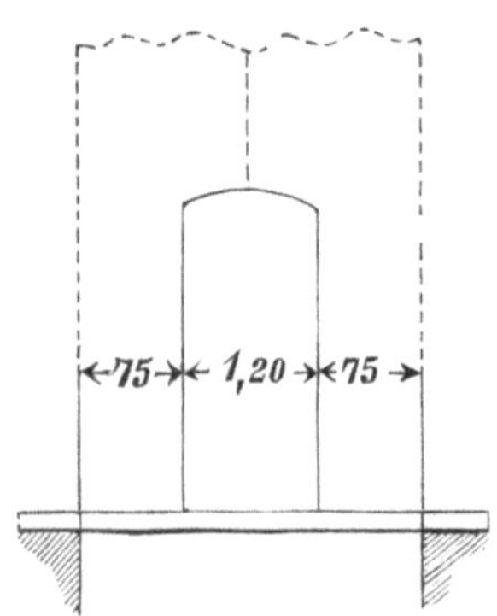

Die Balken sollen durchweg als durchgehend (kontinuierlich) mit $^5/_8$ ihrer Last in Ansatz gebracht werden. Die Decken-Belastung ist in allen Obergeschossen mit 500 $^{kg}/_{qm}$, die Dachlast, der halben Deckenlast entsprechend, mit 250 $^{kg}/_{qm}$ im Grundriss anzusetzen.

Hiernach beträgt die Belastung

1) gleichmässig über die Trägerfreilänge verteilt

$$2,70 \cdot \{0,80 \cdot 0,52 \cdot 1600^{kg} + {}^5/_8 \cdot (5,53 + 5,18) \cdot 500^{kg}\}$$
$$= 2,70 \cdot 4012,5^{kg} = 10\,834^{kg},$$

2) Streckenlast beiderseits über 0,75 m, zusammen

$$2,70 \cdot \{[4,10 + 4,00 + 3,80 + 3,65] \cdot 0,39 \cdot 1600^{kg} + {}^5/_8$$
$$(2 \cdot 5,73 + 2^1/_2 \cdot 5,86 + 2 \cdot 5,37 + 2^1/_2 \cdot 5,50) \cdot 500^{kg}\}$$
$$= 2,70 \cdot 25\,516^{kg} = 68\,893^{kg}$$

abzügl. $1,20 \cdot 4 \cdot 2,60 \cdot 0,39 \cdot 1600^{kg} = 1,20 \cdot 6490 = \underline{\quad 7\,788 \;„\;} = 61\,105 \;„$

zus. $71\,939^{kg}$.

Diese Last ist als aus vier symmetrisch verteilten Einzellasten bestehend zu denken, von denen (vrgl. folgende Skizze) zwei von je $^1/_2 \cdot 61\,105 = 30\,553^{kg}$ im Abstand $^1/_2 \cdot 0,75 = 0,375$ m und die beiden anderen von je $^1/_2 \cdot 10\,834 = 5417^{kg}$ im Abstand $^1/_4 \cdot 2,70 = 0,675$ m vom Auflager angreifen. Erforderlich daher

$$W = \frac{30\,553 \cdot 37,5 + 5417 \cdot 67,5}{875} = 1727\ \mathrm{cm^3}.$$

Gewählt drei Träger Ⅰ Nr. 29 mit $W_x = 3 \cdot 594 = 1782\ \mathrm{cm^3}$.

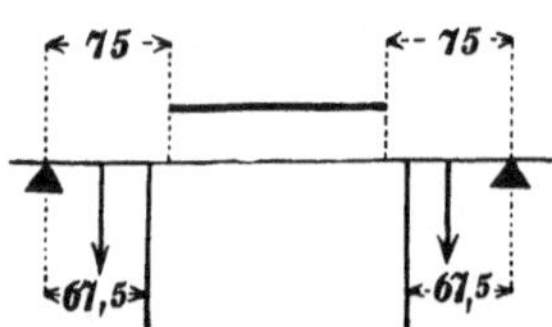

[Man hätte ebenso gut schreiben können:

Erforderlich

$$W = \frac{61\,105 \cdot 37,5 + 10\,834 \cdot 67,5}{2 \cdot 875} = 1727\ \mathrm{cm^3}.]$$

Auflagerdruck $= \frac{1}{2} \cdot 71\,939\,^{\mathrm{kg}} = 35\,970\,^{\mathrm{kg}}$. Die Auflager werden gebildet durch je einen Sandsteinquader, der, wenn er das darunter liegende Zementmauerwerk mit $14\,^{\mathrm{kg}}/_{\mathrm{qcm}}$ belastet, eine Auflagerfläche von $35\,970 : 14 = 2569\,^{\mathrm{qcm}}$, also bei einer Breite von $51\,^{\mathrm{cm}}$ eine Länge von $2569 : 51 =$ rund $50\,^{\mathrm{cm}}$ haben muss. Die Quaderstärke $30\,^{\mathrm{cm}}$ (entsprechend vier Mauerwerkschichten) genügt reichlich.

Da Sandstein mit $k = 30\,^{\mathrm{kg}}/_{\mathrm{qcm}}$ belastet werden darf, so ist für die drei Träger eine Auflagerfläche von $35\,970 : 30 = 1199\,^{\mathrm{qcm}}$, also bei der Flanschbreite $12{,}2\,^{\mathrm{cm}}$ von Profil I Nr. 29 eine Auflagerlänge von $1199 : (3 \cdot 12{,}2) = 1199 : 36{,}6 =$ rund $33\,^{\mathrm{cm}}$ erforderlich.[1]

Ein an beiden Enden frei aufliegender Träger werde durch **eine Einzellast in einem beliebigen Punkte** angegriffen. Der Angriffspunkt der Einzellast teile die Freilänge in die Strecken a und b. In diesem Fall wird das erforderliche Widerstandsmoment in cm³ gefunden, indem man die Einzellast P in kg mit $a\,^{\mathrm{cm}} \cdot b\,^{\mathrm{cm}}$ multipliziert und dieses Ergebnis durch die ganze Trägerlänge l in cm mal der zulässigen Beanspruchung k des Trägermaterials in kg/qcm (für Flusseisen $k = 875\,^{\mathrm{kg}}/_{\mathrm{qcm}}$) dividiert.

$$\textit{Formel:} \quad \boldsymbol{W = \frac{P \cdot a \cdot b}{l \cdot k}}.$$

Auflagerdrucke:

$$A = \frac{P \cdot b}{l} \quad \text{und} \quad B = \frac{P \cdot a}{l},$$

daher auch

$$W = \frac{A \cdot a}{k} = \frac{B \cdot b}{k}.$$

Beispiel 22. Ein Träger, $3{,}40\,^{\mathrm{m}}$ frei liegend, nimmt durch einen Querträger, der $1{,}12\,^{\mathrm{m}}$ vom rechten Ende, also $2{,}28\,^{\mathrm{m}}$ vom linken Ende angreift, eine Belastung von $15\,860\,^{\mathrm{kg}}$ auf.

Erforderlich $\quad W = \dfrac{15\,860 \cdot 112 \cdot 228}{340 \cdot 875} = 1361\,^{\mathrm{cm^3}}$.

Gewählt Normal-Profil I Nr. 40 mit $W_x = 1459\,^{\mathrm{cm^3}}$, oder zwei Träger I Nr. 32 mit $W_x = 2 \cdot 781 = 1562\,^{\mathrm{cm^3}}$.

Auflagerdrucke:

$$A = \frac{15\,860 \cdot 228}{340} = 10\,636\,^{\mathrm{kg}}, \quad B = 15\,860 - 10\,636 = 5224\,^{\mathrm{kg}}.$$

---

[1] Diese Länge erscheint nach S. 8 (oben) als zu gross. Es wird deshalb anstatt des Sandsteins Granit mit $k = 45\,^{\mathrm{kg}}/_{\mathrm{qcm}}$ empfohlen, bei dem die übliche Auflagerlänge $l = 25\,^{\mathrm{cm}}$ mehr als ausreichend ist.

A erfordert eine Auflagerplatte von $10\,636 : 11 = 967$ qcm, so dass eine Platte 25 cm . 40 cm $= 1000$ qcm hierfür ausreicht. Dieselbe Platte wird aus konstruktiven Gründen für das noch nicht halb so stark belastete Auflager *B* genommen, obschon hierfür eine Platte 12 cm . 40 cm ausreichend wäre.

Allgemeines Verfahren zur Berechnung von Trägern,
die frei auf zwei Auflagern liegen.

Hat ein Träger beliebige gleichmässige oder ungleichmässige Volllasten oder Streckenlasten mit beliebig liegenden Schwerpunkten oder auch Einzellasten mit beliebigen Angriffspunkten zu tragen, so ist der Gang der Berechnung im allgemeinen folgender:

I. **Ermittlung der Auflagerdrucke *A* und *B*.** Der Druck *A* wird gefunden, indem man jede Träger-Last mit dem Abstand ihres Schwerpunkts (bei Voll- und Streckenlasten) oder ihres Angriffspunkts (bei Einzellasten) vom andern Auflager *B* multipliziert und die Summe dieser Produkte durch die Freilänge *l* dividiert. Der Auflagerdruck *B* kann (zur Kontrolle) auf demselben Weg oder durch Subtraktion des Auflagerdrucks *A* von der ganzen Belastung gefunden werden.

II. **Ermittlung der Lage des Bruchquerschnitts.** Addiert man, von dem einen Auflager ausgehend, die aufeinander folgenden Belastungen so weit, bis sich der zugehörige Auflagerdruck ergibt, so liegt an dieser Stelle der Bruchquerschnitt (gefährliche Querschnitt). Voll- und Streckenlasten betrachtet man hierbei als die Summe von Einzellasten über den einzelnen cm ihrer Länge.

III. **Ermittlung des erforderlichen Widerstandsmoments.** Multipliziert man jede auf der Strecke vom Auflager bis zum Bruchquerschnitt wirkende Last in kg mit dem in cm ausgedrückten Abstand ihres Schwerpunkts (bei Voll- und Streckenlasten) oder ihres Angriffspunkts (bei Einzellasten) vom Auflager, so ist die Summe dieser Produkte das Angriffsmoment M (M_{max}) in cmkg.

Trifft der Bruchquerschnitt mit dem Angriffspunkt einer Einzellast zusammen, so kommt von dieser Einzellast zur Berechnung des Angriffsmoments nur der Teil in Betracht, der die Lastensumme zum Auflagerdruck ergänzt; der Überschuss der Einzellast wird als auf der anderen Trägerstrecke wirkend angesehen.

Das Angriffsmoment M, durch die zulässige Beanspruchung k in kg/qcm[1]) dividiert, ergibt das erforderliche Widerstandsmoment W in cm³ (vrgl. die allgemeine Formel auf S. 2).

Aus den Träger-Tafeln im fünften Abschnitt dieses Buches ist alsdann das Profil zu wählen, das dasselbe oder das nächst höhere Widerstandsmoment W_x aufweist.

Beispiel 23. Ein Unterzug, 4,50 m frei liegend, nimmt zwei durch Querträger übermittelte Einzellasten auf.

Der erste Querträger, 1,20 m von B entfernt angreifend, überträgt eine Kappenbelastung von . . . . . . 5 640 kg.

Der zweite Querträger, welcher Gewölbekappen und eine Querwand trägt und 2,90 m von B entfernt angreift, übermittelt eine Belastung von . . . . 12 490 „

zus. 18 130 kg.

Der Auflagerdruck auf A beträgt

$$A = \frac{1}{4,50} \cdot \left\{ 5640 . 1,20 + 12490 . 2,90 \right\} = 9553 \text{ kg},$$

auf $B = 18130 - 9553$ . . . . $= 8577$ kg.

Der Bruchquerschnitt liegt in dem Angriffspunkt der Belastung 12490 kg, von welcher nach links 9553 kg und der Rest 2937 kg nach rechts zu rechnen ist.

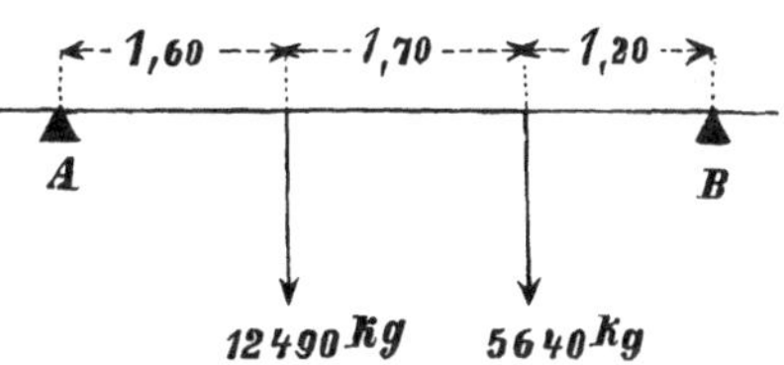

Erforderlich ist, wenn die Berechnung von A ausgeht,

$$W = \frac{9553 . 160}{875} = 1747 \text{ cm}^3.$$

(Genau dasselbe ergibt sich, wenn die Berechnung von B ausgeht, nämlich

$$W = \frac{5640 . 120 + 2937 . 290}{875} = 1747 \text{ cm}^3.)$$

Gewählt wird Profil ⊥ Nr. 42¹/₂ mit $W_x = 1739$ cm³.

[Die Differenz $1747 - 1739 = 8$ cm³ ist ohne Bedeutung, da sie nur der $1747 : 8 = 218$. Teil von 1747 ist. Die in den äussersten Fasern (d. h. in den Flanschkanten) des ⊥-förmigen Bruchquerschnitts eintretende grösste Beanspruchung wird statt 875 kg/qcm $875 . (1 + {}^{1}/_{218}) = 875 + 4 = 879$ kg/qcm betragen, was belanglos ist.]

Beispiel 24. Ein 4,40 m frei liegender Träger wird, der nebenstehenden Skizze entsprechend, belastet

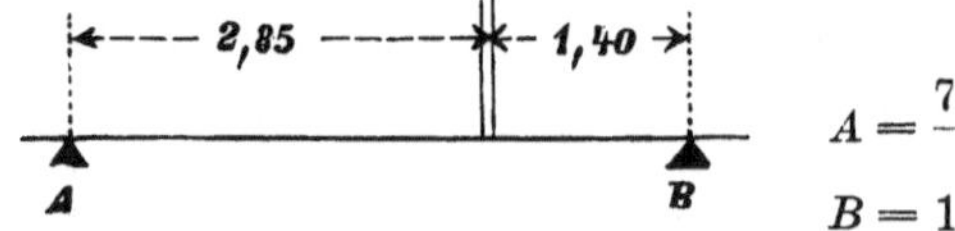

1) 0,40 m von B mit 2250 kg,
2) 2,20 m „ B „ 500 „
3) 2,40 m „ B „ 1000 „

zus. 3750 kg.

$$A = \frac{1}{4,40} \cdot \left\{ 2250 \cdot 0,40 + 500 \cdot 2,20 + 1000 \cdot 2,40 \right\} = 1000 \text{ kg},$$

$$B = 3750 - 1000 \ldots \ldots \ldots \ldots \ldots = 2750 \text{ kg}.$$

Von A aus gerechnet liegt der Bruchquerschnitt in dem Angriffspunkt der Belastung von 1000 kg, da diese gerade dem Auflagerdruck A gleich ist.

Erforderlich $\quad W = \dfrac{1000 \cdot 200}{875} = 228,6 \text{ cm}^3.$

Gewählt wird Profil $\mathbf{I}$ Nr. 21 mit $W_x = 244 \text{ cm}^3.$

(Von B aus gerechnet liegt der Bruchquerschnitt in dem Angriffspunkt der Last 500 kg, da hier 2250 kg + 500 kg gleich dem Auflagerdruck $B = 2750$ kg ist.

Erforderlich $W = \dfrac{2250 \cdot 40 + 500 \cdot 220}{875} = 228,6 \text{ cm}^3.$

Hier liegt also der Fall vor, dass an die Stelle eines Bruchpunkts eine Bruchstrecke tritt, und in der Tat ist jeder Punkt der Strecke von 0,20 m zwischen den 1000 kg und 500 kg gleich stark beansprucht.)

Beispiel 25. Ein Träger ist bei 4,25 m Freilänge zur Aufnahme einer undurchbrochenen 0,13 m starken Querwand von 8,25 m Höhe bestimmt. Ausserdem nimmt er 1,40 m von B, durch einen anderen Träger übermittelt, die halbe Last einer Trennungswand mit 4540 kg auf.

Die Belastung beträgt

1) gleichmässig 4,25 . 8,25 . 0,13 . 1600 kg = 4,25 . 1716 . = 7293 kg,
2) 1,40 m von B eine Einzellast . . . . = 4540 „

zus. 11 833 kg.

Auflagerdrucke:

$$A = \frac{7293}{2} + \frac{4540 \cdot 1,40}{4,25} = 5142 \text{ kg},$$

$$B = 11833 - 5142 = 6691 \text{ kg}.$$

Da das Gewicht des 1,40 m langen Wandteils 1,40 . 1716 kg = 2402 kg, so liegt der Bruchquerschnitt in dem Angriffspunkt der

Last 4540 kg, weil schon ein Teil dieser Last, nämlich 6691 — 2402 = 4289 kg hinreicht, um mit 2402 kg zusammen den Auflagerdruck $B = 6691$ kg zu ergeben (während der Rest der Einzellast 4540 — 4289 = 251 kg mit dem Gewicht des 2,85 m langen Wandteils von 7293 kg — 2402 kg = 4891 kg zusammen den Auflagerdruck $A = 5142$ kg ergibt.)

Da der Schwerpunkt des 1,40 m langen Wandteils in der Mitte, d. h. 0,70 m vom Auflager B liegt, so ist erforderlich

$$W = \frac{2402 \cdot 70 + 4289 \cdot 140}{875} = 878 \text{ cm}^3.$$

(Vom Auflager A aus gerechnet, wäre zu setzen:

Erforderlich $W = \dfrac{4891 \cdot 142,5 + 251 \cdot 285}{875} = 878 \text{ cm}^3.$)

Gewählt wird Profil Ⅰ Nr. 34 mit $W_x = 922 \text{ cm}^3$,

oder zwei Träger Ⅰ Nr. 27 mit $W_x = 2 \cdot 491 = 982 \text{ cm}^3$.

Auflagerplatten 25 cm . 25 cm genügen für beide Auflager.

Beispiel 26. Die hier skizzierten Träger liegen 4,10 m frei und werden von einer mit zwei Öffnungen versehenen, 39 cm starken Mittelwand belastet, die 0,95 m + 2 . 3,90 m = 8,75 m hoch ist. Gegen diese Wand sind dreimal zu beiden Seiten 1,50 m breite, $\frac{1}{2}$ Stein starke Gewölbekappen aus vollen Steinen gespannt, mit der für Wohnräume geltenden Gesamtlast (Eigengewicht + Nutzlast) = 750 kg/qm im Grundriss. Die beiden Öffnungen sind je 3,10 m hoch und 3,80 m breit.

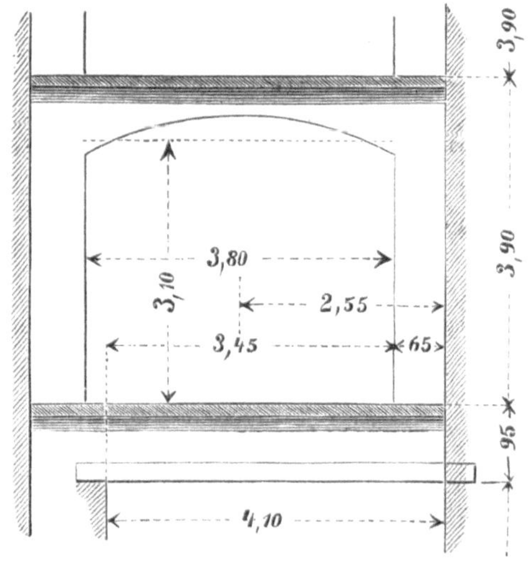

Die Belastung beträgt

1) gleichmässig über die ganze Trägerlänge

$$4{,}10 \cdot \left\{ 0{,}95 \cdot 0{,}39 \cdot 1600\,^{\mathrm{kg}} + 2 \cdot \frac{1{,}50}{2} \cdot 750\,^{\mathrm{kg}} \right\}$$

$$= 4{,}10 \cdot 1718\,^{\mathrm{kg}} = 7\,044\,^{\mathrm{kg}},$$

2) über $0{,}65\,^{\mathrm{m}}$ eine Streckenlast (da $\frac{3{,}80}{2} + 0{,}65 = 2{,}55\,^{\mathrm{m}}$)

$$2{,}55 \cdot \left\{ 2 \cdot 3{,}90 \cdot 0{,}39 \cdot 1600\,^{\mathrm{kg}} + 4 \cdot \frac{1{,}50}{2} \cdot 750\,^{\mathrm{kg}} \right\}$$

$$= 2{,}55 \cdot 7117\,^{\mathrm{kg}} \doteq 18\,148\,^{\mathrm{kg}}$$

abzüglich

$$2 \cdot \frac{3{,}80}{2} \cdot 3{,}10 \cdot 0{,}39 \cdot 1600\,^{\mathrm{kg}} = 1{,}90 \cdot 3869\,^{\mathrm{kg}} = 7\,351 \, _{,,} \quad = 10\,797 \, _{,,}$$

zus. $17\,841\,^{\mathrm{kg}}$.

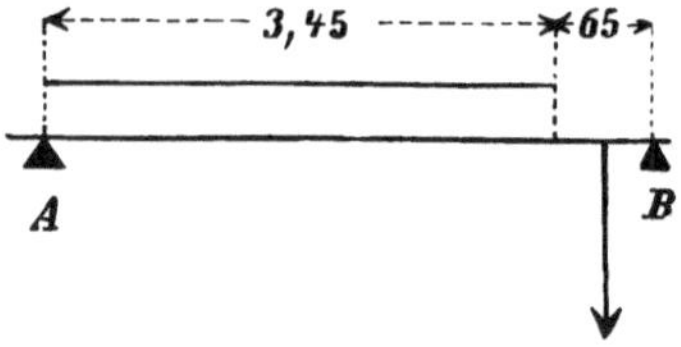

Auflagerdrucke:

$$A = \frac{7044}{2} + \frac{10\,797 \cdot 0{,}325}{4{,}10} = 4\,378\,^{\mathrm{kg}},$$

$$B = 17\,841 - 4378 \ldots = 13\,463\,^{\mathrm{kg}}.$$

Von der gleichmässigen Belastung kommt auf jedes Zentimeter der Trägerlänge $7044 : 410 = 17{,}18\,^{\mathrm{kg}}$. Der Bruchquerschnitt liegt da, wo die linksseitige Belastung gerade $4378\,^{\mathrm{kg}}$ ausmacht, also in einem Abstand vom Auflager A, der

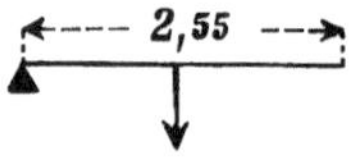

$$x = \frac{4378}{17{,}18} = 255\,^{\mathrm{cm}},$$ genauer $254{,}83\,^{\mathrm{cm}}$ beträgt.

Erforderlich $W = A \cdot \dfrac{x}{2} : k = \dfrac{4378 \cdot 127{,}5}{875} = 638\,^{\mathrm{cm^3}}$.

(Von der andern Seite gerechnet, würde sich ergeben, da $7404\,^{\mathrm{kg}} - 4378\,^{\mathrm{kg}} = 2666\,^{\mathrm{kg}}$ und $4{,}10 - 2{,}55 = 1{,}55\,^{\mathrm{m}}$ ist [oder auch, da $13\,463\,^{\mathrm{kg}} - 10\,797\,^{\mathrm{kg}} = 2666\,^{\mathrm{kg}}$ und $2666 : 17{,}18 = 155\,^{\mathrm{cm}}$, genauer $155{,}17\,^{\mathrm{cm}}$ ist], als erforderlich

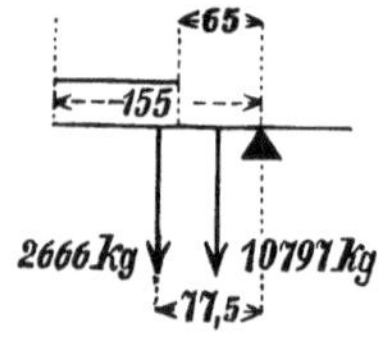

$$W = \frac{10\,797 \cdot 32{,}5 + 2666 \cdot 77{,}5}{875} = 637\,^{\mathrm{cm^3}}.$$

Der geringfügige und belanglose Unterschied der beiden W-Werte hat seinen Grund in der Abrundung von $254{,}83\,^{\mathrm{cm}}$ auf $255\,^{\mathrm{cm}}$ und $155{,}17\,^{\mathrm{cm}}$ auf $155\,^{\mathrm{cm}}$.)

Gewählt zwei Träger Ⅰ Nr. 24 mit $W_x = 2 \cdot 353 = 706\,^{\mathrm{cm^3}}$.[1]

---

[1] Ist aufgehendes Mauerwerk zu tragen, wie bei Mittelwand-Unterzügen und Frontwandträgern, so werden fast immer zwei oder mehrere Träger nebeneinander verlegt, weil das aufzuführende Mauerwerk eine genügend breite Lagerfläche bedingt und weil ein Träger allein vielfach sehr grosse, praktisch nicht zu beschaffende Abmessungen erfordern würde. Auch Unterzüge für Deckenträger und Balkenlagen werden gewöhnlich aus zwei nebeneinander liegenden Trägern hergestellt (deren Wandauflager durch eine gemeinsame, gusseiserne Unterlagsplatte zu bilden sind, s. S. 11, unten). Den Holzbalken soll hierdurch eine Auflagerlänge verschafft werden, die möglichst gleich der Höhe der Balken ist.

Rechtsseitig eine Auflagerplatte von $35 \cdot 35 = 1225$ qcm, linksseitig eine solche von $35 \cdot 20 = 700$ qcm; sie genügen, da die erforderlichen Auflagerflächen $\dfrac{13463}{11} = 1224$ qcm und $\dfrac{4378}{11} = 398$ qcm sind.

Das letzte Beispiel gibt Anlass zu einer in manchen Fällen zu verwertenden

Bemerkung. Für die Zentimeterzahl 255 lässt sich der Wert $\dfrac{100 \cdot 4378}{1718}$, also für die halbe Zentimeterzahl der Wert $\dfrac{100 \cdot 4378}{2 \cdot 1718}$ setzen. Hiernach ist erforderlich

$$W = \frac{4378 \cdot 100 \cdot 4378}{2 \cdot 875 \cdot 1718} \quad \text{oder} \quad W = \frac{100 \cdot 4378^2}{2 \cdot 875 \cdot 1718} = 638 \text{ cm}^3.$$

$$\textit{Formel: } W = \frac{100 \cdot A^2}{2 \cdot k \cdot q}.$$

Ferner, da $4{,}10 \cdot 1718$ kg $= 7044$ kg ist, so lässt sich $\dfrac{410}{7044}$ für $\dfrac{100}{1718}$ setzen. Man kann also auch schreiben

$$W = \frac{4378^2 \cdot 410}{2 \cdot 875 \cdot 7044} = 638 \text{ cm}^3.$$

$$\textit{Formel: } W = \frac{A^2 \cdot l}{2 \cdot k \cdot Q}.$$

Diese Formeln machen also in entsprechenden Fällen die Berechnung der Lage des Bruchquerschnitts entbehrlich.

Übrigens kann der den Formeln zu Grund liegende Gedanke, die Ermittlung der Lage des Bruchquerschnitts entbehrlich zu machen, auch verwertet werden, wenn zwischen der den Bruchpunkt enthaltenden Strecke und dem Auflager noch eine oder mehrere anderweitige Lasten liegen.

Will man z. B. im vorliegenden Fall eine Probe-Berechnung vom Auflager B aus anstellen, so ist, da

$$13463 \text{ kg} - 10797 \text{ kg} = 2666 \text{ kg},$$

erforderlich $\quad W = \dfrac{10797 \cdot 32{,}5}{875} + \dfrac{100 \cdot 2666^2}{2 \cdot 875 \cdot 1718} = 638 \text{ cm}^3.$

Erweiterte Anwendung der letzten Formeln werden die folgenden Beispiele ergeben.

Beispiel 27. Ein $4{,}00$ m frei liegender Träger wird, entsprechend der folgenden Skizze, durch eine $4{,}20$ m $+ 4{,}00$ m $+ 3{,}80$ m hohe, 13 cm starke Wand belastet, die in jedem Geschoss eine Tür von $1{,}20$ m $\cdot 2{,}20$ m hat. Der Träger erhält

1) über 1,90 m eine Streckenlast von

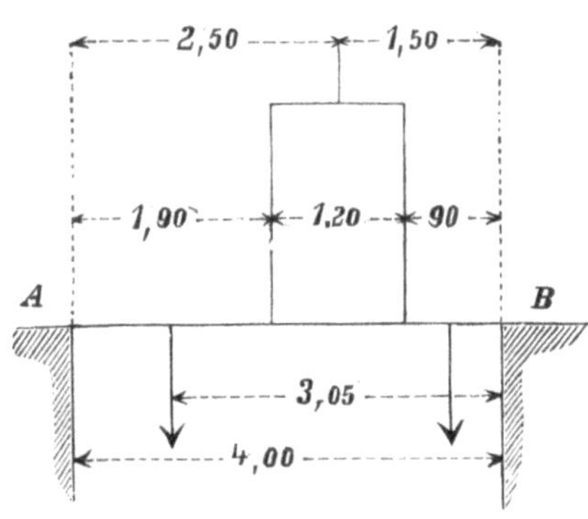

$[2,50 . (4,20 + 4,00 + 380)$
$— 3 . 0,60 . 2,20] . 0,13$
$. 1600^{kg} . . . = 5416^{kg},$

2) über 0,90 m eine Streckenlast von
$[1,50 . (4,20 + 4,00$
$+ 3,80) — 3 . 0,60$
$. 2,20] . 0,13$
$. 1600^{kg} . . . = 2920 \text{ „}$

zus. 8336 kg.

Auflagerdruck $A = \dfrac{1}{4,00} \cdot \left\{ 2920 . 0,45 + 5416 . 3,05 \right\} = 4458^{kg},$

„ $\qquad B = 8336 — 4458 . . . . = 3878^{kg}.$

Der Bruchquerschnitt liegt $\dfrac{4458}{5416} \cdot 1,90 = 1,564^{m}$ von A.

Erforderlich $\qquad W = \dfrac{4458 . 78,2}{875} = 398^{cm^3}.$

[Ohne Berechnung des Bruchquerschnitts ergibt sich als erforderlich

$$W = \dfrac{4458^2 . 190}{2 . 875 . 5416} = 398^{cm^3}.]$$

Gewählt Normal-Profil I Nr. 25 mit $W_x = 396^{cm^3}.$

Auflagerplatten 25 cm . 20 cm genügen reichlich.

Beispiel 28. Ein 4,80 m frei liegender Träger hat zwei halbe Kappen von je 1,60 m Breite (aus porigen Steinen mit Wohnraum-Belastung, Gesamtgewicht 600 kg/qm im Grundriss) und eine nach Skizze durchbrochene Wand, 0,13 m stark, aus porigen Lochsteinen (Gewicht 1100 kg/cbm) durch zwei Geschosse, 3,90 und 3,80 m hoch, zu tragen. Die Türen im zweiten Geschoss entsprechen denen im ersten Geschoss, und sind wie diese 2,20 m hoch.

Die Belastung beträgt

1) gleichmässig über die ganze Trägerlänge

$$4{,}80 \cdot 2 \cdot \frac{1{,}60}{2} \cdot 600^{\,kg} = 4{,}80 \cdot 960^{\,kg} \quad \ldots \ldots \ldots \quad = 4608^{\,kg},$$

2) Streckenlast auf $1{,}00^{\,m}$

$$[1{,}55 \cdot (3{,}90 + 3{,}80) - 2 \cdot 0{,}55 \cdot 2{,}20] \cdot 0{,}13 \cdot 1100^{\,kg} = 1361 \; _{\shortparallel}$$

3) Streckenlast auf $1{,}40^{\,m}$

$$[2{,}50 \cdot (3{,}90 + 3{,}80) - 2 \cdot 1{,}10 \cdot 2{,}20] \cdot 0{,}13 \cdot 1100^{\,kg} = 2061 \; _{\shortparallel}$$

4) Streckenlast auf $0{,}20^{\,m}$

$$[0{,}75 \cdot (3{,}90 + 3{,}80) - 2 \cdot 0{,}55 \cdot 2{,}20] \cdot 0{,}13 \cdot 1100^{\,kg} = \quad 480 \; _{\shortparallel}$$

$$\text{zus. } 8510^{\,kg}.$$

$$A = \frac{4608}{2} + \frac{1}{4{,}80} \cdot \left\{ 480 \cdot 0{,}10 + 2061 \cdot 2{,}00 + 1361 \cdot 4{,}30 \right\} = 4392^{\,kg},$$

$$B = 8510 - 4392 \quad \ldots \ldots \ldots \ldots \ldots \quad = 4118^{\,kg}.$$

Zur Bestimmung des Bruchquerschnitts dient:

Gleichmässige Last bis zum mittleren Pfeiler $2{,}10 \cdot 960^{\,kg} = 2016^{\,kg}$,

$\quad\quad_{\shortparallel} \quad\quad\quad _{\shortparallel}$ auf diesem Pfeiler $\;.\; .\; 1{,}40 \cdot 960^{\,kg} = 1344 \; _{\shortparallel}$

Restlast $.\; .\; .\; .\; .\; .\; .\; .\; .\; .\; .\; .\; 1{,}30 \cdot 960^{\,kg} = 1248 \; _{\shortparallel}$

$$\text{zus. } 4608^{\,kg}.$$

Da $2061^{\,kg} + 1344^{\,kg} = 3405^{\,kg}$, ferner

$$4392^{\,kg} - (2016^{\,kg} + 1361^{\,kg}) = 1015^{\,kg},$$

so liegt der Bruchquerschnitt

$$2{,}10 + \frac{1015}{3405} \cdot 1{,}40 = 2{,}10 + 0{,}42 = 2{,}52^{\,m}$$

vom Auflager A. Erforderlich ist, da
$210 + \frac{1}{2} \cdot 42 = 231^{\,cm}$,

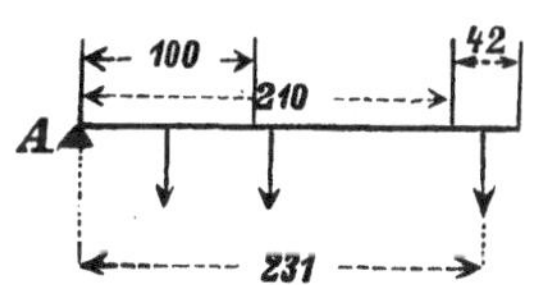

$$W = \frac{1361 \cdot 50 + 2016 \cdot 105 + 1015 \cdot 231}{875} = 588^{\,cm^3}.$$

Vom Auflager B aus gerechnet
ergibt sich, da

$$3405^{\,kg} - 1015^{\,kg} = 2390^{\,kg},$$

$$1{,}40^{\,m} - 0{,}42^{\,m} = 0{,}98^{\,m} \text{ und}$$

$$20 + 110 + \frac{1}{2} \cdot 98 = 179^{\,cm},$$

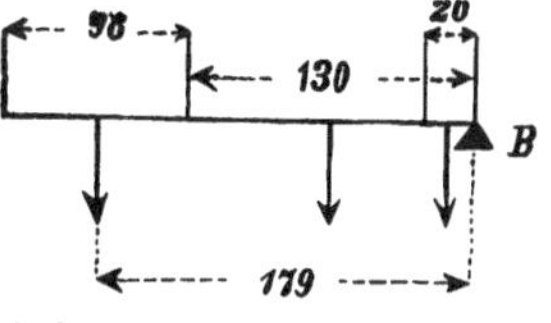

$$W = \frac{480 \cdot 10 + 1248 \cdot 65 + 2390 \cdot 179}{875} = 588^{\,cm^3}.$$

[Ohne Ermittlung der Lage des Bruchquerschnitts ist erforderlich, wenn gerechnet wird

von A aus:

$$W = \frac{1361 \cdot 50 + 2016 \cdot 105 + 1015 \cdot 210}{875} + \frac{1015^2 \cdot 140}{2 \cdot 875 \cdot 3405} = 588^{\,cm^3},$$

von B aus:

$$W = \frac{480 \cdot 10 + 1248 \cdot 65 + 2390 \cdot 130}{875} + \frac{2390^2 \cdot 140}{2 \cdot 875 \cdot 3405} = 588 \text{ cm}^3.]$$

Gewählt Profil $\mathbf{I}$ Nr. 29 mit $W_x = 594$ cm³.

Auflagerplatten 20 cm . 20 cm = 400 qcm können 400 . 11 kg = 4400 kg tragen und genügen also.

———

Beispiel 29. Bei einer massiven Treppe, bei der die Kappen der Läufe zwischen je zwei Podestträger gewölbt (also Wangenträger überflüssig) sind, werden die Podestträger so berechnet, als ob sie ausser der halben Podestkappe nur den aufsteigenden Lauf, diesen aber mit seinem ganzen Gewicht zu tragen hätten, während vom absteigenden Lauf angenommen wird, dass von ihm der Träger nur einen Horizontalschub aufnimmt, der durch den Schub der Podestkappe ausgeglichen wird.

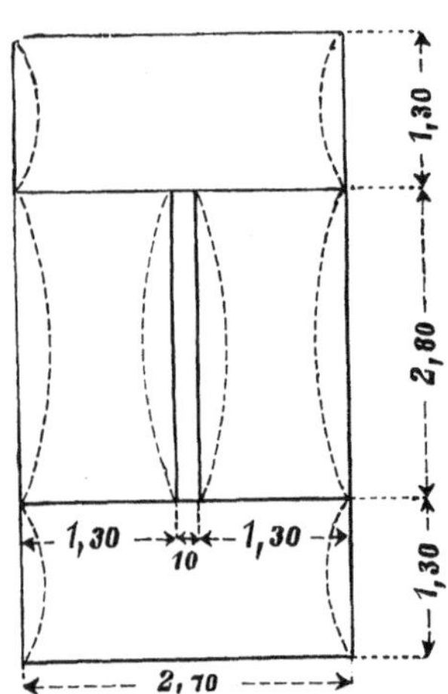

Die Berechnung der Podestträger der nebenskizzierten Treppe gestaltet sich daher wie folgt. (Etwaige Podestträger an der Wand s. S. 19.)

Belastung des 2,70 m frei liegenden Trägers bei 1000 kg/qm Gesamtlast (vrgl. Beispiel 19 auf S. 17)

1) gleichmässig $2,70 \cdot \dfrac{1,30}{2} \cdot 1000$ kg $= 2,70 \cdot 650$ kg . . $= 1755$ kg,

2) über 1,30 m: $1,30 \cdot 2,80 \cdot 1000$ kg $= 1,30 \cdot 2800$ kg . . $= 3640$ „

zus. 5395 kg.

Auflagerdruck links

$$A = \frac{1755}{2} + \frac{3640 \cdot 0,65}{2,70} \quad . = 1754 \text{ kg,}$$

rechts $B = 5395 - 1754$ . . $= 3641$ kg.

Der Bruchquerschnitt liegt

$$x = \frac{3641}{\dfrac{1755}{270} + \dfrac{3640}{130}} = \frac{3641}{6,50 + 28,00} = 106 \text{ cm}$$

vom rechten Auflager B entfernt.

Erforderlich $W = \dfrac{B \cdot x}{2k} = \dfrac{3641 \cdot 106}{2 \cdot 875} = 220$ cm³.

[Ohne Ermittlung der Lage des Bruchquerschnitts ist erforderlich

$$W = \frac{100 \cdot 3641^2}{2 \cdot 875 \cdot (650 + 2800)} = 219 \text{ cm}^3,$$

was genauer ist als der durch die Abrundung des Bruchquerschnittmasses beeinflusste Wert.]

Gewählt Profil I Nr. 21 mit $W_x = 244$ cm³.

Auflagerplatten 20 cm . 20 cm genügen reichlich.

Für einen Podestträger, der keinen aufsteigenden Lauf zu tragen hat, ist ausser der halben Podestkappe $1/_3$ des Gewichts des absteigenden Laufes als Streckenlast anzunehmen.

Für Podestträger von Treppen, deren Läufe aus frei tragenden Werksteinstufen hergestellt sind, ist die Berechnungsweise der Podestträger dieselbe wie für die vorigen Treppen mit steigenden Laufkappen, jedoch kann hier der absteigende Lauf stets, auch wenn kein aufsteigender Lauf auf dem Träger lastet, unberücksichtigt bleiben.

Beispiel 30. Der nebenstehend skizzierte Träger über einer Schaufensteröffnung trägt die durchbrochene Frontwand in Höhe und Stärke: Erdgeschoss 0,80 m hoch (bis Balkenoberkante), 0,65 m stark, I. Obergeschoss 4,25 m und II. Obergeschoss 4,05 m hoch, je 0,52 m stark, III. Obergeschoss 3,85 m und IV. Obergeschoss 3,75 m hoch, je 0,39 m stark, Drempel 1,80 m hoch, 0,26 m stark. Die Fensterbrüstungen werden 0,80 m hoch und ebenso stark gerechnet wie die Fensterpfeiler, wofür in den Fensterweiten von 1,30 m die Anschläge unberücksichtigt bleiben sollen. Die Fensterhöhen sind 2,65 m, 2,45 m, 2,25 m und 2,15 m (Dachfenster vernachlässigt). Die Balken haben eine Freilänge: I. Obergeschoss 5,60 m, II. und III. Obergeschoss

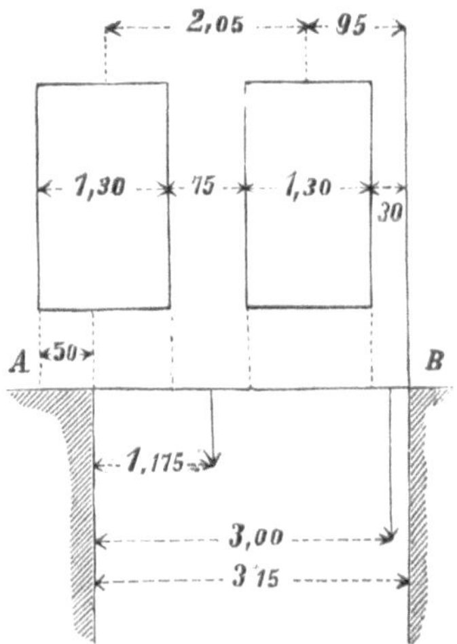

5,80 m, IV. Obergeschoss und Drempel 5,93 m. Die letztere Freilänge gilt auch für das Dach. Die gesamte Belastung der Balkendecken wird für alle Obergeschosse zu 500 kg/qm und die Dachlast zu 250 kg/qm im Grundriss, also gleich der halben Deckenlast gerechnet. Hiernach ergibt sich folgende Belastung:

1) gleichmässig

$$3,15 \cdot \left\{[0,80 \cdot 0,65 + 0,80 \cdot 0,52] \cdot 1600^{\,kg} + \frac{5,60}{2} \cdot 500^{\,kg}\right\}$$
$$= 3,15 \cdot 2898^{\,kg} = \quad 9\,129^{\,kg},$$

2) über $0,75^{\,m}$

$$2,05 \cdot \left\{[(4,25 - 0,80 + 4,05) \cdot 0,52 + (3,85 + \underline{3},75) \cdot 0,39 \right.$$
$$\left. + 1,80 \cdot 0,26] \cdot 1600^{\,kg} + \frac{2 \cdot 5,80 + 2^{1}/_{2} \cdot 5,93}{2} \cdot 500^{\,kg}\right\}$$
$$= 2,05 \cdot 18\,337^{\,kg} = 37\,591^{\,kg}$$

hiervon ab $2 \cdot \dfrac{1,30}{2} \cdot \left\{[(2,65 + 2,45) \cdot 0,52 + \right.$

$(2,25 + 2,15) \cdot 0,39] \cdot 1600^{\,kg}\big\} = 1,30 \cdot 6989^{\,kg} = 9086$ „ $\quad = 28\,505$ „

3) über $0,30^{\,m}$ $\quad 0,95 \cdot 18\,337^{\,kg} - {}^{1}/_{2} \cdot 9086^{\,kg}$ . . . . . $= 12\,877$ „

zus. $50\,511^{\,kg}$.

Auflagerdrucke:

$$B = \frac{9129}{2} + \frac{1}{3,15} \cdot \left\{28\,505 \cdot 1,175 + 12\,877 \cdot 3,00\right\} = 27\,461^{\,kg},$$

$$A = 50\,511 - 27\,461 \quad . \quad . \quad . \quad . \quad . \quad . \quad . \quad . \quad . \quad = 23\,050^{\,kg}.$$

Es ist $0,80 \cdot 2898^{\,kg} = 2318^{\,kg}$ und $0,75 \cdot 2898^{\,kg} = 2174^{\,kg}$, ferner $28\,505 + 2174 = 30\,679^{\,kg}$; daher liegt der Bruchquerschnitt unter dem $0,75^{\,m}$ breiten Pfeiler, u. zw., weil $23\,050 - 2318 = 20\,732$ kg, $\dfrac{20\,732}{30\,679} \cdot 0,75^{\,m} = 0,51^{\,m}$ von der linksseitigen Kante desselben, d. i. $0,80^{\,m} + 0,51^{\,m} = 1,31^{\,m}$ vom Auflager A. Erforderlich ist, da ${}^{1}/_{2} \cdot 80 = 40^{\,cm}$ und $80 + {}^{1}/_{2} \cdot 51 = 105,5^{\,cm}$,

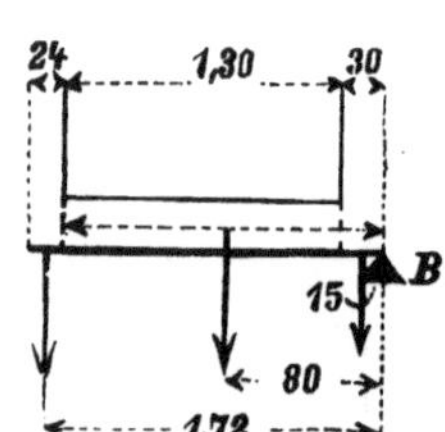

$$W = \frac{2318 \cdot 40 + 20\,732 \cdot 105,5}{875} = 2606^{\,cm^3}.$$

Vom rechtsseitigen Auflager ab gerechnet hätte sich ergeben, da $9129 - (2318 + 2174) = 4637^{\,kg}$ und $30\,679^{\,kg} - 20\,732^{\,kg} = 9947^{\,kg}$,

$$W = \frac{12\,877 \cdot 15 + 4637 \cdot 80 + 9947 \cdot 172}{875}$$
$$= 2600^{\,cm^3}.$$

Der belanglose Unterschied gegen den anderen Wert $W = 2606^{\,cm^3}$ hat seinen Grund darin, dass das Mass $0,51^{\,m}$ um etwa ${}^{1}/_{3}^{\,cm}$ aufwärts abgerundet ist.

[Ohne Ermittlung der Lage des Bruchquerschnitts ergibt sich als erforderlich, von A aus gerechnet,

$$W = \frac{2318 \cdot 40 + 20\,732 \cdot 80}{875} + \frac{20\,732^2 \cdot 75}{2 \cdot 875 \cdot 30\,679} = 2601^{\,cm^3},$$

und von B aus gerechnet,

$$W = \frac{12877 \cdot 15 + 4637 \cdot 80 + 9947 \cdot 160}{875} + \frac{9947^2 \cdot 75}{2 \cdot 875 \cdot 30679} = 2601 \, ^{\mathrm{cm^3}}.]$$

Gewählt drei Träger des Profils I Nr. 34, die zusammen $W_x = 3 \cdot 922 = 2766 \, ^{\mathrm{cm^3}}$ ergeben.

Auflagerplatten von $64 \cdot 38 = 2432 \, ^{\mathrm{qcm}}$ genügen, da das Zement-Mauerwerk des Auflagers B einen Druck von $\frac{27461}{2432} = $ rd. $11 \, ^{\mathrm{kg}}/_{\mathrm{qcm}}$ und das bei A weniger als $11 \, ^{\mathrm{kg}}/_{\mathrm{qcm}}$ erhält.

––––––––

Es wird oft bei Schaufenstern sich als untunlich erweisen, das gesamte Widerstandsmoment auf mehrere gleich hohe Träger zu verteilen, da hierdurch die Anbringung der Rollkästen erschwert wird. Im Fall des letzten Beispiels kann diese Schwierigkeit leicht umgangen werden, indem man für die Balken über Erdgeschoss und die Mauerwerks-Verstärkung von $0{,}13\,^{\mathrm{m}}$ daselbst einen besonderen Träger anordnet.

Dieser $3{,}15\,^{\mathrm{m}}$ frei liegende Träger wird belastet mit

$$3{,}15 \cdot \left\{ 0{,}80 \cdot 0{,}13 \cdot 1600\,^{\mathrm{kg}} + \frac{5{,}60}{2} \cdot 500\,^{\mathrm{kg}} \right\} = 3{,}15 \cdot 1566{,}4\,^{\mathrm{kg}} = 4934\,^{\mathrm{kg}}.$$

Hierfür erforderlich $W = \dfrac{4934 \cdot 315}{8 \cdot 875} = 222 \, ^{\mathrm{cm^3}}$,

Gewählt Normal-Profil I Nr. 21 mit $W_x = 244 \, ^{\mathrm{cm^3}}$.

Die Belastung der übrigen Träger beträgt mithin
$$50511\,^{\mathrm{kg}} - 4934\,^{\mathrm{kg}} = 45577\,^{\mathrm{kg}},$$
mit den Auflagerdrucken
$$A = 23050\,^{\mathrm{kg}} - \frac{4934\,^{\mathrm{kg}}}{2} = 20583\,^{\mathrm{kg}},$$
$$B = 27461\,^{\mathrm{kg}} - \frac{4934\,^{\mathrm{kg}}}{2} = 24994\,^{\mathrm{kg}}.$$

Soll die Bruchquerschnittsbestimmung vermieden werden, so folgt, da die gleichmässige Last für 1 lfd. m der Trägerlänge $1{,}0 \cdot (0{,}80 + 0{,}80) \cdot (0{,}65 - 0{,}13) \cdot 1600\,^{\mathrm{kg}} = 1{,}60 \cdot 0{,}52 \cdot 1600\,^{\mathrm{kg}} = 1331\,^{\mathrm{kg}}$,

$$0{,}80 \cdot 1331\,^{\mathrm{kg}} = 1065\,^{\mathrm{kg}}, \qquad 0{,}75 \cdot 1331\,^{\mathrm{kg}} = 998\,^{\mathrm{kg}},$$
$$1{,}60 \cdot 1331\,^{\mathrm{kg}} = 2130\,^{\mathrm{kg}}, \text{ zus. also } 1065 + 998 + 2130 = 4193\,^{\mathrm{kg}},$$
[mithin $4193 + 4934 = 9127\,^{\mathrm{kg}}$, was gegen $9129\,^{\mathrm{kg}}$ einen sich durch die Abrundungen erklärenden Unterschied von $2\,^{\mathrm{kg}}$ ausmacht] und
$$20583\,^{\mathrm{kg}} - 1065\,^{\mathrm{kg}} = 19518\,^{\mathrm{kg}} \text{ und } 28505\,^{\mathrm{kg}} + 998\,^{\mathrm{kg}} = 29503\,^{\mathrm{kg}},$$
als erforderlich, von A aus gerechnet,

$$W = \frac{1065 \cdot 40 + 19518 \cdot 80}{875} + \frac{19518^2 \cdot 75}{2 \cdot 875 \cdot 29503} = 2386 \, ^{\mathrm{cm^3}},$$

oder von B aus gerechnet, da $24\,994 - (12\,877 + 2130) = 9987\ ^{kg}$,

$$W = \frac{12\,877 \cdot 15 + 2130 \cdot 80 + 9987 \cdot 160}{875} + \frac{9987^2 \cdot 75}{2 \cdot 875 \cdot 29\,503} = 2386\ ^{cm^3}.$$

[Angenähert ergibt sich aus dem auf voriger Seite erforderlichen $W = 2601\ ^{cm^3}$ und dem für den Balkenträger $\mathbf{I}$ Nr. 21 erforderlichen $W = 222\ ^{cm^3}$ das hier erforderliche

$$W = 2601 - 222 = 2379\ ^{cm^3}.]$$

Es werden daher neben dem Balkenträger verwendet drei Träger des Profils $\mathbf{I}$ Nr. 34 mit

$$W_x = 3 \cdot 922 = 2766\ ^{cm^3}.$$

Diese drei Träger können über dem Rollkasten liegen. Auflagerplatten von $55\ ^{cm} \cdot 40\ ^{cm}$ genügen.

Beispiel 31. Die 2,80 m frei liegenden Träger über einer Schaufensteröffnung werden, der Skizze entsprechend, durch die Frontwand sowie mit Balken- und Dachlast belastet. Ausserdem nehmen die Träger, 1,50 m vom linken Auflager A entfernt, einen

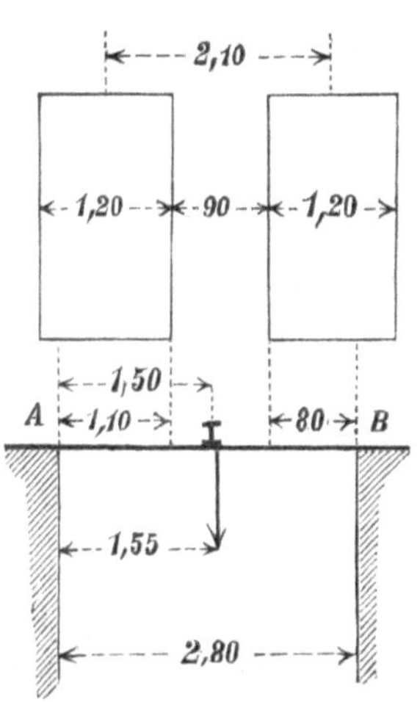

Querträger auf, der eine aus porigen Ziegeln durch alle Obergeschosse gehende Querwand trägt, in deren Mitte in jedem Geschoss eine Flügeltür von $1,0\ ^m \cdot 3,00\ ^m$ angeordnet ist. Im übrigen mögen die Höhen, Tiefen und Stärken völlig übereinstimmen mit denen des vorigen Beispiels, mit Ausnahme im Erdgeschoss, wo statt 0,80 m nur 0,40 m Mauerwerkshöhe gerechnet werden soll.

Bei der vorhandenen geringen Konstruktionshöhe ist es nicht möglich, den Querwandträger über den Frontträgern anzuordnen; er muss an den inneren Frontträger mittels Winkeleisen-Laschen und Niete angeschlossen werden. Dieser innere Frontträger wird ausser durch den Querwandträger durch die 0,13 m betragende Mauerwerks-Verstärkung und die Balken über Erdgeschoss (2 Halbhölzer, 2 Balken) belastet; die Balken finden in an den Trägersteg genieteten Schuhen aus 1 ^{cm} starkem Eisenblech ein genügendes Auflager, dessen Länge gleich ist der Balkenhöhe.

Da die Berechnung für den Querwandträger ein zu hohes, zwischen den Balken der Erdgeschossdecke nicht unterzubringendes

Profil ergibt (Tür in der Querwand!), so soll der Träger die Querwand nur im I. und II. Obergeschoss tragen, und für die Wand im III. und IV. Geschoss ein zweiter Querwandträger angeordnet werden. Hiernach ergibt sich:

Der untere Querwandträger, über dem Erdgeschoss $5,60^{\,m}$ frei liegend. Belastung

$$\left[5,60 \cdot (4,25 + 4,05) - 2 \cdot 1,50 \cdot 3,00\right] \cdot 0,13 \cdot 1300^{\,kg} = 6334^{\,kg}.$$

$5,60 - 1,50 = 4,10^{\,m}$. Daher erforderlich (s. S. 15, unten)

$$W = \frac{6334 \cdot 410}{8 \cdot 875} = 371^{\,cm^3}.$$

Gewählt Profil $\mathbf{I}$ Nr. 25 mit $W_x = 396^{\,cm^3}$.

Auflagerlänge $27^{\,cm}$, so dass der Träger bei $11^{\,cm}$ Flanschbreite $27 \cdot 11 \cdot 11^{\,kg} = 3267^{\,kg}$ auf das Zementmauerwerk übertragen kann, also in Wirklichkeit nur $\dfrac{^1/_2 \cdot 6334}{3267} \cdot 11^{\,kg}/_{qcm} = 10,7^{\,kg}/_{qcm}$ überträgt.

Der obere Querwandträger, über dem II. Obergeschoss $5,80^{\,m}$ frei liegend. Belastung

$$\left[5,80 \cdot (3,85 + 3,75) - 2 \cdot 1,50 \cdot 3,00\right] \cdot 0,13 \cdot 1300^{\,kg} = 5929^{\,kg}.$$

$5,80 - 1,50 = 4,30^{\,m}$. Daher erforderlich (s. S. 15, unten)

$$W = \frac{5929 \cdot 430}{8 \cdot 875} = 364^{\,cm^3}.$$

Gewählt Profil $\mathbf{I}$ Nr. 25 mit $W_x = 396^{\,cm^3}$.

Auflagerlänge $25^{\,cm}$ genügt, da $25 \cdot 11 \cdot 11^{\,kg} = 3025^{\,kg}$ ist.

Der innere Frontträger, $2,80^{\,m}$ frei liegend. Belastung

1) gleichmässig verteilt

$$2,80 \cdot \left\{ 0,40 \cdot 0,13 \cdot 1600^{\,kg} + \frac{5,60}{2} \cdot 500^{\,kg} \right\} = 2,80 \cdot 1483^{\,kg} = 4152^{\,kg},$$

2) durch den unteren Querwandträger eine Einzellast von

$$^1/_2 \cdot 6334^{\,kg} \quad \ldots \ldots \ldots \ldots \ldots \ldots \ldots \ldots = 3167 \text{ „}$$

$$\text{zus. } 7319^{\,kg}.$$

$$\text{Auflagerdruck } B = \frac{4152}{2} + \frac{3167 \cdot 1,50}{2,80} = 3773^{\,kg},$$

$$A = 7319 - 3773 = 3546^{\,kg}.$$

Da $1,50 \cdot 1483^{\,kg} = 2225^{\,kg}$ und $3546^{\,kg} - 2225^{\,kg} = 1321^{\,kg}$, so ist

erforderlich $W = \dfrac{2225 \cdot 75 + 1321 \cdot 150}{875} = 417^{\,cm^3}.$

Gewählt Profil $\mathbf{I}$ Nr. 26 mit $W_x = 441^{\,cm^3}$.

Die übrigen Frontträger, $2,80^{\,m}$ frei liegend. Belastung

1) gleichmässig verteilt

$$2{,}80 \cdot \left[\, 0{,}40 + 0{,}80 \,\right] \cdot 0{,}52 \cdot 1600^{\,kg} = 2{,}80 \cdot 998^{\,kg} \;\; . \;\; . \;\; = \;\; 2795^{\,kg},$$

2) auf der Strecke $0{,}90^{\,m}$ (s. Beispiel 30 auf S. 34)

$$2{,}10 \cdot 18\,337^{\,kg} = 38\,508^{\,kg},$$

hiervon ab $1{,}20 \cdot 6\,989 \;\;_{,,} = 8387 \;\;_{,,}$

$$= 30\,121^{\,kg},$$

$+$ oberer Zwischenwandträger $^1\!/_2 \cdot 5929^{\,kg} = 2965 \;\;_{,,}$

$$= 33\,086 \;\;_{,,}$$

zus. $35\,881^{\,kg}.$

$$\text{Auflagerdruck } B = \frac{2795}{2} + \frac{33\,086 \cdot 1{,}55}{2{,}80} = 19\,713^{\,kg},$$

$$A = 35\,881 - 19\,713 \;\; . \;\; . \;\; = 16\,168^{\,kg}.$$

Da $1{,}10 \cdot 998 = 1098^{\,kg}$ und $0{,}80 \cdot 998^{\,kg} = 798^{\,kg}$, so fällt auf die mittleren $0{,}90^{\,m}$ eine Belastung von $35\,881 - (1098 + 798) = 33\,985^{\,kg};$ $16\,168^{\,kg} - 1098^{\,kg} = 15\,070^{\,kg},$ $\frac{15\,070}{33\,985} \cdot 0{,}90 = 0{,}40^{\,m}.$ Daher liegt der Bruchquerschnitt $1{,}10 + 0{,}40 = 1{,}50^{\,m}$ vom Auflager A.

Erforderlich, von A aus gerechnet,

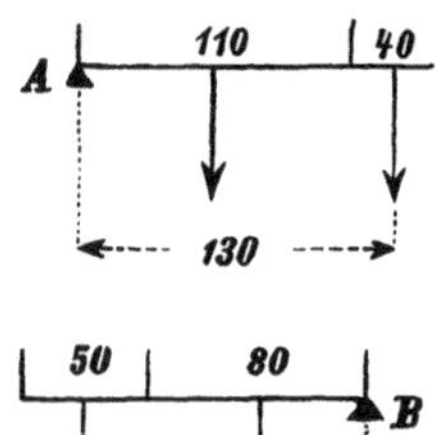

$$W = \frac{1098 \cdot 55 + 15\,070 \cdot 130}{875} = 2308^{\,cm^3},$$

von B aus gerechnet, da $19\,713 - 798 = 18\,915^{\,kg},$

$$W = \frac{798 \cdot 40 + 18\,915 \cdot 105}{875} = 2307^{\,cm^3}.$$

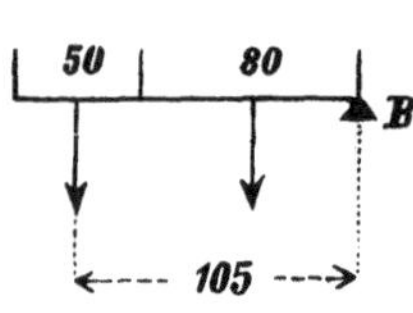

[Oder, ohne Bestimmung des Bruchquerschnitts, von A aus gerechnet, erforderlich

$$W = \frac{1098 \cdot 55 + 15\,070 \cdot 110}{875} + \frac{15\,070^2 \cdot 90}{2 \cdot 875 \cdot 33\,985} = 2307^{\,cm^3},$$

von B aus gerechnet,

$$W = \frac{798 \cdot 40 + 18\,915 \cdot 80}{875} + \frac{18\,915^2 \cdot 90}{2 \cdot 875 \cdot 33\,985} = 2307^{\,cm^3}.]$$

Gewählt drei Träger des Profils $\mathbf{I}$ Nr. 32 mit $W_x = 3 \cdot 781 = 2343^{\,cm^3}.$

Für den rechtsseitigen Auflagerdruck der vier Frontträger $B = 19\,713 + 3773 = 23\,486^{\,kg}$ ist eine Unterlagsplatte von $64 \cdot 35 = 2240^{\,qcm}$ Fläche anzuordnen, die $2240 \cdot 11 = 24\,640^{\,kg}$ übertragen kann; für den linksseitigen Auflagerdruck $A = 16\,168 + 3546 = 19\,714^{\,kg}$ genügt eine Platte von $64 \cdot 30 = 1920^{\,qcm}.$

Beispiel 32. Die Belastung der $2{,}75^{\,m}$ frei liegenden Träger über einer Schaufensteröffnung ist der Skizze entsprechend

verteilt. Die Höhen, Tiefen und Stärken sind denen des Beispiels 30 (vrgl. S. 33, unten) gleich, mit einziger Ausnahme der Mauerwerkshöhe im Erdgeschoss, die statt 0,80 m nur 0,50 m beträgt.

Für die Balkenlage über Erdgeschoss (und die Mauerwerks-
Verstärkung von 0,13 m) ist ein be-
sonderer Träger angeordnet, der belastet wird gleichmässig mit

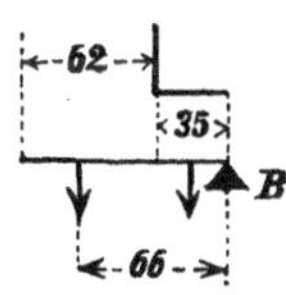

$$2,75 \cdot \left\{ 0,50 \cdot 0,13 \cdot 1600^{\,kg} + \frac{5,60}{2} \right.$$
$$\left. \cdot 500^{\,kg} \right\} = 2,75 \cdot 1504^{\,kg} = 4136^{\,kg}.$$

Erforderlich $\quad W = \dfrac{4136 \cdot 275}{8 \cdot 875} = 162{,}5^{\,cm^3}.$

Gewählt Profil I Nr. 18 mit $W'_x = 161^{\,cm^3}$, das noch als ausreichend erachtet werden darf, weil die Differenz 162,5 — 161 noch
nicht 1 v. H. (Prozent) von 162,5 beträgt.

Die Belastung der übrigen Träger ergibt sich wie folgt:
1) gleichmässig verteilt
$$2,75 \cdot [0,50 + 0,80] \cdot 0,52 \cdot 1600^{\,kg} = 2,75 \cdot 1082^{\,kg} = \quad 2976^{\,kg},$$
2) links auf 0,35 m eine Streckenlast (vrgl. Bei-
spiel 30 auf S. 34)
$$0,975 \cdot 18337^{\,kg} = 17879^{\,kg},$$
$$\text{hiervon ab } \frac{1,25}{2} \cdot \; 6989^{\,kg} = 4368 \text{ „ } = 13511 \text{ „}$$
3) auf 0,80 m eine Streckenlast von 2,05 . 18337 kg
$$- 2 \cdot 4368^{\,kg} = 37591 - 8736 \quad \ldots \ldots = 28855 \text{ „}$$

zus. 45342 kg.

Auflagerdrucke:
$$A = \frac{2676}{2} + \frac{1}{2,75} \cdot \left(13511 \cdot 2,575 + 28855 \cdot 0,75 \right) = 22009^{\,kg},$$
$$B = 45342 - 22009 \quad \ldots \ldots \ldots \ldots = 23333^{\,kg}.$$

Es ist 0,35 . 1082 kg = 379 kg und 0,80 . 1082 kg = 866 kg, ferner
23333 — 379 = 22954 kg und 28855 + 866 = 29721 kg. Der Bruchquerschnitt liegt daher vom Auflager B entfernt

$$0,35 + \frac{22954}{29721} \cdot 0,80 = 0,35 + 0,62 = 0,97^{\,m}.$$

Daher erforderlich, von B aus gerechnet,
$$W = \frac{379 \cdot 17,5 + 22954 \cdot 66}{875} = 1739^{\,cm^3}.$$

Von A aus gerechnet ergibt sich, da $29\,721 - 22\,954 =$ 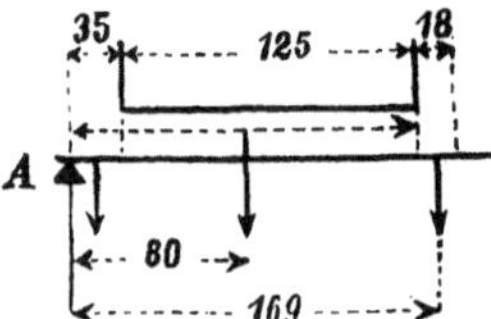 6767 kg und der Rest der gleichmässigen Belastung $2976 - (379 + 866) = 1731$ kg den Hebelarm $^{1}/_{2} \cdot (35 + 125) = 80$ cm hat, und weil $0,80$ m $- 0,62$ m $= 0,18$ m, $35 + 125 + ^{1}/_{2} \cdot 18 = 169$ cm ist, als erforderlich

$$W = \frac{13511 \cdot 17,5 + 1731 \cdot 80 + 6767 \cdot 169}{875} = 1736 \text{ cm}^3.$$

[Ohne die Bestimmung des Bruchquerschnitts ergibt sich, von B aus gerechnet,

$$W = \frac{379 \cdot 17,5 + 22954 \cdot 35}{875} + \frac{22954^2 \cdot 80}{2 \cdot 875 \cdot 29720} = 926 + 811 = 1737 \text{ cm}^3,$$

von A aus gerechnet,

$$W = \frac{13889 \cdot 17,5 + 1353 \cdot 97,5 + 6766 \cdot 160}{875} + \frac{6766^2 \cdot 80}{2 \cdot 875 \cdot 29720}$$
$$= 1666 + 71 = 1737 \text{ cm}^3.]$$

Gewählt drei Träger des Profils I Nr. 29 mit $W_x = 3 \cdot 594 = 1782$ cm^3.

Auflagerplatten von $64 \cdot 38 = 2432$ qcm Fläche, die $2432 \cdot 11$ kg $= 26752$ kg auf das Zementmauerwerk übertragen können, genügen bei dem grössten rechtsseitigen Auflagerdruck

$$B = 23333 + \frac{4136}{2} = 25401 \text{ kg}.$$

In allen vorangehenden Fällen zweimal frei aufliegender Träger fand die Unterstützung an den Trägerenden statt. Es kommen aber auch Fälle vor, in denen **ein Auflager nicht am Trägerende** liegt, also der Träger über dieses Auflager hinweg frei ausladet. Es möge genügen, dieses in den beiden folgenden Beispielen darzulegen.

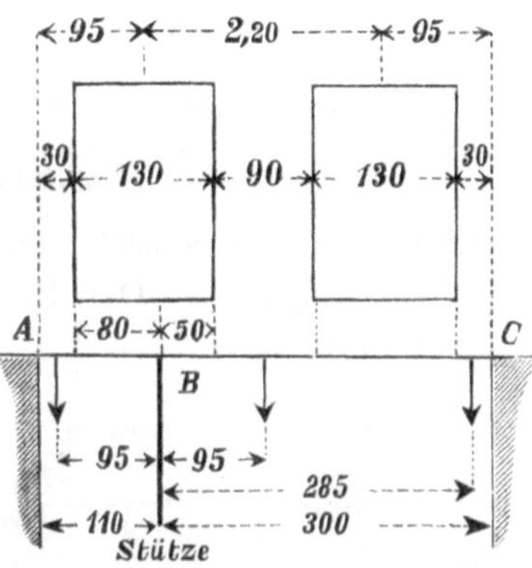

Beispiel 33. Eine grosse Schaufensteröffnung wird durch eine eiserne Stütze in zwei Teile zerlegt, deren kleinerer als Tür dient. Werden die Träger für jeden der beiden Teile besonders ermittelt, so bietet der Berechnungsfall keine neuen Gesichtspunkte; doch soll zur Vergleichung

diese Berechnung hier nicht übergangen werden. Die Geschoss- und Fensterhöhen, Mauerstärken und Balkentiefen mögen mit denen des Beispiels 30 (vrgl. S. 33, unten) übereinstimmend angenommen werden.

Kürzerer Träger, 1,10 m frei liegend. Belastung

1) gleichmässig verteilt 1,10 . 2898 ^{kg} . . . . = 3188 ^{kg},

2) auf 0,30 m eine Streckenlast 0,95 . 18337 ^{kg} $- \dfrac{9086\,^{kg}}{2}$ = 12877 „

zus. 16065 ^{kg}.

$$\text{Auflagerdruck } A = \frac{3188}{2} + \frac{12877 \cdot 0{,}95}{1{,}10} = 12715\,^{kg},$$

$$\text{Stützendruck } B = 16065 - 12715 \quad . \quad . = 3350\,^{kg}.$$

Da 12877 ^{kg} + 0,30 . 2898 = 13746 ^{kg}, so liegt der Bruchquerschnitt innerhalb der Strecke 0,30 m, u. zw. ist sein Abstand von A

$$\frac{12715}{13746} \cdot 0{,}30\,^{m} = 0{,}2775\,^{m}.$$

$$\text{Erforderlich } W = \frac{12715 \cdot 27{,}75}{2 \cdot 875} = 202\,^{cm^3}.$$

[Ohne die Bestimmung des Bruchquerschnitts ist erforderlich

$$W = \frac{12715^2 \cdot 30}{2 \cdot 875 \cdot 13746} = 202\,^{cm^3}.]$$

Gewählt drei Träger des Profils ⊥ Nr. 13 mit $W_x = 3 . 67 =$
201 $^{cm^3}$.

Eine Auflagerplatte bei A von 64 . 20 = 1280 ^{qcm} genügt.

Längere Träger, 3,00 m frei liegend. Belastung

1) gleichmässig verteilt 3,00 . 2898 ^{kg} . . . . . . = 8694 ^{kg},

2) Streckenlast auf 0,90 m 2,20 . 18337 ^{kg} − 9086 ^{kg} . = 31255 „

3) Streckenlast auf 0,30 m 0,95 . 18337 ^{kg} $- \dfrac{9086\,^{kg}}{2}$. = 12877 „

zus. 52826 ^{kg}.

$$\text{Auflagerdruck } C = \frac{8694\,^{kg}}{2} + \frac{1}{3{,}00} \cdot (31255 \cdot 0{,}95 +$$
12877 . 2,85) = 26478 ^{kg},

$$\text{Stützendruck } B = 52826 - 26478 \quad . \quad . \quad . \quad . = 26348\,^{kg}.$$

Da 0,50 . 2898 ^{kg} = 1449 ^{kg} und 0,90 . 2898 ^{kg} = 2608 ^{kg}, ferner
26348 ^{kg} − 1449 ^{kg} = 24899 ^{kg} und 31255 + 2608 = 33863 ^{kg},
so liegt der Bruchquerschnitt unter dem 0,90 m breiten Pfeiler, u. zw.

$$0{,}50 + \frac{24899}{33863} \cdot 0{,}90 = 0{,}50 + 0{,}66 = 1{,}16\,^{m}$$

vom Auflager B entfernt. Daher ist erforderlich

$$W = \frac{1449 \cdot 25 + 24899 \cdot (50 + 33)}{875} = \frac{2102925}{875} = 2403\,^{cm^3}.$$

[Ohne Bestimmung des Bruchquerschnitts ist erforderlich

$$W = \frac{1449 \cdot 25 + 24899 \cdot 50}{875} + \frac{24899^2 \cdot 90}{2 \cdot 875 \cdot 33863} = 1464 + 942 = 2406^{\,cm^3}.]$$

Gewählt, unter Voraussetzung genügender Konstruktionshöhe, drei Träger des Profils I Nr. 34 mit $W_x = 3 \cdot 922 = 2766^{\,cm^3}$.

Eine Auflagerplatte bei C von $64 \cdot 38 = 2432^{\,qcm}$ genügt.

Bei dieser Art der Lösung ist eine Verlaschung der Träger über der Stütze erforderlich; auch können unter Umständen Schwierigkeiten erwachsen dadurch, dass die Balken teils unmittelbar auf den eisernen Trägern liegen, teils, wegen der geringeren Trägerhöhe, eine Übermauerung zwischen Träger und Balken erfolgen muss. Dieser Übelstand wird beseitigt, indem man den für die grössere Öffnung berechneten Balkenträger über beide Öffnungen gehen lässt, wodurch für diesen Träger die Verlaschung wegfällt. Auch kann man die für die grössere Öffnung berechneten Träger sämtlich durchgehen lassen, so dass die Verlaschung der Träger über der Stütze ganz wegfällt.

Werden durchgehende Träger angeordnet und dabei die Stütze B und das Auflager C als die Stützpunkte der Träger angesehen, so treten andere Verhältnisse ein. Die Träger werden dann weniger beansprucht, stärker dagegen die eiserne Stütze. Und letzteres kann als ein Vorteil gelten, da hierdurch ein grösserer Teil der Belastung auf die Stütze kommt, deren genügend starke Ausführung man mit geringem Mehraufwand in der Hand hat, während, und das ist meist ausschlaggebend, die Mauerpfeiler an den Trägerenden nicht unerheblich entlastet werden, so dass die Schaufensterbreite grösser angeordnet werden kann, als wenn die Träger gestossen sind.

Es soll also angenommen werden, dass die Träger über der grösseren Öffnung BC frei aufliegen und über die Stütze noch um die Weite der kleinen Öffnung AB hinweg frei ausladen. [Wenn man der letzteren Trägerlänge noch aus konstruktiven Gründen, wie üblich, $0{,}25^{\,m}$ zulegt, so kann die auf die Strecke $0{,}25^{\,m}$ entfallende Belastung als den Pfeiler unmittelbar belastend angesehen werden, auf dem die Träger aufliegen. Diese Annahme ist allerdings nur dann zutreffend, wenn der betreffende Pfeiler sich nicht im Verhältnis zu den andern Pfeilern stärker „setzt".]

Die Berechnung gestaltet sich hierfür, wie folgt. Die vorstehend nachgewiesene Belastung beträgt

1) auf der 1,10 m frei ausladenden Strecke $3188 + 12877 = 16065$ kg,

2) auf der 3,00 m weiten Strecke $8694 + 31255 + 12877 = 52826$ „

zus. 68891 kg.

Auflagerdruck $C = \dfrac{1}{3,00} \cdot \Big\{ 12877 \cdot 2,85$

$+ 31255 \cdot 0,95 + 8694 \cdot \dfrac{3,00}{2} - 3188$

$\cdot \dfrac{1,10}{2} - 12877 \cdot 0,95 \Big\} = 21815$ kg,[1])

Stützendruck

$B = 68891 - 21815 = 47076$ kg.

Der Träger hat zwei Bruchquerschnitte, nämlich

den ersten in dem Punkte der 3,00 m langen Strecke, wo die rechtsliegende Last genau 21815 kg beträgt,

und den zweiten, wegen der frei ausladenden Strecke, über der Stützenmitte bei B.

Da $1,60 \cdot 2898$ kg $= 4637$ kg und $0,90 \cdot 2898$ kg $= 2608$ kg, 21815 kg $- (4637 + 12877$ kg$) = 4301$ kg und 31255 kg $+ 2608$ kg $= 33863$ kg, ferner

$$\frac{4301}{33863} \cdot 0,90 = 0,114 \text{ m},$$

so liegt der erste Bruchquerschnitt unter dem 0,90 m breiten Pfeiler, u. zw. vom Auflager C entfernt

$$1,60 + 0,114 = 1,714 \text{ m}.$$

Erforderlich ist in dem ersten Bruchquerschnitt

$$W = \frac{12877 \cdot 15 + 4637 \cdot 80 + 4301 \cdot 165,7}{875}$$
$$= 1459 \text{ cm}^3.$$

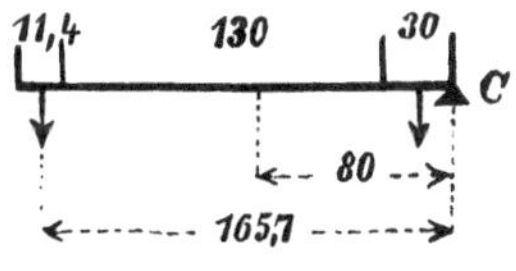

In dem zweiten Bruchquerschnitt ist erforderlich, da $\frac{1}{2} \cdot 110 = 55$ cm und $80 + \frac{1}{2} \cdot 30 = 95$ cm die Hebelarme der auf dem frei ausladenden Trägerteil AB ruhenden Lasten 3188 kg und 12877 kg sind,

$$W = \frac{3188 \cdot 55 + 12877 \cdot 95}{875} = 1599 \text{ cm}^3.$$

Dieses Widerstandsmoment ist, als das grössere, massgebend.

Gewählt, bei ausreichender Konstruktionshöhe, drei Träger des Profils I Nr. 28 mit $W_x = 3 \cdot 541 = 1623$ cm³.

---

[1]) In dem vorliegenden Fall, wo, wie ersichtlich, die Gesamt-Belastung 68891 kg über die ganze Trägerlänge 4,10 m symmetrisch angeordnet ist, also der Schwerpunkt der Gesamtlast in der Mitte des 0,90 m breiten Pfeilers, d. h. 0,95 m von B liegt, wäre die Berechnung einfacher gewesen:

$$C = \frac{0,95}{3,00} \cdot 68891 = 21815 \text{ kg}.$$

Am Auflager C genügt eine Platte von $64 . 38 = 2432$ qcm. Bei A, wo rechnungsmässig kein Auflagerdruck stattfindet, wird zur Sicherheit eine Platte von $64 . 13 = 832$ qcm angeordnet.

Beispiel 34. Eine Schaufensteröffnung von 3,50 m Weite wird durch eine eiserne Stütze in zwei Strecken von 1,10 m und

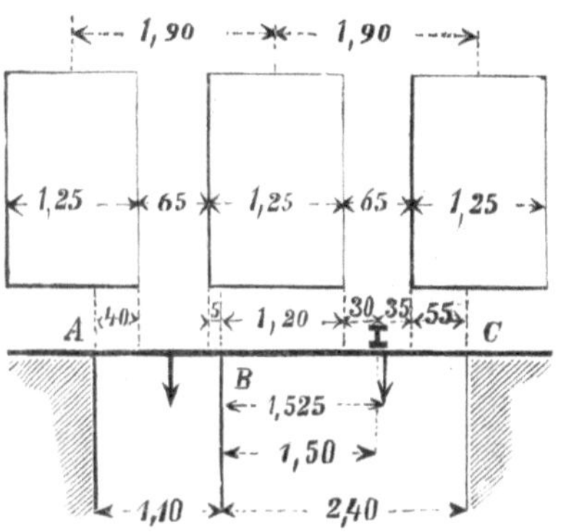

2,40 m geteilt. Die Träger über derselben liegen auf der Stütze bei B und dem rechten Auflager C frei auf und laden über die Stütze B 1,10 m frei aus. Die Frontmauer-Stärken sind im Erdgeschoss 0,65 m, in den beiden Geschossen darüber 0,52 m, im III. und IV. Obergeschoss 0,39 m und im Drempel 0,26 m. Die Höhe v. Träger-Unterkante bis Balken-Oberkante ist 0,65 m. Die Geschosshöhen sind 4,30 m, 4,15 m, 4,0 m, 3,80 m und 1,90 m, die Balkentiefen 5,63 m, zweimal 5,83 m und zweimal 5,96 m. Die letztere Tiefe gilt auch für das Dach. Die 1,25 m weiten Fensteröffnungen, deren Achsenlage 1,90 m beträgt, haben die Höhen 2,70 m, 2,55 m, 2,40 m und 2,20 m. Ausserdem übermittelt ein Träger in 1,50 m Abstand von der Stützenachse B noch das Gewicht einer 0,13 m starken Querwand aus porigen Steinen im I. und II. Obergeschoss, mit je einer Flügeltür von $1,50$ m $. 3,00$ m in der Mitte, während ein zweiter Querträger für die Wand im III. und IV. Obergeschoss, mit je einer Flügeltür von $1,50$ m $. 3,00$ m in der Mitte, über dem II. Obergeschoss liegt.

Der untere Querwandträger a, mit 5,63 m Freilänge und $5,63 - 1,50 = 4,13$ m Belastungslänge (s. S. 15, unten), trägt

$$[5,63 . (4,30 + 4,15) - 2 . 1,50 . 3,00] . 0,13 . 1300^{kg} = 6519^{kg}.$$

Erforderlich $\quad W = \dfrac{6519 . 413}{8 . 875} = 385$ cm³.

Gewählt Profil $\mathbf{I}$ Nr. 25 mit $W_x = 396$ cm³.

Der obere Querwandträger b, mit 5,83 m Freilänge und $5,83 - 1,50 = 4,33$ m Belastungslänge, wird belastet mit

$$[5,83 . (4,00 + 3,80) - 2 . 1,50 . 3,00] . 0,13 . 1300^{kg} = 6164^{kg}.$$

Erforderlich $\quad W = \dfrac{6164 . 433}{8 . 875} = 381$ cm³.

Gewählt Profil $\mathbf{I}$ Nr. 25 mit $W_x = 396$ cm³.

Schaufensterträger.

Belastung des kleineren Trägerteils (von 1,10 m Länge)

1) gleichmässig verteilt

$$1,10 . \left\{ [0,65 . 0,65 + 0,80 . 0,52] . 1600^{\text{kg}} + \frac{5,63}{2} . 500^{\text{kg}} \right\}$$
$$= 1,10 . 2749^{\text{kg}} = \quad 3\,024^{\text{kg}},$$

2) über 0,65 m

$$1,90 . \left\{ (4,30 - 0,80 + 4,15) . 0,52 + (4,00 + 3,80) \right.$$
$$. 0,39 + 1,90 . 0,26] . 1600^{\text{kg}} + \tfrac{1}{2} . (2 . 5,83 + 2\tfrac{1}{2} . 5,96)$$
$$\left. . 500^{\text{kg}} \right\} = 1,90 . 18\,662^{\text{kg}} = 35\,458^{\text{kg}},$$

hiervon ab $1,25 . [(2,70 + 2,55) . 0,52$
$$+ (2,40 + 2,20) . 0,39] . 1600^{\text{kg}}$$
$$= 1,25 . 7238^{\text{kg}} = \quad 9047 \text{ „} \quad = 26\,411 \text{ „}$$

$$\text{zus. } 29\,435^{\text{kg}}.$$

Belastung des grösseren Trägerteils (von 2,40 m Länge)

1) gleichmässig verteilt . . . . 2,40 . 2749 = 6598 ^{kg},
2) über 0,65 m (wie vor) + Träger *b* 26411 + 3082 = 29493 „
3) 1,50 m von der Stützenachse durch Träger *a* mit   3260 „

$$\text{zus. } 39\,351^{\text{kg}}.$$

Gesamte Trägerbelastung 29435 + 39351 = 68786 ^{kg}.

Rechtseitiger Auflagerdruck

$$C = \frac{1}{2,40} . \left\{ 6598 . \frac{2,40}{2} + 29493 . 1,525 + 3260 . 1,50 \right.$$
$$\left. - 3024 . \frac{1,10}{2} - 26411 . 0,375 \right\} = 19257^{\text{kg}},$$

Stützendruck $B = 68786 - 19257$ . . . . = 49529 ^{kg}.

Von den beiden Bruchquerschnitten liegt der eine, da $\frac{0,35}{0,65} . 29493^{\text{kg}} = 15881^{\text{kg}}$ und $(0,35 + 0,55) . 2749^{\text{kg}} = 2474^{\text{kg}},$ ferner $19257^{\text{kg}} - (15881^{\text{kg}} + 2474^{\text{kg}}) = 902^{\text{kg}}$, in dem Angriffspunkt der Last 3260 ^{kg}, von der also 902 ^{kg} nach rechts zu rechnen sind.

Erforderlich daselbst

$$W = \frac{2474 . 45 + 15881 . 72,5 + 902 . 90}{875} = 1536^{\text{cm}^3}.$$

In dem zweiten Bruchquerschnitt über der Stützenachse B ist erforderlich (s. f. Skizze)

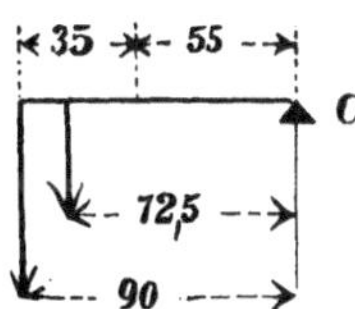

$$W = \frac{26411 . 37,5 + 3024 . 55}{875} = 1322^{\text{cm}^3}.$$

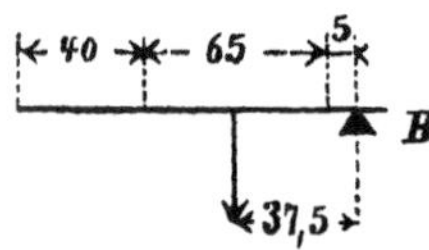

Das Widerstandsmoment $W = 1536^{\,cm^3}$ ist, als das grössere, massgebend.

Gewählt (bei genügender Konstruktionshöhe) drei Träger des Profils I Nr. 28 mit $W_x = 3 \cdot 541 = 1623^{\,cm^3}$.

Auflagerplatten: bei C $64^{\,cm} \cdot 30^{\,cm} = 1920^{\,qcm}$; bei A genügt die Platte $64^{\,cm} \cdot 13^{\,cm}$.

[Würden die Träger über der Stütze gestossen, so ergäbe sich als erforderlich in der kleineren Öffnung $W = 573^{\,cm^3}$, in der grösseren $W = 2039^{\,cm^3}$, und die Stütze würde von der gesamten Belastung nur $34193^{\,kg}$ aufnehmen.]

---

c) Balkon- und Erker-Konstruktionen.

Balkone und Erker sind in den Obergeschossen vor die Front vorspringende Bauteile, zu deren Herstellung frei ausladende Eisenkonstruktionen erforderlich sind. Ein Balkon ist eine nach oben offene, aus Fussboden und Brüstung oder Geländer bestehende Plattform, die durch eine Glastür mit dem Zimmer verbunden wird. Ein Erker ist dagegen ein kastenartig mit Wänden umgebener, meistens durch mehrere Geschosse geführter und oben durch einen Balkon oder durch das vorspringende Dach bezw. durch eine Verdachung abgeschlossener Vorbau, der mit den Zimmern einen gemeinschaftlichen Fussboden hat und mit diesen durch je eine fast seine ganze Breite messende Frontwand-Öffnung in Verbindung steht.

Das Wichtigste dieser Eisenkonstruktionen sind die Vorkehrungen zur Überwindung des Drehmoments der äusseren Last (des sogen. Kippmoments oder Lastmoments) durch ein mindestens ebenso grosses Moment der Gegenlast (Stabilitätsmoment), und es ist wohl begründet, nach dieser Richtung hin strenge Forderungen zu stellen. Denn wenn auch mit Recht gesagt werden kann, dass das Frontmauerwerk, aus dem die Balkon- und Erkerträger herausragen, mit der Zeit zu einem Monolith erstarrt, und dass, je mehr dieser Zustand bereits eingetreten, der innige Zusammenhang der Mauerteile und ihre vielfachen Verankerungen mit der Mittelwand der Stabilität zugute kommen, also eine Drehung der äusseren Last mehr und mehr ausschliessen, so sind das doch Erwägungen, die eben den Verlauf einer längeren Zeit zur Voraussetzung haben, aber für den Anfangszustand hinfällig sind.

Wohl vermögen diese Erwägungen über die Befürchtung zu beruhigen, dass etwa zu grösserer Sicherheit gegen Drehung angeordnete, gegenbelastende Zwischenwände in künftigen Zeiten vielleicht ohne Rücksicht auf ihre Aufgabe bei der Balkon- oder Erker-Konstruktion durch Türöffnungen geschwächt oder gar beseitigt werden könnten, da bis dahin, wenn nur eine genügend lange Zeit dazwischen liegt, jene Sicherheits-Bürgschaften wirklich zur Geltung kommen.

Von vornherein ist es daher geboten, für eine unmittelbar wirkende, genügende Gegenlast zu sorgen. Für das Stabilitätsmoment kommen hierbei als Gegenlasten nur Eigengewichte (also keine Nutzlasten) in Betracht. Balkenlasten werden als in der Mitte ihres Auflagers angreifend berücksichtigt. Zwischenwände, die vielleicht in Zukunft durch Türöffnungen geschwächt oder auch ganz entfernt werden könnten, ebenso Rabitz- und Holzwände bleiben am besten für Balkon- und Erkerträger als Gegenlasten ausser Ansatz.

Beispiel 35. An einem Neubau sind im I., II. und III. Obergeschoss durchlaufende Balkone mit 1,25 m freier Ausladung anbringen. Die Höhe der Geschosse vom I. bis IV. beträgt 4,25 m, 4,05 m, 3,90 m und 3,75 m, die Frontwandstärke in derselben Reihenfolge 0,52 m, 0,52 m, 0,39 m und 0,39 m. Der Drempel werde nicht berücksichtigt. Die Breite der Fenster- (und Balkontür-) Öffnungen ist 1,25 m, die Breite der Zwischenpfeiler 0,85 m, die Pfeilerachsenweite daher 2,10 m. Die Höhe der Fensteröffnungen ist 2,65 m, 2,45 m, 2,30 m und 2,15 m; zu diesen tritt bei den Balkontüren noch 0,80 m (die Fensterbrüstungs-Höhe) hinzu.

Zunächst wird angeordnet, dass in jeder Fensterpfeilermitte ein Träger herauszustrecken ist, über oder in welchem die Trägerwellblechtafeln querliegen.

Unter der Annahme des auf S. 4 angegebenen Gesamtgewichts des Balkons von 750 kg/qm im Grundriss, ist die Belastung eines Trägers . . . . 1,25 . 2,10 . 750 kg = 1969 kg.

$$\text{Erforderlich} \quad W = \frac{1969 \cdot \frac{1}{2} \cdot 125}{875} = 141 \text{ cm}^3,$$

so dass zu wählen ist Normal-Profil $\mathbf{I}$ Nr. 18 mit $W_x = 161$ cm³.

Zur Prüfung der Sicherheit gegen Drehung wird angenommen, dass die Drehachse 0,075 m hinter der äusseren Kippkante liegt, der Hebelarm für die Drehung also $\frac{1}{2} \cdot 1,25 + 0,075 = 0,625 +$

0,075 = 0,70 m beträgt, so dass sich ein Drehmoment ergibt von
$$M = 1969 \,.\, 0,70 = 1378 \text{ mkg}.$$

Das Stabilitätsmoment soll durch die Gegenlast des Pfeilers gewonnen werden. Diese Gegenlast berechnet sich, da nur ein Geschoss in Ansatz gebracht werden darf, weil darüber wieder ein Balkon angeordnet ist, an Mauerwerk auf höchstens

$$\left\{ 2,10 \,.\, 4,25 - \frac{1,25}{2} \,(2,65 + 2,65 + 0,80) \right\} \,.\, 0,52 \,.\, 1600 \text{ kg} = 4254 \text{ kg}.$$

Der Hebelarm der Gegenlast ist
$$0,26 \text{ m} - 0,075 \text{ m} = 0,185 \text{ m}.$$
Hieraus ergibt sich ein Stabilitätsmoment von
$$4254 \,.\, 0,185 = 787 \text{ mkg},$$

also gegen M erheblich zu wenig. Auch das Gewicht einer 5,80 m tiefen Balkenlage, die nur mit ihrer **Eigenlast** $2,10 \,.\, \dfrac{5,80}{2} \,.\, 250 \text{ kg} = 1522 \text{ kg}$ angesetzt werden darf, deckt den Fehlbetrag $1378 - 787 = 591$ mkg nicht, denn $1522 \,.\, 0,305 = 464$ mkg, worin der Hebelarm für das Balkenprofil 22/28 cm bei 28 cm Auflagerlänge sich aus $0,52 - (\tfrac{1}{2} \,.\, 0,28 + 0,075) = 0,305$ m ergibt.

Es muss daher eine andere Konstruktion gewählt werden,

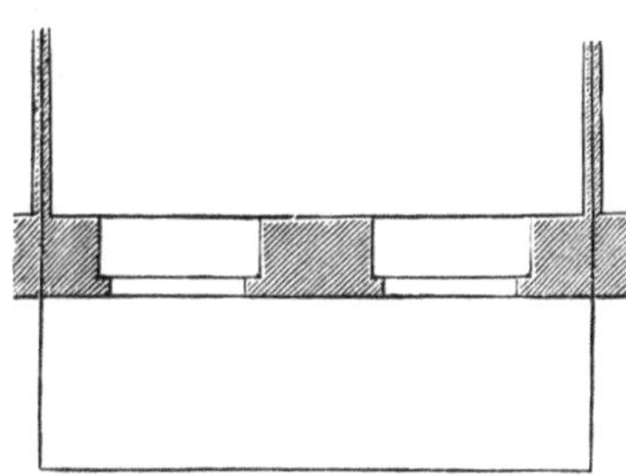

u. zw. sollen nun nicht in **allen** Pfeilern ausladende Träger angeordnet werden, sondern nur in denjenigen Pfeilern, auf welche Zwischenwände treffen, die von den Balkonträgern mitzuzutragen sind. Die äusseren Trägerenden sind durch je einen Querträger verbunden; auf diesem (sowie auf dem Frontmauerwerk) liegt das Trägerwellblech auf.

Die vorderen **Querträger** werden bei 4,20 m Freilänge belastet mit $4,20 \,.\, \dfrac{1,25}{2} \,.\, 750 \text{ kg}$ . . . . = 1969 kg.

Erforderlich $\qquad W = \dfrac{1969 \,.\, 420}{8 \,.\, 875} = 118 \text{ cm}^3.$

Gewählt Profil ⌶ Nr. 16 mit $W_x = 117 \text{ cm}^3$.

Die 1,25 m frei **ausladenden Träger** werden am freien Ende belastet mit $2 \,.\, \dfrac{1969 \text{ kg}}{2}$ . . . . = 1969 kg

Erforderlich $\qquad W = \dfrac{1969 \,.\, 125}{875} = 281 \text{ cm}^3.$

Gewählt Profil ⌶ Nr. 22 mit $W_x = 278 \text{ cm}^3$.

Das Drehmoment beträgt mit Bezug auf eine 0,075 m hinter der äusseren Kippkante liegende Drehachse

$$M = 1969 \,.\, (1,25 + 0,075) = 2609 \text{ mkg}.$$

Die Träger gehen im I. und II. Obergeschoss durch die Frontmauer und noch 2,05 m tief in die 13 cm starke, und 1,35 m tief in die 26 cm starke Zwischenwand.

Die Gegenlasten betragen daher mindestens (u. zw. im II. Obergeschoss)

$$(2,05 + 0,445) \,.\, 4,05 \,.\, 0,13 \,.\, 1600 \text{ kg} = 2,495 \,.\, 842 \text{ kg} = 2101 \text{ kg}$$

und $(1,35 + 0,445) \,.\, 4,05 \,.\, 0,26 \,.\, 1600 \text{ kg} = 1,795 \,.\, 1685 \text{ kg} = 3024 \text{ kg}$,

ergeben also die gegen M ausreichenden Stabilitätsmomente

$$M_1 = 2101 \cdot \frac{2,495}{2} = 2621 \text{ mkg} \quad \text{und} \quad M_2 = 3024 \cdot \frac{1,795}{2} = 2714 \text{ mkg}.$$

Im III. Obergeschoss gehen die Träger durch die Frontmauer und noch 1,50 m tief in die 0,13 m starke, und 1,00 m tief in die 0,26 m starke Zwischenwand.

Die Gegenlasten betragen dort, da das III. und IV. Obergeschoss zusammen wirkt (im IV. Geschoss sollen keine Balkone angebracht werden)

$$(1,50 + 0,315) \,.\, (3,90 + 3,75) \,.\, 0,13 \,.\, 1600 \text{ kg} = 1,815 \,.\, 1591 \text{ kg} = 2888 \text{ kg},$$
$$(1,00 + 0,315) \,.\, (3,90 + 3,75) \,.\, 0,26 \,.\, 1600 \text{ kg} = 1,315 \,.\, 3182 \text{ kg} = 4184 \text{ kg},$$

ergeben also die M übertreffenden Stabilitätsmomente

$$M_3 = 2888 \cdot \frac{1,815}{2} = 2621 \text{ mkg} \quad \text{und} \quad M_4 = 4184 \cdot \frac{1,315}{2} = 2751 \text{ mkg}.$$

Unterlagsplatten von 26 cm . 26 cm sind zum Schutz der Kippkante ausreichend, weil, wenn von der Plattenbreite in der Richtung der Gebäudetiefe nur 3 . 7,5 = 22,5 cm gerechnet werden, die Fläche 26 . 22,5 = 585 qcm für eine Belastung mit 585 . 11 = 6435 kg genügt, während die grösste Belastung (durch Last und Gegenlast) 1969 kg + 4184 kg = 6153 kg beträgt.

Dieser Rechnung liegt die Erwägung zu Grund, dass die Unterlagsplatte bei Vollbelastung des äusseren Trägerendes nicht einen gleichmässigen Gegendruck von unten aufnimmt, sondern an

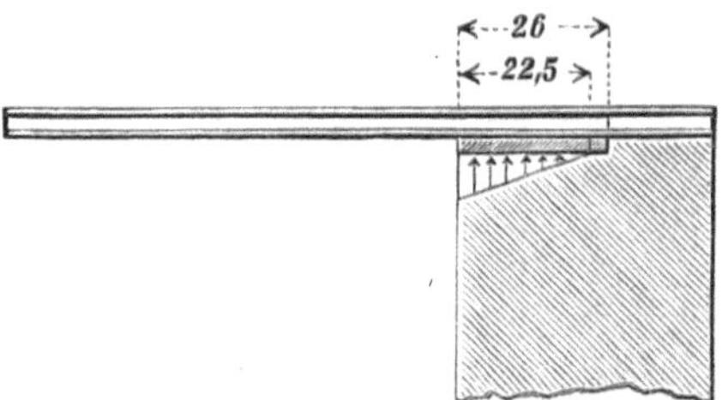

der Kippkante einen stärkeren Druck, der allmählich abnimmt und im Abstand 22,5 cm von der Kippkante Null wird.

Unter dieser Voraussetzung liegt die Drehachse in $^1/_3 \,.\, 22,5 = 7,5$ cm Abstand von der Kippkante. Hierbei erhöht sich der Druck auf das Mauerwerk, wenn er im Mittel $11\,^{kg}/_{qcm}$ beträgt, an der Kippkante auf $22\,^{kg}/_{qcm}$. Ähnlich liegt der Fall bei Unterlagsplatten überhaupt. Denn die elastische Formveränderung (Durchbiegung), die ein Träger unter der Einwirkung seiner Belastung erleidet, bewirkt, dass zunächst nur an der äussersten Auflagerkante ein Druck erfolgt, der sich dann in der beschriebenen Weise auf das Mauerwerk unter der Auflagerplatte ausbreitet. Und fehlt die Unterlagsplatte, so wird sich ein noch stärkerer Druck an der Auflagerkante nachweisen lassen.

Wenn bei der Berechnung von Unterlagsplatten ein mittlerer Druck von $11\,^{kg}/_{qcm}$ zu Grund gelegt wird, so heisst das keineswegs, dass die Platte einen so mässigen, auf etwa 30-fache Sicherheit[1]) berechneten Druck gleichmässig überträgt, sondern nur, dass erfahrungsgemäss der zu übertragende Druck sich auf eine genügend grosse Mauerwerksfläche ausbreitet, wenn man für die Flächenbestimmung der Platte einen mittleren Druck von $11\,^{kg}/_{qcm}$ annimmt. Nach unten verteilen sich derartige örtliche Überdrucke durch den Mauerwerks-Verband in genügender Weise. (Oft zeigen jedoch leichte Mauerwerksrisse an, dass auf das Vorhandensein von Spannungs-Unterschieden nicht in wünschenswerter Weise Rücksicht genommen wurde.)

Wenn im vorliegenden Fall die Annahme von $7{,}5\,^{cm}$ für den Abstand der Drehachse von der äusseren Kippkante eine willkürliche war, so ist sie hinterher bei der Platten-Bestimmung genügend begründet. Bei der gewählten Art der Gegenlast-Aufbringung hätte man die Drehachse auch noch weiter nach innen liegend annehmen können, wobei ein grösseres Drehmoment und eine grössere Gegenlast, also eine etwas grössere Verlängerung des Trägers nach innen sich ergeben hätte. Will man der Befürchtung begegnen, dass die $13\,^{cm}$ starken, gegenbelastenden Wände nach Jahren beseitigt werden könnten, so würde dies ein Grund sein, die Träger bis zur Mittelwand zu verlängern, was übrigens in jedem praktischen Fall empfohlen werden soll. Dasselbe muss geschehen, wenn statt der $13\,^{cm}$ starken massiven Wand nur eine Rabitz- oder Holzwand oder auch keine Wand vorhanden ist.

---

[1]) Hartbrandziegel in Zementmörtel halten mindestens einen Druck von $330\,^{kg}/_{qcm}$ aus, ehe sie zerdrückt werden.

Beispiel 36. Ein halbkreisförmiger Balkon von 1,25^{m} Ausladung, also 2,50^{m} Breite, mit einer 15^{cm} starken Brüstung aus Sandstein, ist statisch zu berechnen.

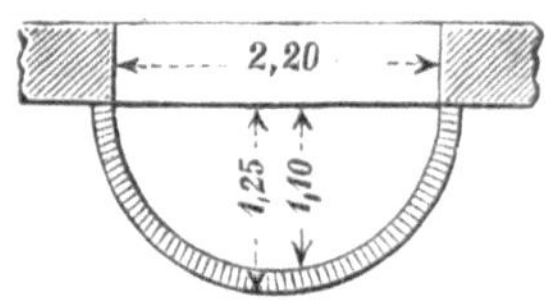

Zur Unterstützung sollen, der Krümmung der Brüstung folgend, zwei miteinander verbundene, im Halbkreis gebogene Walzträger verwendet werden. Die Brüstung wird, weil durchbrochen, als 0,60^{m} hoher Sandstein (Gewicht 2400 $^{kg}/_{cbm}$) mit einer Belastung von 0,60 . 2400 = 1440 $^{kg}/_{qm}$ der Grundfläche, der von der Brüstung nicht bedeckte Teil dagegen mit der üblichen Belastungsannahme von 750 $^{kg}/_{qm}$ der Grundfläche, das ist 1440 — 750 = 690 $^{kg}/_{qm}$ weniger als beim äusseren Teil, in Ansatz gebracht.

Hiernach beträgt die Belastung des Balkons

$$\frac{\pi}{2} \cdot 1,25^2 . 1440^{kg} - \frac{\pi}{2} \cdot 1,10^2 . 690^{kg} = 3534 - 1311 = 2223^{kg}.$$

Das auf die Kippkante, d. h. auf die Frontmauerkante bezogene Biegungsmoment dieser Belastung ist

$$M_1 = \frac{14}{33} \cdot \left(3534 . 1,25 - 1311 . 1,10 \right) = 1262^{mkg} = 126\,200^{cmkg}.$$

(Der genaue Wert des Bruches $\frac{14}{33}$ ist $\frac{4}{3 . \pi} = 0,424413 \ldots$)

Da dieses Moment an zwei senkrecht zur Front ausgestreckten Trägerenden wirkt, so ist erforderlich

$$W = \frac{126\,200}{2 . 875} = 72^{cm^3}.$$

Gewählt zwei Träger ⌶ Nr. 12 mit $W_x = 2 . 54,5 = 109^{cm^3}$.

Zwei Träger des Profils ⌶ Nr. 11 mit $W_x = 2 . 43,3 = 86,6^{cm^3}$ würden für die Biegungsbeanspruchung schon genügt haben. Durch den vorhandenen Überschuss von 109 — 72 = 37$^{cm^3}$ sind die in den Bruchquerschnitten der Träger (in der Frontmauerkante) auftretenden geringen Beanspruchungen auf Drehungs- (Torsions-) Festigkeit genügend berücksichtigt.

Das Kippmoment mit Bezug auf die 0,075^{m} hinter der äusseren Mauerkante liegende Drehachse beträgt

$$M_2 = 1262 + 2223 . 0,075 = 1429^{mkg}.$$

Zur sicheren Überwindung dieses Moments dient das gegenbelastende Mauerwerk zweier 0,52^{m} starken Fensterpfeiler. Werden diese 0,65^{m} breit und die daran stossenden Fenster 1,20^{m} breit angenommen, so gibt schon ein Geschoss von 4,05^{m} Höhe bei 2,45^{m}

Fensterhöhe und $0,80^{\mathrm{m}}$ Brüstungshöhe $(2,45 + 0,80 = 3,25^{\mathrm{m}})$ eine Gegenlast von

$$\left[\left(2 \cdot \frac{1,20}{2} + 2 \cdot 0,65 + 2,20\right) \cdot 4,05 - \left(2 \cdot \frac{1,20}{2} + 2,20\right) \cdot 3,25\right]$$
$$\cdot 0,52 \cdot 1600^{\mathrm{kg}} = 6644^{\mathrm{kg}}.$$

Da bei $^1/_2 \cdot 0,52 - 0,075 = 0,185^{\mathrm{m}}$ als Hebelarm der Gegenlast die erforderliche Gegenlast

$$\frac{M_2}{0,185} = \frac{1429}{0,185} = 7725^{\mathrm{kg}}$$

beträgt, so braucht dem Mauerwerk aus einem Geschoss nur noch 1081^{kg} zugerechnet zu werden, während die Eigenlast einer Balkenlage $4,70 \cdot \frac{5,80}{2} \cdot 250^{\mathrm{kg}} = 3407^{\mathrm{kg}}$ beträgt, die allein schon in dem Fall genügt, wenn darüber liegende gleiche Balkone die obere Mauerwerks-Gegenlast in Anspruch nehmen.

Zwei Unterlagsplatten von $26^{\mathrm{cm}} \cdot 26^{\mathrm{cm}}$ geben, wenn für ihre wirkende Tiefe nur $3 \cdot 7,5 = 22,5^{\mathrm{cm}}$ gerechnet wird, eine Druckfläche von $2 \cdot 26 \cdot 22,5 = 1170^{\mathrm{qcm}}$, übertragen daher nur einen mittleren Druck von

$$\frac{2223 + 7725}{1170} = 8,5\ ^{\mathrm{kg}}/_{\mathrm{qcm}}.$$

Die inneren Enden der Träger, die bis Innenkante der $0,52^{\mathrm{m}}$ starken Frontmauer reichen, sind (zur besseren Druckverteilung auf das Mauerwerk und auch mit Rücksicht auf etwaige Mauerwerksfugen) mit je einer Deckplatte von $20^{\mathrm{cm}} \cdot 20^{\mathrm{cm}}$ abzudecken. Da die Plattenmitte $0,52 - (0,075 + ^1/_2 \cdot 0,20) = 0,345^{\mathrm{m}}$ von der Drehachse entfernt liegt, so erhält jede der beiden Deckplatten einen Druck von

$$\frac{1429^{\mathrm{mkg}}}{2} : 0,345 = 2071^{\mathrm{kg}}.$$

Die Platte drückt also auf das Mauerwerk von unten nach oben mit $2071 : (20 \cdot 20) =$ rund $5,2\ ^{\mathrm{kg}}/_{\mathrm{qcm}}$.

Zur Sicherheit wird ausserdem für den Fall des Gebäudeabbruches eine Verankerung der Träger nach unten angebracht. Ein durch die Mitte der schmiedeisernen Deckplatte gehender Rundeisenanker von 20^{mm} Durchmesser und $3,14^{\mathrm{qcm}}$ Querschnitt kann mit Sicherheit einen Zug von $3,14 \cdot 750^{\mathrm{kg}} = 2355^{\mathrm{kg}}$ übertragen und muss $2071 : 1600 =$ rund $1,3^{\mathrm{cbm}}$ Mauerwerk erfassen. Es genügt eine Ankerlänge von

$$\frac{3}{2} \cdot \frac{1,3}{0,52 \cdot (^1/_2 \cdot 1,20 + 0,65 + ^1/_2 \cdot 2,20)} = \text{rd. } 1,5^{\mathrm{m}}.$$

Ankerplatte $20^{\mathrm{cm}} \cdot 20^{\mathrm{cm}}$, ebenso gross wie die Deckplatte.

Beispiel 37. Ein 1,25 m weit ausladender, im Grundriss rechteckiger Erker im I. und II. Obergeschoss eines Wohnhauses endigt im III.
Obergeschoss in einem Balkon.
Das Mauerwerk des Erkers ist 39 cm stark und aus porigen Lochsteinen hergestellt. Die Balkonbrüstung ist 0,80 m hoch und 0,26 m stark.

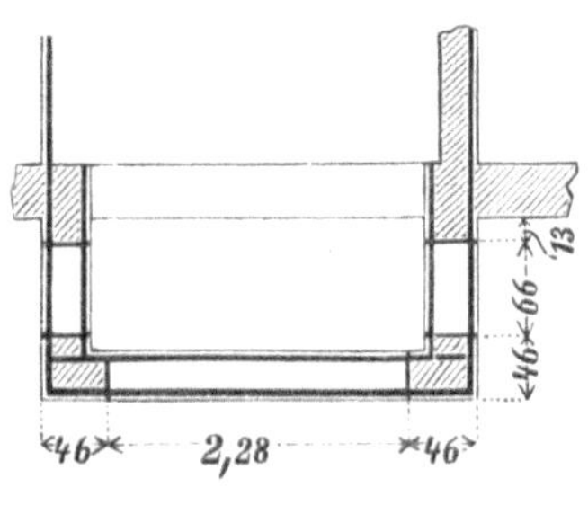

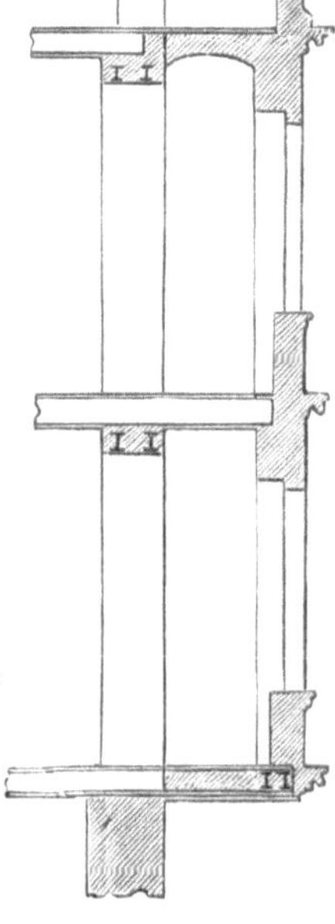

Die Kuppelfensteröffnung in der Mitte des Erkers ist 2,28 m breit (bei Vernachlässigung der Anschläge), die seitlichen Fenster sind 0,66 m breit. Die Geschosshöhen sind 4,20 m, 4,00 m, 3,90 m, 3,80 m, Drempel 1,80 m. Die Frontmauerstärken 0,52 m, 0,52 m, 0,39 m, 0,39 m, 0,26 m. Die Fensterhöhen sind 2,60 m, 2,40 m, 2,30 m, 2,20 m, die Balkontürhöhe 2,30 + 0,80 = 3,10 m. Die Balkentiefen sind 5,67 m, 5,80 m, 5,80 m, 5,93 m, 5,93 m; das letzte Mass gilt auch für das Dach. Der Erker hat unten und oben massiven Abschluss (Gesamtlast je 750 $^{kg}/_{qm}$). Die Balken des II. Obergeschosses belasten den Erker nicht, sondern laden über die Träger in der Front frei aus.

Es sind zwei Eisenkonstruktionen für den Erker angeordnet, eine in der Decke des Erdgeschosses für die zwei Erkergeschosse und eine in der Decke des II. Obergeschosses für den Balkon.

Für die Hauptträger der unteren Konstruktion ergeben sich die Belastungen wie folgt:

Höhe des Erkers bis zu den oberen Trägern 0,30 + 4,20 + (4,00 − 0,30) = 8,20 m. Wäre der Erker ein voller Mauerkörper aus porigen Lochsteinen, so ergäbe dies ein Gewicht von 8,2 m 1100 $^{kg}/_{cbm}$ = 9020 $^{kg}/_{qm}$ der Grundfläche. Aus diesem Mauerkörper fällt der innere Teil aus mit 9020 $^{kg}/_{qm}$ − 750 $^{kg}/_{qm}$ = 8270 $^{kg}/_{qm}$ der Grundfläche, da die den Erker unten abschliessende Wellblechdecke mit 750 $^{kg}/_{qm}$ gerechnet werden soll. In den Fensteröffnungen (sowohl bei dem vorderen Kuppelfenster als bei den schmalen seitlichen Fenstern) beträgt der gesamte Ausfall (2,60 + 2,40) . 1100 $^{kg}/_{cbm}$ = 5550 $^{kg}/_{qm}$ der Grundfläche. Hiermit ergibt sich die Belastung eines Hauptträgers durch den halben Erker:

$$1,60 . 1,25 . 9020^{\mathrm{kg}} \quad . \quad . = 18040^{\mathrm{kg}},$$

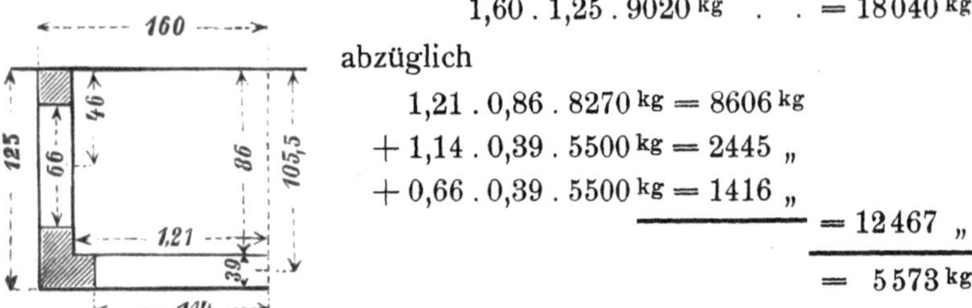

abzüglich

$$1,21 . 0,86 . 8270^{\mathrm{kg}} = 8606^{\mathrm{kg}}$$
$$+ 1,14 . 0,39 . 5500^{\mathrm{kg}} = 2445 \text{ „}$$
$$+ 0,66 . 0,39 . 5500^{\mathrm{kg}} = 1416 \text{ „}$$
$$\overline{\hspace{4cm}} = 12467 \text{ „}$$
$$= 5573^{\mathrm{kg}}.$$

Das Drehmoment dieser Last mit Bezug auf die Kippkante (Frontmauerkante) ist

$$M_1 = 18040 . 0,625 - (8606 . 0,43 + 2445 . 1,055$$
$$+ 1416 . 0,46) = 11275 - (3701 + 2579 + 651) = 4344^{\mathrm{mkg}}.$$

Jeder der beiden Hauptträger hat daher aufzunehmen eine Aussenlast von 5573^{kg} mit einem Angriffsmoment mit Bezug auf die Kippkante von $4344^{\mathrm{mkg}} = 4344 . 100 = 434400^{\mathrm{cmkg}}$. Daher ist für ihn erforderlich

$$W = \frac{434400}{875} = 496^{\mathrm{cm^3}}.$$

Gewählt für die Hauptträger das Profil $\mathbf{I}$ Nr. 28 mit $W_x = 541^{\mathrm{cm^3}}$.

Der Hauptträger der rechten Erkerseite (s. Abbild. S. 53) geht durch die $0,65^{\mathrm{m}}$ starke Frontmauer des Erdgeschosses und noch $2,40^{\mathrm{m}}$ tief in eine $0,26^{\mathrm{m}}$ starke Zwischenwand, wodurch für 1 lfd. m Tiefe eine Gegenlast gewonnen wird (im I. und II. Obergeschoss) von mindestens

$$(4,20 + 4,00) \cdot \frac{0,26}{2} \cdot 1600^{\mathrm{kg}} = 1705,6^{\mathrm{kg}}.$$

Wird die Drehachse in der Mitte der Frontmauer angenommen, so ist das Drehmoment des Trägers

$$M_2 = 4344 + 5573 . 0,325 = 6155^{\mathrm{mkg}}.$$

Die Trägerlänge hinter der Drehachse beträgt

$$2,40 + 0,325 = 2,725^{\mathrm{m}},$$

daher die Gegenlast

$$2,725 . 1705,6^{\mathrm{kg}} = 4648^{\mathrm{kg}},$$

also das Stabilitätsmoment

$$M_3 = 4648 . {}^1/_2 . 2,725 = 6333^{\mathrm{mkg}},$$

wodurch das Kippmoment $M_2 = 6155^{\mathrm{mkg}}$ reichlich aufgehoben wird.

Der Hauptträger auf der linken Erkerseite geht durch bis zur Mittelwand und trägt auf der inneren Freilänge von $5,67^{\mathrm{m}}$ eine $0,13^{\mathrm{m}}$ starke und $8,20^{\mathrm{m}}$ hohe Scheidewand mit einer Flügeltür von $1,50^{\mathrm{m}} . 3,0^{\mathrm{m}}$ in beiden Geschossen. Das Wandgewicht beträgt

$$(5,67 . 8,20 - 2 . 1,50 . 3,00) . 0,13 . 1600^{\mathrm{kg}} = 7799^{\mathrm{kg}}.$$

Das Moment dieser Belastung mit Bezug auf Frontmauermitte ist

$$M_4 = 7799 \cdot \left(\frac{0,65}{2} + \frac{5,67}{2}\right) = 7799 \cdot (0,325 + 2,835) = 24\,645\,^{\mathrm{mkg}},$$

daher der Druck auf die Mittelwand

$$\frac{M_4 - M_2}{^1/_2 \cdot 0,65 + 5,67} = \frac{24\,645 - 6155}{0,325 + 5,67} = 3084\,^{\mathrm{kg}}$$

und der Druck auf die Frontmauer

$$5573\,^{\mathrm{kg}} + 7799\,^{\mathrm{kg}} - 3084\,^{\mathrm{kg}} = 10\,288\,^{\mathrm{kg}}.$$

Die Belastung des inneren Teils des linken Hauptträgers liegt auf zwei Strecken von $\frac{5,67 - 1,50}{2} = 2,085\,^{\mathrm{m}}$ mit je $^1/_2 \cdot 7799\,^{\mathrm{kg}} = 3900\,^{\mathrm{kg}}$. Der innere Bruchquerschnitt hat demnach von der Mittelwand einen Abstand von $\frac{3084}{3900} \cdot 2,085\,^{\mathrm{m}} = 1,649\,^{\mathrm{m}}$, so dass in ihm erforderlich ist

$$W = \frac{3084 \cdot 164,9}{2 \cdot 875} = 289\,^{\mathrm{cm^3}}.$$

Das gewählte Profil ⌶ Nr. 28 mit $W_x = 541\,^{\mathrm{cm^3}}$ reicht also mit Sicherheits-Überschuss aus auch für die innere Belastung; es würde auch ohne die in Rechnung gebrachte Entlastung durch die Aussenlast hierfür ausreichen, denn ohne diese Entlastung ist erforderlich (vrgl. S. 15, unten)

$$W = \frac{7799 \cdot (567 - 150)}{8 \cdot 875} = 465\,^{\mathrm{cm^3}}.$$

Die Berechnung der übrigen zur Erkerkonstruktion gehörigen Träger möge, obgleich neue Gesichtspunkte dabei nicht auftreten, der Vollständigkeit wegen angefügt werden.

Träger neben den Hauptträgern. Freilänge 0,86^{m}.

Die Belastung beträgt höchstens

$$0,86 \cdot 8,20 \cdot \frac{0,39}{2} \cdot 1100\,^{\mathrm{kg}} = 1513\,^{\mathrm{kg}},$$

hiervon ab für Fenster $0,66 \cdot (2,60 + 2,40) \cdot \frac{0,39}{2} \cdot 1100\,^{\mathrm{kg}} = 708\ ,,$

$$= 805\,^{\mathrm{kg}}.$$

Auflagerdruck aussen $A = \dfrac{1513}{2} - 708 \cdot \dfrac{^1/_2 \cdot 0,66 + 0,13}{0,86} = 379\,^{\mathrm{kg}}$,

auf die Front $B = 805 - 379 \ \ldots \ldots \ldots = 426\,^{\mathrm{kg}}.$

Erforderlich ein W kleiner als $\dfrac{805 \cdot 86}{8 \cdot 875} = 9,9\,^{\mathrm{cm^3}}.$

Gewählt Profil ⌶ Nr. 8 mit $W_x = 19,4\,^{\mathrm{cm^3}}.$

Äusserer Querträger. Freilänge 3,20^{m}; in Wirklichkeit fehlen hieran zwei halbe Flanschbreiten und zwei halbe Stegstärken der Hauptträger ⌶ Nr. 28, also $2 \cdot \dfrac{11,9 + 1,01}{2} = $ rund 13^{cm}. Belastung

1) gleichmässig mit $3,20 \cdot 1,10 \; \dfrac{0,39}{2} \cdot 1100^{\,kg}$ . . . $= \quad 755^{\,kg}$,

2) zwei Streckenlasten auf je $0,46^{\,m}$, zus. mit

$$\left[3,20 \cdot (8,2 - 1,1) - 2,28 \cdot (2,60 + 2,40)\right] \cdot \frac{0,39}{2} \cdot 1100^{\,kg} = 2428 \;_{„}$$

zus. $3183^{\,kg}$.

Erforderlich $W = \dfrac{755 \cdot 80 + 2428 \cdot 23}{2 \cdot 875} = 66,4^{\,cm^3}$,

oder auch $\quad W = \dfrac{755 \cdot 320 + 2428 \cdot (320 - 228)}{8 \cdot 875} = 66,4^{\,cm^3}$.

Gewählt Profil I Nr. 13 mit $W_x = 67^{\,cm^3}$.

Innerer Querträger. Freilänge $3,20 - 0,13 = 3,07^{\,m}$, doch soll wie vorhin (ungünstiger) $3,20^{\,m}$ gerechnet werden. Belastung

1) wie der vorige Träger mit . . . . $3183^{\,kg}$,

2) je (höchstens) $0,39^{\,m}$ vom Ende durch die Träger

neben den Hauptträgern mit je $379^{\,kg}$, $2 \cdot 379$ . . $= \quad 758 \;_{„}$

3) auf dem mittleren $2,42^{\,m}$ langen Trägerteil durch

den Erker-Fussboden mit $2,42 \cdot \dfrac{0,86}{2} \cdot 750^{\,kg}$ . . . $= \quad 780 \;_{„}$

zus. $4721^{\,kg}$.

Erforderlich

$$W = 66,4 + \frac{758 \cdot 39 + 780 \cdot 99,5}{2 \cdot 875}$$

$$= 66,4 + 61,2 = 127,6^{\,cm^3}.$$

Gewählt Profil I Nr. 17 mit $W_x = 137^{\,cm^3}$.

Fenstersturzträger des Erkers im I. Geschoss. Freilänge $2,28^{\,m}$. Belastung gleichmässig mit

$$2,28 \cdot \left[4,20 - (2,60 + 0,80) + 0,80\right] \cdot 0,39 \cdot 1100^{\,kg} = 1565^{\,kg}.$$

Erforderlich $\quad W = \dfrac{1565 \cdot 228}{8 \cdot 875} = 51^{\,cm^3}$.

Gewählt zwei Träger des Profils I Nr. 9 mit $W_x = 2 \cdot 25,9 = 51,8^{\,cm^3}$.

Fenstersturzträger des Erkers im II. Geschoss. Freilänge $2,28^{\,m}$. Belastung gleichmässig mit

$$2,28 \cdot 0,80 \cdot 0,39 \cdot 1100^{\,kg} = 782^{\,kg}.$$

Erforderlich $\quad W = \dfrac{782 \cdot 228}{8 \cdot 875} = 25,5^{\,cm^3}$.

Gewählt zwei Träger des Profils I Nr. 8 mit $W_x = 2 \cdot 19,4 = 38,8^{\,cm^3}$.

[Die Fenstersturzträger des Erkers im I. und II. Geschoss werden beiderseits genügend verlängert, um sie durch die Erkerseitenwand hindurch mit der Frontmauer verankern zu können.]

Balkenträger über der Frontöffnung des Erkerraums im I. Geschoss. Freilänge 2,42 ^{m}. Belastung [bei 0,50 ^{m} hoher Ausmauerung, sowie bei $5,80 + 0,52 + 0,86 = 7,18$ ^{m} ganzer Balkenlänge von Mittelwand bis Erker-Vorderwand und $5,80 + \dfrac{0,52}{2} = 6,06$ ^{m} Abstand von Mittelwand bis Mitte Frontmauer] gleichmässig mit

$$2,42 \cdot \left\{ 0,50 \cdot 0,52 \cdot 1600\,^{kg} + \frac{^1/_2 \cdot 7,18}{6,06} \cdot 7,18 \cdot 500\,^{kg} \right\}$$
$$= 2,42 \cdot 2543\,^{kg} = 6154\,^{kg}.$$

Erforderlich $\quad W = \dfrac{6154 \cdot 242}{8 \cdot 875} = 213$ $^{cm^3}$.

Gewählt drei Träger des Profils ⊥ Nr. 14 mit $W_x = 3 \cdot 81,7 = 245,1$ $^{cm^3}$.

Hauptträger der oberen (Balkon-) Konstruktion, 1,25 ^{m} frei ausladend. Die Belastungen ergeben sich wie folgt:

Mauerwerk aus porigen Lochsteinen; seiner Höhe von $0,30 + 0,80 = 1,10$ ^{m} entspricht eine Belastung von $1,10 \cdot 1100\,^{kg} = 1210\,^{kg}/_{qm}$ der Grundfläche.

Im Lichtraum beträgt die Belastung durch die Wellblechdecke $750\,^{kg}/_{qm}$, was einen Abgang von $1210 - 750 = 460\,^{kg}/_{qm}$ der Grundfläche bedeutet.

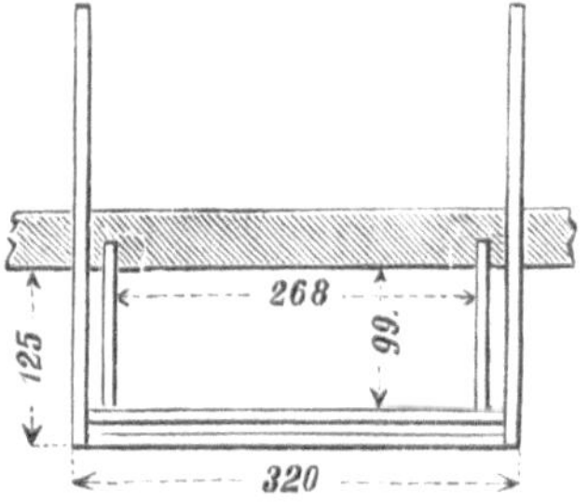

Daher ist die Belastung eines Hauptträgers durch den halben Balkon

$$1,60 \cdot 1,25 \cdot 1210\,^{kg} = 2420\,^{kg},$$
hiervon ab $1,34 \cdot 0,99 \cdot 460\,^{kg} = 610\ ,,$
$$= 1810\,^{kg}.$$

Das Drehmoment dieser Belastung mit Bezug auf die Kippkante (Frontmauerkante) ist

$$M_1 = 2420 \cdot 0,625 - 610 \cdot 0,495 = 1513 - 302 = 1211\,^{mkg}.$$

Jeder der beiden Hauptträger hat daher aufzunehmen eine Aussenlast von 1810 ^{kg} mit einem Angriffsmoment mit Bezug auf die Kippkante von $1211\,^{mkg} = 1211 \cdot 100 = 121100\,^{cmkg}$. Daher ist für ihn erforderlich

$$W = \frac{121\,100}{875} = 138,4\ ^{cm^3}.$$

Falls die sonstige Belastung nicht ein grösseres W erfordert, wird das Profil ⊥ Nr. 18 mit $W_x = 161$ $^{cm^3}$ genügen.

Dies ist zutreffend rechts, auf der Seite der 26 ^{cm} starken Zwischenwand, in welche, durch die Frontmauer hindurch, der Hauptträger noch 1,20 ^{m} tief eingeführt wird.

Drehmoment dieses Trägers mit Bezug auf die Mitte der Frontmauer

$$M_2 = 1211 + 1810 \cdot 0{,}195 = 1564\,\text{mkg}.$$

Die Gegenlast auf der $0{,}195 + 1{,}20 = 1{,}395\,\text{m}$ langen Innenstrecke des Trägers (hinter der Drehachse) beträgt mindestens

$$1{,}395 \cdot \left[0{,}30 + 3{,}90 + 3{,}80\right] \cdot \frac{0{,}26}{2} \cdot 1600\,\text{kg} = 2321\,\text{kg},$$

mit einem Stabilitätsmoment

$$M_3 = 2321 \cdot {}^1/_2 \cdot 1{,}395 = 1619\,\text{mkg},$$

wodurch das Kippmoment $M_2 = 1564\,\text{mkg}$ reichlich aufgehoben wird.

Der linke Hauptträger dagegen reicht bis zur Mittelwand und wird auf der inneren $5{,}80\,\text{m}$ langen Strecke durch die $0{,}13\,\text{m}$ starke Scheidewand belastet, die in den beiden obersten Geschossen aus porigen Lochsteinen hergestellt werden soll und in der Mitte je eine Flügeltür von $1{,}50\,\text{m} \cdot 3{,}0\,\text{m}$ erhält. Demnach ist die Belastung der inneren Strecke

$$\left[5{,}80 \cdot (0{,}30 + 3{,}90 + 3{,}80) - 2 \cdot 1{,}50 \cdot 3{,}0\right] \cdot 0{,}13 \cdot 1100\,\text{kg} = 5348\,\text{kg}.$$

Das Moment dieser Belastung mit Bezug auf die Frontmauermitte ist

$$M_4 = 5348 \cdot \left(\frac{0{,}39}{2} + \frac{5{,}80}{2}\right) = 5348 \cdot (0{,}195 + 2{,}90) = 16552\,\text{mkg},$$

daher der Druck auf die Mittelwand

$$\frac{M_4 - M_2}{{}^1/_2 \cdot 0{,}39 + 5{,}80} = \frac{16552 - 1564}{0{,}195 + 5{,}80} = 2500\,\text{kg}$$

und der Druck auf die Frontmauer

$$1810\,\text{kg} + 5348\,\text{kg} - 2500\,\text{kg} = 4658\,\text{kg}.$$

Die Belastung des inneren Teils des linken Hauptträgers liegt auf zwei Strecken von $\dfrac{5{,}80 - 1{,}50}{2} = 2{,}15\,\text{m}$ mit je $^1/_2 \cdot 5348\,\text{kg} = 2674\,\text{kg}$. Der innere Bruchquerschnitt hat demnach von der Mittelwand einen Abstand von $\dfrac{2500}{2674} \cdot 2{,}15\,\text{m} = 2{,}01\,\text{m}$, so dass in ihm erforderlich ist

$$W = \frac{2500 \cdot 201}{2 \cdot 875} = 287\,\text{cm}^3.$$

Gewählt Profil $\underline{\text{I}}$ Nr. 23 mit $W_x = 314\,\text{cm}^3$ für beide Hauptträger.

Ohne Rücksicht auf die Aussenlast würde sich für die Innenlast als erforderlich ergeben (s. S. 15, unten)

$$W = \frac{5348 \cdot (580 - 150)}{8 \cdot 875} = 329\,\text{cm}^3.$$

Da aber von der Aussenlast höchstens die Nutzlast (bewegliche Last) mit $1{,}34 \cdot 0{,}99 \cdot (750\,\text{kg} - 250\,\text{kg}) = 1{,}34 \cdot 0{,}99 \cdot 500\,\text{kg} =$

663 ^{kg} ausfallen kann, die am Hebelarm $^1/_2 \cdot 0{,}99 = 0{,}495^m$ angreift und ein Moment $663 \cdot 0{,}495 = 358^{mkg}$ erzeugt, so würde in diesem Fall $M_2 = 1564 - 328 = 1236^{mkg}$ sein, also der Druck auf die Mittelwand

$$\frac{M_4 - M_2}{^1/_2 \cdot 0{,}39 + 5{,}80} = \frac{16552 - 1236}{5{,}995} = 2555^{kg}.$$

Der innere Bruchquerschnitt würde von der Mittelwand

$$\frac{2555}{2674} \cdot 2{,}15 = 2{,}054^m$$

entfernt, daher in ihm erforderlich sein

$$W = \frac{2555 \cdot 205{,}4}{2 \cdot 875} = 300^{cm^3},$$

so dass das gewählte Profil $\mathbf{I}$ Nr. 23 mit $W_x = 314^{cm^3}$ noch genügt.

Auch hier sollen, der Vollständigkeit wegen, die übrigen zum Erker in Beziehung stehenden Träger berechnet werden.

Träger neben den Hauptträgern. Freilänge $0{,}99^m$.

Die Belastung beträgt höchstens

$$0{,}99 \cdot 1{,}10 \cdot \frac{0{,}26}{2} \cdot 1100^{kg} = 156^{kg}.$$

Erforderlich $\quad W = \dfrac{156 \cdot 99}{8 \cdot 875} = 2{,}2^{cm^3}.$

Gewählt Profil $\mathbf{I}$ Nr. 8 mit $W_x = 19{,}4^{cm^3}$.

Äusserer Querträger. Freilänge $3{,}20^m$; in Wirklichkeit fehlen hieran zwei halbe Flanschbreiten und zwei halbe Steg-stärken der Hauptträger $\mathbf{I}$ Nr. 23, also $2 \cdot \dfrac{10{,}2 + 0{,}84}{2} = 11^{cm}$. Belastung durch die Balkonbrüstung gleichmässig mit

$$3{,}20 \cdot 1{,}10 \cdot \frac{0{,}26}{2} \cdot 1100^{kg} = 503^{kg}.$$

Erforderlich $\quad W = \dfrac{503 \cdot 320}{8 \cdot 875} = 23^{cm^3}.$

Gewählt Profil $\mathbf{I}$ Nr. 9 mit $W_x = 25{,}9^{cm^3}$.

Innerer Querträger. Freilänge wie beim vorigen Träger. Belastung

1) wie der vorige Träger gleichmässig mit . . . . . = 503 ^{kg},
2) je (höchstens) $0{,}26^m$ vom Ende durch die Träger
 neben den Hauptträgern mit je 78^{kg}, $2 \cdot 78$ . . . . = 156 „
3) auf dem mittleren $2{,}68^m$ langen Trägerteil durch

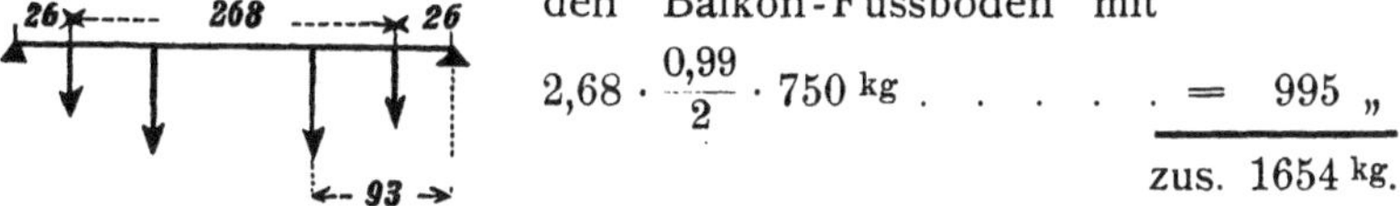

den Balkon-Fussboden mit

$$2{,}68 \cdot \frac{0{,}99}{2} \cdot 750^{kg} \ . \ . \ . \ . \ . = 995 \text{ „}$$

zus. 1654 ^{kg}.

Erforderlich $W = \dfrac{503 \cdot 320}{8 \cdot 875} + \dfrac{156 \cdot 26 + 995 \cdot 93}{2 \cdot 875} = 78\,^{cm^3}$.

Gewählt Profil $\mathbf{I}$ Nr. 14 mit $W_x = 81{,}7\,^{cm^3}$.

Frontträger über dem Kuppelfenster des IV. Obergeschosses. Freilänge 2,28 ^{m}. Belastung gleichmässig mit

$$2{,}28 \cdot \left\{ \left[0{,}80 \cdot 0{,}39 + 1{,}80 \cdot 0{,}26 \right] \cdot 1600\,^{kg} + \frac{5{,}93}{2}\,(500\,^{kg} + 250\,^{kg}) \right\}$$
$$= 2{,}28 \cdot 3472\,^{kg} = 7916\,^{kg}.$$

Erforderlich $\quad W = \dfrac{7916 \cdot 228}{8 \cdot 875} = 258\,^{cm^3}$.

Gewählt zwei Träger des Profils $\mathbf{I}$ Nr. 17 mit $W_x = 2 \cdot 137 = 274\,^{cm^3}$. Auflagerplatten 38 $^{cm} \cdot 13\,^{cm}$ (vrgl. S. 11, unten).

Frontträger über dem Kuppelfenster des III. Obergeschosses. Freilänge 2,28 ^{m}. Belastung gleichmässig mit

$$2{,}28 \cdot \left\{ \left[0{,}80 + 0{,}80 \right] \cdot 0{,}39 \cdot 1600\,^{kg} + \frac{5{,}93}{2} \cdot 500\,^{kg} \right\}$$
$$= 2{,}28 \cdot 2481\,^{kg} = 5657\,^{kg}.$$

Erforderlich $\quad W = \dfrac{5657 \cdot 228}{8 \cdot 875} = 184\,^{cm^3}$.

Gewählt zwei Träger des Profils $\mathbf{I}$ Nr. 15 mit $W_x = 2 \cdot 97{,}9 = 195{,}8\,^{cm^3}$. Auflagerplatten 38 $^{cm} \cdot 13\,^{cm}$, wie vorhin.

Balkenträger über der Frontöffnung des Erkerraums im II. Geschoss. Freilänge 2,42 ^{m}. Belastung, wobei vernachlässigt werden soll, dass wegen der Balkontür die Fenster-Brüstung bei der Hälfte der Öffnung wegfällt:

1) auf dem mittleren 2,28 ^{m} langen Trägerteil

$$2{,}28 \cdot \left\{ \left[0{,}50 \cdot 0{,}52 + 0{,}80 \cdot 0{,}39 \right] \cdot 1600\,^{kg} + \frac{5{,}80}{2} \cdot 500\,^{kg} \right.$$
$$\left. + \frac{0{,}99}{2} \cdot 750\,^{kg} \right\} = 2{,}28 \cdot 2736{,}5\,^{kg} = 6\,239\,^{kg},$$

2) auf zweimal $^1/_2 \cdot (2{,}42 - 2{,}28) = 0{,}07\,^m$ an den Auflagern, mit zus.

$$0{,}14 \cdot \left\{ \left[(3{,}90 + 3{,}80) \cdot 0{,}39 + 1{,}80 \cdot 0{,}26 \right] \cdot 1600\,^{kg} \right.$$
$$\left. + 2736{,}5 + \frac{5{,}93}{2} \cdot 2^1/_2 \cdot 500\,^{kg} \right\} = 1679\,^{kg}$$

$+$ Lasten der beiden oberen Frontträger

$$7916\,^{kg} + 5657\,^{kg} = 13573\,_{"}$$
$$= 15\,252\,_{"}$$
$$\text{zus. } 21\,491\,^{kg}.$$

Erforderlich $\quad W = \dfrac{6239 \cdot 64 + 15\,252 \cdot 3{,}5}{2 \cdot 875} = 259\,^{cm^3}$.

Gewählt zwei Träger des Profils $\mathbf{I}$ Nr. 17 mit $W_x = 2 \cdot 137 = 274^{\,cm^3}$. Auflagerplatten von $38^{\,cm} \cdot 25^{\,cm} = 950^{\,qcm}$ übertragen

$$\frac{^{1}/_{2} \cdot 21491}{950} = \text{rund } 11^{\,kg}/_{qcm} \text{ Druck.}$$

——

Beispiel 38. Der hier skizzierte Erker mit schrägen Seiten-wänden ladet $1{,}30^{\,m}$ über die Bauflucht und $1{,}30 - 0{,}13 = 1{,}17^{\,m}$

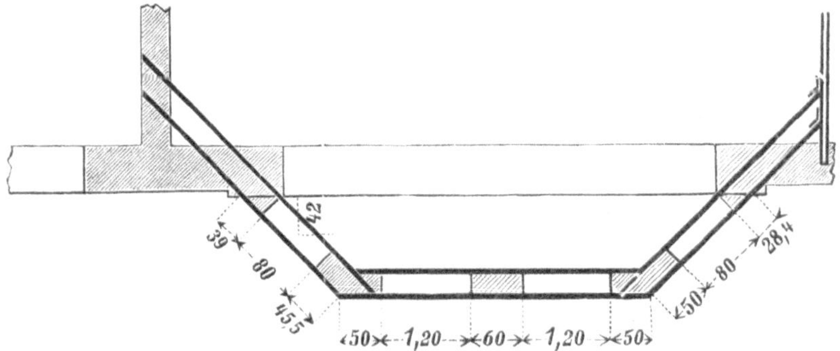

über den Risalit hinaus. Der Erker geht durch drei Obergeschosse und ist im IV. Geschoss durch einen Balkon abgeschlossen. Die Höhenmafse des vorigen Beispiels gelten auch hier.

Es sollen die einfacheren, nur mittelbar mit der Erker-konstruktion zusammenhängenden Trägerberechnungen, die im vorigen Beispiel ausführlich mit angeführt wurden, weggelassen und nur die eigentlichen Erkerträger mit den Vorrichtungen zur Über-windung des Kippmoments berechnet werden.

Auch hier sind zwei Eisenkonstruktionen angeordnet, die eine für den Erker im I. bis III. Obergeschoss, die zweite für den Balkon im IV. Geschoss. Als Erkerbaumaterial dienen porige Lochsteine; Wandstärke $0{,}39^{\,m}$. Die Belastungshöhe für die untere Konstruk-tion ist $0{,}30 + 4{,}20 + 4{,}00 + (3{,}90 - 0{,}30) = 12{,}1^{\,m}$, so dass sich bei einem vollen Mauerwerkskörper eine Belastung ergibt von

$$12{,}1^{\,m} \cdot 1100^{\,kg}/_{cbm} = 13310^{\,kg}/_{qm} \text{ der Grundfläche.}$$

Für den Lichtraum des Erkers ist abzuziehen, bei einer Be-lastung von $750^{\,kg}/_{qm}$ der Grundfläche durch die den Erker unten abschliessende Wellblechdecke,

$$13310^{\,kg}/_{qm} - 750^{\,kg}/_{qm} = 12560^{\,kg}/_{qm} \text{ der Grundfläche.}$$

In den Fensteröffnungen beträgt der gesamte Ausfall

$$[2{,}60 + 2{,}40 + 2{,}30]^{\,m} \cdot 1100^{\,kg}/_{cbm} = 8030^{\,kg}/_{qm} \text{ der Grundfläche.}$$

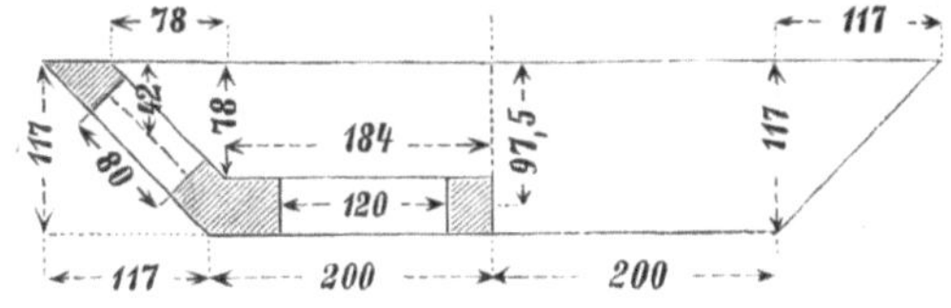

Die von den schrägen Hauptträgern aufzunehmende Belastung einer Erkerhälfte berechnet sich wie folgt:

$$(2,0 \cdot 1,17 + {}^1/_2 \cdot 1,17 \cdot 1,17) \cdot 13310 = 31145 + 9110 = 40255\,{}^{kg},$$

abzüglich

$$1,84 \cdot 0,78 \cdot 12560\,{}^{kg} = 18026\,{}^{kg},$$
$$+ {}^1/_2 \cdot 0,78 \cdot 0,78 \cdot 12560\,, = 3821\,,$$
$$+ 1,20 \cdot 0,39 \cdot 8030\,, = 3758\,,$$
$$+ 0,80 \cdot 0,39 \cdot 8030\,, = 2505\,,$$
$$= 28110\,,$$
$$= 12145\,{}^{kg}.$$

Das Drehmoment dieser Belastungen mit Bezug auf die Kippkante (vordere Risalitkante) beträgt

$$M_1 = 31145 \cdot \frac{1,17}{2} + 9110 \cdot \frac{1,17}{3} - \left[18026 \cdot \frac{0,78}{2} \right.$$
$$\left. + 3821 \cdot \frac{0,78}{3} + 3758 \cdot 0,975 + 2505 \cdot 0,42 \right]$$
$$= 18220 + 3553 - \left[7030 + 993 + 3664 + 1052 \right] = 9034\,{}^{mkg}.$$

Wird, wie hier skizziert, dieses gerade Moment aufgefangen von Trägern, die in schräger Richtung unter einem Winkel von 45 Grad aus der Front heraustreten, so bedeutet dies eine Verlängerung des Hebelarms im Verhältnis 1,655 m : 1,17 m; daher ist für die schrägen Ausleger erforderlich

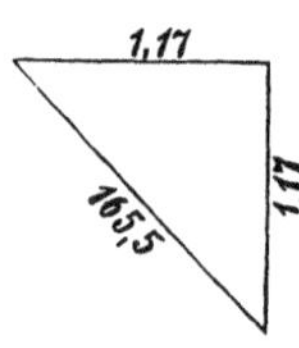

$$W = \frac{1,655}{1,17} \cdot \frac{9034 \cdot 100}{875} = 1,414 \cdot 1032,5 = 1460\,{}^{cm^3}.$$

Da zwei Träger für dieses Widerstandsmoment zu hoch ausfallen würden, so werden gewählt

drei Träger des Profils $\mathbf{I}$ Nr. 27 mit $W_x = 3 \cdot 491 = 1473\,{}^{cm^3}$.

Es ist keineswegs erforderlich, dass alle drei Träger bis zur Aussenkante des Erkers reichen; der mittlere Träger kann schon in der Mitte der Ausladung endigen, da dort weniger als die Hälfte des nachgewiesenen Widerstandsmoments erforderlich ist. Aber notwendig ist, dass die drei Träger derart miteinander verbunden werden, dass sie wie ein einziger Träger wirken und sich gleichmässig biegen. An den Enden des mittleren Trägers sind deshalb eiserne Füllstücke zwischen den Trägern anzuordnen, durch die Schraubenbolzen von 20 mm Durchmesser gezogen werden und so die drei Träger vereinigen.

Die linksseitigen Auslegerträger gehen durch das Front
mauerwerk bis in die 0,26 m starke Querwand, in der sie durch zwei
Überdeckungsträger gehal-
ten werden (s. nebenst. Abbild.).

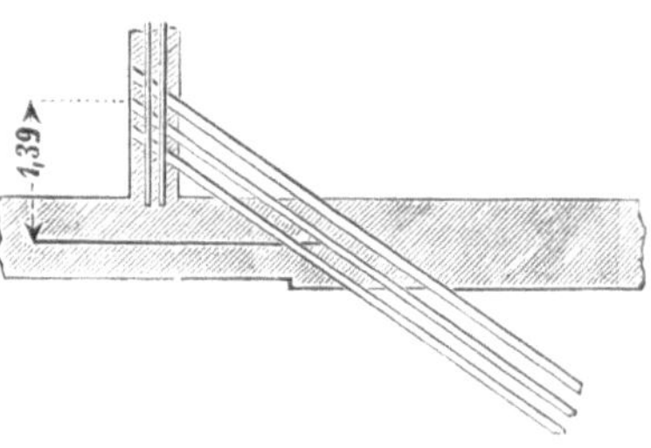

Wird die Drehachse für die
Auslegerträger in der Mitte der
an der betreffenden Stelle 0,78 m
starken Frontmauer angenommen, so beträgt das gerade
Drehmoment (d. i. die senkrecht
zur Front gerichtete Komponente des Drehmoments)

$$M_2 = 9034 + 12145 . 0,39 = 13771 \,^{\mathrm{mkg}}.$$

Ist 1,39 m der (senkrecht zur Front gerichtete) Hebelarm der
Gegenlast, so beträgt die erforderliche Gegenlast

$$\frac{13771}{1,39} = 9907 \,^{\mathrm{kg}}.$$

Da die Überdeckungsträger für 1 lfd. m mindestens eine Gegenlast liefern (bis zu den Trägern der oberen Konstruktion) von

$$[4,20 + 4,00 + (3,90 - 0,30)] . 0,26 . 1600 \,^{\mathrm{kg}} = 4909 \,^{\mathrm{kg}},$$

so liefern sie bei einer Länge von 9907 : 4909 = 2,01 m die erforderliche Gegenlast.

Auf 0,81 m Überstand der Überdeckungsträger kommt eine
Gegenlast von

$$0,81 . 4909 \,^{\mathrm{kg}} = 3976 \,^{\mathrm{kg}};$$

daher ist für diese Träger erforderlich

$$W = \frac{3976 . 40,5}{875} = 184 \,^{\mathrm{cm^3}}.$$

Gewählt zwei Träger des Profils I Nr. 15 mit $W_x = 2 . 97,9 =$
$$195,8 \,^{\mathrm{cm^3}}.$$

Auf der rechten Seite des Erkers ist eine Wand, der die
erforderliche Gegenlast entnommen werden könnte, nicht vorhanden.

Da die Gegenlast auch der Front nicht entnommen werden
kann, so bedarf es eines besonderen Gegenlastträgers. Dieser
liegt zwischen der Frontwand und der Mittelwand 5,80 m frei.
Die zwei aufwärts gerichteten Kräfte, die hervorgerufen werden
durch Verlaschung des Gegenlastträgers mit den Auslegern (von
je dem halben geraden Drehmoment $M_2 = 13771 \,^{\mathrm{mkg}}$), betragen

1) $0{,}85^{\mathrm{m}}$ vom Trägerende, also $0{,}85 + 0{,}26 = 1{,}11^{\mathrm{m}}$

von der Drehachse angreifend, $\dfrac{13771}{2 \cdot 1{,}11} \cdot \ \cdot \ \cdot \ \cdot = 6203^{\mathrm{kg}},$

2) $1{,}40^{\mathrm{m}}$ vom Trägerende, also $1{,}40 + 0{,}26 = 1{,}66^{\mathrm{m}}$

von der Drehachse angreifend, $\dfrac{13771}{2 \cdot 1{,}66} \cdot \ \cdot \ \cdot \ \cdot = 4148 \ _{,,}$

$$\text{zus. } 10351^{\mathrm{kg}}.$$

Die auf die Mittelwand übertragene Hubkraft beträgt

$$\frac{1}{5{,}80} \cdot \left\{ 6203 \cdot 0{,}85 + 4148 \cdot 1{,}40 \right\} = 1910^{\mathrm{kg}}.$$

Das in der Frontmauer liegende Trägerende hat daher eine

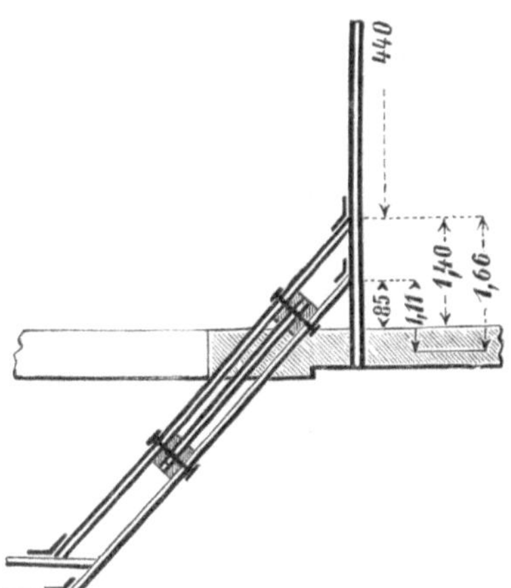

Hubkraft aufzunehmen von

$$10351 - 1910 = 8441^{\mathrm{kg}}.$$

Für den Gegenlastträger ist erforderlich

$$W = \frac{1910 \cdot 440}{875} = 960^{\mathrm{cm^3}}.$$

Wenn eine Unterbringung zwischen den Holzbalken der Decke möglich ist, so ist für den Gegenlastträger zu wählen das Profil I Nr. 36 mit $W_x = 1088^{\mathrm{cm^3}}$.

Ist in der Decke eine Höhe von 36^{cm} jedoch nicht vorhanden und das Heraustreten des Trägers I Nr. 36 aus der Decken-Unterfläche in der Decken-Ausbildung nicht architektonisch zu verwerten, so muss ein Träger aus niedrigeren Profilen zusammengesetzt werden. So geben z. B. zwei $\mathrm{[}$-Eisen des Normalprofils Nr. 30, die Rückseite an Rückseite zusammengenietet sind, ein Widerstandsmoment

$$W_x = 2 \cdot 535 = 1070^{\mathrm{cm^3}},$$

was im vorliegenden Fall für den Gegenlastträger genügt.

Auch wird sich hier die Anwendung eines der neuerdings eingeführten — nicht normalen — breitflanschigen Differdinger Spezial-Träger (System Grey) empfehlen (s. Tafel VIII im fünften Abschnitt d. B.), u. zw. die des Profils I Nr. 25 mit $W_x = 965^{\mathrm{cm^3}}.$

Für die durch das Frontmauerwerk auszugleichende Hubkraft des Gegenlastträgers von 8441^{kg} ist eine genügende Last unschwer nachzuweisen, da schon ein $1{,}0^{\mathrm{m}}$ breiter Pfeiler ohne Balkenlast bis zur Oberkonstruktion ergibt

$$1{,}0 \cdot [(4{,}20 + 4{,}00) \cdot 0{,}52 + (3{,}90 - 0{,}30) \cdot 0{,}39] \cdot 1600^{\mathrm{kg}} = 9069^{\mathrm{kg}}.$$

Übrigens ist ersichtlich, dass die gegenbelastenden Mauerteile des IV. Geschosses von dem geringen Drehmoment aus der Balkonlast keineswegs voll beansprucht werden, dass daher der Überschuss dieses Mauergewichts noch der Stabilität der unteren Konstruktion zugute kommt.

Ist der Gegenlastträger auf der ganzen Strecke von 5,80 m gänzlich unbelastet, so bewirken die den Träger angreifenden Hubkräfte eine (allerdings nicht sehr bedeutende) Ausbauchung des Trägers nach oben, und dadurch eine geringe Hebung der inneren Enden und eine Senkung der äusseren Enden der Ausleger. Diese Bewegung wird, wenn sie unbeachtet bleibt, leicht Risse im Erkermauerwerk zur Folge haben, ohne jedoch die Sicherheit der Konstruktion irgendwie zu gefährden. Sind die Träger bei dieser Bewegung einmal zur Ruhe gekommen, so ist eine Wiederholung der Rissebildung nicht zu befürchten, weil die tatsächliche (veränderliche) Nutzlast des Erkers im Verhältnis zum Eigengewicht (zur bleibenden Last) gering ist, so dass bei mehr erstarrtem Mörtel Zerreissungen nicht mehr herbeigeführt werden. Immerhin ist stets zu empfehlen, überall, wo angängig, den Gegenlastträger zu belasten, und zwar am besten durch eine massive Zwischenwand; auch eine Rabitzwand (und sogar eine gerohrte und geputzte Holzwand) gibt eine sehr wertvolle Aussteifung.

———

Variante. Wenn Gegenlasten durch mehr oder minder starke Zwischenwände nicht zu beschaffen sind, so liegt es nahe, die Ausleger nicht schräg anzuordnen, wodurch der Hebelarm $\sqrt{2} = 1{,}41$-mal, also fast $1^{1}/_{2}$-mal so gross wird, sondern gerade (nach nebenstehender Skizze), falls hierdurch nicht unüberwindliche Schwierigkeiten für die Anord-

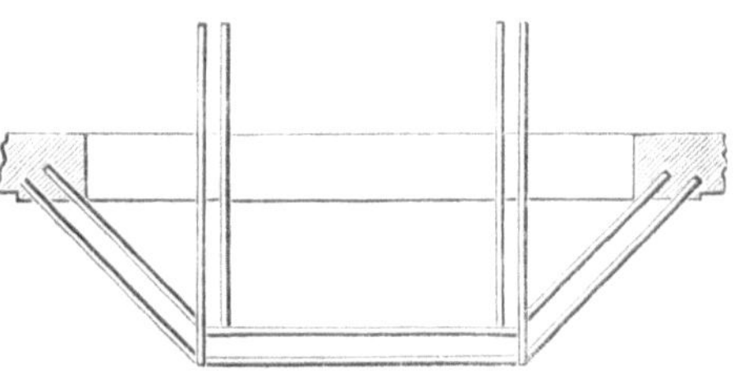

nung der darunter liegenden Schaufensterträger entstehen.

Alsdann werden die Ausleger unmittelbar angegriffen, u. zw. von jeder Erkerhälfte durch die auf S. 62 nachgewiesene Belastung von 12145 kg mit einem Kippmoment von $M_1 = 9034$ mkg.

Erforderlich $\qquad W = \dfrac{9034 \cdot 100}{875} = 1033$ cm³.

Zwei Träger des Profils I Nr. 28 geben zusammen
$$W_x = 2 \cdot 541 = 1082^{\,\mathrm{cm^3}}.$$

Eine Vereinigung der beiden Träger I Nr. 28 zu einem tragenden System (durch eiserne Zwischenstücke und Schrauben oder Niete) ist notwendig, weil sie andernfalls von den an sie angeschlossenen, vorderen Träger ungleiche Belastungen erhalten würden.

Falls die 28 ^{cm} hohen Träger nicht bequem zwischen den Holzbalken der Decke unterzubringen sind, so kann man mit Vorteil die hier skizzierte, mittels eisernen Futterstücken und Schraubenbolzen hergestellte Vereinigung dreier I-Träger Nr. 24 mit
$$W_x = 3 \cdot 353 = 1059^{\,\mathrm{cm^3}}$$

anwenden. Auch die folgende Zusammenstellung aus zwei Profilen I Nr. 26 und dem dazwischen liegenden Profil I Nr. 22 mit
$$T_x = 2 \cdot 5735 + 3055^{\,\mathrm{cm^4}}$$

$$\text{und } W_x = \frac{2 \cdot 5735 + 3055}{^1/_2 \cdot 26} = \frac{2 \cdot 5735}{^1/_2 \cdot 26} + \frac{22}{26} \cdot \frac{3055}{^1/_2 \cdot 22}$$

$$= 2 \cdot 441 + \frac{22}{26} \cdot 278 = 882 + 235 = 1117^{\,\mathrm{cm^3}}$$

ist vorteilhaft. Dabei braucht das zwischenliegende Profil I Nr. 24 bezw. I Nr. 22 nur etwa bis zum dritten Teil der Freilänge der Träger nach aussen und innen zu reichen. Ferner würde ein breitflanschiger Differdinger Träger I Nr. 26 (s. S. 64, unten) mit $W_x = 1104^{\,\mathrm{cm^3}}$ als Ausleger genügen.

Auch hier sollen die übrigen Träger sowie die obere Balkon-Konstruktion unberechnet bleiben.

---

d) Durchbiegung der Träger.

In neuerer Zeit wird bei der Berechnung und Dimensionierung von Trägern vielfach nicht allein die Forderung gestellt, dass das Trägermaterial vor einer über die festgesetzte Grenze hinausgehenden Beanspruchung auf Biegung (d. h. auf Zug und Druck) bewahrt bleibe, sondern auch, dass die durch die Belastung eintretende elastische Formveränderung, d. h. die Durchbiegung, eine gewisse Grösse nicht übersteige. Es lässt sich darüber streiten, ob bei den im Hochbau meist beständigen Beanspruchungen ein Bedürfnis nach dieser Richtung vorliegt; auch ist ein solches im Anschluss an die Bauordnung für den Stadtkreis Berlin vom 15. August 1897 seitens der Baupolizei noch nicht hervorgehoben worden, zumal die Festsetzung der Beanspruchungsgrenze für Flusseisen von $875\,{}^{kg}/_{qcm}$ auf Zug oder Druck (vrgl. S. 1) in den meisten Fällen eine zu grosse Durchbiegung ohnehin ausschliesst.

Gleichwohl ist nicht zu verkennen, dass überall da, wo häufige und grössere Änderungen der Belastungen eintreten, die Rücksicht auf eine längere Erhaltung der betreffenden Bauteile und die Vermeidung häufiger Ausbesserungen darauf hinweist, auch die Durchbiegung bei der Wahl der Trägerprofile zu berücksichtigen.

Die Durchbiegungsgrenze für gewalzte Träger wird im Hochbau derart bemessen, **dass die grösste Durchbiegung nicht mehr betragen soll, als der sechshundertste Teil der Trägerfreilänge,** also

$$y_{max} = \frac{l}{600}.$$

Der am häufigsten vorkommende einfache Belastungsfall ist der (auf S. 6 allgemein angegebene) des an beiden Enden frei aufliegenden **Trägers mit gleichmässig verteilter Belastung** Q und mit überall gleichem (konstantem) Querschnitt. Das erforderliche Widerstandsmoment wird mittels der Formel

$$W = \frac{Q \cdot l}{8 \cdot k}$$

gefunden und alsdann aus den Träger-Tafeln (im fünften Abschnitt dieses Buches) das Profil gewählt, das dasselbe oder das nächst höhere Widerstandsmoment W_x besitzt.

Ergibt sich nun in diesem Fall, dass die mit 18,3 multiplizierte Höhe des gewählten Profils gleich oder grösser ist als die Trägerfreilänge ($18,3 \cdot h \geq l$), so ist die unter der Belastung in der Trägermitte eintretende grösste Durchbiegung gleich oder kleiner als der sechshundertste Teil der Freilänge ($y_{max} \leqq {}^1/_{600} \cdot l$), so dass das gewählte Profil ohne weiteres genügt.

Erreicht dagegen die mit 18,3 ($= 128 : 7$) multiplizierte, auf Grund der vorstehenden allgemeinen Formel für das erforderliche W vorläufig gewählte Profilhöhe die Freilänge nicht ($18,3 \cdot h < l$), so ist die Durchbiegung in der Mitte des Trägers zu gross, d. h. grösser als der sechshundertste Teil der Freilänge ($y_{max} > {}^1/_{600} \cdot l$). Es muss alsdann ein höheres Profil gewählt werden, für das das erforderliche Trägheitsmoment T in cm⁴ bestimmt wird mittels der allgemeinen Formel

$$T = 39{,}1 \cdot Q \cdot l^2,$$

worin die gleichmässig verteilte Belastung Q nicht mehr in kg, sondern in Tonnen ($1^t = 1000^{kg}$) und die Freilänge l nicht mehr in cm, sondern in Meter ($1^m = 100^{cm}$) einzusetzen ist. Wird nun aus den Träger-Tafeln das Profil gewählt, das dasselbe oder das nächst höhere Trägheitsmoment T_x aufweist, so kann dieses Profil zur Verwendung gelangen, u. zw. auch dann noch, wenn seine mit 18,3 multiplizierte Höhe h das Maſs der Freilänge nicht erreichen sollte. Bei diesem Profil ist jedenfalls die Forderung erfüllt, dass die stärkste Durchbiegung in der Mitte des Trägers (höchstens gleich oder) kleiner ist als der sechshundertste Teil der Freilänge ($y_{max} \overline{\overline{<}} {}^1/_{600} \cdot l$). — Näheres s. S. 78 u. 79.

Da sich das erforderliche Trägheitsmoment T und das gewählte T_x umgekehrt verhalten wie die ihnen entsprechenden Durchbiegungen, so ist, da dem T die Durchbiegung $y_{max} = {}^1/_{600} \cdot l$ entspricht, die für das gewählte Trägerprofil eintretende Durchbiegung

$$y = \frac{l}{600} \cdot \frac{T}{T_x}.$$

Ausserdem gilt der allgemeine Satz:

Bei demselben Träger verhalten sich die an einer bestimmten Stelle eintretenden Durchbiegungen wie die sie hervorrufenden gleichartigen Belastungen, also

$$\frac{y_1}{y_2} = \frac{Q_1}{Q_2}.$$

Beispiel 39. Ein $4,50^m$ frei liegender Träger wird gleichmässig belastet mit 5880^{kg}.

Erforderlich $\qquad W = \dfrac{5880 \cdot 450}{8 \cdot 875} = 378^{cm^3}$.

Gewählt Normal-Profil Ⅰ Nr. 25 mit $W_x = 396^{cm^3}$, und da bei diesem Profil $18,3 \cdot h = 18,3 \cdot 0,25^m = 4,575^m$, also grösser ist als $l = 4,50^m$, so ist die eintretende Durchbiegung kleiner als der sechshundertste Teil der Freilänge. Mithin genügt das gewählte Profil.

Beispiel 40. Ein $4,80^m$ frei liegender Träger wird gleichmässig belastet mit 1190^{kg}.

Erforderlich $\qquad W = \dfrac{1190 \cdot 480}{8 \cdot 875} = 81,6^{cm^3}$.

Das hiernach zu wählende Normal-Profil Ⅰ Nr. 14 mit $W_x = 81,7^{cm^3}$ genügt nicht mit Rücksicht auf die Durchbiegung, da mit $18,3 \cdot 0,14^m = 2,562^m$ die Freilänge $4,80^m$ nicht erreicht wird. Mithin:

Erforderlich ein Trägheitsmoment

$$T = 39,1 \cdot 1,190 \cdot 4,80^2 = 46,529 \cdot 23,04 = 1072^{cm^4}.$$

Gewählt Profil $\mathtt{I}$ Nr. 17 mit $T_x = 1165\,^{\mathrm{cm^4}}$, das, da der sechshundertste Teil der Freilänge $480:600 = 0,8\,^{\mathrm{cm}}$ beträgt, für die Trägermitte eine Durchbiegung von

$$y = 0,8 \cdot \frac{1072}{1165} = 0,74\,^{\mathrm{cm}}$$

liefert. Das gewählte Profil genügt also, trotzdem $18,3 . 0,17\,^{\mathrm{m}}$ nur $3,111\,^{\mathrm{m}}$ ist.

Die im Bruchquerschnitt (gefährlichen Querschnitt) in der Mitte des Trägers $\mathtt{I}$ Nr. 17 eintretende grösste Beanspruchung ist, da für ihn nach der Trägertafel $W_x = 137\,^{\mathrm{cm^3}}$,

$$k = \frac{Q . l}{8 . W_x} = \frac{1190 . 480}{8 . 137} = 521\,^{\mathrm{kg}}/_{\mathrm{qcm}},$$

bleibt also weit unter dem für Flusseisen zulässigen $k = 875\,^{\mathrm{kg}}/_{\mathrm{qcm}}$.

Beispiel 41. Die gewalzten flusseisernen Träger einer mit Koenen'schen Voutenplatten hergestellten Saaldecke sind zu berechnen. Die (aussergewöhnliche) Freilänge der Deckenträger beträgt $10,60\,^{\mathrm{m}}$, ihre Teilung (d. i. der Abstand von Mitte zu Mitte der Träger) $2,00\,^{\mathrm{m}}$. Das Eigengewicht (einschl. Träger) sei mit $350\,^{\mathrm{kg}}/_{\mathrm{qm}}$ nachgewiesen worden; die Nutzlast für Wohngebäude ist $250\,^{\mathrm{kg}}/_{\mathrm{qm}}$, also die Gesamtlast $350 + 250 = 600\,^{\mathrm{kg}}/_{\mathrm{qm}}$ der Decken-Grundfläche. Belastung, gleichmässig verteilt,

$$10,60 . 2,00 . 600\,^{\mathrm{kg}} = 12720\,^{\mathrm{kg}}.$$

Erforderlich, ohne Rücksicht auf Durchbiegung,

$$W = \frac{12720 . 1060}{8 . 875} = 1926\,^{\mathrm{cm^3}},$$

so dass Profil $\mathtt{I}$ Nr. 45 mit $W_x = 2040\,^{\mathrm{cm^3}}$ genügen, also keine höhere Beanspruchung als $k = 875\,^{\mathrm{kg}}/_{\mathrm{qcm}}$ eintreten würde. Da aber $18,3 . 0,45\,^{\mathrm{m}} = 8,235\,^{\mathrm{m}}$, also kleiner als die Freilänge $10,60\,^{\mathrm{m}}$, so wird bei Wahl des Profils $\mathtt{I}$ Nr. 45 die Durchbiegung in der Trägermitte den zulässigen Wert $1060:600 = 1,77\,^{\mathrm{cm}}$ überschreiten. Daher erforderlich ein Trägheitsmoment

$$T = 39,1 . 12{,}720 . 10{,}60^2 = 55882\,^{\mathrm{cm^4}}.$$

Gewählt Profil $\mathtt{I}$ Nr. $47^1/_2$ mit $T_x = 56410\,^{\mathrm{cm^4}}$, das genügt, trotzdem $18,3 . 0,475\,^{\mathrm{m}}$ nur $8,69\,^{\mathrm{m}}$ ist. Die grösste Durchbiegung der Träger $\mathtt{I}$ Nr. $47^1/_2$ unter der vollen Last beträgt

$$y_{max} = \frac{1060}{600} \cdot \frac{55882}{56410} = 1,75\,^{\mathrm{cm}};$$

hiervon ist der durch das Deckeneigengewicht hervorgebrachte Teil

$$1,75 \cdot \frac{350}{600} = 1,02\,^{\mathrm{cm}}$$

beständig vorhanden. Bei $^1/_2 . 12\,720 = 6360^{\text{kg}}$ Auflagerdruck genügen Auflagerplatten $25^{\text{cm}} . 25^{\text{cm}} = 625^{\text{qcm}}$, die das Zementmauerwerk mit $6360 : 625 = 10{,}2^{\text{kg}}/_{\text{qcm}}$ beanspruchen.

In dem einfachen Belastungsfall, dass **eine Einzellast P in
der Mitte des Trägers** angreift, dient für die Berechnung des
Trägers auf Biegungsbeanspruchung die auf S. 13 gegebene allgemeine Formel

$$W = \frac{P . l}{4 . k} .$$

Multipliziert man die hierfür vorläufig gewählte Profilhöhe
mit 23 ($= 160 : 7$) und erhält einen gleichen oder grösseren Wert
als die Freilänge l, so genügt das Profil ohne weiteres, u. zw. auch
in Bezug auf die Durchbiegung, die kleiner ist als der sechshundertste
Teil der Freilänge. Ist der so erhaltene Wert aber kleiner als
die Freilänge, so ist erforderlich ein Trägheitsmoment (in cm⁴)

$$T = 62{,}5 . P . l^2,$$

worin die Einzellast P in Tonnen und die Freilänge l in Meter
einzusetzen ist. Im übrigen sei auf den vorigen Belastungsfall auf
S. 67 u. f. verwiesen, der dem hier behandelten vollständig entspricht, nur dass an die Stelle der Zahlen 18,3 und 39,1 die Zahlen
23 und 62,5 getreten sind. — Näheres s. S. 80.

Beispiel 42. Ein $5{,}50^{\text{m}}$ frei liegender Träger wird in der
Mitte belastet mit 2100^{kg}.

Erforderlich $\qquad W = \dfrac{2100 . 550}{4 . 875} = 330^{\text{cm}^3}.$

Gewählt Profil $\mathbf{I}$ Nr. 24 mit $W_x = 353^{\text{cm}^3}$. Dieses Profil genügt auch mit Rücksicht auf die Durchbiegung, da bei ihm $23 . h =
23 . 0{,}24^{\text{m}} = 5{,}52^{\text{m}}$ grösser ist als die Freilänge $5{,}50^{\text{m}}$.

Beispiel 43. Ein $4{,}80^{\text{m}}$ frei liegender Träger wird in der
Mitte belastet mit 700^{kg}.

Erforderlich $\qquad W = \dfrac{700 . 480}{4 . 875} = 96^{\text{cm}^3}.$

Hiernach würde zu wählen sein das Normal-Profil $\mathbf{I}$ Nr. 15 mit
$W_x = 97{,}9^{\text{cm}^3}$. Da aber für dieses Profil $23 . h = 23 . 0{,}15^{\text{m}} = 3{,}45^{\text{m}}$
kleiner ist als die Freilänge $4{,}80^{\text{m}}$, so wird die Durchbiegung
zu gross ausfallen. Deshalb erforderlich ein Trägheitsmoment

$$T = 62{,}5 . 0{,}700 . 4{,}80^2 = 1008^{\text{cm}^4}.$$

Gewählt daher Profil I Nr. 17 mit $T_x = 1165^{\,\mathrm{cm^4}}$ und $W_x = 137^{\,\mathrm{cm^3}}$. Die in Trägermitte eintretende grösste Durchbiegung ist

$$y_{max} = \frac{480}{600} \cdot \frac{1008}{1165} = 0{,}7^{\,\mathrm{cm}},$$

und die dort erfolgende grösste Beanspruchung

$$k = \frac{P \cdot l}{4 \cdot W_x} = \frac{700 \cdot 480}{4 \cdot 137} = 613^{\,\mathrm{kg}}/\mathrm{qcm}.$$

Wenn ein Träger **gleichzeitig eine gleichmässig verteilte Last Q und eine in der Mitte angreifende Einzellast P** trägt, so wird er mittels der auf S. 14 gegebenen allgemeinen Formel

$$W = \frac{(Q + 2 \cdot P) \cdot l}{8 \cdot k}$$

berechnet. Diesem erforderlichen Widerstandsmoment entsprechend wird aus den Trägertafeln das Profil gewählt, das dasselbe oder das nächst höhere Widerstandsmoment besitzt. Soll die in der Trägermitte eintretende grösste Durchbiegung kleiner sein als der sechshundertste Teil der Freilänge, so ist erforderlich ein Trägheitsmoment T (in cm⁴)

$$T = 62{,}5 \cdot ({}^5/_8 \cdot Q + P) \cdot l^2,$$

worin die Freilänge l in Meter und die Lasten Q und P in Tonnen einzusetzen sind. Entspricht diesem Trägheitsmoment ein Profil, das niedriger ist als das für das erforderliche W gewählte, so wird das dem W entsprechende Profil festgehalten. Im entgegengesetzten Fall wird das Profil gewählt, bei dem das Trägheitsmoment T_x gleich oder grösser als das erforderliche T ist.

Dass der vorliegende Belastungsfall die beiden vorigen in sich vereinigt, ist daraus zu erkennen, dass man für die beiden letzten Formeln auch setzen kann

$$W = \frac{Q \cdot l}{8 \cdot k} + \frac{P \cdot l}{4 \cdot k} = \frac{({}^1/_2 \cdot Q + P) \cdot l}{4 \cdot k}$$

und $\qquad T = 39{,}1 \cdot Q \cdot l^2 + 62{,}5 \cdot P \cdot l^2 = 39{,}1 \cdot (Q + 1{,}6 \cdot P) \cdot l^2.$

Es gelten daher die beiden folgenden Umwandlungsregeln:

Eine gleichmässige Belastung wird in eine ebensoviel Durchbiegung erzeugende, in der Mitte angreifende Last verwandelt durch Multiplikation mit ${}^5/_8$.

Eine in der Mitte angreifende Last wird in eine ebensoviel Durchbiegung erzeugende gleichmässige Belastung umgewandelt durch Multiplikation mit 1,6.

Beispiel 44. Ein $4{,}90^{\,\mathrm{m}}$ frei liegender Träger wird belastet

gleichmässig mit . . . . $1600^{\,\mathrm{kg}}$,

in der Mitte angreifend mit . . . . 2200 „

zus. $3800^{\,\mathrm{kg}}$.

Erforderlich $W = \dfrac{(1600 + 2 \cdot 2200) \cdot 490}{8 \cdot 875} = 420^{\,\mathrm{cm^3}}$

und $T = 62{,}5 \cdot (^5/_8 \cdot 1{,}600 + 2{,}200) \cdot 4{,}90^2 = 4802^{\,\mathrm{cm^4}}$.

Diesem Trägheitsmoment würde das Profil $\mathbf{I}$ Nr. 25 mit $T_x = 4954^{\,\mathrm{cm^4}}$ entsprechen. Dem erforderlichen W aber entspricht das Profil $\mathbf{I}$ Nr. 26 mit $W_x = 441^{\,\mathrm{cm^3}}$, so dass dieses gewählt werden muss.

Beispiel 45. Ein $5{,}60^{\,\mathrm{m}}$ frei liegender Träger wird belastet

gleichmässig mit . . . . $1200^{\,\mathrm{kg}}$,

in der Mitte angreifend mit . . . . 1400 „

zus. $2600^{\,\mathrm{kg}}$.

Erforderlich $W = \dfrac{(1200 + 2 \cdot 1400) \cdot 560}{8 \cdot 875} = 320^{\,\mathrm{cm^3}}$

und $T = 62{,}5 \cdot (^5/_8 \cdot 1{,}200 + 1{,}400) \cdot 5{,}60^2 = 3784^{\,\mathrm{cm^4}}$.

Es genügt das Profil $\mathbf{I}$ Nr. 24 mit $W_x = 353^{\,\mathrm{cm^3}}$ und $T_x = 4239^{\,\mathrm{cm^4}}$, d. h. bei ihm liegt die Beanspruchung etwas unter $875^{\,\mathrm{kg}}/_{\mathrm{qcm}}$, und die Durchbiegung in der Mitte ist kleiner als $^1/_{600}$ der Freilänge, also kleiner als $^{14}/_{15}{}^{\,\mathrm{cm}} = 0{,}93^{\,\mathrm{cm}}$, nämlich

$$y_{max} = \frac{560}{600} \cdot \frac{3784}{4239} = 0{,}83^{\,\mathrm{cm}}.$$

Beispiel 46. Ein $7{,}00^{\,\mathrm{m}}$ frei liegender Träger wird belastet

gleichmässig mit . . . . $520^{\,\mathrm{kg}}$,

in der Mitte angreifend mit . . . . 660 „

zus. $1180^{\,\mathrm{kg}}$.

Erforderlich $W = \dfrac{(520 + 2 \cdot 660) \cdot 700}{8 \cdot 875} = 52 + 2 \cdot 66 = 184^{\,\mathrm{cm^3}}$

und $T = 62{,}5 \cdot (^5/_8 \cdot 0{,}520 + 0{,}660) \cdot 7{,}00^2 = 3017^{\,\mathrm{cm^4}}$.

Dem W entspricht das Profil $\mathbf{I}$ Nr. 19 mit $W_x = 185^{\,\mathrm{cm^3}}$, für das die in der Trägermitte eintretende grösste Beanspruchung (da $M_{max} = W \cdot 875 = W_x \cdot k$, vrgl. S. 2) zwar nur

$$k = \frac{184}{185} \cdot 875 = 870{,}3^{\,\mathrm{kg}}/_{\mathrm{qcm}}$$

beträgt, das aber, da es ein $T_x = 1759^{\,\mathrm{cm^4}}$ hat, eine Durchbiegung in der Trägermitte (vrgl. S. 68) von

$$y = \frac{700}{600} \cdot \frac{3017}{1759} = 1^1/_6 \cdot 1{,}715 = 2^{\,\mathrm{cm}}$$

bedingen würde, wo doch nur eine solche von $700 : 600 = 1^1/_6{}^{\text{cm}}$ zugelassen werden soll. Es wird daher, dem erforderlichen Trägheitsmoment $T = 3017{}^{\text{cm}^4}$ entsprechend, das Profil I Nr. 22 gewählt mit $W_x = 278{}^{\text{cm}^3}$ und $T_x = 3055{}^{\text{cm}^4}$, wofür wird

$$k = \frac{184}{278} \cdot 875 = 580\ {}^{\text{kg}}/_{\text{qcm}}$$

und

$$y = \frac{700}{600} \cdot \frac{3017}{3055} = 1{,}15{}^{\text{cm}}.$$

Es kommen Fälle vor, wo die Rücksicht auf die Durchbiegung eine grössere Abweichung von dem in Rücksicht auf Beanspruchung erforderlichen Profil bedingt, wie im folgenden Beispiel, wo es wegen der Sicherheit der Arbeiter geboten erscheint, auf die Durchbiegung ganz besonders zu achten.

Beispiel 47. Die beiden Träger eines $1{,}0^{\text{m}}$ breiten Laufstegs im Bühnenraum eines Theaters liegen $12{,}0^{\text{m}}$ frei. Die grösste zufällige Last (Nutzlast) in der Stegmitte bildet ein Beleuchtungsapparat mit 3 Mann zu seiner Bedienung, mit zusammen höchstens 450^{kg}; hiervon kommen auf jeden der beiden Träger

$$^1/_2 \cdot 450 = 225{}^{\text{kg}}.$$

Eigengewicht des Stegs für 1 lfd. m:

1) Trägergewicht, geschätzt zu $2 \cdot 42$ . . . . $= 84{}^{\text{kg}}$,
2) Bohlenbelag, $3{}^{\text{cm}}$ stark, $1{,}0 \cdot 1{,}0 \cdot 0{,}03 = 0{,}03{}^{\text{cbm}}$ zu
   $600{}^{\text{kg}}/_{\text{cbm}}$ . . . . $= 18$ „
3) Geländer, Befestigungsschrauben u. s. w. etwa . . $= 8$ „

zus. $110{}^{\text{kg}}$.

Auf jeden Träger entfällt daher an

Eigengewicht des Stegs $12{,}0 \cdot \dfrac{110}{2}$ . . . . . . $= 660{}^{\text{kg}}$,
hierzu die zufällige Last mit . . . . $= 225$ „

zus. $885{}^{\text{kg}}$.

Erforderlich für jeden Träger nur mit Rücksicht auf die Beanspruchung ($k = 875{}^{\text{kg}}/_{\text{qcm}}$)

$$W = \frac{(660 + 2 \cdot 225) \cdot 1200}{8 \cdot 875} = 190{,}3{}^{\text{cm}^3},$$

so dass Profil I Nr. 20 mit $W_x = 214{}^{\text{cm}^3}$ reichlich genügen würde. Da aber die grösste Durchbiegung gleich oder kleiner sein soll als $^1/_{600}$ der Freilänge, also $y_{max} \lesseqgtr 1200 : 600 = 2{}^{\text{cm}}$, so ist erforderlich für jeden Träger ein Trägheitsmoment

$$T = 62{,}5 \cdot (^5/_8 \cdot 0{,}660 + 0{,}225) \cdot 12{,}00^2 = 5737{,}5{}^{\text{cm}^4}.$$

Gewählt daher Profil $\mathbf{I}$ Nr. 26 mit $T_x = 5735\,^{\mathrm{cm^4}}$ und $W_x = 441\,^{\mathrm{cm^3}}$. Für dieses ist die grösste Biegungsbeanspruchung im Bruchquerschnitt (in der Trägermitte)

$$k = \frac{190,3}{441} \cdot 875 = 378\,^{\mathrm{kg}}/_{\mathrm{qcm}}$$

und die grösste Durchbiegung in der Trägermitte (vrgl. S. 68)

$$y = \frac{l}{600} \cdot \frac{T}{T_x} = \frac{1200}{600} \cdot \frac{5737,5}{5735} = \text{rund } 2^{\mathrm{cm}};$$

hiervon ist beständig vorhanden eine Durchbiegung (vrgl. den allgemeinen Satz auf S. 68 und die Umwandlungsregel auf S. 71) von

$$y = \frac{{}^5/_8 \cdot 660}{{}^5/_8 \cdot 660 + 225} \cdot 2,0^{\mathrm{cm}} = 1,3^{\mathrm{cm}}.$$

Für das Profil $\mathbf{I}$ Nr. 20 mit $T_x = 2139\,^{\mathrm{cm^4}}$ würde sich die sehr bedeutende Durchbiegung in Trägermitte von

$$y = \frac{1200}{600} \cdot \frac{5737,5}{2139} = 5,36^{\mathrm{cm}}$$

ergeben haben, die sich durch die dynamische Wirkung der Stösse noch erheblich gesteigert hätte.

Für **minder einfache Belastungsfälle** gestaltet sich die genaue Ermittlung der Durchbiegung zu einer schwierigeren Aufgabe. Dieselbe ist jedoch in einer für die Praxis genügenden Weise zu umgehen. Die Berechnung werde an einem Beispiel gezeigt.

Beispiel 48. Für den nebenstehenden Träger, dessen Freilänge $5,10^{\mathrm{m}}$ beträgt, ergibt sich aus den Belastungen $200^{\mathrm{kg}} + 300^{\mathrm{kg}} + 400^{\mathrm{kg}} = 900^{\mathrm{kg}}$ der Auflagerdruck

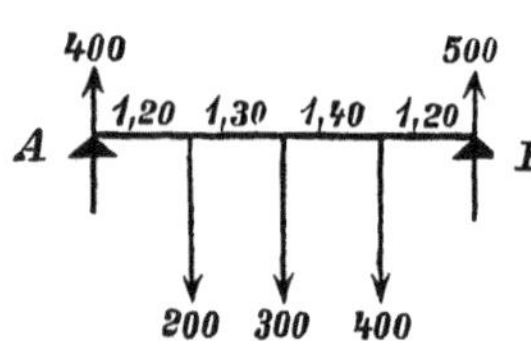

$$A = \frac{1}{5,10} \cdot (400 \cdot 1,20 + 300 \cdot 2,60 + 200 \cdot 3,90) = 400^{\mathrm{kg}}$$

und $B = 900 - 400 \ldots \ldots = 500^{\mathrm{kg}}$.

Angriffsmoment, da $400^{\mathrm{kg}} - 200^{\mathrm{kg}} = 200^{\mathrm{kg}}$,

$$M_{max} = 200 \cdot 120 + 200 \cdot 250 = 74000\,^{\mathrm{cmkg}}.$$

Erforderlich, ohne Rücksicht auf Durchbiegung,

$$W = \frac{74000}{875} = 84,6^{\mathrm{cm^3}}.$$

Profil $\mathbf{I}$ Nr. 15 mit $W_x = 97,9^{\mathrm{cm^3}}$ würde genügen.

Soll die Durchbiegung nicht grösser sein als $^1/_{600} \cdot l = 510 : 600 = 0,85^{\mathrm{cm}}$, so ist, wenn man sich die Gesamtlast 900^{kg} als über den Träger gleichmässig verteilt denkt, erforderlich

$$T = 39,5 \cdot 0,900 \cdot 5,10^2 = 925^{\mathrm{cm^4}},$$

und wenn diese 900 kg als Einzellast in der Trägermitte angreifend gedacht werden, ist erforderlich

$$T = 62{,}5 \cdot 0{,}900 \cdot 5{,}10^2 = 1463\ \text{cm}^4.$$

Zwischen diesen beiden Werten für T muss das für den tatsächlichen Belastungsfall erforderliche Trägheitsmoment liegen. Dem ersten T entspricht das Profil I Nr. 16 mit $T_x = 933\ \text{cm}^4$ und dem zweiten T (beinahe) das Profil I Nr. 18 mit $T_x = 1444\ \text{cm}^4$. Mit Rücksicht auf Durchbiegung ist also zu wählen Profil I Nr. 17 mit $T_x = 1165\ \text{cm}^4$ oder, um ganz sicher zu gehen, Profil I Nr. 18.

Eine mathematisch genaue Ermittlung der wirklich entstehenden Durchbiegung gibt an Stelle der zulässigen Durchbiegung von 0,85 cm

bei Wahl des Profils I Nr. 17 . . . . 0,813 cm

und „ „ „ „ I Nr. 16 aber zu viel: . 1,013 „ .

Durchbiegungsformeln.

Es bedeuten die y-Werte die einzelnen Durchbiegungen in cm. Die Längen l, x, z, a und b sind in cm, die Einzellast P in kg, die Streckenlast Q ebenfalls in kg, das Trägheitsmoment des Trägerprofils T in cm⁴ und der Elastizitätsmodul[1]) des Trägermaterials E in kg/qcm auszudrücken. Es sind Träger mit überall gleichem (konstantem) Querschnitt vorausgesetzt, wie dies ja bei Walzträgern und Holzbalken auch der Fall ist.

I. Frei ausladender Träger. Belastung durch eine Einzellast P im Abstand l von der Einspannungsstelle.

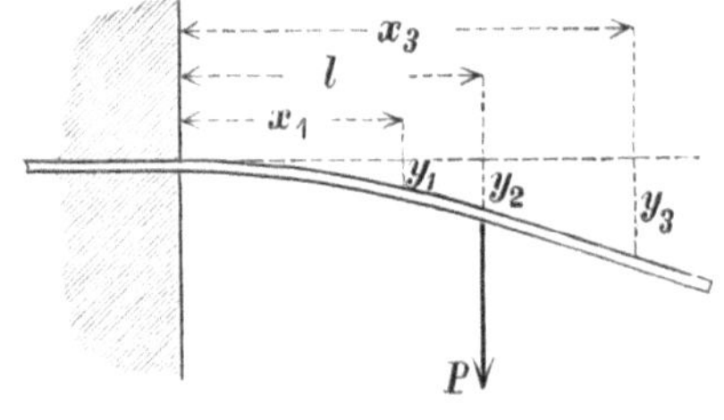

$$y_1 = \frac{Px_1\,(3l^2 - x_1^2)}{6ET};$$

$$y_2 = \frac{Pl^3}{3ET};$$

$$y_3 = \frac{Pl^2\,(3x_3 - l)}{6ET}.$$

---

[1]) Unter dem Elastizitätsmodul wird die (gedachte) Beanspruchung in kg/qcm verstanden, bei der ein Körper mit konstantem Querschnitt um seine ganze Länge ausgedehnt werden würde, wenn eine solche Formänderung möglich wäre. Es wird gesetzt im Mittel für Schmiedeisen $E = 2\,000\,000$ kg/qcm (für Flusseisen ist genauer $E = 2\,150\,000$ kg/qcm, für Schweisseisen dagegen $E = 2\,000\,000$ kg/qcm); für Gusseisen ist $E = 1\,000\,000$ kg/qcm, für Holz $E = 120\,000$ kg/qcm.

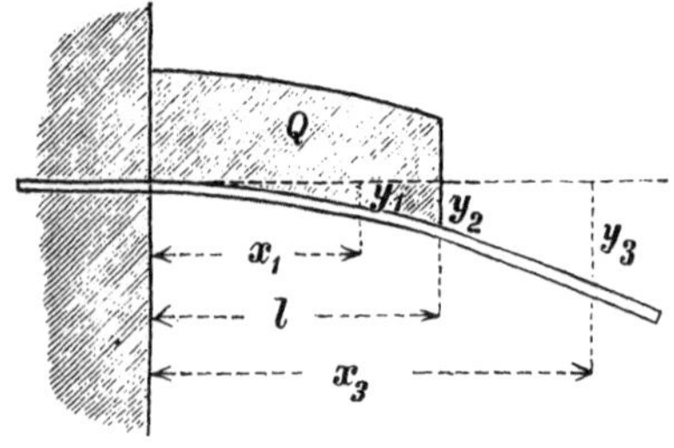

II. Frei ausladender Träger.
Gleichmässige Belastung
Q auf der Strecke l.

$$y_1 = \frac{Q x_1^2}{24\, l\, ET}(6\,l^2 - 4\,l\,x_1 + x_1^2);$$

$$y_2 = \frac{Q\,l^3}{8\,ET}; \quad y_3 = \frac{Q\,l^2\,(4\,x_3 - l)}{24\,ET}.$$

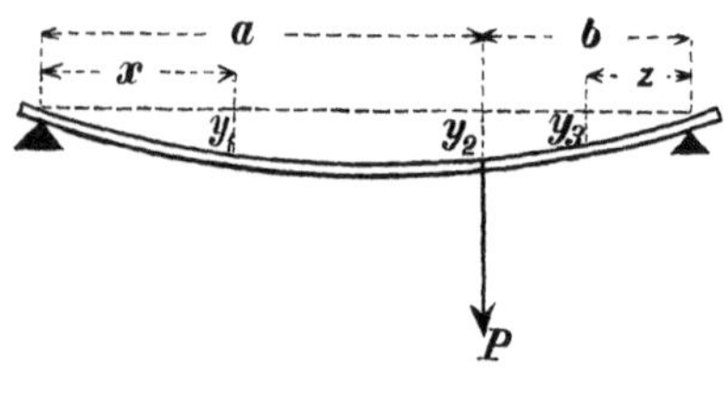

III. An den Enden frei aufliegender Träger. Belastung
durch eine Einzellast P.
Es ist $a > b$ und $a + b = l$.

$$y_1 = \frac{P}{ET}\,\frac{a^2\,b^2}{6\,l}\left(2\,\frac{x}{a} + \frac{x}{b} - \frac{x^3}{a^2\,b}\right);$$

$$y_2 = \frac{P}{ET}\,\frac{a^2\,b^2}{3\,l}; \quad y_3 = \frac{P}{ET}\,\frac{a^2\,b^2}{6\,l}\left(2\,\frac{z}{b} + \frac{z}{a} - \frac{z^3}{a\,b^2}\right).$$

Für den Punkt der grössten Durchbiegung ist, wenn $a > b$,

$$x = \sqrt{\frac{l^2 - b^2}{3}} \quad \text{und} \quad y_{max} = \frac{P}{ET}\,\frac{b\,x^3}{3\,l}.$$

Ist $a = b = \dfrac{l}{2}$, also der häufige Belastungsfall, wo ein Träger **in der Mitte durch eine Einzellast** angegriffen wird, so folgt allgemein

$$y = \frac{P\,l^3}{16\,ET}\left(\frac{x}{l} - \frac{4}{3}\,\frac{x^3}{l^3}\right),$$

und für die Mitte des Trägers, also für $x = \dfrac{l}{2}$,

$$\boldsymbol{y_{max} = \frac{1}{48}\,\frac{P\,l^3}{ET}.}$$

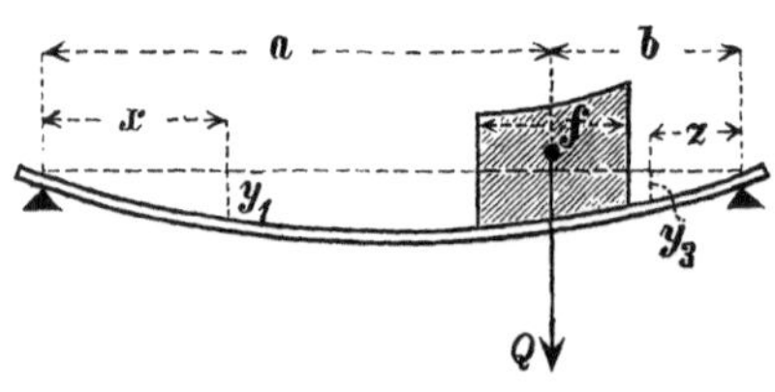

IV. An den Enden frei aufliegender Träger. Die
Belastung Q ist über einer
Strecke f gleichmässig
verteilt. Die Abstände
des Schwerpunkts der

Last Q von den Auflagern sind gleich a und b, wobei $a + b = l$.

$$y_1 = \frac{Q\,b\,x}{6\,l\,ET}\left(l^2 - b^2 - x^2 - \frac{f^2}{4}\right); \quad y_3 = \frac{Q\,a\,z}{6\,l\,ET}\left(l^2 - a^2 - z^2 - \frac{f^2}{4}\right).$$

Soll die Durchbiegung y_2 für einen innerhalb der Strecke f liegenden Punkt gefunden werden, so zerlege man Q' in diesem Punkt in die Teile Q' und Q'', berechne für den gegebenen Punkt die Durchbiegung y_1 aus Q'' und y_3 aus Q', so ist $y_2 = y_1 + y_3$.

V. Ist die **Belastung** Q **über den ganzen Träger** von der Länge l **gleichmässig verteilt,** also der am häufigsten vorkommende Belastungsfall vorhanden, so folgt für einen beliebigen Punkt im Abstande x vom Auflager

$$y = \frac{Qx}{24\,lET} \, (l^3 - 2lx^2 + x^3),$$

und für die Mitte des Trägers, also für $x = \dfrac{l}{2}$,

$$y_{max} = \frac{5}{384} \, \frac{Ql^3}{ET} \, ;$$

hierin ist die Zahl $384 = 16 \cdot 24 = 8 \cdot 48 = 6 \cdot 64$ u. s. w.

VI. Die in einem beliebigen Trägerpunkt durch verschiedene Belastungen hervorgerufene Gesamt-Durchbiegung ist gleich der Summe der Durchbiegungen, die von den einzelnen Belastungen erzeugt werden.

Beispiel 49. Es soll die Durchbiegung berechnet werden für ein $8{,}00^{\,m}$ frei liegendes Trägerpaar, das gemeinschaftlich belastet wird

1) gleichmässig verteilt mit $8{,}0 \cdot 300^{\,kg}$ . . . . $= 2400^{\,kg}$,
2) Einzellast $1{,}0^{\,m}$ vom Auflager A mit . . . . $= 600$ „
3) Einzellast $2{,}50^{\,m}$ vom Auflager B mit . . . . . $= 2512$ „

$$\text{zus. } 5512^{\,kg}.$$

Auflagerdrucke:

$$A = \frac{2400^{\,kg}}{2} + \frac{1}{8{,}00} \cdot (600 \cdot 7{,}00 + 2512 \cdot 2{,}50) = 2510^{\,kg},$$

$$B = 5512 - 2510 \;\; . \; . \; . \; . \; . \; . \; . \; . \; . = 3002^{\,kg}.$$

Da $2510^{\,kg} - 600^{\,kg} = 1910^{\,kg}$, so ist erforderlich

$$W = \frac{600 \cdot 100}{875} + \frac{1910^2 \cdot 100}{2 \cdot 875 \cdot 300} = 764^{\,cm^3}.$$

Ohne Rücksicht auf Durchbiegung sind zu wählen zwei Träger ⌶ Nr. 25 mit $W_x = 2 \cdot 396 = 792^{\,cm^3}$.

Soll aber die Durchbiegung nicht grösser sein als $^1/_{600} \cdot l = 800 : 600 = 1^1/_3{}^{\,cm}$, so ist, wenn man sich die Gesamtbelastung eines Trägers $^1/_2 \cdot 5512 = 2756^{\,kg}$ 1) gleichmässig verteilt und 2) in der Mitte als Einzellast angebracht vorstellt, erforderlich

1) $\qquad T = 39{,}1 \cdot 2{,}756 \cdot 8{,}00^2 = 6897^{\,cm^4}$,
2) $\qquad T = 62{,}5 \cdot 2{,}756 \cdot 8{,}00^2 = 11\,024^{\,cm^4}$;

das zu wählende Profil liegt daher zwischen den Nummern 27 und 32 (mit $T_x = 6623$ und $12\,493^{\,cm^4}$). Es werde Profil ⌶ Nr. 29 mit $T_x = 8619^{\,cm^4}$ vorläufig gewählt.

Nach den Formeln unter V und III und unter Anwendung des Satzes VI beträgt beim Profil ⌶ Nr. 29 die Durchbiegung y

in der Trägermitte, also für $x = z = {}^1/_2 \cdot l = 400^{\,\text{cm}}$ und $Q = {}^1/_2 \cdot 2400 = 1200^{\,\text{kg}}$, $P_1 = {}^1/_2 \cdot 600 = 300^{\,\text{kg}}$, $P_2 = {}^1/_2 \cdot 2512 = 1256^{\,\text{kg}}$,

$$y = \frac{1}{2\,000\,000 \cdot 8619} \cdot \left\{ \frac{5}{384} \cdot 1200 \cdot 800^3 + 300 \cdot \frac{100^2 \cdot 700^2}{6 \cdot 800} \cdot \left(2 \cdot \frac{400}{700} \right. \right.$$

$$\left. + \frac{400}{100} - \frac{400^3}{100 \cdot 700^2} \right) + 1256 \cdot \frac{550^2 \cdot 250^2}{6 \cdot 800} \cdot \left(2 \cdot \frac{400}{550} + \frac{400}{250} - \frac{400^3}{550^2 \cdot 250} \right) \Big\}$$

$$= \frac{100}{2 \cdot 8619 \cdot 48} \cdot \left\{ \frac{5}{8} \cdot 12 \cdot 8^3 + 3 \cdot 1^2 \cdot 7^2 \cdot \left(2 \cdot \frac{4}{7} + \frac{4}{1} - \frac{4^3}{1 \cdot 7^2} \right) \right.$$

$$\left. + 12{,}56 \cdot 5{,}5^2 \cdot 2{,}5^2 \cdot \left(2 \cdot \frac{4}{5{,}5} + \frac{4}{2{,}5} - \frac{4^3}{5{,}5^2 \cdot 2{,}5} \right) \right\}$$

$$= \frac{1}{8274{,}24} \cdot (3840 + 564 + 5246) = \frac{9650}{8274{,}24} = 1{,}166^{\,\text{cm}}.$$

Die genaue mathematische Berechnung ergibt für den um $x = 418{,}4^{\,\text{cm}}$ von A liegenden Punkt die grösste Durchbiegung

$$y_{max} = \frac{161\,199}{16 \cdot 8619} = 1{,}17^{\,\text{cm}}.$$

Diesem Wert kommt der Wert $y = 1{,}166^{\,\text{cm}}$ sehr nahe. Man kann sich also bei der Durchbiegungs-Ermittlung von Trägern mit mehrfachen Belastungen stets beschränken auf die Berechnung des Wertes der Durchbiegung in der Trägermitte.

Für das Profil I Nr. 28 mit $T_x = 7575^{\,\text{cm}^4}$ ist entsprechend die Durchbiegung in der Trägermitte

$$y = \frac{100 \cdot 9650}{2 \cdot 7575 \cdot 48} = \frac{9650}{7272} = 1{,}327^{\,\text{cm}},$$

und für den Punkt im Abstand $x = 418{,}4^{\,\text{cm}}$ von A

$$y_{max} = \frac{161\,199}{16 \cdot 7575} = \frac{161\,199}{121\,200} = 1{,}33^{\,\text{cm}}.$$

Diese beiden Werte liegen der zulässigen Durchbiegung $800 : 600 = 1{}^1/_3{}^{\,\text{cm}}$ am nächsten, so dass für das Trägerpaar das Profil I Nr. 28 zur Ausführung gewählt wird.

Nachfolgend soll noch gezeigt werden, wie die für die Beurteilung der Durchbiegung in den einfachsten, am häufigsten vorkommenden Belastungsfällen benutzten Formeln (S. 67 u. f.) gefunden worden sind.

Im allgemeinen ist für einen mit Q **gleichmässig belasteten** Träger erforderlich ein Widerstandsmoment (auf cm und kg bezogen, nach S. 6)

$$W = \frac{Q\,l}{8k}\,.$$

Da gemäss der Theorie

$$W = \frac{T}{{}^1/_2 h}\,,$$

worin h die gewählte Profilhöhe bedeutet, so ergibt sich aus der Gleichstellung der beiden Werte W

$$\frac{Ql}{16\,T} = \frac{k}{h}\,.$$

Benutzt man diesen Ausdruck in der auf S. 77 unter V angegebenen Gleichung für die grösste in der Trägermitte eintretende Durchbiegung, so hat man

$$y_{max} = \frac{5}{384}\frac{Ql^3}{ET} = \frac{5}{24}\frac{Ql}{16\,T}\frac{l^2}{E} = \frac{5}{24}\frac{k}{h}\frac{l^2}{E}\,,$$

$$\text{oder } y_{max} = \frac{5}{24}\frac{k}{E}\frac{l^2}{h}\,,$$

also eine zweite praktische Formel für y_{max}, in der die Beanspruchung k enthalten ist. Wird nun die Bedingung gestellt

$$y_{max} < \frac{l}{600}\,,$$

so folgt aus der vorletzten Gleichung nach Einsetzen von $k = 875 = {}^7\!/_8 \cdot 1000\,^{\mathrm{kg}}/\mathrm{qcm}$ und $E = 2\,000\,000\,^{\mathrm{kg}}/\mathrm{qcm}$

$$\frac{l}{600} \geqq \frac{5 \cdot 875}{24 \cdot 2\,000\,000}\frac{l^2}{h}\,,$$

$$h \geqq \frac{5 \cdot 600 \cdot 1000 \cdot 7}{24 \cdot 2\,000\,000 \cdot 8}\,l = \frac{7}{128}\,l = \text{rd. } \frac{l}{18,3}\,,$$

also die Bedingung

$$18,3\,h > l$$

dafür, dass die Durchbiegung des Trägers unter dem sechshundertsten Teil der Freilänge verbleibt.

$$\text{Aus} \qquad y_{max} = \frac{5}{384}\frac{Ql^3}{ET} = \frac{l}{600}$$

$$\text{folgt} \qquad T = \frac{5}{384}\frac{Ql^3}{Ey_{max}} = \frac{5 \cdot 600}{384}\frac{Ql^2}{E}\,;$$

nach Einsetzen des Wertes $E = 2\,000\,000\,^{\mathrm{kg}}/\mathrm{qcm}$ und nach Umwandlung der bis jetzt in kg ausgedrückten Last Q in Tonnen $(1000 \cdot Q)$ sowie der bis jetzt in cm ausgedrückten Freilänge l in Meter $(100 \cdot 100 \cdot l^2)$ ergibt sich, da $384 = 16 \cdot 24$,

$$T = \frac{5 \cdot 600 \cdot 1000 \cdot Q \cdot 100 \cdot 100 \cdot l^2}{16 \cdot 24 \cdot 2\,000\,000} = \frac{5000}{128}\,Ql^2 = \frac{10000}{256}\,Ql^2,$$

also das für die Bedingung $y_{max} = {}^1\!/_{600} \cdot l$ erforderliche Trägheitsmoment

$$T = 39,1\,Ql^2, \text{ dabei } Q \text{ in t und } l \text{ in m.}$$

[Nebenbei bemerkt, ergeben sich für eine zulässige Flusseisen-Beanspruchung von $k = 1000\,^{\mathrm{kg}}/\mathrm{qcm}$ die Bedingungen für $y_{max} < \frac{l}{600}$

$$h \geqq \frac{8}{128}\,l, \qquad \text{also} \qquad 16\,h \geqq l,$$

und $\qquad\qquad\qquad\qquad T = 39,1\,Ql^2.$

Die letztere Bedingung ist für jede zulässige Beanspruchung dieselbe, da sie hiervon unabhängig ist.]

———

Eine entsprechende Entwicklung für eine **in der Mitte des Trägers angreifende Einzellast** P ergibt folgendes (vrgl. S. 13):

$$W = \frac{Pl}{4k} = \frac{T}{^1/_2 h}, \quad \text{also} \quad \frac{Pl}{8T} = \frac{k}{h}.$$

Mit dem letzten Ausdruck wird aus der auf S. 76 unter III angegebenen Durchbiegungsgleichung

$$y_{max} = \frac{1}{48} \frac{Pl^3}{ET} = \frac{1}{6} \frac{Pl}{8T} \frac{l^2}{E} = \frac{1}{6} \frac{k}{h} \frac{l^2}{E};$$

also ist als zweiter praktischer Ausdruck gefunden für

$$y_{max} = \frac{1}{6} \frac{k}{E} \frac{l^2}{h} < \frac{l}{600}.$$

Nach Einsetzung der Werte, wie vorhin, ergibt sich entsprechend

$$h \geq \frac{7}{160} l = \text{rd.} \frac{1}{23} l, \quad \text{also} \quad 23h \geq l.$$

Aus
$$y_{max} = \frac{1}{48} \frac{Pl^3}{ET} = \frac{l}{600}$$

folgt
$$T = \frac{1}{48} \frac{Pl^3}{Ey_{max}} = \frac{600}{48} \frac{Pl^2}{E},$$

woraus, nach dem Einsetzen und Umwandeln wie vorhin, folgt

$$T = \frac{1000}{16} Pl^2 = 62,5\, Pl^2.$$

[Für $k = 1000\,^{kg}/_{qcm}$ lauten die entsprechenden Bedingungen

$$h \geq \frac{8}{160} = 20\, l, \quad \text{also} \quad 20h \geq l,$$

und
$$T = 62,5\, Pl^2;$$

letzterer Wert ist von der Beanspruchung unabhängig.]

———

Wenn der Träger **gleichzeitig eine gleichmässig verteilte Last und in der Mitte eine Einzellast** trägt (vrgl. S. 14), so ergibt sich, wenn man (nach VI auf S. 77) die grössten Durchbiegungen in der Trägermitte addiert,

$$y_{max} = \frac{5}{24} \frac{k}{E} \frac{l^2}{h} + \frac{1}{6} \frac{k}{E} \frac{l^2}{h} = \frac{3}{8} \frac{k}{E} \frac{l^2}{h}.$$

Nach Einsetzen der Werte, wie auf S. 79 bei der gleichmässigen Belastung allein, ergibt sich entsprechend

$$h > \frac{9 \cdot 7}{8 \cdot 80} l = \frac{63}{640} l = \text{rd.} \frac{1}{10} l,$$

also
$$10h > l.$$

Letztere Bedingung hat insoweit Wert, als sie zeigt, dass in den meisten vorkommenden praktischen Fällen der in Rede stehenden Belastungsweise die Ermittlung des erforderlichen Trägheitsmoments geboten erscheint.

Addiert man die beiden anderen Ausdrücke für die grösste Durchbiegung in der Trägermitte, so ergibt sich

$$y_{max} = \frac{5}{384}\,\frac{Ql^3}{ET} + \frac{1}{48}\,\frac{Pl^3}{ET} = \frac{1}{384}\,\frac{l^3}{ET}\,(5Q + 8P)$$

$$= \frac{1}{48}\,\frac{l^3}{ET}\,(^5/_8\,Q + P) = \frac{5}{384}\,\frac{l^3}{ET}\,(Q + 1{,}6\,P).$$

Hieraus folgt für $E = 2000000\,{}^{kg}/_{qcm}$, ferner für Q und P in Tonnen (statt, wie bis jetzt, in kg) und für l in Meter (statt, wie bis jetzt, in cm), entsprechend S. 79:

$$T = \frac{1000}{16}\,(^5/_8\,Q + P)\,l^2 = 62{,}5\,(^5/_8\,Q + P)\,l^2.$$

[Für $k = 1000\,{}^{kg}/_{qcm}$ lauten die entsprechenden Bedingungen

$$h \geq \frac{9 \cdot 8}{8 \cdot 80}\,l = \frac{9}{80}\,l = \text{rd. } \frac{l}{9}, \qquad \text{also} \qquad 9h \geq l$$

und

$$T = 62{,}5\,(^5/_8\,Q + P)\,l^2;$$

letzterer Wert ist von der Beanspruchung unabhängig.]

e) Eingespannte Träger.

Das Wesentliche der Berechnung der Träger, die an einem oder zwei Enden fest eingespannt sind, soll im folgenden nur **kurz** erörtert werden, da diese Träger im Hochbau geringere Bedeutung haben. Vrgl. die wichtige Bemerkung auf S. 6 unter b).

1. Ein Auflager fest eingespannt, das andere frei aufliegend.

Ist die **Belastung gleichmässig verteilt,** so ist das erforderliche Widerstandsmoment dasselbe, wie für einen frei aufliegenden Träger (s. S. 6). Der Bruchquerschnitt liegt im Einspannungspunkt. Der Druck auf das eingespannte Auflager A beträgt $^5/_8$, der auf das freie (lose) Auflager B $^3/_8$ der ganzen Belastung Q.

$$\textit{Formel: } W = \frac{Ql}{8\,k}; \qquad A = \frac{5}{8}\,Q; \qquad B = \frac{3}{8}\,Q.$$

Im Abstand x vom freien Auflager B ist die Durchbiegung

$$y = \frac{1}{48}\,\frac{Ql^3}{ET}\left(\frac{x}{l} - 3\,\frac{x^3}{l^3} + 2\,\frac{x^4}{l^4}\right);$$

im Abstand $x = 0{,}4215 \cdot l$ von B ist sie am grössten, u. zw.

$$y_{max} = \frac{1}{185} \frac{Q l^3}{E T} = \frac{1}{11{,}56} \frac{k}{E} \frac{l^2}{h} \; .$$

Greift die **Belastung in der Trägermitte** an, so liegt ebenfalls der Bruchquerschnitt im Einspannungspunkt A. Das erforderliche Widerstandsmoment ist um die Hälfte grösser, als bei gleichmässiger Belastung. Der Auflagerdruck beträgt bei A $^{11}/_{16}$, bei B $^{5}/_{16}$ der Belastung P.

Formel: $W = \dfrac{3}{16} \dfrac{Pl}{k}$; $A = \dfrac{11}{16} P$; $B = \dfrac{5}{16} P$.

Die Durchbiegung in der Trägermitte ist

$$y = \frac{7}{768} \frac{P l^3}{E T} = \frac{7}{72} \frac{k}{E} \frac{l^2}{h} \; ;$$

im Abstand $x = l \cdot \sqrt{^1/_5}$ von B ist sie am grössten, u. zw.

$$y_{max} = \frac{\sqrt{^1/_5}}{48} \frac{P l^3}{E T} \; .$$

Für **beliebige Belastungen** (Volllasten, Streckenlasten und Einzellasten) gestaltet sich die Berechnung wie folgt:

1) Jede Belastung (in kg) wird mit dem in Meter ausgedrückten Abstand b ihres Schwerpunkts oder Angriffspunkts vom losen Auflager B multipliziert. Die Produkte werden addiert und geben die Summe R in mkg.

Formel: $P_1 b + P_2 b + P_3 b + \ldots + Q_1 b + Q_2 b + Q_3 b + \ldots = R$.

2) Jedes vorige Einzelprodukt wird, sofern die bezügliche Last als Einzellast in einem Punkte angreift, multipliziert mit dem Quadrat der Trägerlänge l, vermindert um das Quadrat des Abstands b vom losen Auflager B. Ist die betreffende Last über einer Teilstrecke ausgebreitet (also Streckenlast), so ist statt des Quadrats des mittleren Abstands b vom losen Auflager das arithmetische Mittel aus dem Quadrat des kürzesten (b_1) und des längsten (b_2) Abstands vom losen Auflager zu setzen. Die Längen sind in Meter auszudrücken. Die Produkte werden sämtlich addiert und geben die Summe S in m³kg.

Formel: $P b (l^2 - b^2) + \ldots + Q b \left(l^2 - \dfrac{b_1^2 + b_2^2}{2} \right) + \ldots = S$.

3) Die Summe S gibt, durch das doppelte Quadrat der Trägerlänge l (in m) dividiert, das Angriffsmoment M im Einspannungspunkt in mkg.

Formel: $M = \dfrac{S}{2 l^2} \; .$

4) Die Summe R, vergrössert um das Angriffsmoment M, gibt, durch die Trägerlänge l in m dividiert, den Druck auf das eingespannte Auflager A in kg. Der Rest der Belastung ist der Druck auf das lose Auflager B in kg.

$$\textit{Formel:} \quad A = \frac{R+M}{l}; \qquad B = \Sigma\,(P+Q) - A.$$

5) Aus dem Druck B auf das lose Auflager wird nach den früheren Regeln das im ersten Bruchquerschnitt erforderliche Widerstandsmoment ermittelt, während das im zweiten Bruchquerschnitt, im Einspannungspunkt A erforderliche Widerstandsmoment sich in cm³ aus dem vorstehenden, mit 100 multiplizierten Angriffsmoment M durch Division mit der zulässigen Beanspruchung $k = 875\,^\text{kg}/_\text{qcm}$ ergibt. Das grössere der beiden Widerstandsmomente ist für die Wahl des Profils mafsgebend.

Beispiel 50. Der hier skizzierte Träger soll bei A eingespannt sein und bei B lose aufliegen. Die Freilänge des Trägers ist 4,0 m. Die Belastung beträgt

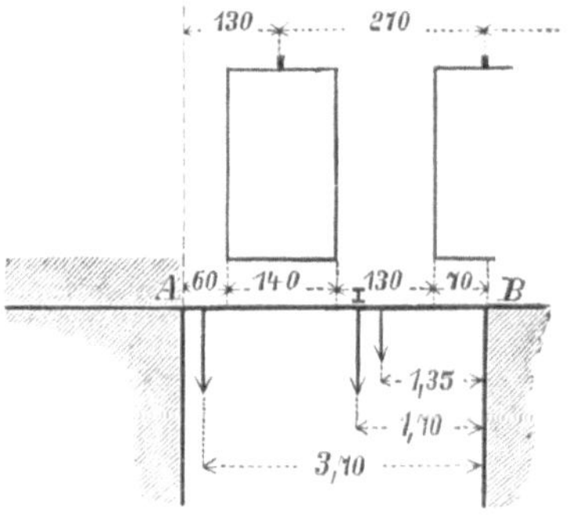

1) gleichmässig verteilt
4,0 . 2400 kg . . . . . = 9600 kg,
2) auf der Strecke 0,60 m
1,30 . 18000 kg — 5250 kg = 18150 „
3) auf der Strecke 1,30 m
2,70 . 18000 kg
— 2 . 5250 kg = 38100 „
4) 1,70 m von B eine Einzellast durch einen Querträger . . . . 6400 „

zus. 72250 kg.

Aus der gleichmässigen Last 9600 kg ergibt sich vorab

$$M = \frac{9600 \cdot 4,0}{8} = 4800\,\text{mkg},$$

$A = {}^5/_8 \cdot 9600\,\text{kg} = 6000\,\text{kg}, \qquad B = 9600 - 6000 = 3600\,\text{kg}.$

Aus den andern Belastungen folgt

$$R = 38100 \cdot 1,35 + 18150 \cdot 3,70 + 6400 \cdot 1,70$$
$$= 51435 + 67155 + 10880 = 129470\,\text{mkg},$$

ferner

$$51435 \cdot \left(4,00^2 - \frac{0,70^2 + 2,00^2}{2}\right) = 707488\,\text{m}^3\text{kg},$$

$$67155 \cdot \left(4,00^2 - \frac{3,40^2 + 4,00^2}{2}\right) = 149084 \quad\text{\textquotedbl}$$

$$10880 \cdot (4,00^2 - 1,70^2) = 142637 \quad\text{\textquotedbl}\;,\; \text{also}$$

$$S = 707488 + 149084 + 142637 \quad . \; . \; . = 999209\,\text{m}^3\text{kg}.$$

Mit Einschluss des Ergebnisses aus der gleichmässigen Belastung wird daher das Angriffsmoment

$$M = 4800 + \frac{999\,209}{2 \cdot 4,00^2} = 4800 + 31\,225 = 36\,025\,{}^{\text{mkg}},$$

und

$$A = 6000 + \frac{129\,470 + 31\,225}{4,00} = 6000 + 40\,174 = 46\,174\,{}^{\text{kg}},$$

$$B = 72\,250\,{}^{\text{kg}} - 46\,174\,{}^{\text{kg}} = 26\,076\,{}^{\text{kg}}.$$

Da $26\,076 - 0,70 \cdot 2400 = 26\,076 - 1680\,{}^{\text{kg}} = 24\,396\,{}^{\text{kg}}$ und

$38\,100 + 1,30 \cdot 2400 = 41\,220\,{}^{\text{kg}}$, so ist erforderlich in dem Bruchquerschnitt unterhalb des $1,30\,{}^{\text{m}}$ breiten Pfeilers

$$W = \frac{1680 \cdot 35 + 24\,396 \cdot 70}{875} + \frac{24\,396^2 \cdot 130}{2 \cdot 875 \cdot 41\,220} = 2019 + 1072 = 3091\,{}^{\text{cm}^3}.$$

An der Einspannungsstelle bei A ist dagegen erforderlich

$$W = \frac{36\,025 \cdot 100}{875} = 4115\,{}^{\text{cm}^3}.$$

Gewählt drei Träger I Nr. 40 mit $W_x = 3 \cdot 1459 = 4377\,{}^{\text{cm}^3}$, oder vier Träger I Nr. 36 mit $W_x = 4 \cdot 1088 = 4352\,{}^{\text{cm}^3}$.

Läge der Träger beiderseits lose auf, so ergibt die nach früheren Regeln durchgeführte Rechnung als erforderlich

$$W = 4745\,{}^{\text{cm}^3},$$

und es würden zu wählen sein drei Träger I Nr. $42^1/_2$ mit $W_x = 3 \cdot 1739 = 5217\,{}^{\text{cm}^3}$, oder vier Träger I Nr. 38 mit $W_x = 4 \cdot 1262 = 5048\,{}^{\text{cm}^3}$. Der hieraus ersichtliche Vorteil der Einspannung wird indes bedeutend überwogen durch den mit ihr vorbundenen Nachteil, dass an der Einspannungsstelle für das Angriffsmoment $M = 36\,025\,{}^{\text{mkg}}$ ein Gegenmoment zu beschaffen ist. Wird bei A eine eiserne Stütze von $0,16\,{}^{\text{m}}$ Breite vorausgesetzt, und angenommen, dass über A hinaus die Belastungen sich in der gleichen Weise fortsetzen wie innerhalb der Trägerfreilänge, so ergibt die Rechnung, dass zur Sicherung der Einspannung die Träger über A hinaus um $2,52\,{}^{\text{m}}$ zu verlängern sind. Denn alsdann fällt auf die eingemauerte Strecke eine Belastung von

1) $2,52 \cdot 2400\,{}^{\text{kg}}$ . . . . $= 6048\,{}^{\text{kg}},$

2) auf die ersten $0,70\,{}^{\text{m}}$: $38\,100\,{}^{\text{kg}} - 18\,150\,{}^{\text{kg}}$ . . . $= 19\,950\,{}_{\text{\tiny„}}$

3) auf die letzten $0,42\,{}^{\text{m}}$: $\dfrac{0,42}{1,30} \cdot 38\,100\,{}^{\text{kg}}$ . . . . $= 12\,309\,{}_{\text{\tiny„}}$

zus. $38\,307\,{}^{\text{kg}}$.

Der Druck auf die $0,16\,{}^{\text{m}}$ breite Stütze ist daher

$$46\,174 + 38\,307 = 84\,481\,{}^{\text{kg}},$$

und das Gegenmoment beträgt

$$M_g = 6048 \cdot \frac{2,52}{2} + 19\,550 \cdot \frac{0,70}{2} + 12\,309 \cdot \left(2,52 - \frac{0,42}{2}\right) - 84\,481 \cdot \frac{0,16}{2}$$

$$= 7620 + 6842 + 28\,434 - 6758 = 36\,138\,{}^{\text{mkg}}.$$

2. Beide Auflager fest eingespannt.

Ist die **Belastung gleichmässig verteilt,** so ist das erforderliche Widerstandsmoment nur $^2/_3$-mal so gross als das für einen **frei** aufliegenden Träger mit derselben gleichmässig verteilten Belastung erforderliche. Es sind zwei Bruchquerschnitte, u. zw. in den Einspannungspunkten, vorhanden. Die Auflagerdrucke entsprechen je der halben Belastung Q.

$$Formel:\ W = \frac{Ql}{12\,k}; \qquad A = B = \frac{Q}{2}.$$

Im Abstand x von einem der Auflager ist die Durchbiegung

$$y = \frac{1}{24}\,\frac{Ql^3}{ET}\left(\frac{x^2}{l^2} - 2\,\frac{x^3}{l^3} + \frac{x^4}{l^4}\right).$$

Die grösste Durchbiegung (in der Trägermitte) ist

$$y_{max} = \frac{1}{384}\,\frac{Ql^3}{ET} = \frac{1}{16}\,\frac{k}{E}\,\frac{l^2}{h},$$

also fünfmal kleiner als bei einem Träger mit losen Auflagern (s. S. 77).

Greift die **Belastung in der Trägermitte** an, so liegen die Bruchquerschnitte ebenfalls an den Auflagern. Das erforderliche Widerstandsmoment ist dasselbe, wie wenn die gleiche Belastung über einen **frei** aufliegenden Träger gleichmässig verteilt wäre. Die Auflagerdrucke entsprechen je der halben Belastung P.

$$Formel:\ W = \frac{Pl}{8\,k}; \qquad A = B = \frac{P}{2}.$$

Im Abstand x von einem der Auflager ist die Durchbiegung

$$y = \frac{1}{16}\,\frac{Pl^3}{ET}\left(\frac{x^2}{l^2} - \frac{4}{3}\,\frac{x^3}{l^3}\right).$$

Die grösste Durchbiegung (in der Trägermitte) ist

$$y_{max} = \frac{1}{192}\,\frac{Pl^3}{ET} = \frac{1}{12}\,\frac{k}{E}\,\frac{l^2}{h},$$

also viermal kleiner als bei einem Träger mit losen Auflagern (s. S. 76).

Für **beliebige Belastungen** (Volllasten, Streckenlasten und Einzellasten) rechne man, wie auf S. 82 für einseitig eingespannte Träger, die Summen R und S aus, indem man einmal unter Voraussetzung der Einspannung bei A die Summen R_1 und S_1, und unter Voraussetzung der Einspannung bei B die Summen R_2 und S_2 ermittelt. Dann folgt:

3) Die doppelte Summe S_1, vermindert um die Summe S_2, gibt, durch das dreifache Quadrat der Trägerlänge l in m dividiert, das

Angriffsmoment M_1 bei A in mkg, und wird hierin S_1 mit S_2 vertauscht, so ist das Angriffsmoment M_2 bei B in mkg gefunden.

$$\textit{Formel:}\quad M_1 = \frac{2\,S_1 - S_2}{3\,l^2}\,; \qquad M_2 = \frac{2\,S_2 - S_1}{3\,l^2}\,.$$

4) Die Summe R_1 (in mkg), vermehrt um das Angriffsmoment M_1 bei A und vermindert um das Angriffsmoment M_2 bei B, gibt, dividiert durch die Trägerlänge l in m, den Auflagerdruck A in kg. Der Belastungsrest ist der Auflagerdruck B.

$$\textit{Formel:}\quad A = \frac{R_1 + M_1 - M_2}{l}\,;$$

$$B = \Sigma\,(P + Q) - A \qquad \text{oder auch} \qquad B = \frac{R_2 + M_2 - M_1}{l}\,.$$

5) Das grössere der beiden Angriffsmomente M_1 und M_2 mit 100 multipliziert gibt, durch die zulässige Beanspruchung $k = 875\ {}^{\text{kg}}/_{\text{qcm}}$ dividiert, das erforderliche Widerstandsmoment in cm³.

$$\textit{Formel:}\quad W = \frac{M_1}{k}\,, \text{ wenn } M_1 \geqq M_2.$$

Beispiel 51. Der Träger des vorigen Beispiels (auf S. 83) sei beiderseits eingespannt.

Aus der gleichmässigen Last $9600\ ^{\text{kg}}$ ergibt sich vorab

$$M_1 = M_2 = \frac{9600 \cdot 4{,}0}{12} = 3200\ ^{\text{mkg}}$$

und $\qquad\qquad A = B = 4800\ ^{\text{kg}}.$

Ferner entspricht dem auf S. 83 ermittelten R hier

$$R_1 \cdot \ldots \ldots \ldots \ldots \ldots \ldots \ldots \ldots = 129\,470\ ^{\text{mkg}}.$$

$R_2 = 18\,150 \cdot 0{,}30 + 38\,100 \cdot 2{,}65 + 6400 \cdot 2{,}30$

$$= 5445 + 100\,965 + 14\,720 \ \ldots \ldots \ldots = 121\,130\ ^{\text{mkg}}.$$

$S_1 =$ dem auf S. 83 berechneten Wert $S \ \ldots\ = 999\,209\ ^{\text{m}^3\text{kg}}.$

$$\text{Für } S_2 \text{ gilt: } 5445 \cdot \left(4{,}00^2 - \frac{0{,}60^2}{2}\right) = 86\,140\ ^{\text{m}^3\text{kg}},$$

$$100\,965 \cdot \left(4{,}00^2 - \frac{2{,}00^2 - 3{,}30^2}{2}\right) = 863\,756 \quad \text{„}$$

$$14\,720 \cdot (4{,}00^2 - 2{,}30^2) = 157\,651 \quad \text{„}$$

$$S_2 = 86\,140 + 863\,756 + 157\,651 \ \ldots \ldots \ldots = 1\,107\,547\ ^{\text{m}^3\text{kg}}.$$

Hiermit und aus der gleichmässigen Belastung ergibt sich

$$M_1 = 3200 + \frac{2 \cdot 999\,209 - 1\,107\,547}{3 \cdot 4{,}00^2} = 21\,760\ ^{\text{mkg}},$$

$$M_2 = 3200 + \frac{2 \cdot 1\,107\,547 - 999\,209}{3 \cdot 4{,}00^2} = 28\,531\ ^{\text{mkg}},$$

$$\text{ferner} \quad A = 4800 + \frac{129\,470 + 21\,760 - 28\,531}{4{,}00} = 35\,475\ ^{\text{kg}}$$

und $\qquad\qquad B = 72\,250 - 35\,475 = 36\,775\ ^{\text{kg}}.$

Erforderlich $W = \dfrac{28\,531 \cdot 100}{875} = 3261\,^{\mathrm{cm^3}}$.

Gewählt drei Träger I Nr. 36 mit $W_x = 3 \cdot 1088 = 3264\,^{\mathrm{cm^3}}$, oder fünf Träger I Nr. 30 mit $W_x = 5 \cdot 652 = 3260\,^{\mathrm{cm^3}}$.

Werden unter der Voraussetzung von eisernen Stützen von 16 ^{cm} Breite an beiden Enden und unter der Annahme gleichartiger Fortsetzung der Belastungen nach beiden Seiten hin die Längen festgestellt, die beiderseits zur Sicherung der Gegenmomente M_g nötig sind, so ergibt sich bei A eine Auflagerlänge von 2,32 ^{m}, bei B eine solche von 1,59 ^{m}, d. h. die Träger müssten eine Gesamtlänge haben von $2,32 + 4,00 + 1,59 = 7,91\,^{\mathrm{m}}$, während ohne Einspannung eine solche von $4,00 + 2 \cdot 0,16 = 4,32\,^{\mathrm{m}}$ genügen würde.

Es ist ersichtlich, dass im Hochbau nur in ganz besonderen Fällen eingespannte Träger zu empfehlen sind (vrgl. S. 6).

---

f) Träger auf drei und mehr als drei Stützpunkten.

(Kontinuierliche Träger beständigen Querschnitts.)

Der Vollständigkeit wegen sollen hier die kontinuierlichen Träger erwähnt werden, also die Träger, welche in einem Stück (ohne Stoss und Verlaschung) über zwei oder mehr durch Zwischenstützen voneinander getrennte Öffnungen hinwegreichen. Diese Träger sind ausser an ihren Enden noch auf einem oder mehreren Zwischenstützpunkten aufgelagert.

Die Beanspruchung kontinuierlicher Träger ist wesentlich abhängig von der gegenseitigen Höhenlage der Auflager. Gewöhnlich wird angenommen, dass die drei Auflager eines über zwei Öffnungen reichenden kontinuierlichen Trägers genau in gleicher Höhe (oder in einer geraden, schrägen Linie) liegen. Es ist jedoch zu bemerken, dass schon ganz unwesentliche, erst durch sorgfältige Messungen nachweisbare Höhenunterschiede der Auflager, also die geringsten Senkungen der Stützpunkte (wie sie im Hochbau doch so leicht vorkommen), sowohl eine andere Verteilung der Auflagerdrucke als auch eine veränderte Beanspruchung des Trägers zur Folge haben.

Bei Anwendung kontinuierlicher Träger ist deshalb der Auflagerregelung die grösste Sorgfalt zuzuwenden, und insbesondere ist der Möglichkeit entgegenzuwirken, dass durch stärkeres Sich-Setzen der Endpfeiler das mittlere Auflager sich gegen die anderen überhöht. Eher kann ein Höhenunterschied im entgegengesetzten Sinn (mittleres Auflager tiefer als die äusseren) absichtlich bewirkt werden, doch ist hier schon 1^{mm} von Bedeutung.

Kontinuierliche Träger erscheinen wegen der sicheren Längsverankerung, wegen der überflüssigen Verlaschungen und wegen der Entlastung der Endpfeiler bei Mehrbelastung der Mittelstützen gegen die auf den Mittelstützen gestossenen und verlaschten Träger im Vorteil; trotzdem sollte (wegen der vorstehend erwähnten, gefährlichen Übelstände) ihre Anwendung, wenigstens bei grösseren Lasten, besser unterbleiben.

Holzbalken als kontinuierliche Träger auszunutzen, erscheint dagegen weniger bedenklich, da bei ihnen meist überschüssige Tragfähigkeit vorhanden ist und die durch sie erzeugten Auflagerdrucke verhältnismässig gering sind.

In den nachfolgenden Berechnungen ist immer vorausgesetzt, dass die Auflager in gerader Linie liegen.

Träger mit gleichmässiger Belastung.

Wenn ein Träger kontinuierlich über **zwei gleich weite Öffnungen** von je l cm Breite geht und über diesen mit je Q kg gleichmässig belastet ist, so ist das erforderliche Widerstandsmoment dasselbe, wie für einen Träger über der einzelnen Öffnung. Der Bruchquerschnitt liegt über der Mittelstütze B, die $^5/_8$ der ganzen Trägerlast $2Q$ zu tragen hat, während $^3/_{16}$ der letzteren auf jedes Endauflager kommt.

$$\textit{Formel: } W = \frac{Ql}{8\,k}; \qquad A = C = {}^3/_8\,Q; \qquad B = {}^5/_4\,Q.$$

(Vrgl. hiermit die Angaben der Tafel auf S. 98.)

Beispiel 52. Zwei Träger von $6{,}40^{\mathrm{m}}$ Länge, bestimmt, eine Scheidewand von im ganzen $15{,}80^{\mathrm{m}}$ Höhe und $0{,}26^{\mathrm{m}}$ Stärke zu tragen, sollen in der Mitte durch eine eiserne Säule unterstützt werden. Die gleichmässige Belastung beträgt

$$2Q = 6{,}40 \cdot 15{,}80 \cdot 0{,}26 \cdot 1600^{\mathrm{kg}} = 6{,}40 \cdot 6573^{\mathrm{kg}} = 42067^{\mathrm{kg}},$$

oder für jede Öffnung von $3{,}20^{\mathrm{m}}$ $Q = {}^1/_2 \cdot 42067 = $ rd. 21034^{kg}.

$$\text{Erforderlich} \qquad W = \frac{21034 \cdot 320}{8 \cdot 875} = 962^{\mathrm{cm^3}}.$$

Gewählt zwei Träger des Profils $\underline{\mathrm{I}}$ Nr. 27 mit $W_x = 2 \cdot 491$
$$= 982^{\mathrm{cm^3}}.$$

Die Säule wird belastet mit . . . $^5/_8 \cdot 42067^{\mathrm{kg}} = 26292^{\mathrm{kg}}$,
und auf jedes Endauflager entfallen $^3/_8 \cdot 21034^{\mathrm{kg}} = 7888^{\mathrm{kg}}$.

End-Auflagerplatten von $25^{\mathrm{cm}} \cdot 30^{\mathrm{cm}} = 750^{\mathrm{qcm}}$ genügen.

Wird bei einem kontinuierlichen Träger, der über zwei je l cm weiten Öffnungen mit je Q kg gleichmässig belastet werden soll, die Mittelstütze um das Mass

$$y = 0{,}0131\,\frac{Ql^3}{ET}$$

(in cm, E und T s. S. 75) tiefer gelegt als die beiden Aussenstützen, so erreicht die Tragfähigkeit des Trägers ihren Höchstwert, da das Moment M über der Mittelstütze gleich ist dem grössten Moment über den beiden Öffnungen, u. zw.

$$M = 0{,}0858\,Ql. \text{[1]}$$

Erforderlich $\qquad W = \dfrac{0{,}0858\,Ql}{k}$.

Der Auflagerdruck der Mittelstütze ist $B = 1{,}1716\,Q$, der Auflagerdruck an den Enden ist $A = C = 0{,}4142\,Q$.

Ist die Gesamt-Belastung über den ganzen Träger gleichmässig verteilt und sind dabei die **zwei Öffnungen ungleich weit,** so ermittle man

1) das Angriffsmoment M über der Mittelstütze, indem man die Belastung jeder der beiden Öffnungen mit dem Quadrat ihrer Freilänge multipliziert und die Summe der beiden Produkte durch die achtfache Gesamtlänge des Trägers dividiert.

$$\textit{Formel: } M = \frac{Q_1 l_1^2 + Q_2 l_2^2}{8\,(l_1 + l_2)};$$

2) das für M erforderliche Widerstandsmoment $W = M : k$;

3) den Druck auf die Mittelstütze, der gleich ist

$$B = \frac{Q_1}{2} + \frac{M}{l_1} + \frac{Q_2}{2} + \frac{M}{l_2};$$

4) die Drucke auf die beiden Endauflager durch Subtraktion der Druckanteile der Mittelstütze von den beiden Öffnungsbelastungen, also

$$A = \frac{Q_1}{2} - \frac{M}{l_1}; \qquad C = \frac{Q_2}{2} - \frac{M}{l_2};$$

5) sucht man den aus dem gefundenen Auflagerdruck in der grösseren Öffnung sich ergebenden Bruchquerschnitt und ermittelt nach früheren Regeln das dort erforderliche Widerstandsmoment. — Das grössere der beiden Widerstandsmomente unter 2) und 5) ist für die Dimensionierung des Trägers massgebend.

---

[1] Die Tragfähigkeit ist also in diesem Fall um das $1/8 : 0{,}0858 = 1{,}457$-fache grösser als in dem gewöhnlichen Fall des kontinuierlichen Trägers mit drei in gerader Linie liegenden Stützpunkten.

Beispiel 53. Eine im ganzen 16,24 m hohe 0,13 m starke Wand steht auf einem 5,80 m langen Träger, der 2,00 m vom Ende durch eine eiserne Säule unterstützt ist.

Die Belastung beträgt

über der grösseren, 3,80 m weiten Öffnung

$$3,80 \cdot 16,24 \cdot 0,13 \cdot 1600\,^{kg} = 3,80 \cdot 3378\,^{kg} = 12\,836\,^{kg},$$

über der kleineren, 2 m weiten Öffnung $2,00 \cdot 3378\,^{kg} = \underline{6\,756 \;_{\text{„}}}$

zus. 19 592 ^{kg}.

Das Angriffsmoment über der Mittelstütze ist

$$M = \frac{12\,836 \cdot 3,80^2 + 6756 \cdot 2,00^2}{8 \cdot 5,80} = 4577\,^{mkg} = 457\,700\,^{cmkg}.$$

Erforderlich daselbst $W = \dfrac{457\,700}{875} = 523\,^{cm^3}$.

Der Druck auf die Säule beträgt

von der einen Öffnung $\dfrac{12\,836}{2} + \dfrac{4577}{3,8} = 6418 + 1204 = 7\,622\,^{kg},$

von der anderen Öffnung $\dfrac{6756}{2} + \dfrac{4577}{2,0} = 3378 + 2289 = \underline{5\,667 \;_{\text{„}}}$

zus. 13 289 ^{kg}.

Der grössere Endauflagerdruck ist $\quad 12\,836 - 7622 = 5214\,^{kg},$

der kleinere ist . . . . $\quad 6\,756 - 5667 = 1089\,^{kg}.$

In dem Bruchquerschnitt der grösseren Öffnung ist erforderlich

$$W = \frac{100 \cdot 5214^2}{2 \cdot 875 \cdot 3378} = 460\,^{cm^3}.$$

Dem grösseren Widerstandsmoment $W = 523\,^{cm^3}$ entsprechend wird gewählt Profil $\mathbf{I}$ Nr. 28 mit $W_x = 541\,^{cm^3}$.

End-Auflagerplatten $25\,^{cm} \cdot 20\,^{cm} = 500\,^{qcm}$ genügen reichlich.

[Würde man den kontinuierlichen Träger als über der Säule gestossen betrachten und ihn dann in gewöhnlicher Art annähernd genau ausrechnen (vrgl. Näheres S. 99), so wäre erforderlich für die 3,80 weite, mit 12 836 ^{kg} belastete Öffnung

$$W = \frac{12\,836 \cdot 380}{8 \cdot 875} = 697\,^{cm^3}.$$

Gewählt hierfür Profil $\mathbf{I}$ Nr. 32 mit $W_x = 781\,^{cm^3}$, oder zwei Träger des Profils $\mathbf{I}$ Nr. 24 mit $W_x = 2 \cdot 353 = 706\,^{cm^3}.]$

Hat der kontinuierliche Träger eine **ungleichmässige Belastung über zwei ungleich weiten Öffnungen,** und sind Q_1 und Q_2 die Belastungen über den l_1 und l_2 weiten Öffnungen, so ermittle man

1) das Angriffsmoment M über der Mittelstütze, indem man die Summen R und S für jede der beiden Öffnungen wie für einseitig, in B (über der Mittelstütze) eingespannte Träger nach den Regeln auf S. 82 bestimmt; diese Ergebnisse sollen mit R_1 und S_1 sowie mit R_2 und S_2 bezeichnet werden. S_1 und S_2 werden durch die zugehörige Freilänge dividiert, diese Quotienten addiert, und das Ergebnis wird durch die doppelte Gesamtlänge des Trägers dividiert.

$$\textit{Formel:}\quad M = \frac{\dfrac{S_1}{l_1} + \dfrac{S_2}{l_2}}{2\,(l_1 + l_2)};$$

2) das für M erforderliche Widerstandsmoment $W = M : k$;

3) den Druck auf die Mittelstütze, der gleich ist

$$B = \frac{R_1 + M}{l_1} + \frac{R_2 + M}{l_2};$$

4) die Drucke auf die beiden Endauflager durch Subtraktion der Druckanteile der Mittelstütze von den beiden Öffnungsbelastungen, also

$$A = Q_1 - \frac{R_1 + M}{l_1}; \qquad C = Q_2 - \frac{R_2 + M}{l_2};$$

5) sucht man den aus dem gefundenen Auflagerdruck in der grösseren Öffnung sich ergebenden Bruchquerschnitt und ermittelt in üblicher Weise das dort erforderliche Widerstandsmoment. — Das grössere der beiden Widerstandsmomente unter 2) und 5) ist für die Profilbestimmung des Trägers entscheidend.

Beispiel 54. Ein kontinuierlicher, einerseits von der mittleren Säule 3,40 m, andererseits 4,40 m frei liegender Unterzug nimmt, wie nebenstehend angedeutet, die Auflagerdrucke von sechs Kappenträgern I Nr. 32 auf,

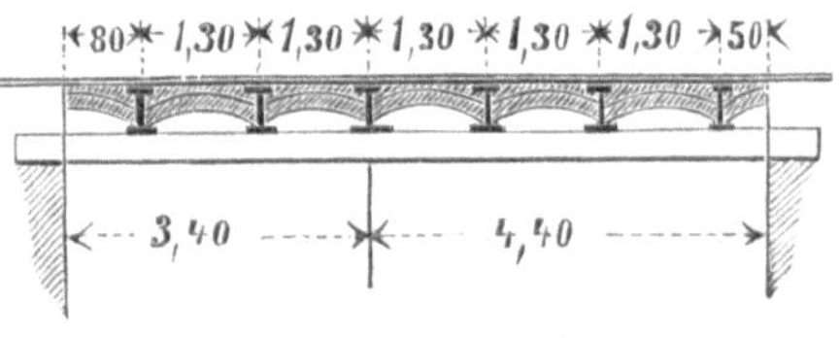

die ihn in den angegebenen Punkten als Einzellasten mit je 5400 kg belasten.

Demnach auf der kleineren Strecke $Q_1 = 2 \cdot 5400$ kg $= 10\,800$ kg,
auf der grösseren Strecke . . . . . $Q_2 = 3 \cdot 5400$ kg $= 16\,200$ „
unmittelbar auf die Säule entfallend . . . . $= 5400$ „

zus. 32400 kg.

Für die kleinere Öffnung ergibt sich

$$R_1 = 5400 \cdot 0,80 + 5400 \cdot 2,10 = 4320 + 11340 = 15660\ \text{mkg.}$$

$$4320 \cdot (3,40^2 - 0,80^2)\ =\ 47174\ \text{m}^3\text{kg}$$
$$11340 \cdot (3,40^2 - 2,10^2) =\ \underline{81081\quad \text{„}}$$
$$S_1 : l_1 = 128255\ \text{m}^3\text{kg} : 3,40\ \text{m} = 37722\ \text{m}^2\text{kg.}$$

Für die grössere Öffnung ergibt sich

$$R_2 = 5400 \cdot 0,50 + 5400 \cdot 1,80 + 5400 \cdot 3,10$$
$$= 2700 + 9720 + 16740 = 29160\ \text{mkg.}$$

$$2700 \cdot (4,40^2 - 0,50^2)\ =\ 51597\ \text{m}^3\text{kg}$$
$$9720 \cdot (4,40^2 - 1,80^2)\ = 156686\quad \text{„}$$
$$16740 \cdot (4,40^2 - 3,10^2) = \underline{163215\quad \text{„}}$$
$$S_2 : l_2 = 371498\ \text{m}^3\text{kg} : 4,40\ \text{m} = 84431\ \text{m}^2\text{kg.}$$

Das Angriffsmoment über der Säule (Mittelstütze) beträgt

$$M = \frac{37722 + 84431}{2 \cdot (3,40 + 4,40)} = \frac{122153}{15,60} = 7830\ \text{mkg} = 783000\ \text{cmkg.}$$

Erforderlich daselbst $W = \dfrac{783000}{875} = 895\ \text{cm}^3.$

Der Druck B auf die Mittelstütze beträgt

einerseits $\quad \dfrac{R_1 + M}{l_1} = \dfrac{15660 + 7830}{3,40} =\ 6909\ \text{kg,}$

andererseits $\dfrac{R_2 + M}{l_2} = \dfrac{29160 + 7830}{4,40} =\ 8407\ \text{„}$

und unmittelbar $\ldots\ldots\ldots = \underline{\ 5400\ \text{„}}$

$$\text{also } B = 20716\ \text{kg.}$$

Der Endauflagerdruck der kleinen Strecke ist

$$A = 10800\ \text{kg} - 6909\ \text{kg} = 3891\ \text{kg,}$$

der der grösseren Strecke $\quad . \quad . \quad C = 16200\ \text{kg} - 8407\ \text{kg} = 7793\ \text{kg.}$

In der grösseren Strecke von 4,40 m liegt der Bruchquerschnitt in dem Angriffspunkt der zweiten 5400 kg, von welchen 7793 — 5400 = 2393 kg den ersten 5400 kg zuzurechnen sind.

Erforderlich daselbst $W = \dfrac{5400 \cdot 50 + 2393 \cdot 180}{875} = 801\ \text{cm}^3.$

Auch hier ist das über der Mittelstütze erforderliche Widerstandsmoment, als das grössere, massgebend, und es wird gewählt Normal-Profil Ⅰ Nr. 34 mit $W_x = 922\ \text{cm}^3.$

Auflagerplatten an den Trägerenden 25 cm . 30 cm genügen reichlich.

———

Beispiel 55. Die 4,85 m zwischen den Endauflagern frei liegenden Träger über einer Mittelwandöffnung werden 1,95 m von einem Ende durch eine Säule unterstützt. Die Höhe der Mittelwand in den einzelnen Geschossen bis Balkenoberkante ist 0,80 m,

4,25 m, 4,18 m, 4,10 m, ihre Stärke überall 0,39 m und ihr Gewicht
1600 kg/cbm. Die Türen in
der Mittelwand sind in
allen Geschossen je 1,20 m
weit und durchweg 2,50 m
hoch. Die Balkenlängen
sind vorn 5,65 m, 5,65 m,
5,78 m und 5,78 m, hinten je
0,20 m kürzer. Die Balken
sollen als kontinuierlich,
d. h. mit $^5/_8$ ihrer Last,
in Ansatz gebracht werden.

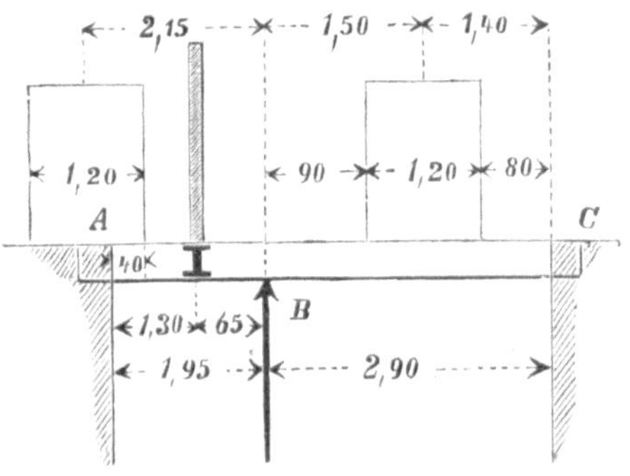

Gesamtgewicht der Decken 500 kg/qm, des Daches 250 = $^1/_2$. 500 kg/qm
der Grundfläche.

1,30 m vom linken Endauflager wird eine 0,13 m starke Zwischenwand aus porigen Lochsteinen (Gewicht 1100 kg/cbm), mit Türen
von 1,20 m . 2,50 m in der Mitte in allen Geschossen, durch einen
5,65 m frei liegenden Träger aufgefangen.

Der Zwischenwandträger wird belastet, u. zw. beiderseits
über $^1/_2$. (5,65 — 1,20) = 2,225 m, mit zusammen

$$\left\{5,65 . (4,25 + 4,18 + 4,10) - 3 . 1,20 . 2,50\right\} . 0,13 . 1100 \text{ kg} = 8837 \text{ kg}.$$

Erforderlich (vrgl. S. 15, unten)

$$W = \frac{8837 . (565 - 120)}{8 . 875} = 562 \text{ cm}^3.$$

Gewählt Normal-Profil $\mathbf{I}$ Nr. 29 mit $W_x = 594$ cm³.

Die Belastung des Unterzugträgers ist

I. über der kleineren Öffnung

1) gleichmässig mit 1,95 . $\left\{0,80 . 0,39 . 1600 \text{ kg}\right.$

$$+ ^5/_8 . (5,65 + 5,45) . 500 \text{ kg}\right\} = 1,95 . 3968 \text{ kg} = 7738 \text{ kg},$$

2) auf 1,55 m mit 2,15 . $\left\{[4,25 + 4,18 + 4,10] . 0,39 . 1600 \text{ kg}\right.$

$$\cdot + ^5/_8 . (5,65 + 2^1/_2 . 5,78 + 5,45 + 2^1/_2 . 5,58) . 500 \text{ kg}\right\}$$

$$= 2,15 . 20162 \text{ kg} = 43384 \text{ kg},$$

hiervon ab 3 . 0,60 . 2,50 . 0,39 . 1600 kg = 2808 „

$$= 40576 \text{ „}$$

3) 1,30 m vom Ende durch den Querträger mit $^1/_2$. 8837 kg = 4419 „

zus. $Q_1 = 52733$ kg.

Da 0,40 + $^1/_2$. 1,55 = 1,175 m, so ergibt sich als Momentensumme der ungleichmässigen Belastungen

$$R_1 = 40576 . 1,175 + 4419 . 1,30 = 47677 + 5745 = 53422 \text{ mkg};$$

hieraus folgen die Produkte

$$47\,677 \cdot \left(1{,}95^2 - \frac{0{,}40^2 + 1{,}95^2}{2}\right) = 86\,832 \text{ m}^3\text{kg},$$

$$5745 \cdot (1{,}95^2 - 1{,}30^2) \quad . \quad . \quad = 12\,136 \text{ „}$$

$$98\,968 \text{ m}^3\text{kg} : 1{,}95 \text{ m} = 50\,753 \text{ m}^2\text{kg},$$

dazu aus der gleichmässigen Belastung

$$7738 \cdot \frac{1{,}95}{2} \cdot \left(1{,}95^2 - \frac{1{,}95^2}{2}\right) : 1{,}95 = 7738 \cdot \left(\frac{1{,}95}{2}\right)^2 = 7356 \text{ „}$$

$$\text{also } S_1 : l_1 = 58\,109 \text{ m}^2\text{kg};$$

II. über der grösseren Öffnung

1) ist die gleichmässige Belastung . . $2{,}90 \cdot 3968 \text{ kg} = 11\,507 \text{ kg}$,
2) Streckenlast auf $0{,}80$ m . $1{,}40 \cdot 20\,162 \text{ kg} - 2808 \text{ kg} = 25\,419$ „
3) Streckenlast auf $0{,}90$ m . $1{,}50 \cdot 20\,162 \text{ kg} - 2808 \text{ kg} = 27\,435$ „

$$\text{zus. } Q_2 = 64\,361 \text{ kg}.$$

Momentensumme der ungleichmässigen Belastungen

$$R_2 = 25\,419 \cdot 0{,}40 + 27\,435 \cdot 2{,}45 = 10\,168 + 67\,216 = 77\,384 \text{ mkg},$$

hieraus die Produkte

$$10\,168 \cdot \left(2{,}90^2 - \frac{0{,}80^2}{2}\right) \quad . \quad . = 82\,259 \text{ m}^3\text{kg},$$

$$67\,216 \cdot \left(2{,}90^2 - \frac{2{.}00^2 + 2{,}90^2}{2}\right) = 148\,211 \text{ „}$$

$$230\,470 \text{ m}^3\text{kg} : 2{,}90 \text{ m} = 79\,472 \text{ m}^2\text{kg},$$

dazu aus der gleichmässigen Belastung

$$11\,507 \cdot \left(\frac{2{,}90}{2}\right)^2 \quad . \quad . \quad . = 24\,193 \text{ „}$$

$$\text{also } S_2 : l_2 = 103\,665 \text{ m}^2\text{kg}.$$

Das Angriffsmoment über der Mittelstütze ist

$$M = \frac{58\,109 + 103\,665}{2 \cdot (1{,}95 + 2{,}90)} = \frac{161\,774}{9{,}70} = 16\,678 \text{ mkg} = 1\,667\,800 \text{ cmkg}.$$

Erforderlich daselbst $W = \dfrac{1\,667\,800}{875} = 1906 \text{ cm}^3$.

Der Druck B auf die Mittelstütze beträgt

$$\text{einerseits} \quad \frac{7738 \text{ kg}}{2} + \frac{53\,422 + 16\,678}{1{,}95} = 39\,818 \text{ kg},$$

$$\text{andererseits} \quad \frac{11\,507 \text{ kg}}{2} + \frac{77\,384 + 16\,678}{2{,}90} = 38\,189 \text{ „}$$

$$\text{also } B = 78\,007 \text{ kg},$$

der kleinere Endauflagerdruck $\quad A = 52\,733 - 39\,818 = 12\,915 \text{ kg}$,
der grössere Endauflagerdruck $\quad C = 64\,361 - 38\,189 = 26\,172 \text{ kg}$.

(Die Berechnung der Säule befindet sich S. 129 u. f.)

In dem Bruchquerschnitt der grösseren Strecke ist erforderlich, da $25419^{\mathrm{kg}} + 0,80 . 3968 = 28593^{\mathrm{kg}}$,

$$W = \frac{26172^2 . 80}{2 . 875 . 28593} = 1095^{\mathrm{cm^3}}.$$

Massgebend ist das grössere Widerstandsmoment über der Mittelstütze, $W = 1906^{\mathrm{cm^3}}$. Gewählt zwei Träger des Profils I Nr. 36 mit $W_x = 2 . 1088 = 2176^{\mathrm{cm^3}}$, oder drei Träger des Profils I Nr. 30 mit $W_x = 3 . 652 = 1956^{\mathrm{cm^3}}$.

Auflagerplatten: bei A $50^{\mathrm{cm}} . 25^{\mathrm{cm}} = 1250^{\mathrm{qcm}}$,

bei C $50^{\mathrm{cm}} . 50^{\mathrm{cm}} = 2500^{\mathrm{qcm}}$.

Ist, wie schon ausgeführt, die Verwendung von kontinuierlichen Trägern über zwei Öffnungen wegen der Schwierigkeit der Auflagerregelung zu beschränken, so stehen diese Schwierigkeiten in erhöhtem Grad der Anwendung von solchen Trägern entgegen, die **über mehr als zwei Öffnungen kontinuierlich** liegen. Da derartige Träger deshalb nahezu ausser Gebrauch sind, so kann es hier genügen, die Berechnung an einem einfachen Beispiel zu zeigen.

Beispiel 56. Die gleichmässige Belastung des hier skizzierten Trägers AE von 6,90 m Gesamtlänge auf fünf gleich hohen Stützen betrage für 1 lfd. m der Trägerlänge 8000 kg. Ausserdem greife auf der Strecke BC 0,30 m vom Auflager C noch eine Einzellast von 6000 kg an. Die Belastungen sind daher

auf der Strecke AB . . . . $1,6 . 8000 = 12800^{\mathrm{kg}}$,

„ „ „ BC $1,50 . 8000 + 6000 = 12000 + 6000 = 18000$ „

„ „ „ CD . . . . $1,8 . 8000 = 14400$ „

„ „ „ DE . . . . $2,0 . 8000 = 16000$ „

zus. 61200^{kg}.

Nach der Berechnungsart für kontinuierliche, gleichmässig belastete Träger ergibt sich

$12800 . 0,80^2 = 8192^{\mathrm{m^2 kg}}$, $\quad$ $14400 . 0,90^2 = 11664^{\mathrm{m^2 kg}}$,

$12000 . 0,75^2 = 6750$ „ $\quad$ $16000 . 1,00^2 = 16000$ „

und nach der Berechnungsart für kontinuierliche, ungleichmässig belastete Träger folgt für die Streck BC

$$6000 . 0,30 = 1800^{\mathrm{mkg}}; \quad 1800 . (1,50^2 - 0,30^2) = 3888^{\mathrm{m^3 kg}};$$

mithin $\dfrac{3888}{1,50} = 2592^{\mathrm{m^2 kg}};$

$$6000 \cdot 1{,}20 = 7200\,^{\mathrm{mkg}}; \quad 7200 \cdot (1{,}50^2 - 1{,}20^2) = 5832\,^{\mathrm{m^3kg}};$$

$$\text{mithin } \frac{5832}{1{,}50} = 3888\,^{\mathrm{m^2kg}}.$$

Für die Angriffsmomente M_1, M_2, M_3 über den Stützen B, C und D ergeben sich nun die Gleichungen

$$2 \cdot (1{,}60 + 1{,}50) \cdot M_1 + 1{,}50 \cdot M_2 \ldots \ldots = 8192 + 6750 + 2592$$
$$1{,}60 \cdot M_1 + 2 \cdot (1{,}50 + 1{,}80) \cdot M_2 + 1{,}80 \cdot M_3 = 6750 + 3888 + 11664$$
$$1{,}80 \cdot M_2 + 2 \cdot (1{,}80 + 2{,}00) \cdot M_3 \ldots \ldots = 11664 + 16000\,^{\mathrm{m^2kg}},$$

oder

$$
\begin{aligned}
&1) & 6{,}2 \cdot M_1 + 1{,}5 \cdot M_2 \ldots \ldots &= 17534\,^{\mathrm{m^2kg}}, \\
&2) & 1{,}6 \cdot M_1 + 6{,}6 \cdot M_2 + 1{,}8 \cdot M_3 &= 22302 \text{ „} \\
&3) & 1{,}8 \cdot M_2 + 7{,}6 \cdot M_3 &= 27664 \text{ „}
\end{aligned}
$$

Subtrahiert man das 8-fache der Gleichung 1) vom 31-fachen der Gleichung 2), so bleibt

$$192{,}6 \cdot M_2 + 55{,}8 \cdot M_3 = 551090\,^{\mathrm{m^2kg}}.$$

Das 107-fache der Gleichung 3) ist

$$192{,}6 \cdot M_2 + 813{,}2 \cdot M_3 = 2960048\,^{\mathrm{m^2kg}},$$

demnach durch Abziehen der vorletzten von der letzten Gleichung $757{,}4 \cdot M_3 = 2408958\,^{\mathrm{m^2kg}}$, also $M_3 = 3180{,}56\,^{\mathrm{mkg}}$.

Wird dieser Wert in die Gleichung 3) eingesetzt, so folgt $1{,}8 \cdot M_2 = 27664 - 24172{,}26 = 3491{,}74$, also $M_2 = 1939{,}86\,^{\mathrm{mkg}}$.

Letzteren Wert in die Gleichung 1) eingeführt, ergibt $6{,}2 \cdot M_1 = 17534 - 2909{,}79 = 14624{,}21$, also $M_1 = 2358{,}74\,^{\mathrm{mkg}}$.

Mithin ist abgerundet

$$M_1 = 2359\,^{\mathrm{mkg}}, \quad M_2 = 1940\,^{\mathrm{mkg}}, \quad M_3 = 3181\,^{\mathrm{mkg}}.$$

Die Auflagerdrucke ergeben sich, wenn für die Strecke BC noch beachtet wird, dass $\dfrac{0{,}30 \cdot 6000}{1{,}50} = 1200\,^{\mathrm{kg}}$, wie folgt:

$$A = \frac{12800^{\mathrm{kg}}}{2} - \frac{2359}{1{,}60} = 6400^{\mathrm{kg}} - 1474^{\mathrm{kg}} \ldots \ldots = 4926^{\mathrm{kg}},$$

$$B = 12800^{\mathrm{kg}} - 4926^{\mathrm{kg}} \ldots \ldots = 7874^{\mathrm{kg}},$$

$$+ \frac{12000^{\mathrm{kg}}}{2} + 1200^{\mathrm{kg}} + \frac{2359 - 1940}{1{,}50} = 7479 \text{ „} = 15353^{\mathrm{kg}},$$

$$C = 18000^{\mathrm{kg}} - 7479^{\mathrm{kg}} \ldots \ldots = 10521^{\mathrm{kg}},$$

$$+ \frac{14400^{\mathrm{kg}}}{2} + \frac{1940 - 3181}{1{,}80} = 6511 \text{ „} = 17032^{\mathrm{kg}},$$

$$D = 14400^{\mathrm{kg}} - 6511^{\mathrm{kg}} \ldots \ldots = 7889^{\mathrm{kg}},$$

$$+ \frac{16000^{\mathrm{kg}}}{2} + \frac{3181}{2{,}00} = 9590 \text{ „} = 17479^{\mathrm{kg}},$$

$$E = 16000^{\mathrm{kg}} - 9590^{\mathrm{kg}} \ldots \ldots \ldots = 6410^{\mathrm{kg}}.$$

Von den Bruchquerschnitten im Inneren der vier Strecken kommt nur der in der grössten Strecke DE in Betracht. Da dieses aber ein zufälliger Umstand ist, so sollen die Angriffsmomente in den sämtlichen vier inneren Bruchquerschnitten berechnet werden.

Der Bruchquerschnitt der Strecke AB liegt $\frac{4926}{8000} = 0{,}616\,\mathrm{m}$ von A. Das Angriffsmoment ist dort

$$\mathfrak{M}_{(AB)} = 4926 \cdot \frac{0{,}616}{2} = 1517\,\mathrm{mkg}.$$

Der Bruchquerschnitt der Strecke BC liegt $\frac{7479}{8000} = 0{,}960\,\mathrm{m}$ von B. Das Angriffsmoment ist dort

$$\mathfrak{M}_{(BC)} = 7479 \cdot \frac{0{,}960}{2} - 2359 = 1231\,\mathrm{mkg}.$$

Der Bruchquerschnitt der Strecke CD liegt $\frac{7889}{8000} = 0{,}986\,\mathrm{m}$ von D. Das Angriffsmoment ist dort

$$\mathfrak{M}_{(CD)} = 7889 \cdot \frac{0{,}986}{2} - 3181 = 708\,\mathrm{mkg}.$$

Der Bruchquerschnitt der Strecke DE liegt $\frac{6410}{8000} = 0{,}801\,\mathrm{m}$ von E. Das Angriffsmoment ist dort

$$\mathfrak{M}_{(DE)} = 6410 \cdot \frac{0{,}801}{2} = 2567\,\mathrm{mkg}.$$

Von allen nachgewiesenen Momenten ist das grösste

$$M_3 = 3181\,\mathrm{mkg} = 318100\,\mathrm{cmkg}.$$

Erforderlich $\qquad W = \dfrac{318100}{875} = 364\,\mathrm{cm^3}.$

Gewählt wird Normal-Profil $\mathbf{I}$ Nr. 25 mit $W_x = 396\,\mathrm{cm^3}$ und für die Auflagerplatten bei A und E die Fläche $25\,\mathrm{cm} . 25\,\mathrm{cm} = 625\,\mathrm{qcm}$.

———

Die nachfolgende Tafel enthält die erforderlichen Angaben zur Berechnung von gleichmässig belasteten kontinuierlichen Trägern auf drei bis neun gleich weit voneinander entfernten, in gerader Linie liegenden Stützpunkten. Die Angaben der Tafel sind nur bis zur Trägermitte durchgeführt, da in Bezug auf diese alles symmetrisch ist. Jede einzelne Trägerstrecke von der Länge l cm ist mit Q kg belastet. Es bezeichnet

A_0 die beiden Auflagerdrucke an den Trägerenden in kg,

A_1, A_2, A_3, A_4 die Auflagerdrucke der mittleren Stützen in kg,

M_1, M_2, M_3, M_4 die (negativen) Angriffsmomente über den mittleren Stützen in cmkg,

$\mathfrak{M}_1, \mathfrak{M}_2, \mathfrak{M}_3, \mathfrak{M}_4$ die grössten Angriffsmomente in den einzelnen Trägerstrecken in cmkg,

x_1, x_2, x_3, x_4 in cm die Entfernung des Bruchquerschnitts der einzelnen Strecken von dem zunächst, u. zw. für die linke Trägerhälfte nach **links** liegenden Stützpunkt.

Kontinuierliche Träger.

Werte.	Anzahl der Stützpunkte.							Einheiten.
	3	4	5	6	7	8	9	
$A_0 =$	0,3750	0,4000	0,3929	0,3947	0,3942	0,3944	0,3943	$\cdot\, Q$
$A_1 =$	1,2500	1,1000	1,1428	1,1317	1,1346	1,1337	1,1340	$\cdot\, Q$
$A_2 =$	.	.	0,9286	0,9736	0,9616	0,9649	0,9640	$\cdot\, Q$
$A_3 =$	.	.	.	.	1,0192	1,0070	1,0103	$\cdot\, Q$
$A_4 =$	.	.	.	.	.	.	0,9948	$\cdot\, Q$
$M_1 =$	0,1250	0,1000	0,1071	0,1053	0,1058	0,1056	0,1057	$\cdot\, Ql$
$M_2 =$	.	.	0,0714	0,0789	0,0769	0,0775	0,0773	$\cdot\, Ql$
$M_3 =$	.	.	.	.	0,0865	0,0845	0,0850	$\cdot\, Ql$
$M_4 =$	.	.	.	.	.	.	0,0825	$\cdot\, Ql$
$\mathfrak{M}_1 =$	0,0703	0,0800	0,0772	0,0779	0,0777	0,0778	0,0777	$\cdot\, Ql$
$\mathfrak{M}_2 =$	.	0,0250	0,0364	0,0332	0,0340	0,0338	0,0339	$\cdot\, Ql$
$\mathfrak{M}_3 =$	.	.	.	0,0461	0,0433	0,0440	0,0438	$\cdot\, Ql$
$\mathfrak{M}_4 =$	.	.	.	.	.	0,0405	0,0412	$\cdot\, Ql$
$x_1 =$	0,375	0,4000	0,3930	0,3947	0,3942	0,3944	0,3943	$\cdot\, l$
$x_2 =$	.	0,5000	0,5357	0,5264	0,5327	0,5281	0,5283	$\cdot\, l$
$x_3 =$	.	.	.	0,5000	0,4904	0,4930	0,4923	$\cdot\, l$
$x_4 =$	.	.	.	.	.	0,5000	0,5026	$\cdot\, l$

Beispiel 57. Ein kontinuierlicher, über sechs Öffnungen von je $l = 2{,}5^{\mathrm{m}}$ Weite (von Mitte zu Mitte Auflager) auf Mauerpfeilern liegender Träger von 15^{m} Länge ist durch eine undurchbrochene, 12^{m} hohe, $1^1/_2$ Stein starke, beiderseits geputzte Wand belastet (die nach der im fünften Abschnitt dieses Buches befindlichen Tafel III ein Gewicht von $650^{\mathrm{kg}}/_{\mathrm{qm}}$ Ansichtsfläche hat).

Von der im ganzen $15{,}0 \cdot 12{,}0 \cdot 650^{\mathrm{kg}} = 117000^{\mathrm{kg}}$ betragenden Wandlast kommt auf jede Strecke von $2{,}50^{\mathrm{m}}$

$$Q = {}^1/_6 \cdot 117000 = 19500^{\mathrm{kg}}.$$

In der ersten und letzten Strecke liegt nach der vorstehenden Tafel der Bruchquerschnitt, da 7 die Anzahl der Stützpunkte,

$$x_1 = 0{,}3942 \cdot 250^{\mathrm{cm}} = 98{,}55^{\mathrm{cm}}$$

vom Endauflager, und das Angriffsmoment ist dort

$$\mathfrak{M}_1 = 0{,}0777 \cdot 19500 \cdot 250 = 378787{,}5^{\mathrm{cmkg}}.$$

Über dem zweiten und sechsten Stützpunkt liegt das Angriffsmoment

$$M_1 = 0{,}1058 \cdot 19500 \cdot 250 = 515775^{\mathrm{cmkg}};$$

dieses Moment ist von allen im Träger auftretenden das grösste, so dass erforderlich ist

$$W = \frac{515\,775}{875} = 589\,^{cm^3}.$$

Gewählt zwei Träger des Normal-Profils $\mathbf{I}$ Nr. 23 mit $W_x = 2\,.\,314 = 628\,^{cm^3}.$

Für die Endauflager mit $A_0 = 0{,}3942\,.\,19\,500 = 7687\,^{kg}$ Auflagerdruck genügen Auflagerplatten $38\,^{cm}\,.\,20\,^{cm}.$

Für die mittleren, aus Klinkern in reinem Zementmörtel bestehenden Stützen wird der grösste Auflagerdruck $A_1 = 1{,}1346\,.\,19\,500 = 22\,125\,^{kg}$ über dem zweiten und sechsten Stützpunkt als massgebend betrachtet, so dass für die Mittelstützen eine Auflagerplatte von $40\,^{cm}\,.\,40\,^{cm} = 1600\,^{qcm}$ genügt, die $1600\,.\,14 = 22\,400\,^{kg}$ übertragen kann. Pfeilerquerschnitt darunter $51\,^{cm}\,.\,51\,^{cm}$ (in Mauerwerksmassen).

[Werden die einzelnen Trägerstrecken als über den Mittelstützen gestossen angenommen, so ist erforderlich

$$W = \frac{19\,500\,.\,250}{8\,.\,875} = 696\,^{cm^4}.$$

Hierfür genügen zwei Träger $\mathbf{I}$ Nr. 24 mit $W_x = 2\,.\,353 = 706\,^{cm^3}.$ Auflagerplatten auf den fünf Mittelstützen $38\,^{cm}\,.\,38\,^{cm} = 1444\,^{qcm}$, die $1444\,.\,14 = 20\,216\,^{kg}$ übertragen können. An den Trägerenden ebenfalls Auflagerplatten $38\,^{cm}\,.\,38\,^{cm}.$ Wegen der $38\,^{cm}$ breiten Platten ist man berechtigt, als Freilänge (statt $250\,^{cm}$) nur $250 - 2\,.\,{}^1/_4\,.\,38 = 231\,^{cm}$ zu rechnen, wobei erforderlich wird

$$W = \left(\frac{231}{250}\right)^2\,.\,696 = 594\,^{cm^3}.]$$

Als Ersatz für die vorstehend angegebenen, umständlichen, aber genauen Berechnungsarten kontinuierlicher Träger wird in der Praxis vielfach folgendes **Annäherungs-Verfahren** geübt:

Man betrachtet den kontinuierlichen Träger als über den Zwischenstützen gestossen, d. h. aus einzelnen Stücken bestehend, berechnet die einzelnen Auflagerdrucke aus den zu beiden Seiten der betreffenden Stütze befindlichen Belastungen und multipliziert die Summe der so gefundenen Einzelwerte mit ${}^5/_4.$ Für die Endauflager wird der aus der ersten und letzten Öffnung berechnete Wert des Auflagerdruckes zur Sicherheit unverändert beibehalten. Hieraus sind die Querschnitte der Zwischenstützen und die Grösse der Endauflager-Platten zu ermitteln.

Für den kontinuierlichen Träger selbst bestimmt man in der üblichen Weise das in der am ungünstigsten belasteten (also für gewöhnlich in der grössten) Öffnung erforderliche Widerstandsmoment. Mit Rücksicht auf dieses wird dann das Trägerprofil gewählt, das im allgemeinen für die über den Zwischenstützen auftretenden Angriffsmomente ausreichend sein wird.

Hierzu diene folgendes

Beispiel 58. Ist der Träger des Beispiels 56 auf S. 95 nach dem vorstehenden Annäherungs-Verfahren zu berechnen, so ergeben sich bei den dort angegebenen Belastungen die Auflagerdrucke

$$A = \tfrac{1}{2} \cdot 12\,800 \;\ldots\ldots\ldots\ldots\ldots\ldots\ldots = 6400^{\,\mathrm{kg}},$$

$$B = \left(6400 + \tfrac{1}{2} \cdot 12\,000 + \frac{0{,}30}{1{,}50} \cdot 6000\right) \cdot \frac{5}{4} = 13\,600 \cdot \frac{5}{4}\;\; . \;= 17\,000^{\,\mathrm{kg}},$$

$$C = \left\{\tfrac{1}{2} \cdot (12\,000 + 14\,400) + \frac{1{,}20}{1{,}50} \cdot 6000\right\} \cdot \frac{5}{4} = 18\,000 \cdot \frac{5}{4} = 22\,500^{\,\mathrm{kg}},$$

$$D = \tfrac{1}{2} \cdot (14\,400 + 16\,000) \cdot \frac{5}{4} = 15\,200 \cdot \frac{5}{4} \;\ldots\ldots = 19\,000^{\,\mathrm{kg}},$$

$$E = \tfrac{1}{2} \cdot 16\,000^{\,\mathrm{kg}} \;\ldots\ldots\ldots\ldots\ldots\ldots = 8000^{\,\mathrm{kg}}.$$

Bei A und E genügen Auflagerplatten $25^{\,\mathrm{cm}} \cdot 30^{\,\mathrm{cm}} = 750^{\,\mathrm{qcm}}$. Für die Mittelstützen gilt die grösste Belastung $C = 22{,}5^{\,\mathrm{t}}$.

Für die Öffnung AB mit $1{,}60^{\,\mathrm{m}}$ Freilänge und $12\,800^{\,\mathrm{kg}}$ gleichmässiger Belastung ist erforderlich

$$W = \frac{12\,800 \cdot 160}{8 \cdot 875} = 205^{\,\mathrm{cm^3}}.$$

Für die Öffnung BC mit $1{,}50^{\,\mathrm{m}}$ Freilänge, $12\,000^{\,\mathrm{kg}}$ gleichmässiger Last und der Einzellast $6000^{\,\mathrm{kg}}$, $0{,}30^{\,\mathrm{m}}$ vom Auflager C entfernt angreifend, ist der Auflagerdruck

$$B = \tfrac{1}{2} \cdot 12\,000 + \frac{0{,}30}{1{,}50} \cdot 6000 = 6000 + 1200 = 7200^{\,\mathrm{kg}}.$$

Mithin liegt der Bruchquerschnitt der Strecke BC

$$\frac{7200}{8000} = 0{,}90^{\,\mathrm{m}} \text{ von } B \text{ enfernt.}$$

Erforderlich $\quad W = \dfrac{7200 \cdot 90}{2 \cdot 875} = 370^{\,\mathrm{cm^3}}.$

Für die Öffnung CD mit $1{,}80^{\,\mathrm{m}}$ Freilänge und $14\,400^{\,\mathrm{kg}}$ gleichmässiger Belastung ist erforderlich

$$W = \frac{14\,400 \cdot 180}{8 \cdot 875} = 296^{\,\mathrm{cm^3}}.$$

Für die Öffnung DE mit $2{,}00^{\,\mathrm{m}}$ Freilänge und $16\,000^{\,\mathrm{kg}}$ gleichmässiger Belastung ist erforderlich

$$W = \frac{16\,000 \cdot 200}{8 \cdot 875} = 457^{\,\mathrm{cm^3}}.$$

Hierfür würde Profil I Nr. 26 mit $W_x = 441^{\,\mathrm{cm^3}}$ noch knapp genügen, doch wird besser I Nr. 27 mit $W_x = 491^{\,\mathrm{cm^3}}$ gewählt (Die genaue Berechnung im Beispiel 56 ergibt nur I Nr. 25.)

Zweiter Abschnitt.

Berechnung der Holzbalken.

Im Anschluss an die Berechnung der eisernen Träger soll hier kurz die statische Berechnung der Balken gezeigt werden. Die hierbei gewöhnlich auftretenden Belastungsfälle sind die zwei einfachen Fälle, welche durch die Formeln auf S. 6 und 13 gekennzeichnet sind. Die Berliner Bau-Polizei verlangt für die mehr als $6,00^{\mathrm{m}}$ frei tragenden Balken den Nachweis der Tragfähigkeit durch Rechnung, u. zw. für eine zulässige Beanspruchung $k = 60\,^{\mathrm{kg}}/_{\mathrm{qcm}}$. Für Balken mit weniger als $6,00^{\mathrm{m}}$ Freilänge wird der Nachweis nicht verlangt; da hierbei geringere elastische Durchbiegungen (neben der Biegungsbeanspruchung) stattfinden, so kann man bei der Ermittlung ihrer Profile für die zulässige Beanspruchung $k = 80\,^{\mathrm{kg}}/_{\mathrm{qcm}}$ (statt, wie vorhin, $k = 60\,^{\mathrm{kg}}/_{\mathrm{qcm}}$) annehmen.

Nach baupolizeilicher Vorschrift muss für das Gesamtgewicht einer Balkenlage in Wohngebäuden $500\,^{\mathrm{kg}}/_{\mathrm{qm}}$ der Grundfläche (dabei Eigengewicht und Nutzlast je $250\,^{\mathrm{kg}}/_{\mathrm{qm}}$) und in Fabrik- und Lagergebäuden $750\,^{\mathrm{kg}}/_{\mathrm{qm}}$ im Grundriss (dabei Eigengewicht $250\,^{\mathrm{kg}}/_{\mathrm{qm}}$ und Nutzlast $500\,^{\mathrm{kg}}/_{\mathrm{qm}}$) gerechnet werden.

Den Abstand von Mitte zu Mitte Balken (der Mittenabstand oder die Teilung der Balken) wählt man in Wohngebäuden zwischen $0,80^{\mathrm{m}}$ bis $1,10^{\mathrm{m}}$, gewöhnlich zu $0,95$ bis $1,00^{\mathrm{m}}$, in Fabrik- und Lagergebäuden zu höchstens $0,80^{\mathrm{m}}$.

Im Jahre 1898 hat der Innungs-Verband Deutscher Baugewerksmeister (unter Zustimmung der deutschen staatlichen und städtischen Behörden, sowie der deutschen Architekten- und Ingenieur-Vereine) Normalien für Bauhölzer aufgestellt, die im oberen Teil der Tafel VII des fünften Abschnitts dieses Buches enthalten sind. Dort findet sich auch eine Zusammenstellung der grössten zulässigen Freilängen von normalen Balken für Wohngebäude-Decken (Gesamtbelastung $500\,^{\mathrm{kg}}/_{\mathrm{qm}}$) mit $0,80$ bis $1,00^{\mathrm{m}}$ Teilung; darin ist für $l < 6,00^{\mathrm{m}}$ $k = 80\,^{\mathrm{kg}}/_{\mathrm{qcm}}$ und für $l > 6,00^{\mathrm{m}}$ $k = 60\,^{\mathrm{kg}}/_{\mathrm{qcm}}$ zu Grund gelegt.

Ist b die Balkenbreite und h die Balkenhöhe, beide in cm, so ist vorhanden in dem rechteckigen Balkenquerschnitt $F = b \,.\, h$ qcm ein (grösstes) Widerstandsmoment

$$W = \frac{b\,h^2}{6} \text{ in } \mathrm{cm}^3.$$

Soll aus einem Baumstamm mit Kreisquerschnitt der tragfähigste Balken geschnitten, also der rechteckige Querschnitt bestimmt werden, der von allen möglichen Rechtecken das grösste Widerstandsmoment W besitzt, so lässt sich dieses günstigste Rechteck, wie in nebenstehender Skizze angedeutet, auf folgende Weise bestimmen:

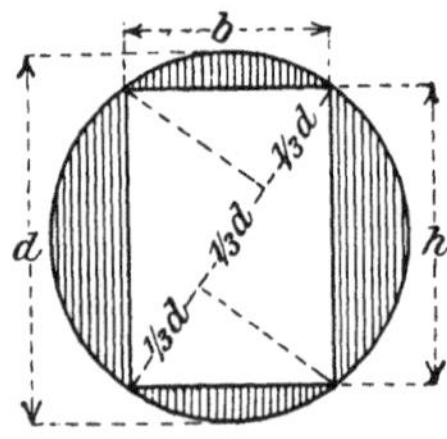

Ein beliebiger Durchmesser wird in drei gleiche Teile geteilt, in den beiden Teilpunkten werden nach entgegengesetzten Seiten Senkrechte auf dem Durchmesser errichtet und die beiden Punkte, in denen diese die Kreislinie schneiden, mit den Endpunkten des Durchmessers verbunden, dann sind die Sehnen im Halbkreis die Breite b und die Höhe h des gesuchten Balkenquerschnitts.[1]) Da nach einem geometrischen Lehrsatz

$$b^2 = {}^1\!/_3 d \,.\, d = {}^1\!/_3 d^2$$

und

$$h^2 = {}^2\!/_3 d \,.\, d = {}^2\!/_3 d^2, \quad \text{also} \quad h^2 = 2\,b^2,$$

so ist

$$\frac{h}{b} = \sqrt{2} = \text{rd.} \, 1{,}4 = \frac{7}{5}.$$

Man soll sich daher bei der Wahl eines Balkenquerschnitts dem Verhältnis $h : b = 7 : 5$ nach Möglichkeit nähern, um die Tragfähigkeit des Balkens voll auszunutzen, da doch die Balken in Festmeter (1 fm $= 1$ cbm fester Holzmasse) gehandelt und bezahlt werden. So hat z. B. der normale Balken $10/14$ cm mit $F = 140$ qcm (fast) denselben Querschnitt wie der quadratische Balken $12/12$ cm mit $F = 144$ qcm, jedoch verhalten sich ihre Widerstandsmomente

---

[1]) Für die grösste **Durchbiegung** der gleichmässig belasteten, an den Enden frei aufliegenden Balken mit überall gleichem Querschnitt gilt wie für Träger (s. S. 77 unter V und S. 79) die Formel

$$y_{max} = \frac{5}{384} \frac{Q\,l^3}{E\,T} = \frac{5}{24} \frac{k}{E} \frac{l^2}{h}.$$

Soll nun aus einem Baumstamm mit kreisrundem Querschnitt der Balken mit dem kleinsten y_{max}, also mit dem grössten Trägheitsmoment $T = {}^1\!/_{12} b\,h^3$ geschnitten werden, so gilt die vorstehende Konstruktion mit der Abänderung, dass der Durchmesser nicht in drei, sondern in vier gleiche Teile geteilt wird. Es ist dann entsprechend

$$\frac{h}{b} = \sqrt{3} = 1{,}7321 = \text{rd.} \frac{7}{4}.$$

wie $^1/_6 . 10 . 14^2 : ^1/_6 . 12^3 = 327 : 288 =$ rd. $1^1/_7$, so dass also der normale (mit $b : h = 5 : 7$) sich um etwa 14 Prozent tragfähiger erweist als der quadratische Balken, trotzdem er für 1^{fm} $(144 - 140) . 100 : 144 = 2,8$ Prozent weniger Kosten verursacht.

Wird in $W = \dfrac{b h^2}{6}$ der vorstehende Wert $h^2 = 2 b^2$ eingesetzt, so erhält man

$$W = \frac{b^3}{3}, \qquad \text{also} \qquad b = \sqrt[3]{3 W}.$$

Hieraus ergibt sich folgende praktische Regel:

Ist für einen Balken das erforderliche Widerstandsmoment W in cm^3 gefunden, so ermittle man $b = \sqrt[3]{3 W}$ und $h = ^7/_5 b$ und wähle das Normalprofil, welches dem so gefundenen Profil am nächsten liegt.

Beispiel 59. Die Balken eines Wohnzimmers liegen $6,24^{m}$ frei in $0,80^{m}$ Teilung. Die Belastung beträgt daher

$$6,24 . 0,80 . 500^{kg} = 2496^{kg}.$$

Nach der Formel auf S. 6 ist erforderlich

$$W = \frac{2496 . 624}{8 . 60} = 3245^{cm^3}.$$

Da sich $b = \sqrt[3]{3 . 3245} = \sqrt[3]{9735} = 21,4^{cm}$ und $h = ^7/_5 . 21,4 = 30^{cm}$ ergibt, so wird gewählt das Normalprofil $26/28^{cm}$ mit $W = ^1/_6 . 26 . 28^2 = 3397^{cm^3}$, das in einer Teilung von

$$\frac{3397}{3245} \cdot 0,80 = \text{rd. } 0,84^{m}$$

verlegt werden kann, oder auch das Normalprofil $24/30^{cm}$ mit $W = ^1/_6 . 24 . 30^2 = 3600^{cm^3}$, das eine Teilung zulässt von

$$\frac{3600}{3245} \cdot 0,80 = \text{rd. } 0,89^{m}.$$

Es soll hier noch für das zu Grund liegende tragfähigste (theoretische) Profil $21,4/30^{cm}$ die erforderliche **Auflagerlänge** ermittelt werden.

Der Balken darf das unter seinem Auflager befindliche gewöhnliche Ziegelmauerwerk in Kalkmörtel nach baupolizeilicher Vorschrift mit $7^{kg}/_{qcm}$ belasten, so dass sich bei $21,4^{cm}$ Balkenbreite eine Auflagerlänge von

$$\frac{^1/_2 . 2496}{7 . 21,4} = 8^1/_3{}^{cm}$$

als erforderlich ergeben würde. Nach einer praktischen Regel wird aber (aus konstruktiven Gründen) die **Auflagerlänge gleich der Balkenhöhe**, also hier gleich 30^{cm} gemacht.

Beispiel 60. Die Balken eines Wohnzimmers liegen 6,60^m frei. Es ist für sie ein entsprechendes Profil bei passender Teilung zu ermitteln. Auf 1^m Belastungsbreite kommen

$$6,60 \cdot 1,00 \cdot 500 = 3300 \,^{kg}.$$

Erforderlich hierfür

$$W = \frac{3300 \cdot 660}{8 \cdot 60} = 4538 \,^{cm^3}.$$

Gewählt ein Profil 26/30^{cm} mit $W = {}^1/_6 \cdot 26 \cdot 30^2 = 3900 \,^{cm^3}$, das verlegt werden kann in einer Balkenteilung von

$$\frac{3900}{4538} \cdot 1,00 = 0,86 \,^m.$$

Beispiel 61. Die Balkenlage eines rechteckigen Wohnraums von 7,20^m . 5,60^m Grundriss soll ermittelt werden, u. zw. für die Teilungen 7,20^m : 7 = 1,03^m, 7,20^m : 8 = 0,90^m und 7,20^m : 9 = 0,80^m. Für die Freilänge 5,60^m und die letztere Teilung ist die Belastung

$$5,60 \cdot 0,80 \cdot 500 \,^{kg} = 2240 \,^{kg}.$$

Erforderlich $\quad W = \dfrac{2240 \cdot 560}{8 \cdot 80} = 1960 \,^{cm^3}.$

Gewählt Profil 18/26^{cm} mit $W = {}^1/_6 \cdot 18 \cdot 26^2 = 2028 \,^{cm^3}$.
Für die Teilung 0,90^m ist erforderlich

$$W = \frac{0,90}{0,80} \cdot 1960 = 2205 \,^{cm^3}.$$

Gewählt Normalprofil 20/26^{cm} mit $W = {}^1/_6 \cdot 20 \cdot 26^2 = 2253 \,^{cm}$.
Für die Teilung 1,03^m ist erforderlich

$$W = \frac{1,03}{0,80} \cdot 1960 = 2524 \,^{cm^3}.$$

Gewählt Profil 20/28^{cm} mit $W = {}^1/_6 \cdot 20 \cdot 28^3 = 2613 \,^{cm^4}.$

Beispiel 62. Ein Wechselbalken liegt 2,00^m frei und wird durch einen der zuletzt bestimmten Balken in der Mitte belastet. Der getragene Balken hat eine Belastung von

$$5,60 \cdot 1,03 \cdot 500 \,^{kg} = 2884 \,^{kg}.$$

Hiervon kommt auf den Wechsel die Hälfte, ${}^1/_2 \cdot 2884 = 1442 \,^{kg}$. Nach der Formel auf S. 13 ist für diesen erforderlich

$$W = \frac{1442 \cdot 200}{4 \cdot 80} = 901 \,^{cm^3}.$$

Es würde schon ein normales Profil 14/20^{cm} mit $W = {}^1/_6 \cdot 14 \cdot 20^2 = 933 \,^{cm^3}$ genügen, jedoch wird der Wechselbalken aus konstruktiven Gründen für gewöhnlich stärker gewählt.

Beispiel 63. Die mit $750\,^{kg}/_{qm}$ belasteten Balken eines Fabrikraums liegen $4{,}90\,^{m}$ frei. Es soll das Normalprofil $24/30\,^{cm}$ mit $W = {}^{1}/_{6} \cdot 24 \cdot 30^{2} = 3600\,^{cm^{3}}$ für die Balken verwendet werden; hierfür ist die grösste zulässige Entfernung von Mitte zu Mitte (die Teilung) zu berechnen. Auf $1\,^{m}$ Belastungsbreite entfallen

$$4{,}90 \cdot 1{,}00 \cdot 750\,^{kg} = 3675\,^{kg}.$$

Erforderlich hierfür

$$W = \frac{3675 \cdot 490}{8 \cdot 60} = 3752\,^{cm^{3}}.$$

Demnach ist für Profil $24/30\,^{cm}$ die zulässige Balkenteilung

$$\frac{3600}{3752} \cdot 1{,}00 = 0{,}96\,^{m}.$$

Beispiel 64. Das Normalprofil $20/26\,^{cm}$ mit $W = {}^{1}/_{6} \cdot 20 \cdot 26^{2}$ $= 2253\,^{cm^{3}}$ ist vorrätig vorhanden; es soll für eine bestimmte Holzdeckenart in einem Wohnhause Verwendung finden, u. zw. bei einem durchschnittlichen Mittenabstand der Balken von $0{,}95\,^{m}$. Die grösste zulässige Freilänge ist zu berechnen.

Wird die gesuchte Freilänge, in m ausgedrückt, mit l bezeichnet, so muss nach der auf S. 6 gegebenen allgemeinen Formel für das Widerstandsmoment bei gleichmässiger Belastung sein

$$2253 = \frac{l \cdot 0{,}95 \cdot 500 \cdot 100\,l}{8 \cdot 80},$$

woraus folgt $\qquad l = \sqrt{30{,}3562} = \text{rd. } 5{,}51\,^{m}.$

Eine andere Art der Lösung ist die folgende:

Für $6{,}00\,^{m}$ Freilänge wäre bei $0{,}95\,^{m}$ Teilung die Belastung

$$6{,}00 \cdot 0{,}95 \cdot 500 = 2850\,^{kg}.$$

Erforderlich $\qquad W = \dfrac{2850 \cdot 600}{8 \cdot 80} = 2672\,^{cm^{3}}.$

Da sich aber die erforderlichen Widerstandsmomente bei gleicher Teilung verhalten wie die Quadrate der Freilängen, so ergibt sich als grösste zulässige Freilänge

$$l = 6{,}00 \cdot \sqrt{\frac{2253}{2672}} = 6{,}00 \cdot 0{,}918 = 5{,}51\,^{m}.$$

Wäre das vorstehende W kleiner als $2253\,^{cm^{3}}$ ausgefallen, so würde die gesuchte Freilänge grösser als $6{,}00\,^{m}$ geworden sein. Alsdann hätte mit $k = 60\,^{kg}/_{qcm}$ (statt $k = 80\,^{kg}/_{qcm}$) zulässiger Beanspruchung in dem Nenner des erforderlichen W die Rechnung wiederholt und verbessert werden müssen. Ergibt sich nunmehr eine Freilänge, die kleiner ist als $6{,}00\,^{m}$, so ist trotzdem $l = 6{,}00\,^{m}$ als grösste zulässige Freilänge anzunehmen.

So ist für das Normalprofil $22/28\,^{cm}$ mit $W = 2875\,^{cm^{3}}$ bei $0{,}95\,^{m}$ Balkenteilung und $k = 80\,^{kg}/_{qcm}$ die grösste Freilänge

$$l = 6,00 \cdot \sqrt{\frac{2875}{2672}} = 6,00 \cdot 1,037 = 6,22^{\mathrm{m}},$$

dagegen für $k = 60\ \mathrm{kg/qcm}$

$$l = 6,00 \cdot \sqrt{\frac{2875 \cdot 8 \cdot 60}{2850 \cdot 600}} = 6,00 \cdot 0,898 = 5,39^{\mathrm{m}}.$$

Im unteren Teil der Tafel VII ist daher für das Profil $22/28^{\mathrm{cm}}$ bei $0,95^{\mathrm{m}}$ Balkenteilung als grösste zulässige Freilänge $6,00^{\mathrm{m}}$ angegeben, bei der die Beanspruchung beträgt

$$k = \frac{Q \cdot l}{8 \cdot W} = \frac{2850 \cdot 600}{8 \cdot 2875} = 74,3\ \mathrm{kg/qcm}.$$

Dies ist gerechtfertigt, da sonst z. B. das schwächere und weniger tragfähige Profil $20/26^{\mathrm{cm}}$ bei $0,95^{\mathrm{m}}$ Teilung und $k = 80\ \mathrm{kg/qcm}$ mit $l = 5,51^{\mathrm{m}}$ eine grössere zulässige Freilänge haben würde, als das stärkere Profil $22/28^{\mathrm{cm}}$ mit $l = 5,39^{\mathrm{m}}$. Nach der Formel auf S. 102 (Fussnote) ist die grösste Durchbiegung in der Balkenmitte für Profil $20/26^{\mathrm{cm}}$ bei $l = 5,51^{\mathrm{m}}$

$$y_{max} = \frac{5}{24} \cdot \frac{80}{120000} \cdot \frac{551^2}{26} = 1,62^{\mathrm{cm}} = \frac{l}{340},$$

dagegen für Profil $22/28^{\mathrm{cm}}$ bei $l = 6,00^{\mathrm{m}}$ bezw. $l = 5,39^{\mathrm{m}}$ nur

$$y_{max} = \frac{5}{24} \cdot \frac{74,3}{120000} \cdot \frac{600^2}{28} = 1,66^{\mathrm{cm}} = \frac{l}{361}$$

und
$$y_{max} = \frac{5}{24} \cdot \frac{60}{120000} \cdot \frac{539^2}{28} = 1,08^{\mathrm{cm}} = \frac{l}{499}.$$

Wird ein Balken, der eine auf seiner Länge l gleichmässig verteilte Last Q zu tragen hat, ausserdem durch eine Kraft P in seiner Längenrichtung zusammengedrückt, so treten ausser den Biegungsbeanspruchungen noch an jeder Stelle Druckbeanspruchungen auf. Der Balken wird gleichzeitig auf Biegung und Druck, also auf **zusammengesetzte Festigkeit** beansprucht. Die Biegungsbeanspruchung ist im in der Balkenmitte liegenden Bruchquerschnitt am grössten, und da sie aus Druckbeanspruchung (in der oberen Hälfte des Querschnitts) und Zugbeanspruchung (in dessen unteren Hälfte) besteht, so wird die durch die Wirkung von P hinzukommende Druckbeanspruchung die oben vorhandene Druckbeanspruchung vergrössern, sich zu ihr addieren, und die unten vorhandene Zugbeanspruchung verringern, sich von dieser subtrahieren.

Da allgemein $P = Fk_1$, worin F den Balkenquerschnitt in qcm und k_1 die Druckbeanspruchung in kg/qcm bezeichnet, so ist

$$\text{die Druckbeanspruchung } k_1 = \frac{P}{F}.$$

Und ferner, da allgemein $M = Wk_2$, worin $M = \dfrac{Ql}{8}$ das grösste Biegungsmoment (Angriffsmoment) in cmkg für den vorliegenden

Fall gleichmässiger Belastung, W das Widerstandsmoment des Bruchquerschnitts in cm³ und k_2 die grösste Biegungsbeanspruchung in kg/qcm des Bruchquerschnitts ist, so ist

$$\text{die grösste Biegungsbeanspruchung } k_2 = \frac{M}{W} \, .$$

Mithin ist die grösste Gesamtbeanspruchung auf **Druck** im Bruchquerschnitt

$$\boldsymbol{k = k_1 + k_2 = \frac{P}{F} + \frac{M}{W}} \, ,$$

die die baupolizeilich zulässige Druckbeanspruchung, also bei Kiefernholz 60 kg/qcm, bei Eichen- und Buchenholz 80 kg/qcm. bei Tannenholz 50 kg/qcm (bei Flusseisen 875 kg/qcm, bei Schweisseisen 750 kg/qcm), nicht überschreiten darf.

Der Balken ist ausserdem noch auf **Knickfestigkeit** zu untersuchen, nach der Formel (s. S. 116).

$$T_{min} = 80 \, Pl^2,$$

worin $T_{min} = \frac{hb^3}{12}$ in cm⁴ das **kleinste** Trägheitsmoment des Balkenquerschnitts $b\,\text{cm} \cdot h\,\text{cm}$, P die Druckkraft in Tonnen (1 t = 1000 kg) und l die Balken-Freilänge in Meter bedeutet.

Bei Holzbalken wird am besten der für die Biegungsbeanspruchung erforderliche Querschnitt ermittelt, dann bei diesem, wegen der doppelten Inanspruchnahme (auf Druck und Biegung), die Höhe h entsprechend grösser genommen und die hierzu nötige Breite bestimmt. Für diese Breite b ermittelt sich aus

$$k = \frac{P}{F} + \frac{M}{W} \, , \qquad F = bh, \qquad W = \frac{bh^2}{6} \, ,$$

womit

$$k = \frac{P}{bh} + \frac{6M}{bh^2} \, ,$$

die

$$\textit{Formel: } \boldsymbol{b = \frac{P}{kh} + \frac{6M}{kh^2}} \, .$$

Beispiel 65. Ein Balken aus Eichenholz von 3,20 m Freilänge wird gleichmässig belastet durch $Q = 5000$ kg und in seiner Längsachse gedrückt mit $P = 12\,000$ kg. Der Balkenquerschnitt ist zu berechnen.

Das Biegungsmoment ist $M = \dfrac{Ql}{8} = \dfrac{5000 \cdot 320}{8} = 200\,000$ cmkg,

dem entspricht ein $\quad W = \dfrac{M}{k} = \dfrac{200\,000}{80} = 2500$ cm³.

Diesem kommt im oberen Teil der Tafel VII des fünften Abschnitts dieses Buches am nächsten das Profil 24/26 cm mit $W = 2704$ cm³. Wird, wegen der hinzutretenden Druckkraft von 12000 kg, hierbei die Balkenhöhe von 26 cm auf 30 cm vergrössert angenommen, so ergibt sich damit die erforderliche Balkenbreite

$$b = \frac{12000}{80.30} + \frac{6.200000}{80.30^2} = 5 + 16,7 = \text{rd. } 22^{\text{cm}}.$$

Gewählt daher Profil $22/30^{\text{cm}}$ mit $F = 22.30 = 660^{\text{qcm}}$ und $W = \frac{1}{6}.22.30^2 = 3300^{\text{cm}^3}$, so dass im Bruchquerschnitt in der Balkenmitte die grösste Gesamtbeanspruchung auf Druck

$$k = \frac{12000}{660} + \frac{200000}{3300} = 18,2 + 60,6 = 78,8^{\text{kg}}/_{\text{qcm}}.$$

Hätte man vorhin die (vorläufige) Höhe von 26^{cm} nur auf 28^{cm} vergrössert, so würde sich ergeben haben

$$b = \frac{12000}{80.28} + \frac{6.200000}{80.28^2} = 5,36 + 19,13 = \text{rd. } 24,5^{\text{cm}},$$

also Profil $24,5/28^{\text{cm}}$ mit $F = 24,5.28 = 686^{\text{qcm}}$, $W = \frac{1}{6}.24,5.28^2 = 3201^{\text{cm}^3}$,

$$k = \frac{12000}{686} + \frac{200000}{3201} = 17,5 + 62,5 = 80^{\text{kg}}/_{\text{qcm}}.$$

Hiermit ist gerade die zulässige Druckgrenze erreicht; es würde sich für die Wahl empfehlen das Normalprofil $26/28^{\text{cm}}$ mit $F = 26.28 = 728^{\text{qcm}}$, $W = \frac{1}{6}.26.28^2 = 3397^{\text{cm}^3}$ und

$$k = \frac{12000}{728} + \frac{200000}{3397} = 16,5 + 58,9 = 75,4^{\text{kg}}/_{\text{qcm}}.$$

Da der Balken auch auf Knickung beansprucht wird, so ist erforderlich ein kleinstes Trägheitsmoment des Balkenquerschnitts

$$T_{min} = 80 . P . l^2 = 80 . 12 . 3,2^2 = 9830^{\text{cm}^4}.$$

Profil $22/30^{\text{cm}}$ hat $T_{min} = \frac{1}{12}.30.22^3 = 26620^{\text{cm}^4}$; Profil $26/28^{\text{cm}}$ hat $T_{min} = \frac{1}{12}.28.26^3 = 41011^{\text{cm}^4}$, so dass für beide Profile überreichliche Knickfestigkeit vorhanden ist.

Wird ein Balken auf die aus Biegung und Zug zusammengesetzte Festigkeit beansprucht, so ist die grösste Gesamtbeanspruchung auf Zug im Bruchquerschnitt ebenfalls

$$k = \frac{P}{F} + \frac{M}{W},$$

die das baupolizeilich zulässige Mafs, also bei Kiefern-, Eichen- und Buchenholz $100^{\text{kg}}/_{\text{qcm}}$, bei Tannenholz $60^{\text{kg}}/_{\text{qcm}}$ (bei Flusseisen $875^{\text{kg}}/_{\text{qcm}}$, bei Schweisseisen $750^{\text{kg}}/_{\text{qcm}}$) nicht überschreiten darf.

Der Gang der Rechnung ist genau wie vorhin, nur dass die Untersuchung auf Knickfestigkeit in Wegfall kommt.

Dritter Abschnitt.
Berechnung der Stützen.

Der Form nach teilt man die Stützen ein in
1) Säulen, das sind Stützen mit kreisrundem, vollem oder hohlem Querschnitt, aussen glatt oder hohlgekehlt (kanneliert),
2) Pfeiler, das sind solche mit quadratischem, rechteckigem, oder vieleckigem, vollem oder hohlem Querschnitt, und
3) Stützen schlechthin, das sind solche mit beliebigem, einfachem oder zusammengesetztem Querschnitt.

Dem Stoff (Material) nach sind zu unterscheiden, Stützen aus 1) Schmiedeisen (Flusseisen), 2) Gusseisen, 3) Holz und 4) Stein.

Besteht eine Stütze aus zwei verschiedenen Baustoffen, so ist für die Berechnung nur der Baustoff in Betracht zu ziehen, der am meisten zur Tragfähigkeit der Stütze beiträgt.

Alle Stützen werden auf **Druckfestigkeit** untersucht nach der allgemeinen

$$Formel: \boldsymbol{F} = \frac{\boldsymbol{P}}{\boldsymbol{k}}.$$

(Sonstige unter Umständen für eine Stütze erforderlichen Rechnungen folgen weiter unten.)

In vorstehender Formel bedeutet:

F den am Fuss der Stütze erforderlichen Querschnitt in qcm,

P die Auflast der Stütze $+$ dem Eigengewicht der Stütze in kg,

k die zulässige Druckbeanspruchung des Baustoffs der Stütze in kg/qcm.

Es ist hierbei vorausgesetzt, dass die Kraft P genau in der Achse der Stütze, d. h. in der Verbindungslinie der Schwerpunkte aller Stützenquerschnitte wirkt. Man kann alsdann annehmen, dass die Wirkung von P sich gleichmässig über jeden wagerechten Querschnitt verteilt, und sagt, die Last wirkt zentrisch, es ist zentrische Belastung vorhanden.

Ferner ist zunächst vorausgesetzt, dass an allen Stellen der Querschnitt der Stütze gegen deren Höhe so gross ist, dass von einem Ausbiegen der Stütze nach irgend einer wagerechten Richtung hin, also von einem Knickbestreben, gar keine Rede sein kann.

Beispiel 66. Ein $0{,}90^{\,\mathrm{m}}$ starker, rechteckiger **Wandpfeiler aus Sandstein** (Gewicht $2400^{\,\mathrm{kg}/\mathrm{cbm}}$) von $14{,}00^{\,\mathrm{m}}$ Höhe nimmt auf seinem oberen Ende eine gleichmässig verteilte Last von $176\,000^{\,\mathrm{kg}}$ auf. Es ist die erforderliche Breite des Pfeilers zu berechnen.

Da die mittlere zulässige Druckbeanspruchung des Sandsteins $k = 20^{\,\mathrm{kg}/\mathrm{qcm}}$ ist, so wäre für das obere Auflager erforderlich

$$F = \frac{176\,000}{20} = 8800^{\,\mathrm{qcm}},$$

so dass hier eine Pfeilerbreite von $8800^{\,\mathrm{qcm}} : 90^{\,\mathrm{cm}} = $ rd. $98^{\,\mathrm{cm}}$ ausreichend wäre. Dem entspricht (ein vorläufiges) Eigengewicht des Pfeilers von

$$14{,}00 \,.\, 0{,}90 \,.\, 0{,}98 \,.\, 2400 = 29\,635^{\,\mathrm{kg}}.$$

Da am Fuss des Pfeilers sich jedenfalls durch die Wirkung des Pfeilergewichts ein grösseres erforderliches F ergibt, als am oberen Ende, so wird zu diesem vorläufig ermittelten Eigengewicht ein abgeschätzter Zuschlag von $5365^{\,\mathrm{kg}}$ gemacht, wodurch sich ein abgerundetes, schätzungsweises Pfeilergewicht ergibt von

$$29\,635 + 5365 \,.\, . \, . \, . \, . \quad = \quad 35\,000^{\,\mathrm{kg}},$$

hierzu die Auflast $.\, . \, . \, . \, . \, . \, . \, . \, . \, . \quad = \quad 176\,000 \; „$

$$\text{zus. } 211\,000^{\,\mathrm{kg}}.$$

Es ist mithin am Pfeilerfuss ein Querschnitt erforderlich von

$$F = \frac{211\,000}{20} = 10\,550^{\,\mathrm{qcm}} = 1{,}055^{\,\mathrm{qm}}.$$

Daher die nötige Pfeilerbreite

$$\frac{1{,}055}{0{,}90} = 1{,}17^{\,\mathrm{m}},$$

die auf $1{,}20^{\,\mathrm{m}}$ abgerundet wird. Mithin erhält der auszuführende Pfeiler in seiner ganzen Höhe einen Querschnitt von

$$1{,}20^{\,\mathrm{m}} \,.\, 0{,}90^{\,\mathrm{m}} = 1{,}08^{\,\mathrm{qm}} = 10\,800^{\,\mathrm{qcm}}.$$

Hiermit ergibt sich ein wirkliches Pfeilergewicht von

$$14{,}00 \,.\, 1{,}08 \,.\, 2400^{\,\mathrm{kg}} = 36\,288^{\,\mathrm{kg}},$$

so dass seine vorstehende Abschätzung zu $35\,000^{\,\mathrm{kg}}$ verhältnismässig richtig war. Die tatsächlich eintretende Beanspruchung auf Druck ist am Kopf des Pfeilers

$$k = \frac{176\,000}{10\,800} = 16{,}3^{\,\mathrm{kg}/\mathrm{qcm}},$$

auf halber Pfeilerhöhe

$$k = \frac{176\,000 + \frac{1}{2} \cdot 36\,288}{10\,800} = \frac{194\,144}{10\,800} = 18{,}0\ ^{kg}/_{qcm}$$

und am Fuss des Pfeilers

$$k = \frac{176\,000 + 36\,288}{10\,800} = \frac{212\,288}{10\,800} = 19{,}7\ ^{kg}/_{qcm},$$

was unter der zulässigen Beanspruchung $k = 20\ ^{kg}/_{qcm}$ verbleibt.

Das unter dem Pfeiler liegende beste Klinkermauerwerk in reinem Zementmörtel darf nur mit $k = 14\ ^{kg}/_{qcm}$[1]) gedrückt werden, so dass seine Oberfläche mindestens sein muss

$$F = \frac{212\,288}{14} = 15\,163\ ^{qcm} = 1{,}52\ ^{qm}.$$

Wird die Summe der beiderseitigen Ausladungen des Pfeilersockels gleich x^{m} gesetzt, so muss also sein

$$1{,}20 \cdot (0{,}90 + x) = 1{,}52,$$

woraus $x = 0{,}367^{m}$; hierfür wird $x = 0{,}40^{m}$ gewählt, also als Grundfläche des Pfeilersockels

$$F = 1{,}20^{m} \cdot 1{,}30^{m} = 1{,}56\ ^{qm}.$$

Zu der Last von $212\,288^{kg}$ treten bis zur Fundamentsohle noch hinzu das Gewicht der vorspringenden Sockelteile, das Gewicht des Klinkermauerwerks, das des gewöhnlichen Ziegelmauerwerks in Kalkmörtel ($k = 7\ ^{kg}/_{qcm}$) und das Gewicht des Kalksteinmauerwerks in Kalkmörtel ($k = 5\ ^{kg}/_{qcm}$), mit zus. etwa $12\,712^{kg}$. Daher ist bei $k = 2{,}5\ ^{kg}/_{qcm}$ zulässiger Druckbeanspruchung des guten Baugrundes eine Fundamentsohle erforderlich von

$$F = \frac{212\,288 + 12\,712}{2{,}5} = \frac{250\,000}{2{,}5} = 100\,000\ ^{qcm} = 10\ ^{qm},$$

Gewählt $\qquad F = 3{,}15^{m} \cdot 3{,}25^{m} = 10{,}24\ ^{qm}.$

Die **Säulen aus natürlichen Steinen,** also aus Sandstein ($k = 15$ bis $30\ ^{kg}/_{qcm}$, je nach Härte, im Mittel $k = 20\ ^{kg}/_{qcm}$), aus Granit ($k = 45\ ^{kg}/_{qcm}$), Syenit, Trachyt, Porphyr, Rüdersdorfer Kalkstein ($k = 25\ ^{kg}/_{qcm}$), Kunstsandstein ($k = 20\ ^{kg}/_{qcm}$), Marmor ($k = 25\ ^{kg}/_{qcm}$) u. s. w., welche zur Erzielung architektonischer Wirkungen angewendet werden, erhalten aus letzterem Grund in den allermeisten Fällen Querschnitte, die viel grösser sind, als sie die von den Säulen getragene Last und das Säuleneigengewicht erfordern würden. An ein seitliches Ausbiegen (Knicken) ist bei ihnen nicht zu denken.

---

[1]) Diese zulässige Beanspruchung dürfte in naheliegender Zeit behördlicherseits auf $k = 20\ ^{kg}/_{qcm}$ erhöht werden.

Greift die Auflast nicht in der Achse der Stütze (vrgl. S. 109) an, so ist der Fall **exzentrischer Belastung** vorhanden. Man setzt hierbei voraus, dass die Last in der Mitte ihres Auflagers angreift, und nennt den wagerechten Abstand von Auflagermitte bis Stützenachse die Exzentrizität der Last. Das Produkt aus der Last und ihrer Exzentrizität ist das Biegungsmoment (Drehmoment), das die Last im Querschnitt des Auflagers hervorruft, und dem die Druckfestigkeit des Stützenmaterials — und unter Umständen dessen Zugfestigkeit[1]) — widerstehen muss. Die Stütze ist alsdann auf zusammengesetzte Festigkeit (vrgl. S. 106 u. f.) zu untersuchen.

Greifen in demselben senkrechten Schnitt durch die Achse der Stütze mehrere Kräfte an, so sind deren Biegungsmomente zu addieren oder zu subtrahieren, je nachdem sie im gleichen oder entgegengesetzten Sinn drehend wirken. Gleich grosse, aber im entgegengesetzten Sinn wirkende Biegungsmomente heben sich hierbei auf, so dass die zentrische Belastung der Stütze nicht gestört wird.

Biegungsmomente, die nicht in derselben Ebene, also in verschiedenen senkrechten Achsenschnitten der Stütze wirken, werden zusammengesetzt wie Kräfte. Man denkt sich hierzu je zwei Momente in ihren Wirkungsebenen senkrecht zur Stützenachse, von dieser ausgehend, als Linien, ihrer Grösse entsprechend aufgetragen, so ist das resultierende Moment der Grösse und Richtung nach die Diagonale des aus den beiden Momentlinien gebildeten Parallelogramms. In dieser Weise lassen sich je zwei Momente vereinigen, bis schliesslich das resultierende aller Momente gefunden ist. (Man kann letzteres auch als die Schlussseite des aus den verschiedenen Momentlinien gebildeten Polygons [Vielecks] übersichtlicher ermitteln.) Das resultierende Moment zweier in zueinander senkrechten Ebenen wirkender Momente M_1 und M_2 ist (der Grösse nach) die Hypotenuse des aus den beiden Momenten gebildeten rechtwinkligen Dreiecks:

$$M = \sqrt{M_1{}^2 + M_2{}^2}.$$

Als ein einfaches Beispiel der exzentrischen Belastung eines gemauerten Pfeilers möge das folgende genügen.

---

[1]) Bei bestem Klinkermauerwerk in reinem Zementmörtel mit $k = 14$ (bis 20) $^{kg}/_{qcm}$ erscheint eine Zugbeanspruchung bis 2,5 $^{kg}/_{qcm}$ mitunter noch als zulässig.

Beispiel 67. Ein gemauerter Pfeiler (s. nachst. Skizze) von 103 cm . 64 cm = 6592 qcm Querschnitt und 3,8 m Höhe wird belastet

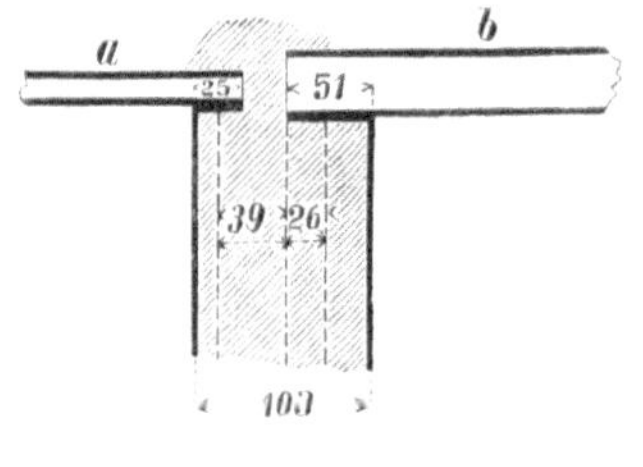

1) durch den Träger a mit 16000 kg,
2) durch den Träger b mit 36000 „
3) unmittelbar bis zum Fuss durch zentrisch wirkende, andere Auflasten und durch das Eigengewicht des Pfeilermauerwerks mit . . . . . 20000 „

zus. 72000 kg.

Wäre der Druck gleichmässig verteilt, so würde das Pfeilermauerwerk beansprucht mit etwa 11 kg/qcm. Aus der Ungleichheit der Belastungen 1) und 2) ergibt sich aber ein Biegungsmoment, das die Druckbeanspruchung des Mauerwerks nach der Seite des Trägers b hin wesentlich erhöht. Dieses Moment wird noch grösser, wenn die Ungleichheit der Belastungen sich dadurch steigert, dass bei dem Druck 1) alle zufällige Belastung (die Nutzlast) ausgeschieden wird. Diese sei ermittelt zu 6000 kg, so dass eine Belastung verbleibt von 16000 — 6000 = 10000 kg, zus. 72000 — 6000 = 66000 kg bei einem resultierenden Biegungsmoment von

$$M = 36000 \cdot 26 - 10000 \cdot 39 = 546000 \text{ cmkg}.$$

Die Abstände 26 cm und 39 cm sind von der Mitte des Pfeilers bis zur Mitte der Auflagerplatten gerechnet, also $\frac{1}{2} \cdot 103 - \frac{1}{2} \cdot 51 = 51,5 - 25,5 = 26$ cm und $\frac{1}{2} \cdot 103 - \frac{1}{2} \cdot 25 = 51,5 - 12,5 = 39$ cm. Der Pfeiler hat bei $F = 6592$ qcm ein Widerstandsmoment

$$W = \frac{b\,h^2}{6} = \frac{Fh}{6} = \frac{6592 \cdot 103}{6} = 113163 \text{ cm}^3.$$

Hieraus ergibt sich als Kantenbeanspruchung des Pfeilers im Fall des grössten einseitigen Belastungs-Überschusses

$$k = \frac{66000}{6592} \pm \frac{546000}{113163} = 10 \pm 4,8 = \begin{cases} 14,8 \text{ kg/qcm} \\ 5,2 \text{ kg/qcm} \end{cases} \text{Druck}.$$

Hiernach würde der Pfeiler auch bei bestem Klinkermauerwerk in reinem Zementmörtel kaum zulässig sein, zumal wenn er ein Frontpfeiler ist, bei dem die Möglichkeit einer nachträglichen Schwächung durch einzulegende Gasrohre u. s. w. berücksichtigt werden muss. Der Pfeiler müsste daher von 64 cm auf 77 cm verbreitert werden, oder, wenn eine Verbreiterung ausgeschlossen ist, müsste die Belastung derart eingerichtet werden, dass sie den Pfeiler nur zentrisch angreift. Dies könnte dadurch schon geschehen, dass man die Auflagerplatte des Trägers b so legte, dass der Abstand ihrer Mitte von der Mitte des Pfeilers statt 26 ^{cm} nur noch $10^5/_6$ ^{cm} beträgt, wodurch das Moment wird

$$M = 36000 . 10^5/_6 - 10000 . 39 = \text{Null.}$$

Da jedoch zu empfehlen ist, zwei auf einem Pfeiler zusammentreffende Träger jedesmal zu stossen, durch Laschen und Schrauben zu verbinden und mit einer gemeinschaftlichen Auflagerplatte zu versehen, die der Summe beider Auflagerdrucke entspricht, so soll die in folgender Skizze dargestellte, gusseiserne Auflagerplatte besonderer Art gewählt werden.

Wird von der Gesamtbelastung das Eigengewicht des Pfeilers bis Träger-Unterkante mit $3,80 . 0,6592 . 1600 = $ rd. 4000 ^{kg} abgerechnet, so überträgt die Auflagerplatte mit $F = 97$ ^{cm} . 64 $^{cm} = $ 6208 ^{qcm} einen Druck von

$(72000 - 4000) : 6208 = $ rd. 11 $^{kg}/_{qcm}$.

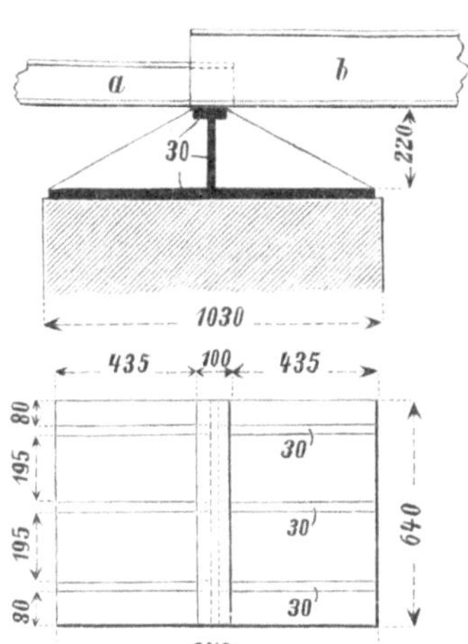

(Es wird sich noch etwas weniger ergeben, da die Träger a und b, auf die um je $^1/_2 . 1,03 = 0,515$ ^{m} vergrösserte Freilänge neu berechnet, einen grösseren Teil der Belastung auf ihr zweites Endauflager übertragen.)

In jedem der beiden Bruchquerschnitte der Platte, je im Abstand 43,5 ^{cm} von der 64 ^{cm} langen Kante, sind erforderlich die Widerstandsmomente

$$W_1 = \frac{64 . 43,5 . 11 . ^1/_2 . 43,5}{500} = 1332 \ ^{cm^3}$$

und

$$W_2 = \frac{64 . 43,5 . 11 . ^1/_2 . 43,5}{250} = 2664 \ ^{cm^3},$$

wobei das Widerstandsmoment W_1 für die obere Druckseite und W_2 für die untere Zugseite des Querschnitts gilt. Vorhanden ist in jedem der beiden 25 ^{cm} hohen und 64 ^{cm} breiten Bruchquerschnitte, bei einer Rippen- und Plattenstärke von je 3 ^{cm},

$$F = 3 . 22 \ ^{cm} . 3 \ ^{cm} + 64 \ ^{cm} . 3 \ ^{cm} = 198 + 192 = 390 \ ^{qcm}.$$

Die neutrale Achse liegt von der unteren Kante im Abstand

$$\frac{198 . (^1/_2 . 22 + 3) + 192 . ^1/_2 . 3}{390} = 7,8 \ ^{cm};$$

von der oberen Kante steht sie daher $22 + 3 - 7,8 = 17,2$ ^{cm} ab.

Für diese Achse ist das Trägheitsmoment des Querschnitts

$$T = \frac{64 . 25^3}{3} - \frac{2 . (8 + 19,5) . 22^3}{3} - 390 . 17,2^2 = 22\,742\ ^{cm^4}.$$

Daher (mit einem belanglosen Fehlbetrag von 10 $^{cm^3}$ bei W_1)

$$W_1 = \frac{22\,742}{17,2} = 1322\ ^{cm^3} \qquad \text{und} \qquad W_2 = \frac{22\,742}{7,8} = 2916\ ^{cm^3}.$$

[Die Wahl der Plattenstärke ist nach der Tafel VI, unten (im fünften Abschnitt dieses Buches) erfolgt: $d = 0,15 . a = 0,15 . 19,5 =$ rd. 3 ^{cm}. Die Rippenhöhe 22 ^{cm} ist (wegen der ungewöhnlich grossen Ausladung $x = 43,5\ ^{cm}$ gegen $a = 19,5\ ^{cm}$, wie sie bei der unteren Stützenart der Tafel VI kaum vorkommt) um eine Plattenstärke, also um 3 ^{cm} grösser als $h = 0,44 . x = 0,44 . 43,5 = 19\ ^{cm}$ gewählt worden.]

Da sich nunmehr am Pfeilerfuss eine Beanspruchung von 11 $^{kg}/_{qcm}$ ergibt, so kann der Pfeiler in guten Ziegeln und Zementmörtel als zulässig gelten. Und wenn noch ein Überschuss für in Zukunft mögliche Verschwächungen gewahrt werden soll, genügt der Pfeiler sicher in besten Klinkern und Zementmörtel.

Erscheint der Querschnitt einer Stütze gegen deren Höhe verhältnismässig klein, was bei Holzstützen und zumal bei Eisenstützen meistens der Fall ist, so wird eine zu grosse Belastung unter Umständen ein seitliches Ausbiegen der Stütze hervorrufen. (Die Stütze ist bestrebt, sich auszubiegen in der einen oder anderen Richtung der Achse, die durch den Schwerpunkt des Stützenprofils geht, und auf die bezogen sich das grösste Trägheitsmoment des Profils ergibt; bei einem $\mathbf{I}$- oder $\mathbf{C}$-Profil ist diese die in halber Profilhöhe liegende, wagerechte Schwerpunktsachse. Bei einem rechteckigen Profil ist das Ausbiegungsbestreben in der einen oder anderen Richtung der kleineren Rechteckseiten möglich.)

Es muss alsdann die Stütze, ausser auf Druckfestigkeit ($F = P : k$) und, wenn nötig, auf exzentrische Belastung, noch unbedingt **auf Knickfestigkeit** berechnet werden. Dies geschieht nach einer der drei folgenden, sogenannten Knickformeln.[1]

---

[1] Diese Formeln ergeben sich aus der bekannten (zweiten) L. Euler'schen Formel

$$P = \pi^2 \frac{ET}{l^2},$$

worin P die Belastung der Stütze in kg, l die Knicklänge in cm, E den Elastizitätsmodul des Stützenmaterials in kg/qcm (vrgl. die Fussnote auf S. 75; für Schmiedeisen ist $E = 2\,000\,000$, für Gusseisen $E = 1\,000\,000$ und für Holz $E =$

Erforderlich ist wegen der Knickbeanspruchung

$T_{min} = \ \ 3\,Pl^2$ für schmiedeiserne Stützen (bei 6-facher Sicherheit),[1]

$T_{min} = \ \ 8\,Pl^2$ „ gusseiserne „ („ 8- „ „),

$T_{min} = 80\,Pl^2$ „ hölzerne „ („ 10- „ „).

Hierin ist T_{min} das kleinste Trägheitsmoment des zu wählenden Stützenprofils in cm⁴, P die Belastung der Stütze in Tonnen (1 ^{t} = 1000 ^{kg}) und l die Knicklänge (Stützenhöhe) in Meter.

Beispiel 68. Das Satteldach einer offenen Halle ruht auf hölzernen Stützen in Abständen von 5,20 ^{m}. Die Breite der Halle beträgt 6,60 ^{m}, die Dachhöhe in der Mitte 1,10 ^{m}. Wenn die Dach-Belastung zu 150 $^{kg}/_{qm}$ der Grundfläche gerechnet wird [62,5 $^{kg}/_{qm}$ Eigengewicht für Sparren, Schalung mit Dachpappe und Binder-balken, 75 $^{kg}/_{qm}$ für Schnee, 12,5 $^{kg}/_{qm}$ Winddruck bei 2,20 ^{m} Dachsteigung[2]], so kommt auf jede Stütze eine zentrisch wirkende Last von

$$5,20 \cdot \frac{6,60}{2} \cdot 150\,{}^{kg} = 2574\,{}^{kg} = \text{rund } 2,6\,{}^t.$$

Die Stützen sind 5,0 ^{m} hoch. Daher ist erforderlich

$$T_{min} = 80 \cdot 2,6 \cdot 5,0^2 = 5200\,{}^{cm^4} \qquad \text{und} \qquad F = \frac{2600}{60} = 43,3\,{}^{qcm}.$$

---

120 000 $^{kg}/_{qcm}$) und T in cm⁴ das kleinste Trägheitsmoment (T_{min}) des in der Mitte der Knicklänge liegenden Bruchquerschnitts bedeutet. Es folgt

$$T = \frac{Pl^2}{\pi^2 E}.$$

Wird hierin für P das n-fache P gesetzt (d. h. mit n-facher Sicherheit gegen Knicken gerechnet) und dann, um eine praktische, bequeme Formel zu gewinnen, P in Tonnen (statt, wie bisher, in kg) und l in Meter (statt, wie bisher, n cm) ausgedrückt, ferner für $\pi^2 = 9,8696$ rd. 10 und für E der dem Stützenmaterial entsprechende Wert eingeführt, so ergibt sich z. B. für Schmiedeisen ($n = 6$)

$$T = \frac{6 \cdot 1000 \cdot P \cdot 100 \cdot 100 \cdot l^2}{10 \cdot 2\,000\,000} = 3\,Pl^2.$$

Für Holz ergibt sich so $T = 83^1/_3 \cdot Pl^2$, was auf $T = 80\,Pl^2$ abgerundet wird.

Theoretisch braucht der auf Knickfestigkeit berechnete Querschnitt nur in der Mitte der Knicklänge vorhanden zu sein; an den Enden der Stütze genügt schon der der Belastung und der zulässigen Druckspannung entsprechende Querschnitt. Das Gesetz der Abnahme des Querschnitts von der Stützenmitte nach den Enden hin hat nur geringen Einfluss auf die Tragfähigkeit der Stütze.

[1] Hierfür gilt die Bekanntmachung des Königl. Polizei-Präsidiums zu Berlin vom 26. September 1899: Bei (Prüfung von) statischen Berechnungen ist hinsichtlich der Knickfestigkeit schmiedeiserner Stützen, sofern Privatbauten in Frage kommen, 6-fache Sicherheit zu Grund zu legen.

[2] Ist α der Neigungswinkel, so ergibt sich

$$\sin^2 \alpha = \frac{2,20^2}{2,20^2 + 6,60^2} = \frac{1}{1 + 3^2} = \frac{1}{10}; \quad 125\,{}^{kg}\,\sin^2 \alpha = 12,5\,{}^{kg}.$$

Es soll ein quadratischer[1]) Querschnitt für die Stütze gewählt werden. Ein solcher von 16/16 cm hat

$$T = \frac{16^4}{12} = 5461 \text{ cm}^4 \qquad \text{und} \qquad F = 16^2 = 256 \text{ qcm}.$$

Werden, wie gewöhnlich, Kopfbänder angeordnet, die vom Kopf der Stütze etwa 1,1 m tief angreifen, so können wesentlich leichtere Hölzer verwendet werden. Erforderlich alsdann

$$T_{min} = 80 \cdot 2,6 \cdot 3,9^2 = 3164 \text{ cm}^4 \qquad \text{und} \qquad F = \frac{2600}{60} = 43,3 \text{ qcm}.$$

Ein quadratischer Querschnitt von 14/14 cm hat

$$T = \frac{14^4}{12} = 3201 \text{ cm}^4 \qquad \text{und} \qquad F = 14^2 = 196 \text{ qcm}.$$

Wird ein rechteckiger Querschnitt verlangt mit $h = 18$ cm, so genügt für $5,0 - 1,1 = 3,9$ m Knicklänge $b = 13$ cm, womit

$$T_{min} = \frac{h\,b^3}{12} = \frac{18 \cdot 13^3}{12} = 3295,5 \text{ cm}^4 \qquad \text{und} \qquad F = 13 \cdot 18 = 234 \text{ qcm}.$$

Die Wärme-Ausdehnung des Holzes im völlig trockenen Zustand ist sehr gering, zumal in der Richtung der Stammachse. (Während das Eisen sich bei der Erwärmung um je 100° C. um etwa $1/_{800}$ seiner Länge ausdehnt, dehnt sich Holz in der Längsrichtung für je 100° C. viermal weniger, also nur um etwa $1/_{3200}$ seiner Länge aus.) Hierin ist unter Umständen ein Vorteil der Holzstützen und Balken gegenüber den eisernen Stützen und Trägern bei Feuersbrünsten zu erblicken. (Neuere Staatsspeicher in Hamburg sind durchweg mit Holzkonstruktionen eingerichtet.)

Beispiel 69. In einem Fabrikgebäude ist statt einer Mittelwand eine Reihe gusseiserner Säulen in Abständen von 4,50 m angeordnet. Die eisernen Träger für die gewölbten Decken (Kappen $1/_2$ Stein stark, aus vollen Ziegeln) liegen quer in 1,50 m Teilung Abstand von Mitte zu Mitte), ruhen also aussen auf den Frontwänden, während ihre inneren Enden, soweit sie nicht unmittelbar auf Säulen treffen, von den auf den Kopfplatten (Konsolen) zweier

---

[1]) Beim vollen Quadrat gibt es (wie beim Kreis, Kreisring, quadratisch- oder kreishohlen Quadrat, gleichschenkligen Kreuzquerschnitt und wie bei den regelmässigen Vielecken) kein kleinstes Trägheitsmoment T_{min}, denn die Trägheitsmomente für beliebige Schwerpunktsachsen sind bei jedem der genannten Querschnitte gleich gross. Bedeutet a die Quadratseite in cm, so ist das konstante Trägheitsmoment des vollen Quadrats

$$T = \frac{a^4}{12} \text{ in cm}^4.$$

Nachbarsäulen ruhenden, eisernen Unterzugsträgern aufgenommen werden, an derem Steg also je zwei Deckenträgerpaare durch Winkellaschen befestigt sind. Freilänge der Deckenträger beiderseits über dem Erdgeschoss 6,12 m, über dem I. Geschoss 6,25 m, über dem II. und III. Geschoss 6,38 m, über dem IV. Geschoss 6,51 m. Die gesamte Belastung wird in allen Geschossen zu 1000 kg/qm gerechnet, d. i. 500 kg Eigenlast, 500 kg Verkehrslast. Über dem IV. Geschoss soll, einschliesslich der Dachlast, dasselbe in Ansatz gebracht werden.

Die Höhe der zentrisch aufeinander stehenden, gusseisernen Säulen beträgt, entsprechend den Geschosshöhen, im Erdgeschoss 4,30 m, im I. Geschoss 3,80 m, im II. bis IV. Geschoss je 3,40 m. [1]

[1] Bei aufeinander stehenden Säulen (sogenannten Säulensträngen), die in Deckenhöhe der Geschosse gestossen sind, werden die Geschosshöhen als Knicklängen angenommen; dabei ist eine vollständige Unverschiebbarkeit des Stranges, durch die angeschlossenen Deckenträger, Anker u. s. w. gesichert, nach allen Richtungen hin vorausgesetzt. Die Stossflächen der einzelnen, gusseissernen Säulen sind sauber abzudrehen und die Säulen mittels angegossener, ineinander greifender Ringe zu zentrieren. Der Querschnitt des Säulenstranges soll von oben nach unten hin zunehmen; der Querschnitt einer Säule, die zwar eine grössere Auflast, aber eine geringere Knicklänge als die darüber stehende Säule hat, muss daher stets gleich oder grösser sein als der Querschnitt der letzteren.

Der äussere Durchmesser der hohlen gusseisernen Säulen wird gleich 100 bis 400 mm gewählt und dabei die Wandstärke möglichst gleich dem zehnten Teil des Durchmessers. Die grösste Säulenlänge für gewöhnliche Bauzwecke beträgt 7 m. Säulen in Räumen zum dauernden Aufenthalt von Menschen sollen mindestens 150 mm äusseren Durchmesser und mindestens 15 mm Wandstärke haben. Zu reichliche Wandstärken erschweren eine gleichmässige Erkaltung des Gussstückes, und wird hierdurch mittelbar der Gefahr Vorschub geleistet, dass Spannungszustände in der Säule entstehen, derart, dass eine geringfügige Ursache unter Umständen den Bruch der Säule zur Folge haben kann. Andererseits müssen auch zu geringe Wandstärken unbedingt schon deshalb vermieden werden, weil der äussere und der innere Säulenumfang selten vollkommen konzentrisch sind, die Wandstärke also an einer Seite meist etwas hinter der rechnungsmässigen zurückbleibt. Die gusseisernen Säulen sind am besten stehend (nicht liegend) zu giessen.

Zur Auflagerung der Deckenträger und Unterzüge sind seitliche, möglichst kurz gehaltene Konsolen anzugiessen; die oberste Säule erhält eine angegossene Kopfplatte. Man vermeide die häufig angewendete feste Schraubenverbindung der Träger mit der Kopfplatte bezw. den Konsolen, damit die Säule nicht gezwungen ist, alle kleinen Bewegungen und Erschütterungen der Träger mitzumachen. Es empfiehlt sich hierfür, die Kopfplatte und die Konsolen mit kleinen Führungsrippen zu versehen und dabei die Deckenträger miteinander mittels schlank um die Säule greifender oder durch in der Säule vorgesehene Öffnungen gehender Flacheisen-Laschen zu verbinden; bei kleineren Trägern kann man anstatt dieser Flacheisen nicht zu kräftige, eckige (geschmiedete) oder runde (gewalzte) Quadranteisen-Laschen wählen, die den Trägerbewegungen kein besonderes Hindernis bieten.

Mit 500 kg/qcm belastete, gusseiserne Stützen tragen nicht mehr bei einer Erwärmung auf etwa 800° C., mit 1000 kg/qcm belastete, schmiedeiserne nicht mehr bei etwa 600° C. Daher müssen die baupolizeilicherseits in den Bauzeichnungen mit „gl.“ bezeichneten eisernen Stützen (und freiliegenden Unterzüge) glutsicher ummantelt werden.

Für die Kappenträger der Decke des IV. Geschosses ist bei 6,51 m Freilänge und 1,50 m Teilung erforderlich

$$W = \frac{6,51 \cdot 1,50 \cdot 1000 \cdot 651}{8 \cdot 875} = 908^{\,cm^3}$$

und für die der Decke des Erdgeschosses bei 6,12 m Freilänge

$$W = \frac{6,12 \cdot 1,50 \cdot 1000 \cdot 612}{8 \cdot 875} = 803^{\,cm^3}.$$

Gewählt daher für sämtliche Kappenträger Normal-Profil I Nr. 34 mit $W_x = 922^{\,cm^3}$.

Die Unterzüge in der Decke des IV. Geschosses sind bei 4,50 m Freilänge je 1,50 m vom Auflager, d. h. in den Drittelpunkten, belastet durch zwei Kappenträger mit zusammen

$$2 \cdot \frac{6,51}{2} \cdot 1,50 \cdot 1000^{\,kg} = 9765^{\,kg}.$$

Frforderlich $\quad W = \dfrac{9765 \cdot 150}{875} = 1674^{\,cm^3}.$

Die Unterzüge in der Decke des Erdgeschosses haben entsprechend die Belastung

$$2 \cdot \frac{6,12}{2} \cdot 1,50 \cdot 1000^{\,kg} = 9180^{\,kg}.$$

Erforderlich hierfür $\quad W = \dfrac{9180 \cdot 150}{875} = 1574^{\,cm^3}.$

Gewählt daher für alle Unterzüge Normal-Profil I Nr. 42$^{1}/_{2}$ mit $W_x = 1739^{\,cm^3}$.

Eine Säule im IV. Geschoss wird belastet, u. zw. bei voller Verkehrslast,

1) unmittelbar durch ein Kappenträgerpaar mit

$$2 \cdot \frac{6,51}{2} \cdot 1,50 \cdot 1000^{\,kg} = \text{rd. } 2 \cdot 4900^{\,kg} = \quad 9\,800^{\,kg},$$

2) durch zwei Unterzüge mit $2 \cdot 9800^{\,kg}$ . . . . . . $= 19\,600$ „

zus. 29 400 ^{kg}.

Erforderlich bei dieser vollen Last

$$T = 8 \cdot 29,4 \cdot 3,4^2 = 2719^{\,cm^4} \quad \text{und} \quad F = \frac{29\,400}{500} = 58,8^{\,qcm}.$$

Bei Vollbelastung werden die Säulen im vorliegenden Fall zentrisch beansprucht, da sich die Biegungsmomente aufheben (vgl. S. 112). Fällt jedoch bei dem einen Kappenträger und dem

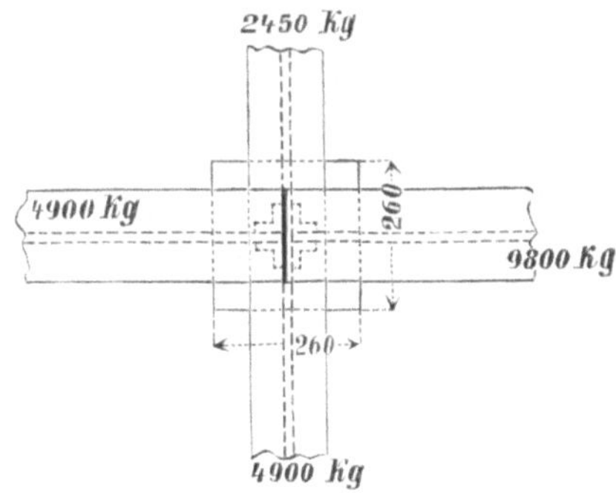

einen Unterzug die Verkehrslast von 2450 ^{kg} und 4900 ^{kg} aus, so bleibt die Belastung $29\,400 - (2450 + 4900) = 22\,050$ ^{kg} übrig, und die Säule wird bei 26 ^{cm} Kopfplattenbreite durch zwei aus einseitiger Überlast hervorgerufene Biegungsmomente M_1 und M_2 angegriffen. Es ist

$$M_1 = \frac{26}{4} \cdot 4900 = 31\,850 \; ^{cmkg}$$

und

$$M_2 = \frac{26}{4} \cdot 2450 = 15\,925 \; ^{cmkg},$$

woraus resultiert $M = \sqrt{M_1{}^2 + M_2{}^2} = $ rd. 35 600 ^{cmkg}.

Dem erforderlichen Trägheitsmoment $T = 2719$ $^{cm^4}$ entsprechend wird mit Hilfe der Tafel V (Gusseiserne Säulen) im fünften Abschnitt dieses Buches ein Profil gewählt mit $D = 18,5$ ^{cm} äusserem Durchmesser und $s = 1,5$ ^{cm} Wandstärke, bei dem

$$T = 2917 \;^{cm^4}, \text{ also } W = \frac{T}{^1/_2\,D} = \frac{2 \cdot 2917}{18,5} = 315\;^{cm^3},$$

und $F = 80,11$ ^{qcm} (erheblicher Überschuss).

Das Profil erleidet bei grösster, einseitiger Belastung eine Kantenbeanspruchung von

$$k = \frac{22\,050}{80,11} + \frac{35\,600}{315} = 275 \pm 113 = \left\{ \begin{matrix} 388 \;^{kg/qcm} \\ 162 \;^{kg/qcm} \end{matrix} \right\} \text{ Druck.}$$

Zentrische Druckbeanspruchung bei Volllast $k = \dfrac{29\,400}{80,11} = 367$ $^{kg/qcm}$.

___

Eine Säule im III. Geschoss wird belastet

1) durch die Säule darüber mit . . . . $= 29\,400$ ^{kg},
2) unmittelbar durch ein Kappenträgerpaar mit
$$2 \cdot \frac{6,38}{2} \cdot 1,50 \cdot 1000 \;^{kg} = \text{rd. } 2 \cdot 4800\;^{kg} = \quad 9\,600 \text{ „}$$
3) durch zwei Unterzüge mit $2 \cdot 9600$ ^{kg} . . . . . . $= 19\,200$ „

zus. 58 200 ^{kg}.

Erforderlich bei dieser Vollbelastung

$$T = 8 \cdot 58,2 \cdot 3,4^2 = 5382 \;^{cm^4}$$

und

$$F = \frac{58\,200}{500} = 116,4 \;^{qcm}.$$

Fällt bei dem einen Kappenträger und dem einen Unterzug die Verkehrslast von 2400 ^{kg} und 4800 ^{kg} aus, so bleibt die Belastung $58\,200 - (2400 + 4800) = 51\,000$ kg übrig, und die Säule wird bei 44 cm Aussenmass der Konsolen durch zwei Biegungsmomente M_1 und M_2 angegriffen. Da der

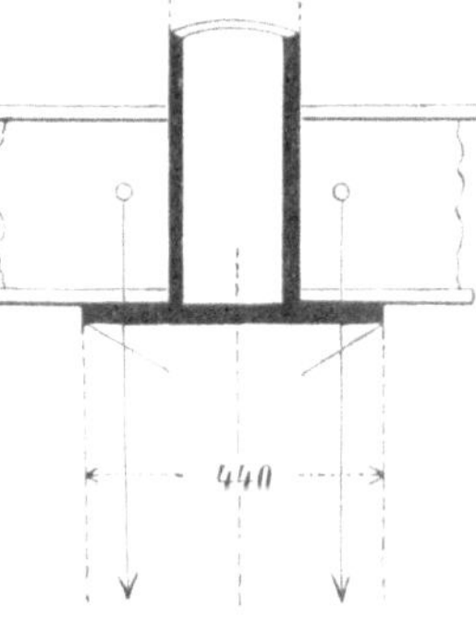

Hebelarm $\dfrac{44 - 18,5}{2 \cdot 2} + \dfrac{18,5}{2} = \dfrac{44 + 18,5}{2 \cdot 2}$ cm,

so ist $M_1 = \dfrac{44 + 18,5}{2 \cdot 2} \cdot 4800 = 75\,000$ cmkg

und $\quad M_2 = \dfrac{44 + 18,5}{2 \cdot 2} \cdot 2400 = 37\,500$ cmkg,

woraus $M = \sqrt{M_1^2 + M_2^2} = $ rd. $83\,900$ cmkg.

Bei Wahl von $D = 22$ cm äusserem Durchmesser und $s = 2,25$ cm Wandstärke ergibt sich, unter Benutzung der 2. und 3. Spalte der Tafel V im fünften Abschnitt dieses Buches,

$$T = \frac{\pi}{64} \cdot (22^4 - 17,5^4) = 11\,499 - 4604 = 6895 \text{ cm}^4,$$

also $$W = \frac{2 \cdot 6895}{22} = 627 \text{ cm}^3,$$

ferner $F = \dfrac{\pi}{4} \cdot (22^2 - 17,5^2) = 380,13 - 240,53 = 139,6$ qcm,

und daraus eine äusserste Kantenbeanspruchung

$$k = \frac{51\,000}{139,6} \pm \frac{83\,900}{627} = 365 + 134 = \left\{ \begin{matrix} 499 \text{ kg/qcm} \\ 231 \text{ kg/qcm} \end{matrix} \right\} \text{ Druck.}$$

Zentrische Druckbeanspruchung bei Volllast $k = \dfrac{58\,200}{139,6} = $ 417 kg/qcm.

Die Belastung einer Säule im II. Geschoss beträgt

1) durch die Säule darüber . . . . $= 58\,200$ kg,
2) durch 2 Kappenträger, wie im III. Gesch., $2 \cdot 4800$ kg $= 9600$ „
3) durch zwei Unterzüge $2 \cdot 9600$ kg . . . . . . $= 19\,200$ „

zus. $87\,000$ kg.

Erforderlich bei dieser Vollbelastung

$$T = 8 \cdot 87 \cdot 3,4^2 = 8046 \text{ cm}^4$$

und $$F = \frac{87\,000}{500} = 174 \text{ qcm}.$$

Fällt von der Belastung 2) und 3) 2400 kg und 4800 kg aus, so bleibt die Belastung $87\,000 - (2400 + 4800) = 79\,800$ kg übrig, und die Säule wird bei 48 cm Aussenmass der Konsolen durch zwei Biegungsmomente M_1 und M_2 angegriffen. Es ist

$$M_1 = \frac{48 + 22}{2 \cdot 2} \cdot 4800 = 84\,000 \text{ cmkg}$$

und $$M_2 = \frac{48 + 22}{2 \cdot 2} \cdot 2400 = 42\,000 \text{ cmkg},$$

woraus $$M = \sqrt{M_1^2 + M_2^2} = \text{rd. } 93\,900 \text{ cmkg.}$$

Das nebenstehend skizzierte Profil, mit $D = 27\,^{\mathrm{cm}}$, $s = 2,5\,^{\mathrm{cm}}$,

$$T = \frac{\pi}{64} \cdot (27^4 - 22^4) = 14588\,^{\mathrm{cm^4}},$$

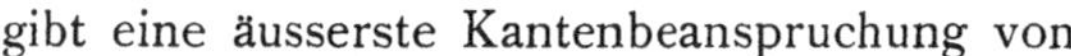

also

$$W = \frac{2 \cdot 14588}{27} = 1081\,^{\mathrm{cm^3}},$$

und

$$F = \frac{\pi}{4} \cdot (27^2 - 22^2) = 192,42\,^{\mathrm{qcm}},$$

gibt eine äusserste Kantenbeanspruchung von

$$k = \frac{79800}{192,42} + \frac{93900}{1081} = 415 + 87 = \left\{ \begin{matrix} 502\,^{\mathrm{kg/qcm}} \\ 328\,^{\mathrm{kg/qcm}} \end{matrix} \right\}\ \text{Druck.}$$

Zentrische Druckbeanspruchung bei Volllast $k = \dfrac{87000}{192,42} = 452\,^{\mathrm{kg/qcm}}$.

Die Belastung einer Säule im I. Geschoss beträgt

1) durch die Säule darüber . . . . $= \quad 87\,000\,^{\mathrm{kg}}$,

2) durch ein Kappenträgerpaar

$$2 \cdot \frac{6,25}{2} \cdot 1,50 \cdot 1000\,^{\mathrm{kg}} = \text{rd. } 2 \cdot 4700\,^{\mathrm{kg}} = \quad 9400\ \text{„}$$

3) durch zwei Unterzüge $2 \cdot 9400\,^{\mathrm{kg}}$ . . . . . . $= \quad 18800\ \text{„}$

zus. $115\,200\,^{\mathrm{kg}}$.

Erforderlich bei dieser Vollbelastung

$$T = 8 \cdot 115,2 \cdot 3,8^2 = 13\,308\,^{\mathrm{cm^4}}$$

und

$$F = \frac{115\,200}{500} = 230,4\,^{\mathrm{qcm}}.$$

Fällt bei den Trägern einseitig $2350\,^{\mathrm{kg}}$ und $4700\,^{\mathrm{kg}}$ Nutzlast aus, so bleibt die Belastung $115\,200 - (2350 + 4700) = 108\,150\,^{\mathrm{kg}}$ übrig, und die Säule wird bei $53\,^{\mathrm{cm}}$ Aussenmass der Konsolen beansprucht mit

$$M_1 = \frac{53 + 27}{2 \cdot 2} \cdot 4700 = 94\,000\,^{\mathrm{cmkg}}$$

und

$$M_2 = \frac{53 + 27}{2 \cdot 2} \cdot 2350 = 47\,000\,^{\mathrm{cmkg}},$$

woraus

$$M = \sqrt{M_1{}^2 + M_2{}^2} = \text{rd. } 105\,100\,^{\mathrm{cmkg}}.$$

Das nebenstehend skizzierte Profil, mit $D = 31,5\,^{\mathrm{cm}}$, $s = 2,75\,^{\mathrm{cm}}$,

$$T = \frac{\pi}{64} \cdot (31,5^4 - 26^4) = 48329 - 22432 = 25897\,^{\mathrm{cm^4}},$$

also

$$W = \frac{2 \cdot 25897}{31,5} = 1644\,^{\mathrm{cm^3}},$$

und $F = \dfrac{\pi}{4} \cdot (31,5^2 - 26^2) = 779,31 - 530,93 = 248,38\,^{\mathrm{qcm}}$,

gibt eine grösste Kantenbeanspruchung von

$$k = \frac{108150}{248,38} + \frac{105100}{1644} = 435 + 64 = \left\{ \begin{matrix} 499\,^{\mathrm{kg/qcm}} \\ 371\,^{\mathrm{kg/qcm}} \end{matrix} \right\}\ \text{Druck.}$$

Zentrische Druckbeanspruchung bei Volllast $k = \dfrac{115\,200}{248,38} = 464\,^{\mathrm{kg/qcm}}$.

Die Belastung einer Säule im Erdgeschoss beträgt

1) durch die Säule darüber . . . . $= 115\,200^{\text{kg}}$,

2) durch ein Kappenträgerpaar

$$2 \cdot \frac{6{,}12}{2} \cdot 1{,}50 \cdot 1000^{\text{kg}} = \text{rd. } 2 \cdot 4600^{\text{kg}} = 9\,200 \text{ „}$$

3) durch zwei Unterzüge $2 . 9200^{\text{kg}}$ . . . . $= 18\,400 \text{ „}$

zus. $142\,800^{\text{kg}}$.

Erforderlich bei dieser Vollbelastung

$$T = 8 . 142{,}8 . 4{,}3^2 = 21\,123^{\text{cm}^4}$$

und
$$F = \frac{142\,800}{500} = 285{,}6^{\text{qcm}}.$$

Bei einseitigem Ausfall von 2300^{kg} und 4600^{kg} Verkehrslast bleibt die Belastung $142\,800 - (2300 + 4600) = 135\,900^{\text{kg}}$ übrig, und die Säule wird bei 58^{cm} Aussenmass der Konsolen beansprucht mit

$$M_1 = \frac{58 + 31{,}5}{2 . 2} \cdot 4600 = 102\,925^{\text{cmkg}}$$

und
$$M_2 = \frac{58 + 31{,}5}{2 . 2} \cdot 2300 = 51\,463^{\text{cmkg}},$$

woraus
$$M = \sqrt{M_1{}^2 + M_2{}^2} = \text{rd. } 115\,100^{\text{cmkg}}.$$

Das nebenstehend skizzierte Profil, mit $D = 35^{\text{cm}}$, $s = 3{,}0^{\text{cm}}$,

$$T = \frac{\pi}{64} \cdot (35^4 - 29^4) = 38\,943^{\text{cm}^4},$$

also
$$W = \frac{2 . 38\,943}{35} = 2225^{\text{cm}^3},$$

und $\quad F = \frac{\pi}{4} \cdot (35^2 - 29^2) = 962{,}11 - 660{,}52 = 301{,}59^{\text{qcm}},$

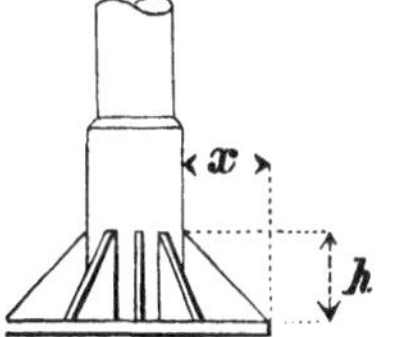

gibt eine äusserste Kantenbeanspruchung von

$$k = \frac{135\,900}{301{,}59} + \frac{115\,100}{2225} = 451 + 52 = \left\{ \begin{array}{l} 503^{\text{ kg/qcm}} \\ 399^{\text{ kg/qcm}} \end{array} \right\} \text{ Druck.}$$

Zentrische Druckbeanspruchung bei Volllast $k = \dfrac{142\,800}{301{,}59} =$ $473^{\text{kg/qcm}}.$

Die Fussplatte der Säule erhält, da sie mehr als 120^{t} zu tragen hat, 16 Rippen (vrgl. Tafel VI im fünften Abschnitt d. B.).

Bei $11^{\text{kg/qcm}}$ zulässiger Druck-Übertragung ist eine Fläche $F = \dfrac{142\,800}{11} = 12\,982^{\text{qcm}}$ erforderlich. Eine quadratische Plattensohle von $114^{\text{cm}} . 114^{\text{cm}}$ gibt $114^2 = 12\,996^{\text{qcm}}.$[1] Wird von einer Sockel-Verbreiterung abgesehen (der

---

[1] Fällt die Sohle der Fussplatte grösser als etwa $80^{\text{cm}} . 80^{\text{cm}}$ aus, so ist für gewöhnlich die Fussplatte getrennt von der Säule, also besonders zu giessen.

— 124 —

Durchmesser des Sockels ist etwas grösser als 35 cm), so ist die Ausladung

$$x = \frac{114 - 35}{2} = 39{,}5 \text{ cm}.$$

Dementsprechend wird nach der Tafel VI im fünften Abschnitt dieses Buches, der dortigen vierten Plattenart entsprechend,

die Platten- und Rippenstärke $d = 0{,}033 \cdot b = 0{,}033 \cdot 114 = 3{,}8$ cm, und die Rippenhöhe $h = 0{,}50 \cdot x = 0{,}50 \cdot 39{,}5 =$ rund 20 cm gewählt.

Die Rechnung bestätigt diese Masse als genügend; denn im Bruchquerschnitt der Platte ist erforderlich

$$W_1 = \frac{114 \cdot 39{,}5 \cdot 11 \cdot 19{,}75}{500} = 1957 \text{ cm}^3 \text{ (oben, Druck)},$$

$$W_2 = \frac{114 \cdot 39{,}5 \cdot 11 \cdot 19{,}75}{250} = 3913 \text{ cm}^3 \text{ (unten, Zug)}.$$

Vorhanden, wenn die geschnittenen 4 Rippen von zus. 15,2 cm Stärke im Bruchquerschnitt etwa 19 cm hoch gerechnet werden,

$$W_1 = \frac{(114 \cdot 22{,}8^2 - 98{,}8 \cdot 19^2)^2 - 4 \cdot 114 \cdot 98{,}8 \cdot 22{,}8 \cdot 19 \cdot 3{,}8^2}{6 \cdot (114 \cdot 22{,}8^2 - 98{,}8 \cdot 19^2)} = 1942 \text{ cm}^3$$

(dabei weniger als 1 Prozent Minderdifferenz) und

$$W_2 = \frac{(114 \cdot 22{,}8^2 - 98{,}8 \cdot 19^2)^2 - 4 \cdot 114 \cdot 98{,}8 \cdot 22{,}8 \cdot 19 \cdot 3{,}8^2}{6 \cdot (114 \cdot 22{,}8^2 - 2 \cdot 98{,}8 \cdot 22{,}8 \cdot 19 + 98{,}8 \cdot 19^2)} = 4912 \text{ cm}^3.$$

Wird statt 11 kg/qcm Druckübertragung 14 kg/qcm gerechnet (bestes Klinkermauerwerk in reinem Zementmörtel unter der Fussplatte), so ist erforderlich

$$F = \frac{142800}{14} = 10200 \text{ qcm};$$

es genügt dann eine quadratische Platte von 101 cm · 101 cm = 10201 qcm. Bei 20 kg/qcm zulässiger Druckübertragung auf einen Sandsteinquader ergibt sich als erforderlich

$$F = \frac{142800}{20} = 7140 \text{ qcm},$$

so dass hierfür schon eine Quadratplatte von 85 cm · 85 cm = 7225 qcm genügt.

Fundamentsohle des den Säulenstrang tragenden Pfeilers.

Wird für das Mauerwerk des Pfeilers (über 10 cbm) zu der Säulenlast 142800 kg ein Zuschlag von 17200 kg gerechnet, so ist die erforderliche Fundamentsohle ($k = 2{,}5$ kg/qcm $= 25000$ kg/qm)

$$F = \frac{142800 + 17200}{25000} = \frac{160000}{25000} = 6{,}4 \text{ qm}.$$

Gewählt 2,53 m · 2,53 m = 6,4 qm.

Die Berliner Bau-Polizei verlangt allgemein für Stützen in Fällen möglicher exzentrischer Belastung den im vorigen Beispiel geführten, genauen Nachweis der Einwirkung der exzentrischen Belastung nicht, wenn die die Stütze zum Teil exzentrisch angreifenden Lasten **mit einem Zuschlag von 50 Prozent** in die statische Berechnung der Stütze eingeführt werden. Man braucht also diese Lasten in die Knickformel und in die Druckformel nur mit $1^1/_2$ multipliziert einzuführen; dagegen werden darin die von den oberen Geschossen herrührenden Auflasten (und die Eigengewichte der Stützen) mit ihrer wirklichen Grösse eingesetzt.

Beispiel 70. Unter den im vorigen Beispiel vorliegenden Bau-Verhältnissen ergeben sich, bei Berücksichtigung des vorhin Gesagten, folgende Profile und Abmessungen. Es sollen gusseiserne Säulen und flusseiserne Stützen gleichzeitig berechnet werden, u. zw. letztere, als zusammengesetzte Konstruktionen (sogen. verbundene Arbeit), mit einer zulässigen Druckbeanspruchung $k = 1000\,^{kg}/_{qcm}$, auf Grund der Bekanntmachung des Königl. Polizei-Präsidenten zu Berlin vom 3. März 1899 (vrgl. S. 1, Fussnote). Es ist also für Gusseisen $k = 500\,^{kg}/_{qcm} = 0,5\,^t/_{qcm}$ und für Flusseisen $k = 1000\,^{kg}/_{qcm} = 1\,^t/_{qcm}$.

Säule im IV. Geschoss. Freie Höhe $3,40^m$. Die Belastung beträgt, nach S. 119, unten, ... $29400^{kg} = 29,4^t$.

Erforderlich für Gusseisen

$$T = 8 . 1^1/_2 . 29,4 . 3,4^2 = 4078\,^{cm^4}$$

und
$$F = \frac{1^1/_2 . 29,4}{0,5} = 88,2\,^{qcm}.$$

Das (mit Hilfe der Tafel V im fünften Abschnitt dieses Buches) gewählte, kreisringförmige Profil hat $D = 19,5^{cm}$ äusseren Durchmesser, $s = 2^{cm}$ Wandstärke, $T = 4264^{cm^4}$ und $F = 110^{qcm}$. Zentrische Druckbeanspruchung bei Volllast $k = 29400 : 110 = 267\,^{kg}/_{qcm}$.

Erforderlich für Flusseisen

$$T_{min} = 3 . 1^1/_2 . 29,4 . 3,4^2 = 1529\,^{cm^4}$$

und
$$F = \frac{1^1/_2 . 29,4}{1,0} = 44,1\,^{qcm}.$$

Gewählt Profil ⨆ Nr. 16 mit $T_{min} = 2\,T_x = 2 . 925 = 1850^{cm^4}$ und $F = 2 . 24 = 48^{qcm}$. Bei Volllast $k = 29400 : 48 = 613\,^{kg}/_{qcm}$.

Die beiden ⊏-Eisen wenden einander den Rücken zu; für den Rückenabstand z ist mindestens erforderlich, da für ⊏ Nr. 16 $T_y = 85,3^{cm^4}$, $F = 24^{qcm}$ und $x = 1,84^{cm}$,

$$z = 2 \cdot \left[\sqrt{\frac{^1/_2 \cdot 1529 - 85,3}{24}} - 1,84 \right] = 6,96^{\,cm}.$$

Für die Ausführung dient $z = 12^{\,cm}$.[1])

Säule im III. Geschoss. Freie Höhe 3,40$^{\,m}$. Belastung

1) durch die Säule darüber . . . . 29400$^{\,kg}$,

2) unmittelbar durch Kappenträger und Unterzüge 28800 „

zus. 58200$^{\,kg}$.

Erforderlich für Gusseisen

$$T = 8 \cdot (29,4 + 1^1/_2 \cdot 28,8) \cdot 3,4^2 = 6714^{\,cm^4}$$

und $$F = \frac{29,4 + 1^1/_2 \cdot 28,8}{0,5} = 145,2^{\,qcm}.$$

Gewählt das kreisringförmige Profil mit $D = 22^{\,cm}$, $s = 2,25^{\,cm}$, $T = 6895^{\,cm^4}$, $F = 139,6^{\,qcm}$. Bei Volllast $k = 58200 : 139,6 = 417^{\,kg}/_{qcm}$.

Erforderlich für Flusseisen

$$T_{min} = 3 \cdot (29,4 + 1^1/_2 \cdot 28,8) \cdot 3,4^2 = 2518^{\,cm^4}$$

und $$F = \frac{29,4 + 1^1/_2 \cdot 28,8}{1,0} = 72,6^{\,qcm}.$$

Gewählt Profil ⅃匚 Nr. 22 mit $T_{min} = 2\,T_x = 2 \cdot 2690 = 5380^{\,cm^4}$, $F = 2 \cdot 37,4 = 74,8^{\,qcm}$. Bei Volllast $k = 58200 : 74,8 = 778^{\,kg}/_{qcm}$.

Für den Rückenabstand z der beiden 匚-Eisen ist erforderlich, da für 匚 Nr. 22 $T_y = 197^{\,cm^4}$, $F = 37,4^{\,qcm}$ und $x = 2,14^{\,cm}$,

$$z = 2 \cdot \left[\sqrt{\frac{^1/_2 \cdot 2518 - 197}{37,4}} - 2,14 \right] = 6,38^{\,cm}.$$

Für die Ausführung dient $z = 12^{\,cm}$.

Säule im II. Geschoss. Freie Höhe 3,40$^{\,m}$. Belastung

1) durch die Säule darüber . . . . 58200$^{\,kg}$,

2) unmittelbar durch Kappenträger und Unterzüge 28800 „

zus. 87000$^{\,kg}$.

---

[1]) Der lichte Rückenabstand z (in mm) eines ⅃匚-Profils, bei dem die beiden Hauptträgheitsmomente gleich gross, also gleich $2\,T_x$ sind, ist aus der Tafel der 匚-Eisen im fünften Abschnitt dieses Buches zu ersehen. Da sein soll

$$2\,T_x = 2\left[T_y + F\left(x + \frac{z}{2}\right)^2 \right],$$

so folgt $$z = 2\left[\sqrt{\frac{T_x - T_y}{F}} - x \right] \text{ in cm.}$$

Für ein aus zwei gleichen I-Nummern gebildetes II-Profil ist entsprechend, wenn i in cm den Abstand der Mittellinien bezeichnet,

$$2\,T_x = 2\left(T_y + F\frac{i^2}{4} \right), \qquad \text{daher} \qquad i = 2\sqrt{\frac{T_x - T_y}{F}} \text{ in cm.}$$

Erforderlich für **Gusseisen**

$$T = 8 \cdot (58{,}2 + 1^1/_2 \cdot 28{,}8) \cdot 3{,}4^2 = 9377 \text{ cm}^4$$

und $\qquad F = \dfrac{58{,}2 + 1^1/_2 \cdot 28{,}8}{0{,}5} = 202{,}8 \text{ qcm}.$

Gewählt das kreisringförmige Profil mit $D = 28$ cm, $s = 2{,}5$ cm, $T = 16435$ cm⁴ und $F = 200{,}3$ qcm. (Der Unterschied $202{,}8 - 200{,}3 = 2{,}5$ qcm ist unbedeutend, da die zentrische Druckbeanspruchung bei Volllast $k = 87000 : 200{,}3 = 434$ kg/qcm, also unter der zulässigen Beanspruchung $k = 500$ kg/qcm verbleibt.)

Erforderlich für **Flusseisen**

$$T_{min} = 3 \cdot (58{,}2 + 1^1/_2 \cdot 28{,}8) \cdot 3{,}4^2 = 3517 \text{ cm}^4$$

und $\qquad F = \dfrac{58{,}2 + 1^1/_2 \cdot 28{,}8}{1{,}0} = 101{,}4 \text{ qcm}.$

Gewählt Profil $\rbrack\lbrack$ Nr. 28 mit $T_{min} = 2\,T_x = 2 \cdot 6276 = 12552$ cm⁴, $F = 2 \cdot 53{,}3 = 106{,}6$ qcm. Bei Volllast $k = 87000 : 106{,}6 = 816$ kg/qcm.

Für den Rückenabstand z der beiden $\lbrack$-Eisen ist erforderlich, da für $\lbrack$ Nr. 28 $\quad T_y = 495$ cm⁴, $F = 53{,}3$ qcm und $x = 2{,}53$ cm,

$$z = 2 \cdot \left[\sqrt{\frac{{}^1/_2 \cdot 3517 - 495}{53{,}3}} - 2{,}53 \right] - 4{,}68 \text{ cm}.$$

Für die Ausführung dient $z = 12$ cm.

Säule im I. Geschoss. Freie Höhe 3,80 m. Belastung

1) durch die Säule darüber . . . . 87 000 kg,

2) unmittelbar durch Kappenträger und Unterzüge $\underline{28\,200\ \text{„}}$

$\hfill$ zus. 115 200 kg.

Erforderlich für **Gusseisen**

$$T = 8 \cdot (87 + 1^1/_2 \cdot 28{,}2) \cdot 3{,}8^2 = 14937 \text{ cm}^4$$

und $\qquad F = \dfrac{87 + 1^1/_2 \cdot 28{,}2}{0{,}5} = 258{,}6 \text{ qcm}.$

Gewählt das kreisringförmige Profil mit $D = 30{,}5$ cm, $s = 3{,}0$ cm, $T = 24792$ cm⁴, $F = 259{,}2$ qcm. Bei Volllast ist die zentrische Druckbeanspruchung $k = 115200 : 259{,}2 = 444$ kg/qcm.

Erforderlich für **Flusseisen**

$$T_{min} = 3 \cdot (87 + 1^1/_2 \cdot 28{,}2) \cdot 3{,}8^2 = 5601 \text{ cm}^4$$

und $\qquad F = \dfrac{87 + 1^1/_2 \cdot 28{,}2}{1{,}0} = 129{,}3 \text{ qcm}.$

Gewählt Profil $\rbrack\lbrack$ Nr. 29 mit $T_{min} = 2\,T_x = 2 \cdot 8619 = 17238$ cm⁴, $F = 2 \cdot 64{,}8 = 129{,}6$ qcm. Bei Volllast $k = 115200 : 129{,}6 = 889$ kg/qcm.

Für den Mittenabstand der beiden I-Eisen ist erforderlich, da für I Nr. 29 $T_y = 403^{\text{cm}^4}$ und $F = 64,8^{\text{qcm}}$,

$$i = 2 \cdot \sqrt{\frac{^1/_2 \cdot 5601 - 403}{64,8}} = 12,17^{\text{cm}}.$$

Für die Ausführung dient $i = 13,9^{\text{cm}}$.

Säule im Erdgeschoss. Freie Höhe $4,3^{\text{m}}$. Belastung

   1) durch die Säule darüber . . . . $115\,200^{\text{kg}}$,

   2) unmittelbar durch Kappenträger und Unterzüge $27\,600$ „

                                     zus. $142\,800^{\text{kg}}$.

Erforderlich für Gusseisen

$$T = 8 \cdot (115,2 + 1^1/_2 \cdot 27,6) \cdot 4,3^2 = 23\,164^{\text{cm}^4}$$

$$\text{und} \quad F = \frac{115,2 + 1^1/_2 \cdot 27.6}{0,5} = 313,2^{\text{qcm}}.$$

Gewählt das kreisringförmige Profil mit $D = 36^{\text{cm}}$, $s = 3,0^{\text{cm}}$, $T = 42\,687^{\text{cm}^4}$, $F = 311^{\text{qcm}}$. Bei Volllast $k = 142\,800 : 311 = 459^{\text{kg}/\text{qcm}}$.

Erforderlich für Flusseisen

$$T_{min} = 3 \cdot (115,2 + 1^1/_2 \cdot 27,6) \cdot 4,3^2 = 8687^{\text{cm}^4}$$

$$\text{und} \quad F = \frac{115,2 + 1^1/_2 \cdot 27,6}{1,0} = 156,6^{\text{qcm}}.$$

Gewählt Profil I I Nr. 32 mit $T_{min} = 2\,T_x = 2 \cdot 12\,493 = 24\,986^{\text{cm}^4}$, $F = 2 \cdot 77,7 = 155,4^{\text{qcm}}$. Bei Volllast $k = 142\,800 : 155,4 = 919^{\text{kg}/\text{qcm}}$.

Für den Mittenabstand der beiden I-Eisen ist erforderlich, da für I Nr. 32 $T_y = 554^{\text{cm}^3}$ und $F = 77,7^{\text{qcm}}$,

$$i = 2 \cdot \sqrt{\frac{^1/_2 \cdot 8687 - 554}{77,7}} = 13,96^{\text{cm}}.$$

Für die Ausführung dient $i = 14^{\text{cm}}$. (S. auch die Grey-Träger auf S. 133, als Ersatz der Stützen im II., I. und Erdgeschoss).

Die Berechnung der Fussplatte und der Fundamentsohle erfolgt in derselben Weise, wie auf S. 123 u. 124 angegeben.

Bei Aufstellung eiserner Stützen in mehreren Geschossen übereinander sind dieselben unter sich und mit den Umfassungswänden zu verankern. Die Stützen sollen deshalb stets den Fensterpfeilern gegenüber (und nicht gegenüber den Fenstern) angeordnet werden, um eine wirksame Wand-Verankerung zu ermöglichen. — Die Stützen eines hochgehenden Stranges müssen in allen Fällen unmittelbar aufeinander gestellt werden; sie durch durchgeführte Unterzüge oder Deckenträger zu unterbrechen, wäre ein grober Konstruktionsfehler.

Beispiel 71. Der gusseiserne Türpfeiler in einer Schaufensteröffnung (vrgl. Beispiel 33 auf S. 44 bis 46) wird bei 4,90 m freier Höhe belastet mit 49 529 kg. Erforderlich

$$T_{min} = 8 . 49{,}53 . 4{,}9^2 = 9514\,\text{cm}^4$$

und $\quad F = \dfrac{49\,529}{500} = 99{,}06\,\text{qcm}.$

Das nebenstehende, gewählte Profil des Türpfeilers hat

$$T_{min} = \frac{2}{12} \cdot \left(21{,}5 . 16^3 - 17{,}5 . 12^3 + 5 . 2^3\right)$$
$$= 9644\,\text{cm}^4,$$

$$F = 2 . \left(21{,}5 . 16 - 17{,}5 . 12 + 5 . 2\right) = 258\,\text{qcm}.$$

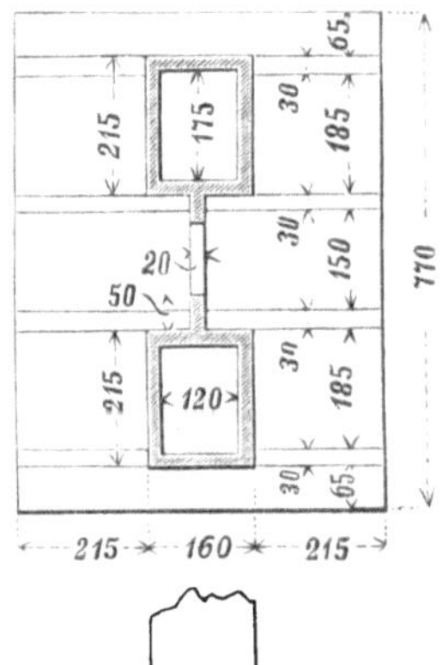

Die Fussplatte übermittelt mit 77 cm . 59 cm = 4543 qcm Fläche, bei 11 kg/qcm zulässiger Druckübertragung,

$$4543 . 11 = 49\,973\,\text{kg}.$$

Im Bruchquerschnitt der Platte ist erforderlich

$$W_1 = \frac{77 . 21{,}5 . 11 . 10{,}75}{500} = 392\,\text{cm}^3 \quad \text{(oben)}$$

und $\qquad W_2 = \dfrac{77 . 21{,}5 . 11 . 10{,}75}{250} = 783\,\text{cm}^3$ (unten).

Vorhanden daselbst

$$W_1 = \frac{(77 . 12{,}5^2 . 65 . 9{,}5^2)^2 - 4 . 77 . 65 . 12{,}5 . 9{,}5 . 3^2}{6 . (77 . 12{,}5^2 - 65 . 9{,}5^2)} = 449\,\text{cm}^3,$$

$$W_2 = \frac{(77 . 12{,}5^2 - 65 . 9{,}5^2)^2 - 4 . 77 . 65 . 12{,}5 . 9{,}5 . 3^2}{6 . (77 . 12{,}5^2 - 2 . 65 . 12{,}5 . 9{,}5 + 65 . 9{,}5^2)} = 1125\,\text{cm}^3.$$

[Ohne diese Ermittlung ist nach Tafel VI, unten, die Platten- und Rippenstärke $d = 0{,}15 . a = 0{,}15 . 18{,}5 =$ rd. 3 cm, die Rippenhöhe $h = 0{,}44 . x \quad . \quad . \quad . \quad . \quad . = 0{,}44 . 21{,}5 =$ rd. 9,5 cm.]

·Beispiel 72. Die Zwischenstütze des Beispiels 55, auf S. 92 bis 95 (ungleichmässig belasteter, kontinuierlicher Träger), wird aus Schweisseisen hergestellt. Die lichte Höhe der Stütze ist 4,85 m. Die Belastung beträgt 78007 kg oder rund 78 t.

Die Möglichkeit exzentrischer Belastung ist in dem vorliegenden Fall kaum zu befürchten. Trotzdem soll, der Sicherheit wegen, in der von der Berliner Bau-Polizei gebilligten Art, dem exzentrischen Lastangriff durch einen Zuschlag von 50 Prozent zum erforderlichen kleinsten Trägheitsmoment und zum erforderlichen Querschnitt der Stütze zu begegnen, gerechnet werden. Erforderlich daher (weil $k = 750\,^{\mathrm{kg}}/_{\mathrm{qcm}}$ für Schweisseisen)

$$T_{min} = 3 \cdot 1^1/_2 \cdot 78 \cdot 4{,}85^2 = 8256\,^{\mathrm{cm^4}}$$

und

$$F = \frac{1^1/_2 \cdot 78\,007}{750} = 156\,^{\mathrm{qcm}}.$$

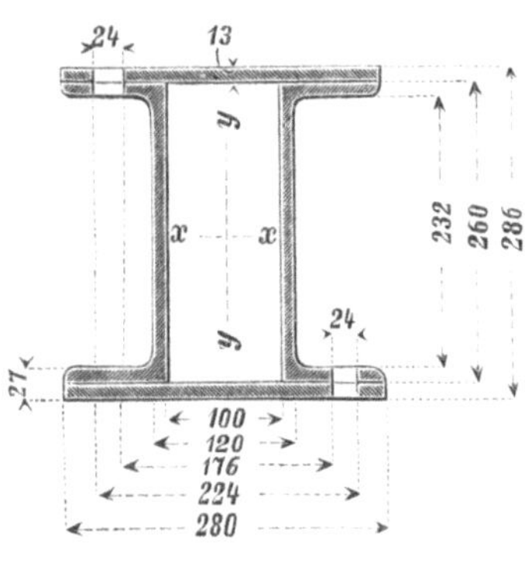

Werden (mit fast übertriebener Vorsicht) zwei Nietöffnungen von $24\,^{\mathrm{mm}}$ Weite von dem gewählten Querschnitt abgezogen, der aus zwei normalen $\sqsubset$-Profilen Nr. 26 mit zwei Deckplatten von $280\,^{\mathrm{mm}}$ $13\,^{\mathrm{mm}}$ Querschnitt besteht, so ergibt sich als vorhanden

$$T_x = 2 \cdot \left\{ 4823 + \frac{28 \cdot 1{,}3^3}{12} + 28 \cdot 1{,}3 \cdot \left(\frac{26 + 1{,}3}{2}\right)^2 \right\}$$
$$- 2{,}4 \cdot \frac{28{,}6^3 - 23{,}2^3}{12} = 21\,039\,^{\mathrm{cm^4}},$$

$$T_y = 2 \cdot \left(317 + 48{,}3 \cdot 7{,}36^2 + \frac{1{,}3 \cdot 28^3}{12} \right) - 2{,}7 \cdot \frac{22{,}4^3 - 17{,}6^3}{12} = 9321\,^{\mathrm{cm^4}},$$

$$F = 2 \cdot \left(48{,}3 + 28 \cdot 1{,}3 - 2{,}4 \cdot 2{,}7 \right) = 2 \cdot \left(84{,}7 - 6{,}5 \right) = 156{,}4\,^{\mathrm{qcm}},$$

so dass der vorhandene Querschnitt F und das kleinste Trägheitsmoment T_y genügen; das andere Hauptträgheitsmoment T_x genügt überreichlich. — Dem Querschnitt $F = 156{,}4\,^{\mathrm{qcm}}$ entspricht bei etwa $4{,}80\,^{\mathrm{m}}$ Stützenlänge und 7,8 als spez. Gewicht des Schweisseisens

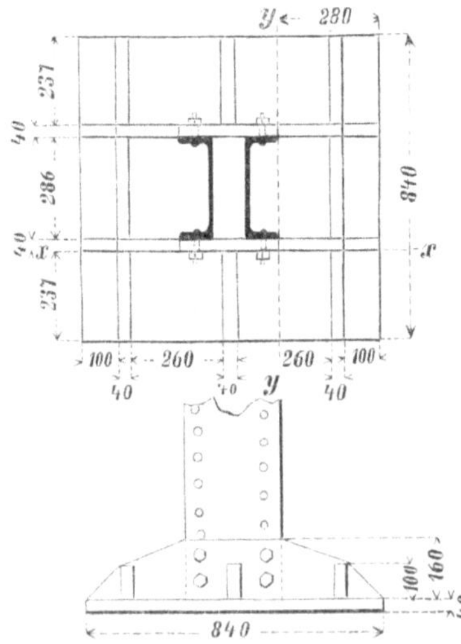

ein Gewicht $156{,}4 \cdot 480 \cdot 7{,}8 \cdot 0{,}001 = 585\,^{\mathrm{kg}}$, so dass sich, bei einem Zuschlag von 70 Prozent für die schmiedeiserne Kopfplatte und die gusseiserne Fussplatte sowie für Nietköpfe und Schrauben, $1{,}70 \cdot 585 = \mathrm{rd.}\ 993\,^{\mathrm{kg}}$ als gesamtes Gewicht der Stütze ergibt.

Eine gusseiserne, quadratische Fussplatte von $84 \cdot 84 = 7056\,^{\mathrm{qcm}}$ überträgt einen Druck von $(78\,007 + 993) : 7056 = 11{,}2\,^{\mathrm{kg}}/_{\mathrm{qcm}}.$

Die Stärke dieser Platte und die ihrer Rippen ist nach der fünften Plattenart der Tafel VI bestimmt zu $d = a \cdot 0{,}15 = 26 \cdot 0{,}15 = 3{,}9\,^{\mathrm{cm}} = \mathrm{rd.}\ 4\,^{\mathrm{cm}}.$ Die Rippenhöhe in xx ist $h = 0{,}44 \cdot 23{,}7$

$=$ rd. 10^{cm}. In yy muss als Rippenhöhe mehr als $0{,}44 \cdot 28 = 12{,}3^{cm}$ gewählt werden, weil nur zwei (statt drei) Rippen vorhanden sind; die gewählten 16^{cm} genügen jedoch laut nachstehender Rechnung.

Erforderlich in der senkrechten Schnittebene xx

$$W_1 = \frac{84 \cdot 23{,}7 \cdot 11{,}2 \cdot 11{,}85}{500} = 528^{cm^3} \text{ (oben, Druck),}$$

$$W_2 = \frac{84 \cdot 23{,}7 \cdot 11{,}2 \cdot 11{,}85}{250} = 1057^{cm^3} \text{ (unten, Zug);}$$

vorhanden ist dort

$$W_1 = \frac{(84 \cdot 14^2 - 72 \cdot 10^2)^2 - 4 \cdot 84 \cdot 72 \cdot 14 \cdot 10 \cdot 4^2}{6 \cdot (84 \cdot 14^2 - 72 \cdot 10^2)} = 569^{cm^3},$$

$$W_2 = \frac{(84 \cdot 14^2 - 72 \cdot 10^2)^2 - 4 \cdot 84 \cdot 72 \cdot 14 \cdot 10 \cdot 4^2}{6 \cdot (84 \cdot 14^2 - 2 \cdot 72 \cdot 14 \cdot 10 + 72 \cdot 10^2)} = 1505^{cm^3}.$$

Erforderlich in der senkrechten Schnittebene yy

$$W_1 = \frac{84 \cdot 28 \cdot 11{,}2 \cdot 14}{500} = 738^{cm^3} \text{ (oben, Druck),}$$

$$W_2 = \frac{84 \cdot 28 \cdot 11{,}2 \cdot 14}{250} = 1475^{cm^3} \text{ (unten, Zug);}$$

vorhanden ist dort

$$W_1 = \frac{(84 \cdot 20^2 - 76 \cdot 16^2)^2 - 4 \cdot 84 \cdot 76 \cdot 20 \cdot 16 \cdot 4^2}{6 \cdot (84 \cdot 20^2 - 76 \cdot 16^2)} = 817^{cm^3},$$

$$W_2 = \frac{(84 \cdot 20^2 - 76 \cdot 16^2)^2 - 4 \cdot 84 \cdot 76 \cdot 20 \cdot 16 \cdot 4^2}{6 \cdot (84 \cdot 20^2 - 2 \cdot 76 \cdot 20 \cdot 16 + 76 \cdot 16^2)} = 2616^{cm^3}.$$

Für bestes Klinkermauerwerk in reinem Zementmörtel als Unterlage muss die Fussplatte, wenn das Eigengewicht der Stütze nebst Kopf- und Fussplatte mit etwa 993^{kg} (vrgl. S. 130) berücksichtigt wird, eine Grösse haben von

$$\frac{78\,007 + 993}{14} = \frac{79\,000}{14} = 5643^{qcm},$$

so dass dann schon eine Platte von $76^{cm} \cdot 76^{cm} = 5776^{qcm}$ genügt.

Steht die Stütze auf einer Sandsteinunterlage, so ist für die Plattensohle im Mitttel erforderlich

$$\frac{79\,000}{20} = 3950^{qcm},$$

wofür eine Platte von $63^{cm} \cdot 63^{cm} = 3969^{qcm}$ gewählt werden kann.

Beispiel 73. Soll die mit $78\,007^{kg} =$ rd. 78^{t} belastete, $4{,}85^{m}$ hohe Stütze des vorigen Beispiels aus Flusseisen oder aus Gusseisen hergestellt werden, ohne dass auf die Möglichkeit exzentrischer Belastung Bezug genommen wird, so fällt die Stützen-Konstruktion bedeutend leichter und daher billiger aus.

9*

Erforderlich für eine flusseiserne Stütze

$$T_{min} = 3 \cdot 78 \cdot 4{,}85^2 = 5504\,^{cm^4} \qquad \text{und} \qquad F = \frac{78}{1{,}0} = 78\,^{qcm}.$$

Gewählt Profil ⅃⊏ Nr. 24 mit $T_{min} = 2\,T_x = 2 \cdot 3598 = 7196\,^{cm}$ und $F = 2 \cdot 42{,}3 = 84{,}6\,^{qcm}.$ Die beiden ⊏-Eisen wenden einander den Rücken zu; der lichte Rückenabstand z (vrgl. S. 126, Fussnote) muss mindestens sein, da nach der Tafel der ⊏-Eisen für ⊏ Nr. 24 $T_y = 248\,^{cm^4}$, $F = 42{,}3\,^{qcm}$ und $x = 2{,}23\,^{cm}$,

$$z = 2 \cdot \left[\sqrt{\frac{^{1}/_{2} \cdot 5504 - 248}{42{,}3}} - 2{,}23 \right] = 10{,}94\,^{cm}.$$

Für die Ausführung wird $z = 11\,^{cm}$ gewählt.

Durch Querverbindungen innerhalb der Stütze muss jedes der beiden ⊏-Eisen für sich knickfest gemacht werden, da es doch die Hälfte der Last, also $^{1}/_{2} \cdot 78 = 39\,^{t}$ übernehmen soll. Der grösste zulässige Abstand l_0 dieser Querverbindungen ergibt sich mit der Knickformel

$$T_{min} = T_y = 248 = 3 \cdot 39 \cdot l_0^2,$$

woraus folgt $\qquad l_0 = \sqrt{\dfrac{248}{3 \cdot 39}} = \sqrt{2{,}12} = 1{,}456\,^{m}.$

Da die Querverbindungen am Kopf und Fuss der Stütze die Gesamt-Knicklänge $4{,}85\,^{m}$ mindestens um $0{,}85\,^{m}$ vermindern, so genügen für die Restlänge von $4{,}00\,^{m}$ zwei Querverbingungen, deren Mitten $0{,}70\,^{m}$ über und unter der Stützenmitte liegen.

An Stelle der ⊏-Eisen Nr. 24 kann auch ein ⅠⅠ-Profil aus zwei Ⅰ Nr. 22 gewählt werden, mit $T_{min} = 2\,T_x = 2 \cdot 3055 = 6110\,^{cm^4}$ und $F = 2 \cdot 39{,}5 = 79\,^{qcm}.$ Der Mittenabstand i der beiden Ⅰ-Eisen muss mindestens sein (vrgl. S. 126, Fussnote), da für Ⅰ Nr. 22 $T_y = 163\,^{cm^4}$ und $F = 39{,}5\,^{qcm}$,

$$i = 2 \cdot \sqrt{\frac{^{1}/_{2} \cdot 5504 - 163}{39{,}5}} = 16{,}2\,^{cm}.$$

Für die Ausführung wird $i = 16{,}5\,^{cm}$ gewählt. Der grösste zulässige Abstand der Querverbindungen ist hier, da

$$T_{min} = T_y = 163 = 3 \cdot 39 \cdot l_0^2,$$

$$l_0 = \sqrt{\frac{163}{3 \cdot 39}} = \sqrt{1{,}393} = 1{,}18\,^{m},$$

so dass, ausser den Querverbindungen am Kopf und Fuss, noch drei Querverbindungen genügen, von denen die eine in der Stützenmitte angebracht wird, und die Mitten der beiden anderen $1{,}0\,^{m}$ über und unter der Stützenmitte liegen.

Auch kann für die Stütze ein — nicht normaler — breitflanschiger Differdinger Spezial-Träger (System Grey) Ⅰ Nr. 28

mit $T_{min} = T_y = 5671\,^{cm^4}$ und $F = 131,8\,^{qcm}$ (s. Tafel VIII im fünften Abschnitt dieses Buches) gewählt werden, der für die Ausführung am billigsten ist.[1]

Erforderlich für eine gusseiserne Säule

$$T_{min} = 8 \cdot 78 \cdot 4,85^2 = 14\,678\,^{cm^4} \qquad \text{und} \qquad F = \frac{78}{0,5} = 156\,^{qcm}.$$

Das (mit Hilfe der Tafel V im fünften Abschnitt d. B.) gewählte, kreisringförmige Profil hat $D = 27,5\,^{cm}$ äusseren Durchmesser, $s = 2,5\,^{cm}$ Wandstärke, $T = 15\,493\,^{cm^4}$ und $F = 196,35\,^{qcm}$. Eine um $1\,^{cm}$ dünnere, aber schwerere (also teuere) Säule wäre die mit $D = 26,5\,^{cm}$, $s = 3,0\,^{cm}$, $T = 15\,538\,^{cm^4}$ und $F = 221,48\,^{qcm}$.

[Um das Gewicht eines beliebigen Körpers von gleichmässigem Querschnitt in kg für 1 lfd. m zu erhalten, multipliziert man den zehnten Teil des in qcm ausgedrückten Querschnitts mit dem spezifischen Gewicht des Körpers. Da das spezifische Gewicht des Gusseisens 7,25 ist,[2] so wiegt die erste Säule (abgesehen von Kopfplatte, Sockel und Fussplatte) für 1 lfd. m

---

[1] Die deutschen Normalprofile für $\mathbf{I}$- und $\mathbf{C}$-Eisen haben sich zwar im allgemeinen gut eingeführt, zeigen aber verhältnismässig schmale Flansche, in denen Niete oder Schrauben sich nicht bequem anbringen lassen. Auch steht ihrer einzelnen Verwendung als Stützen das gegen T_x sehr kleine Trägheitsmoment T_y entgegen.

Ein Bedürfnis nach breitflanschigen (und hohen) Profilen machte sich zunächst in den Vereinigten Staaten von Nord-Amerika beim Bau der hohen Häuser (Wolkenkratzer) geltend, wo die Lohnverhältnisse und die meist sehr kurz bemessene Bauzeit darauf hindrängten, aus Trägern oder aus Blechen, Winkeln und Platten zusammengenietete Querschnitte durch in einem Stück fertiggewalzte Profile zu ersetzen. Auch bei uns wird häufig die Ersparnis an Arbeit und Zeit für Löcherbohren, Zusammenpassen und Nieten von Wert sein.

Die Schwierigkeit, solche breitflanschige Profile mit den üblichen zwei oder drei Walzen herzustellen, veranlasste den früheren Oberingenieur des damals Carnegie'schen Walzwerks in Homestead bei Pittsburg, Henry Grey, ein besonderes Universalwalzwerk dafür zu konstruieren. Ein solches Walzwerk ist jetzt in Differdingen (Luxemburg) auf der Hütte der Deutsch-Luxemburgischen Bergwerks- und Hütten-Aktiengesellschaft im Betrieb. (Näheres s. R. Cramer, Zeitschr. d. Ver. d. Ing. 1902.)

Auf S. 64 und 66 ist auf die Anwendung der breitflanschigen Profile als Träger und oben auf ihre Zweckmässigkeit als Stützen hingewiesen. Auf S. 127 und 128 ist für die Säule im II. Geschoss ein Grey-Profil $\mathbf{I}$ Nr. 25 mit $T_y = 3575\,^{cm^4}$ und $F = 105,1\,^{qcm}$, für die Säule im I. Geschoss ein solches $\mathbf{I}$ Nr. 28 mit $T_y = 5671\,^{cm^4}$ und $F = 131,8\,^{qcm}$ und für die Säule im Erdgeschoss ein Grey-Profil $\mathbf{I}$ Nr. 36 mit $T_y = 8793\,^{cm^4}$ und $F = 181,5\,^{qcm}$ unter Umständen mit Vorteil zu verwenden.

[2] Allgemein gebräuchliche, mittlere spezifische Gewichte des Eisens: Gusseisen 7,25, Schweisseisen 7,80, Flusseisen 7,85, Flussstahl 7,86.

$$g = 19{,}635 \cdot 7{,}25 = 142{,}35 \,^{\mathrm{kg}}$$

und die zweite Säule $g = 22{,}148 \cdot 7{,}25 = 160{,}57\,^{\mathrm{kg}}$.]

Die von der Auflast und dem Baustoff der Unterlage abhängige Grösse der **Fussplatte** der Stütze (Säule) ist schon S. 130 erwähnt worden. Soll die gusseiserne Säule (statt mit einer quadratischen) mit einer kreisrunden Fussplatte auf einem Sandsteinquader stehen ($k = 15$ bis 30, im Mittel $20\,^{\mathrm{kg}}/_{\mathrm{qcm}}$), so ist die erforderliche Plattengrösse, wenn das mitbelastende Eigengewicht der Säule nebst Kopf- und Fussplatte zu $953\,^{\mathrm{kg}}$ geschätzt wird,

$$F = \frac{78007 + 953}{20} = \frac{78960}{20} = 3948\,^{\mathrm{qcm}}.$$

Wird auch noch das kreisrunde **Kernloch** in der Mitte der Fussplatte berücksichtigt als Stelle, an der die Platte keinen Druck übertragen kann, so ist, wenn das Loch bei $15\,^{\mathrm{cm}}$ Durchmesser $177\,^{\mathrm{qcm}}$ gross ist, die erforderliche Sohlfläche $3948 + 177 = 4125\,^{\mathrm{qcm}}$. Es genügt ein äusserer Plattendurchmesser von $72{,}5\,^{\mathrm{cm}}$, dem ein Kreisinhalt von $F = 4128\,^{\mathrm{qcm}}$ entspricht.

[Alle Fuss- und Auflagerplatten sind, wegen gleichmässigerer Druckübertragung, mit einer $1\,^{\mathrm{cm}}$ starken Zementschicht zu untergiessen; auch können Stützenfussplatten auf Sandstein, Granit u. s. w. statt dessen eine 3 bis $6\,^{\mathrm{mm}}$ starke Hartbleischicht (Blei mit 5 bis 10 Prozent Antimon) erhalten.]

Wird für das auf mehr als $5\,^{\mathrm{cbm}}$ geschätzte Mauerwerk des die Säule tragenden Pfeilers zur Auflast $78960\,^{\mathrm{kg}}$ noch $8540\,^{\mathrm{kg}}$ Gewicht zugeschlagen, so wird die erforderliche **Fundamentsohle** des Pfeilers

$$F = \frac{78960 + 8540}{2{,}5} = \frac{87500}{2{,}5} = 35000\,^{\mathrm{qcm}} = 3{,}5\,^{\mathrm{qm}},$$

so dass $F = 1{,}90\,^{\mathrm{m}} \cdot 1{,}90\,^{\mathrm{m}} = 3{,}61\,^{\mathrm{qm}}$ bei gutem Baugrund ausreicht.

Die nachfolgende statische Berechnung eines **Wohnhauses** gibt eine Folge von Anwendungen der meisten im Vorstehenden erörterten Berechnungsarten.

Auf die Berechnung eines **Fabrikgebäudes** konnte Verzicht geleistet werden, weil das Wesentliche davon, soweit es nicht zu den einfachsten Berechnungen gehört, in den Beispielen 69 und 70 auf S. 117 u. f. besprochen wurde.

Statische Berechnung

für ein

Wohn- und Vereinshaus.

(Vrgl. hierzu die dem Buch angehängte Zeichnung.)

I. Der westliche Flügel.

Glasdach des photographischen Ateliers. Die
Sprosseneisen liegen, wage-
recht gemessen, 4,50 m, lot-
recht gemessen, 3,20 m frei;
ihre Teilung (Abstand von
Mitte zu Mitte) ist 0,50 m. Die
Belastung beträgt für 1 qm der
wagerechten Projektion des
Daches

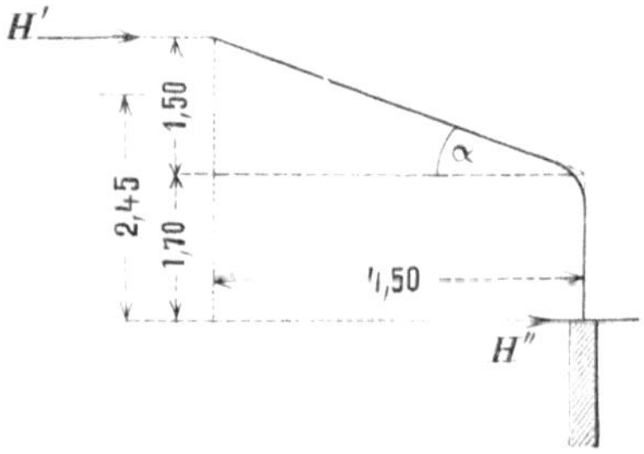

1) durch Eigengewicht der Sprossen etwa 2 . 6 kg . . = 12 kg,

2) durch 4 mm starkes (rheinisches) $^8/_4$-Glas
0,004 . 2600 kg = 10,4 kg, mit Überdeckungen . . . = 12 „

3) durch den Anschluss der Glastafeln an die Sprossen
(Kitt, Schweisswasserrinnen u. s. w.) . . . . . . = 3 „

4) durch Winddruck, wenn mit Rücksicht auf die
Höhenlage des Ateliers der wagerechte Winddruck
= 125 kg auf 1 qm senkrecht getroffener Fläche gerechnet wird,

$$125^{\text{kg}} \cdot \sin^2 \alpha = 125 \cdot \frac{1{,}5^2}{1{,}5^2 + 4{,}5^2} \quad . \quad . \quad . \quad = 12{,}5 \text{ „}$$

5) durch Schnee. Mit Rücksicht darauf, dass der
Gebrauch des Ateliers die Ansammlung grösserer
Schneemassen ausschliesst, der Schnee auch wegen
der Heizung des Raumes abschmilzt, würde der
mögliche Schneefall eines Tages (20 kg) ausreichend
sein. Zwecks grösserer Stabilität wird das Doppelte
hiervon gesetzt (nebst einer kleinen Abrundung) . = 40,5 „

Lotrechte Belastung auf 1 qm Grundfläche zusammen 80 kg.

Hiernach ergibt sich als lotrechte Belastung einer Sprosse

$$4,50 \cdot 0,50 \cdot 80^{\,kg} = 4,50 \cdot 40^{\,kg} = 180^{\,kg}.$$

Lotrechtes Moment in der Mitte der Strecke von $4,50^{\,m}$

$$M_1 = \frac{180 \cdot 450}{8} = 10\,125^{\,cmkg}.$$

Wagerechte Belastung einer Sprosse durch den Wind
im unteren Teil des Daches

$$1,70 \cdot 0,50 \cdot 125^{\,kg} = 1,70 \cdot 62,5 \cdot \quad \cdot \quad = 106^{\,kg},$$

im oberen Teil des Daches

$$1,50 \cdot 0,50 \cdot 125 \cdot \sin^2 \alpha = 1,50 \cdot 0,50 \cdot 12,5 = 1,50 \cdot 6,25 = \underline{\quad 10 \,\text{"}}$$

$$\text{zus. } 116^{\,kg}.$$

Horizontaldruck $\quad H' = \dfrac{1}{320} \cdot (106 \cdot 85 + 10 \cdot 245) = 33^{\,kg},$

$$H'' = 116 - 33 \cdot \quad \cdot \quad \cdot \quad \cdot \quad = 83^{\,kg}.$$

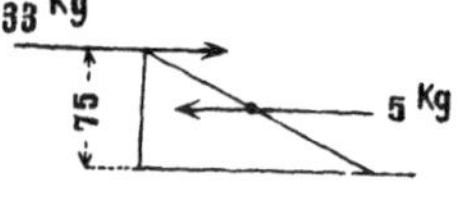

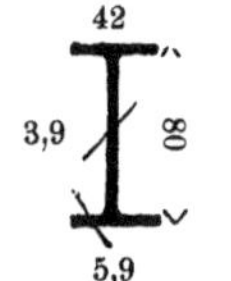

Wagerechtes Moment in der Mitte der
oberen Freistrecke von $4,50^{\,m}$

$$M_2 = 33 \cdot 75 - 5 \cdot 37,5 = 2288^{\,cmkg}.$$

Erforderlich $\quad W = \dfrac{10\,125 + 2288}{875} = 14,2^{\,cm^3}.$

Gewählt $\mathbf{I}$ Nr. 8 mit $W_x = 19,4^{\,cm^3}.$[1])

Die Belastung des Oberlichtes über dem Kopierraum
berechnet sich wie folgt:

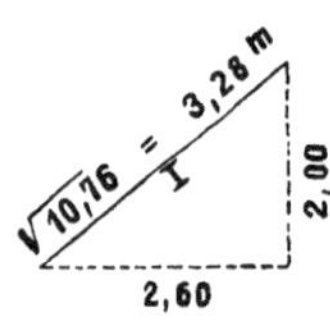

1) Sprosseneisen und Glas, in der Dachfläche
gemessen für $1^{\,qm}$

$$2 \cdot 2,9^{\,kg} + 0,004 \cdot 2600^{\,kg} = 16,2^{\,kg},$$

mit Überdeckungen, Kitt u. s. w. $18^{\,kg}$, d. i. für

$$1^{\,qm} \text{ wagerecht } \frac{3,28}{2,60} \cdot 18 \cdot \quad \cdot \quad \cdot \quad = 23^{\,kg},$$

2) Winddruck, unter gleich hohem Ansatz wie bei den
Ateliersprossen, $\quad 125 \cdot \dfrac{2,0^2}{2,0^2 + 2,6^2} = 125 \cdot \dfrac{4,0}{10,76} \quad \cdot \quad \cdot = 47 \,\text{"}$

3) Schneebelastung $\quad \cdot \quad \cdot \quad \cdot \quad \cdot \quad \cdot \quad \cdot \quad \cdot \quad \cdot = 50 \,\text{"}$

4) Verbindungen $\quad \cdot \quad \cdot \quad \cdot \quad \cdot \quad \cdot \quad \cdot \quad \cdot \quad \cdot = \underline{\quad 5 \,\text{"}}$

$$\text{d. i. für } 1^{\,qm} \text{ wagerecht } 125^{\,kg}.$$

[1]) Der Berliner Bau-Polizei genügt auch die folgende einfachere, über-
schlägliche Berechnungsart:

$$\text{Freilänge der Sprossen (wagerecht)} \quad 4,50^{\,m}$$
$$\text{Teilung } \quad \text{"} \quad \text{"} \quad 0,50 \text{ "}.$$

Gesamtbelastung, d. h. Eigengewicht $+$ Nutzlast (Schnee- und Winddruck)
auf $1^{\,qm}$ der wagerechten Projektion des Glasdaches $\quad \cdot \quad \cdot \quad \cdot \quad \cdot \quad \cdot \quad \cdot$ $125^{\,kg}.$

Erforderlich $\quad W = \dfrac{4,50 \cdot 0,50 \cdot 125 \cdot 450}{8 \cdot 875} = 18,1^{\,cm^3}.$

Gewählt Normal-Profil $\mathbf{I}$ Nr. 8 mit $W_x = 19,4^{\,cm^3}.$

Die durchlaufenden (kontinuierlichen) Sprossen liegen je $^1/_2$. 2,60 = 1,30^m wagerecht frei und werden, bei 0,50^m Abstand von Mitte zu Mitte, auf dieser Strecke belastet mit

$$1,30 . 0,50 . 125^{kg} = 81^{kg}.$$

Erforderlich $\quad W = \dfrac{81 . 130}{8 . 875} = 1,5^{cm^3}.$

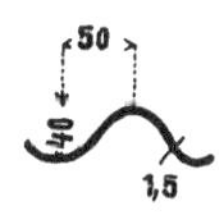

Gewählt ⊥ Nr. 4/4 mit $W_x = 5,28 : (4,0 - 1,12) = 1,8^{cm^3}.$

Das Wellblech des Daches über dem Empfangszimmer wird bei 2,60^m wagerechter Freilänge belastet, bei gleichem Belastungsansatz wie beim vorigen Oberlicht, auf 1^m Breite mit

$$2,60 . 125^{kg} = 325^{kg}.$$

Erforderlich $\quad W = \dfrac{325 . 260}{8 . 875} = 12,1^{cm^3}.$

Mit Bezug auf die Tafel IV im fünften Abschnitt dieses Buches ist, wenn die halbe Wellenbreite $b = 5^{cm}$ gewählt wird,

$$w = \frac{12,1}{5} = 2,42,$$

so dass $\dfrac{h}{b} = 0,72$, also $h = 0,72 . 5 = 3,6^{cm}$ bei $d = 1^{mm}$ Blechstärke schon genügen würde.

Gewählt $\dfrac{h}{b} = 0,80$, also $h = 0,80 . 5 = 4^{cm}$, mit $W = 1 . 5 . 2,82$ $= 14,1^{cm^3}$ bei $d = 1^{mm}$ Stärke; mit Rücksicht auf Abrosten wird 0,5^{mm} mehr, also 1,5^{mm} Stärke genommen. (Dies genügt reichlich, weil hier das Wellblech nur Dachdeckmaterial ist. Bei tragenden Wellblech-Konstruktionen in Decken u. s. w. ist in Berlin 1^{mm} Zuschlag zur berechneten Stärke des Wellblechs baupolizeiliche Vorschrift.)

Das Wellblech oberhalb des Ateliers, 1,50^m frei liegend, wird auf 1^m Breite belastet mit 1,50 . 80^{kg} = 120^{kg}.

Erforderlich $\quad W = \dfrac{120 . 150}{8 . 875} = 2,6^{cm^3}.$

Das niedrigste Profil der Tafel IV gibt bei $b = 5^{cm}$, $h = 2^{cm}$, $d = 1^{mm}$

$$W = 1 . 5 . 1,16 = 5,8^{cm^3};$$

1^{mm} Stärke gibt hier schon genügenden Überschuss.

Träger 1. Freilänge 4,0^m. Belastung

1) durch die Sprossen und das Wellblech des Ateliers mit

$$4,0 \cdot \frac{4,5 + 1,5}{2} \cdot 80^{kg} = 4,0 \cdot 240^{kg} \quad . \quad . \quad . \quad . = 960^{kg},$$

2) durch die Gipskalkvoute, deren Gewicht (bei 3^{cm} Stärke)

$$4,0 \cdot \frac{\pi}{2} \cdot 1,5 \cdot 0,03 \cdot 1500^{kg} = 424^{kg},$$

mit weniger als $^1/_2 \cdot 424^{kg}$ . . . . = 212 „

zus. 1172^{kg}.

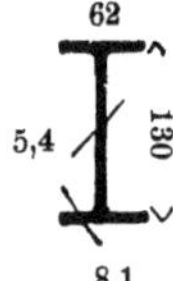

Erforderlich $\quad W = \dfrac{1172 \cdot 400}{8 \cdot 875} = 67$ $^{cm^3}$.

Gewählt I Nr. 13 mit $W_x = 67$ $^{cm^3}$

Träger 2. Oberlicht-Unterzug, 4,0^m frei liegend.

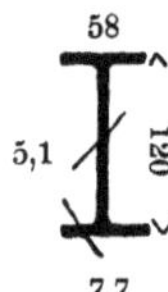

Belastung $4,0 \cdot {}^5/_8 \cdot 2,60 \cdot 125^{kg} = 813^{kg}$.

Erforderlich $\quad W = \dfrac{813 \cdot 400}{8 \cdot 875} = 46,5$ $^{cm^3}$.

Gewählt I Nr. 12 mit $W_x = 54,5$ $^{cm^3}$.

Träger 3a. Dsgl. unten. Freilänge 4,0^m.

Belastung $\qquad 4,0 \cdot \dfrac{2,60}{2 \cdot 2} \cdot 125^{kg}$ . . . . . . = 325^{kg},

(eigentlich nur $^3/_4$ dieser Belastung, wegen der durchlaufenden Sprossen);

hierzu durch die Traufe noch mit

$$4,0 \cdot 0,15 \cdot 125^{kg} \quad . \quad . \quad . \quad . \quad . = 75 \text{ „}$$

zus. 400^{kg}.

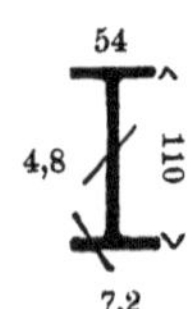

Erforderlich $\quad W = \dfrac{400 \cdot 400}{8 \cdot 875} = 22,9$ $^{cm^3}$.

Gewählt I Nr. 9 mit $W_x = 25,9$ $^{cm^3}$.

Träger 3b. Freilänge 4,0^m. Belastung durch Wellblech und Traufe mit

$$4,0 \cdot \left(\frac{2,60}{2} + 0,15 \right) \cdot 125^{kg} = 725^{kg}.$$

Erforderlich $\quad W = \dfrac{725 \cdot 400}{8 \cdot 875} = 41,4$ $^{cm^3}$.

Gewählt I Nr. 11 mit $W_x = 43,3$ $^{cm^3}$.

Träger 4a. Der Träger liegt in der Dachneigung 3,42 m und, horizontal gemessen, 2,75 m frei. Die Belastung beträgt

1) im Abstend 0,15 m vom Auflager A durch die Träger 3a

$$2 \cdot \frac{400^{\,kg}}{2} \quad \ldots \quad = 400^{\,kg},$$

2) 1,45 m davon ab durch die Tr. 2

$$2 \cdot \frac{813^{\,kg}}{2} \quad \ldots \quad = 813 \;\; ,,$$

zus. 1213 kg.

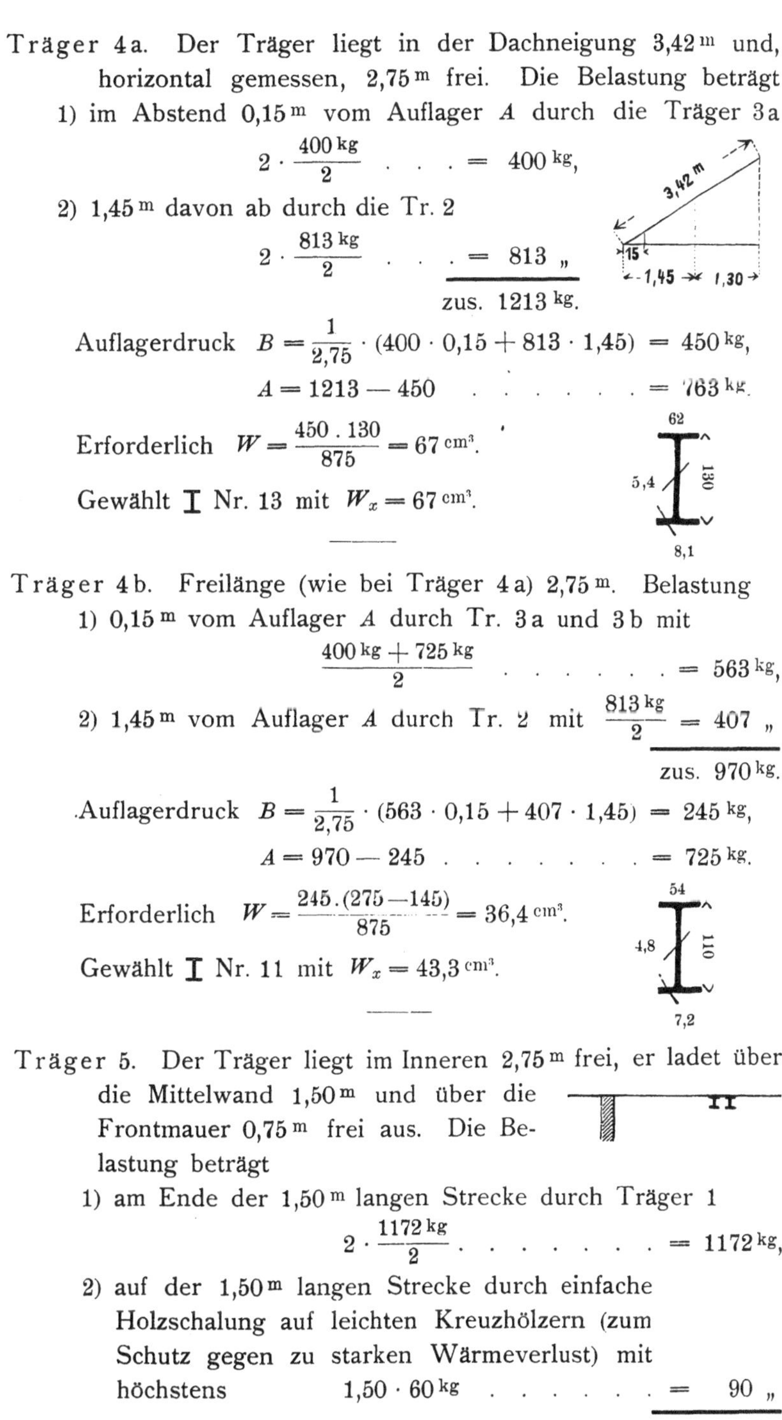

Auflagerdruck $B = \dfrac{1}{2,75} \cdot (400 \cdot 0,15 + 813 \cdot 1,45) = 450^{\,kg},$

$$A = 1213 - 450 \quad \ldots \quad \ldots \quad = 763^{\,kg}.$$

Erforderlich $W = \dfrac{450 \cdot 130}{875} = 67^{\,cm^3}.$

Gewählt I Nr. 13 mit $W_x = 67^{\,cm^3}.$

Träger 4b. Freilänge (wie bei Träger 4a) 2,75 m. Belastung

1) 0,15 m vom Auflager A durch Tr. 3a und 3b mit

$$\frac{400^{\,kg} + 725^{\,kg}}{2} \quad \ldots \quad \ldots \quad = 563^{\,kg},$$

2) 1,45 m vom Auflager A durch Tr. 2 mit $\dfrac{813^{\,kg}}{2} = 407 \;\; ,,$

zus. 970 kg.

Auflagerdruck $B = \dfrac{1}{2,75} \cdot (563 \cdot 0,15 + 407 \cdot 1,45) = 245^{\,kg},$

$$A = 970 - 245 \quad \ldots \quad \ldots \quad = 725^{\,kg}.$$

Erforderlich $W = \dfrac{245 \cdot (275 - 145)}{875} = 36,4^{\,cm^3}.$

Gewählt I Nr. 11 mit $W_x = 43,3^{\,cm^3}.$

Träger 5. Der Träger liegt im Inneren 2,75 m frei, er ladet über die Mittelwand 1,50 m und über die Frontmauer 0,75 m frei aus. Die Belastung beträgt

1) am Ende der 1,50 m langen Strecke durch Träger 1

$$2 \cdot \frac{1172^{\,kg}}{2} \quad \ldots \quad \ldots \quad = 1172^{\,kg},$$

2) auf der 1,50 m langen Strecke durch einfache Holzschalung auf leichten Kreuzhölzern (zum Schutz gegen zu starken Wärmeverlust) mit höchstens $1,50 \cdot 60^{\,kg} \quad \ldots \quad \ldots \quad = 90 \;\; ,,$

zus. 1262 kg.

Biegungsmoment mit Bezug auf die innere Kippkante

$$M = \left(1172 + \frac{90}{2}\right)\, 1{,}50 = 1827\,\mathrm{mkg}.$$

Hierfür erforderlich $\quad W = \dfrac{1827 \cdot 100}{875} = 209\,\mathrm{cm^3}.$

Gewählt I Nr. 20 mit $W_x = 214\,\mathrm{cm^3}.$

Belastung auf der 2,75 m langen Strecke durch 2 cm Schalung, 2,5 cm Fussboden, auf Hölzern von 12/16 cm in Abständen von 0,75 m, 1 cm Putz und, in sehr reichlicher Bemessung, noch durch 100 kg Verkehrsbelastung mit

$$2{,}75 \cdot 4{,}0 \cdot \left\{ \left(0{,}02 + 0{,}025 + \frac{0{,}12 \cdot 0{,}16}{0{,}75}\right) \cdot 650\,\mathrm{kg} + 0{,}01 \cdot 1000\,\mathrm{kg}\right.$$
$$\left. + 100\,\mathrm{kg}\right\} = 2{,}75 \cdot 4{,}0 \cdot 147\,\mathrm{kg} = 1617\,\mathrm{kg}.$$

Ohne Rücksicht auf die Aussenlast hierfür erforderlich nur

$$W = \frac{1617 \cdot 275}{8 \cdot 875} = 63{,}5\,\mathrm{cm^3}.$$

Über die Frontmauer hinaus Belastung am freien Ende durch Träger 6a mit

$$2 \cdot \frac{960\,\mathrm{kg}}{2} = 960\,\mathrm{kg}.$$

Hierfür erforderlich nur

$$W = \frac{960 \cdot 75}{875} = 82{,}3\,\mathrm{cm^3}.$$

Von der Gesamt-Belastung von $1262 + 1617 + 960 = 3839\,\mathrm{kg}$ werden als auf die Träger 8a entfallend gerechnet

$$1262\,\mathrm{kg} + {}^5/_8 \cdot 1617\,\mathrm{kg}. \quad \ldots \ldots = 2273\,\mathrm{kg},$$

auf die Frontmauer daher $3839 - 2273 \ldots \ldots \ldots = 1566\,\mathrm{kg}.$

Träger 6a für das massive Hauptgesims, liegt 4,0 m frei, und wird in reichlicher Schätzung durch Wellblech belastet mit

$$4{,}0 \cdot \frac{0{,}75}{2} \cdot 0{,}40 \cdot 1600\,\mathrm{kg} = 4{,}0 \cdot 240\,\mathrm{kg} = 960\,\mathrm{kg}.$$

Erforderlich $\quad W = \dfrac{960 \cdot 400}{8 \cdot 875} = 55\,\mathrm{cm^3}.$

Gewählt I Nr. 12 mit $W_x = 54{,}5\,\mathrm{cm^3}.$

Träger 6b (Treppenhaus). Freilänge 3,50 m.

Belastung $3{,}50 \cdot 240\,\mathrm{kg} = 840\,\mathrm{kg}.$

Erforderlich $\quad W = \dfrac{840 \cdot 350}{8 \cdot 875} = 42\,\mathrm{cm^3}.$

Gewählt I Nr. 11 mit $W_x = 43{,}3\,\mathrm{cm^3}.$

Das Wellblech wird bei $0,75^m$ Freilänge belastet auf 1^m Breite mit höchstens

$$0,75 \cdot 0,40 \cdot 1600^{kg} = 480^{kg}.$$

Erforderlich $\qquad W = \dfrac{480 \cdot 75}{8 \cdot 875} = 5,1\,^{cm^3}.$

Nach der Tafel IV im fünften Abschnitt d. B. gibt das gewählte Wellblech $50/25/2^{mm}$ bei nur 1^{mm} Stärke

$$\left(\text{da } \frac{h}{b} = 0,5\right) \quad W = 1 \cdot 1,51 \cdot 5 = 7,5\,^{cm^3}.$$

Träger 7a ladet $0,75^m$ frei aus und wird am freien Ende durch Träger 6a und 6b belastet mit

$$\frac{960 + 840}{2} = 900^{kg}.$$

Biegungsmoment mit Bezug auf die Kippkante

$$M_1 = 900 \cdot 0,75 = 675\,^{mkg}.$$

Hierfür erforderlich $\qquad W = \dfrac{675 \cdot 100}{875} = 77,1\,^{cm^3}.$

Gewählt I Nr. 14 mit $W_x = 81,7\,^{cm^3}.$

Biegungsmoment mit Bezug auf die Frontmauermitte

$$M_2 = 675 + 900 \cdot 0,19 = 846\,^{mkg}.$$

Ist x die Länge des Trägers hinter dieser Drehachse, so fällt darauf eine Gegenlast von mindestens

$$x \cdot 0,80 \cdot 0,25 \cdot 1600^{kg} = 320\,x$$

mit einem Stabilitätsmoment von

$$M_3 = 320\,x \cdot \frac{x}{2} = 160\,x^2.$$

Aus der Beziehung $M_3 = M_2$, also $160\,x^2 = 846$, folgt

$$x = \sqrt{\frac{846}{160}} = \sqrt{5,29} = 2,30^m.$$

Ganze Trägerlänge daher $2,30 + 0,19 + 0,75 = $ rd. $3,25^m.$

Träger 7b ladet $0,75^m$ frei aus und wird am freien Ende durch Träger 6b belastet mit

$$^1/_2 \cdot 840^{kg} = 420^{kg}.$$

Biegungsmoment mit Bezug auf die Kippkante

$$M_1 = 420 \cdot 0,75 = 315\,^{mkg}.$$

Erforderlich $\qquad W = \dfrac{315 \cdot 100}{875} = 36\,^{cm^3}.$

Gewählt I Nr. 11 mit $W_x = 43,3\,^{cm^3}.$

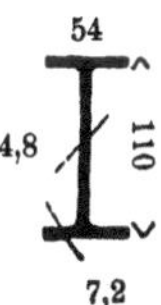

Biegungsmoment mit Bezug auf die Frontmauermitte

$$M_2 = 315 + 420 \cdot 0{,}19 = 395 \,^{\text{mkg}}.$$

Für die dahinter liegende Trägerlänge x ergibt sich (entsprechend wie bei 7a) aus

$$160\,x^2 = 395$$

$$x = \sqrt{\frac{395}{160}} = \sqrt{2{,}47} = 1{,}57\,^{\text{m}}.$$

Ganze Trägerlänge daher $1{,}57 + 0{,}19 + 0{,}75 = \text{rd. } 2{,}55\,^{\text{m}}.$

———

Träger 8a. Freilänge $4{,}28\,^{\text{m}}$. Die Belastung beträgt

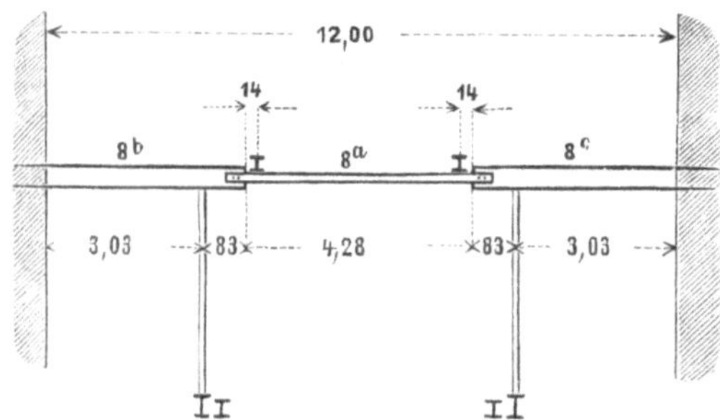

1) durch die von Unterkante Träger ab $2{,}50\,^{\text{m}}$ hohe, $0{,}25\,^{\text{m}}$ starke Blendwand mit Oberlicht-Sprossen und Wellblech

$$4{,}28 \cdot \left\{ 2{,}50 \cdot 0{,}25 \cdot 1600\,^{\text{kg}} + \frac{1{,}30}{2} \cdot 125\,^{\text{kg}} + \frac{1{,}50}{2} \cdot 80\,^{\text{kg}} \right\}$$

$$= 4{,}28 \cdot 1141\,^{\text{kg}} = 4883\,^{\text{kg}}$$

davon ab die Öffnung zur Reinigung des Daches

$$1{,}0 \cdot 1{,}0 \cdot 0{,}25 \cdot 1600\,^{\text{kg}} = \underline{400\, \text{„}} \qquad = 4483\,^{\text{kg}},$$

2) $0{,}14\,^{\text{m}}$ vom Ende A durch Tr. 5 $\quad . = 2273\,^{\text{kg}}$

dazu (übertragen von der Blendwand) durch Tr. 4a . . . . . $= \underline{450\,^{\text{kg}}} \quad = 2723\,\text{„}$

3) $0{,}14\,^{\text{m}}$ vom Ende B durch Tr. 5 u. 4b

$$2273\,^{\text{kg}} + 245\,^{\text{kg}} \quad . \; . \; . \; . \; . = \underline{2518\,\text{„}}$$

zus. $9724\,^{\text{kg}}.$

Auflagerdruck

$$A = \frac{4483\,^{\text{kg}}}{2} + \frac{1}{4{,}28} \cdot (2723 \cdot 4{,}14 + 2518 \cdot 0{,}14) = 4958\,^{\text{kg}},$$

$$B = 9724 - 4958 \quad . \; . \; . \; . \; . \; . \; . \; . \; . \; . = 4766\,^{\text{kg}}.$$

Da $4958 - 2723 = 2235\,^{\text{kg}}$, so ist erforderlich

$$W = \frac{2723 \cdot 14}{875} + \frac{2235^2 \cdot 428}{2 \cdot 875 \cdot 4483} = 316\,^{\text{cm}^3}.$$

[Oder: Der Bruchquerschnitt liegt von A entfernt um

$$x = \frac{2235}{4483 : 428} = 213{,}4^{\,\mathrm{cm}}, \quad \text{also erforderlich}$$

$$W = \frac{2723 \cdot 14}{875} + \frac{2235 \cdot 213{,}4}{2 \cdot 875} = 316^{\,\mathrm{cm^3}}.]$$

Gewählt zwei $\mathsf{[}$ Nr. 20 mit $W_x = 2 \cdot 191 = 382^{\,\mathrm{cm^3}}$.

Träger 8b. Der Träger liegt zwischen Wand und Eisenstütze 3,03 m frei und ladet 0,83 m frei aus (s. vorst. Skizze). Die Belastung beträgt (vrgl. Tr. 8a)

1) auf der letzteren Strecke $0{,}83 \cdot 1141^{\,\mathrm{kg}}$ . . . $= 947^{\,\mathrm{kg}}$,
2) am freien Ende durch Tr. 8a . . . . . $A = 4958$ „
3) auf 3,03 m $\quad 3{,}03 \cdot 1141^{\,\mathrm{kg}} - 400^{\,\mathrm{kg}}$ . . . . $= 3057$ „

zus. 8962 kg.

Biegungsmoment oberhalb der Eisenstütze aus Last 1) und 2)

$$M_1 = \left(\frac{947}{2} + 4958\right) \cdot 0{,}83 = 4508^{\,\mathrm{mkg}},$$

statisches Moment der Belastung 3) mit Bezug auf die Stütze

$$M_2 = 3057 \cdot 1{,}515 = 4631^{\,\mathrm{mkg}}.$$

Wandauflagerdruck $\dfrac{4631 - 4508}{3{,}03} = 41^{\,\mathrm{kg}}$.

Druck auf die Eisenstütze $8962 - 41 = 8921^{\,\mathrm{kg}}$.

Erforderlich $\qquad W = \dfrac{4508 \cdot 100}{875} = 515^{\,\mathrm{cm^3}}$.

Gewählt zwei $\mathsf{[}$ Nr. 24 mit $W_x = 2 \cdot 300 = 600^{\,\mathrm{cm^3}}$.

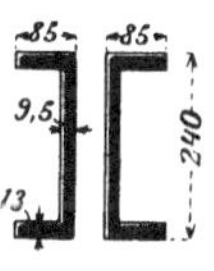

Träger 8c. Freilänge wie bei Träger 8b. Belastung

1) auf 0,83 m durch Blendwand und Wellblech

$$0{,}83 \cdot \left\{2{,}50 \cdot 0{,}25 \cdot 1600^{\,\mathrm{kg}} + \frac{2{,}60}{2} \cdot 125^{\,\mathrm{kg}} + \frac{1{,}50}{2} \cdot 80^{\,\mathrm{kg}}\right\}$$
$$= 0{,}83 \cdot 1222{,}5^{\,\mathrm{kg}} \quad \ldots \ldots \ldots = 1015^{\,\mathrm{kg}},$$

2) am freien Ende durch Tr. 8a . . . . . $B = 4766$ „
3) auf 3,03 m $\quad 3{,}03 \cdot 1222{,}5^{\,\mathrm{kg}} - 400^{\,\mathrm{kg}}$ . . . . $= 3304$ „

zus. 9085 kg.

Biegungsmoment oberhalb der Eisenstütze aus Last 1) und 2)

$$M_1 = \left(\frac{1015}{2} + 4766\right) \cdot 0{,}83 = 4377^{\,\mathrm{mkg}},$$

statisches Moment der Belastung 3) mit Bezug auf die Stütze

$$M_2 = 3304 \cdot 1{,}515 = 5006^{\,\mathrm{mkg}}.$$

Wandauflagerdruck $\dfrac{5006 - 4377}{3,03} = 208^{\,kg}$.

Druck auf die Eisenstütze $9085 - 208 = 8877^{\,kg}$.

Erforderlich $W = \dfrac{4377 \cdot 100}{875} = 500^{\,cm^3}$.

Gewählt (wie für Tr. 8 b) zwei C Nr. 24 mit $W_x = 600^{\,cm^3}$.

Für die Wandauflager der Träger 8 b und 8 c aus konstruktiven Gründen eine Auflagerplatte $25^{\,cm} \cdot 25^{\,cm}$.

Die meist belastete der beiden schmiedeisernen Stützen hat eine Belastung von $8921^{\,kg}$ (s. Tr. 8 b), mit dem Eigengewicht der Stütze zus. rund $9^{\,t}$. Bei $3,90^{\,m}$ freier Höhe ist erforderlich

$$T_{min} = 3 \cdot 9^{\,t} \cdot 3,9^2 = 411^{\,cm^4}$$

und $\qquad F = \dfrac{9000}{875} = 10,3^{\,qcm}$.

Gewählt zwei C Nr. 10 mit $z = 45^{\,mm}$ Rückenabstand, dabei

$$F = 2 \cdot 13,5 = 27^{\,qcm}, \qquad T_x = 2 \cdot 206 = 412^{\,cm^4},$$

und für die senkrechte Mittelachse des Profils (s. Skizze)

$$T_z = 2 \cdot \left[T_y + F \cdot \left(x + \frac{z}{2} \right)^2 \right] = 2 \cdot [29,3 + 13,5 \cdot (1,55 + 2,25)^2] = 448^{\,cm^4}.$$

Durch zwei $4,5^{\,cm}$ starke Füllstücke in Höhen-Abständen von $1,3^{\,m}$ wird der Abstand der C-Eisen genügend gewahrt, da

$$3 \cdot \frac{9^{\,t}}{2} \cdot 1,3^2 = 22,8^{\,cm^4}, \quad \text{also kleiner als } T_y = 29,3^{\,cm^4}.$$

[Nach der Tafel der C-Eisen im fünften Abschnitt ist der kleinste hier zulässige Rückenabstand $z = 41,4^{\,mm}$.]

Das Gesamtgewicht der Decke über dem I. Geschoss (mit dem Fussboden des photographischen Ateliers) ist mit $500^{\,kg/qm}$, für Balken, Träger, die dünnen Rabitzwände und die Verkehrslast zusammen, reichlich bemessen.

Träger 9a. Freilänge $8,42^{\,m}$. Belastung nur durch $4,28 + 2 \cdot 0,83 = 5,94^{\,m}$ lange Holzbalken gleichmässig mit

$$8,42 \cdot \frac{5,94}{2} \cdot 500^{\,kg} = 8,42 \cdot 1485^{\,kg} = 12504^{\,kg}.$$

Erforderlich $W = \dfrac{12504 \cdot 842}{8 \cdot 875} = 1504^{\,cm^3}$.

Gewählt I Nr. $42^{1}/_{2}$ mit $W_x = 1739^{\,cm^3}$.

Die beiden Träger 9a gehen nach der Hofseite durch die Frontmauer und laden über diese noch 0,60 m frei aus, behufs Aufnahme der Träger 10a, b, c.

Träger 9b. Freilänge 8,42 m. Belastung

1) durch Holzbalken (s. unten) gleichmässig mit

$$8,42 \cdot \frac{3,03}{2} \cdot 500^{kg} = 8,42 \cdot 757,5^{kg} \quad . \quad . = 6378^{kg},$$

2) 2,60 m vom Auflager A durch eine eiserne Stütze (s. S. 144) mit rund 9 t . . . . . $= 9000\ _{\text{„}}$

zus. 15378 kg.

$$\text{Auflagerdruck } B = \frac{6378^{kg}}{2} + \frac{2,60}{8,42} \cdot 9000 = 5968^{kg},$$

$$A = 15378 - 5968 \quad . \quad . = 9410^{kg}.$$

Da $2,60 \cdot 757,5^{kg} = 1970^{kg}$ und $9410 - 1970 = 7440^{kg}$, so ist erforderlich

$$W = \frac{1970 \cdot 130 + 7440 \cdot 260}{875} = 2503^{cm^3}.$$

Gewählt $\mathbf{I}$ Nr. 50 mit $W_x = 2750^{cm^3}$.

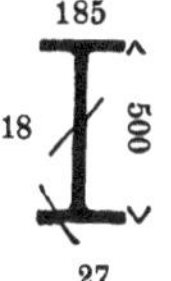

Gemeinsame Auflagerplatten für Tr. 9a und 9b von $38 \cdot 38 = 1444^{qcm}$; grösste Druck-Übertragung für

$$\frac{12504}{2} + 9410 = 15662^{kg}\ \text{also}$$

$15662 : 1444 = 10,8^{kg}/_{qcm}.$

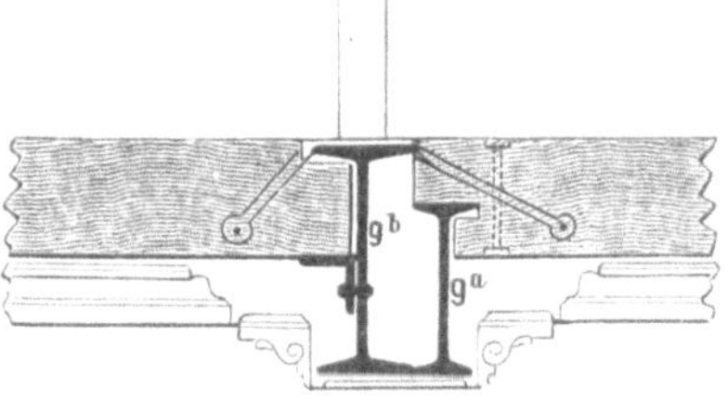

Behufs Auflagerung der Balken ist an Träger 9b ein Winkeleisen befestigt. Im übrigen ist die Konstruktion aus der vorstehenden Skizze ersichtlich. Zur Sicherung gegen Abrutschen (und gegen Drehbestreben der Träger wegen einseitiger Belastung) wird jeder Balken beiderseitig verankert. Der senkrechte Bolzen neben dem Tr. 9a soll das Aufspalten des Balkens verhüten.

Holzbalken. Freilänge 5,94 m. Teilung $(8,42 - 0,22) : 8 = 1,03$ m. Belastung $5,94 \cdot 1,03 \cdot 500^{kg} = 3059^{kg}.$

Erforderlich $\qquad W = \dfrac{3059 \cdot 594}{8 \cdot 80} = 2839^{cm^3}.$

Gewählt Normalprofil 22/28 cm mit $W = \dfrac{22 \cdot 28^2}{6} = 2875^{cm^3}.$

Für die nur 3,03 m frei liegenden Balken dasselbe Profil.

Träger 10a (Hoffront). Freilänge 5,94^{m}. Belastung durch das aus Wellblech konstruierte, mit Geländer versehene Gesims, dessen Gewicht bei gelegentlichem Begehen durch eine Person (behufs Reinigung der Glaswand) mit 500$^{\mathrm{kg}}/_{\mathrm{qm}}$ sehr reichlich bemessen ist.

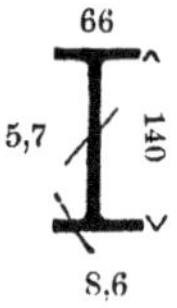

Daher $5{,}94 \cdot \dfrac{0{,}60}{2} \cdot 500^{\mathrm{kg}} = 5{,}94 \cdot 150^{\mathrm{kg}} = 891^{\mathrm{kg}}.$

Erforderlich $W = \dfrac{891 \cdot 594}{8 \cdot 875} = 75{,}6^{\mathrm{cm^3}}.$

Gewählt I Nr. 14 mit $W_x = 81{,}7^{\mathrm{cm^3}}.$

Träger 10b. Freilänge 3,22^{m}. Belastung

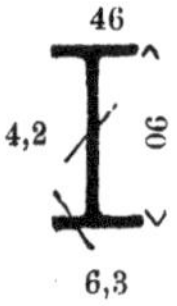

$3{,}22 \cdot \dfrac{0{,}60}{2} \cdot 500^{\mathrm{kg}} = 3{,}22 \cdot 150^{\mathrm{kg}} = 483^{\mathrm{kg}}.$

Erforderlich $W = \dfrac{483 \cdot 322}{8 \cdot 875} = 22{,}2^{\mathrm{cm^3}}.$

Gewählt I Nr. 9 mit $W_x = 25{,}9^{\mathrm{cm^3}}.$

Träger 10c. Freilänge 2,00^{m}. Profil wie Träger 10b.

Träger 11 ladet 0,60^{m} frei aus und wird am freien Ende durch Träger 10b belastet mit $^1/_2 \cdot 483^{\mathrm{kg}} = $ rd. 242^{kg}.

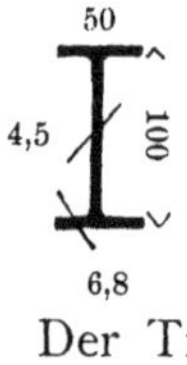

Erforderlich $W = \dfrac{242 \cdot 60}{875} = 16{,}6^{\mathrm{cm^3}}.$

Gewählt I Nr. 10 mit $W_x = 34{,}1^{\mathrm{cm^3}}.$

Der Träger wird 0,80^{m} tief in das massive Mauerwerk eingeführt, wodurch eine genügende Gegenlast beschafft wird.

Träger 12 (Erkeröffnung in der Südfront, s. f. S.). Freilänge 5,44^{m}. Belastung durch Mauerwerk und das Erkerdach mit

$$5{,}44 \cdot \left\{[1{,}50 \cdot 0{,}52 + 4{,}20 \cdot 0{,}39 + 0{,}80 \cdot 0{,}26] \cdot 1600^{\mathrm{kg}} + \dfrac{1{,}30}{2} \cdot 250^{\mathrm{kg}}\right\}$$

$$= 5{,}44 \cdot 4364^{\mathrm{kg}} \quad . = 23\,740^{\mathrm{kg}},$$

ab Öffnungen $2 \cdot 1{,}40 \cdot 2{,}20 \cdot 0{,}39 \cdot 1600^{\mathrm{kg}} = \quad 3\,844 \quad \text{„}$

$$= 19\,896^{\mathrm{kg}},$$

dazu durch die Träger 4a, 4b und 5

$763^{\mathrm{kg}} + 725^{\mathrm{kg}} + 2 \cdot 1566^{\mathrm{kg}} \quad . \quad . \quad . = \quad 4\,620 \text{ „}$

zus. $24\,516^{\mathrm{kg}}.$

Erforderlich $\quad W = \dfrac{24516 \cdot 544}{8 \cdot 875} = 1905\,^{\mathrm{cm^3}}.$

Gewählt drei Trägern I Nr. 30 mit

$$W_x = 3 \cdot 652 = 1956\,^{\mathrm{cm^3}}.$$

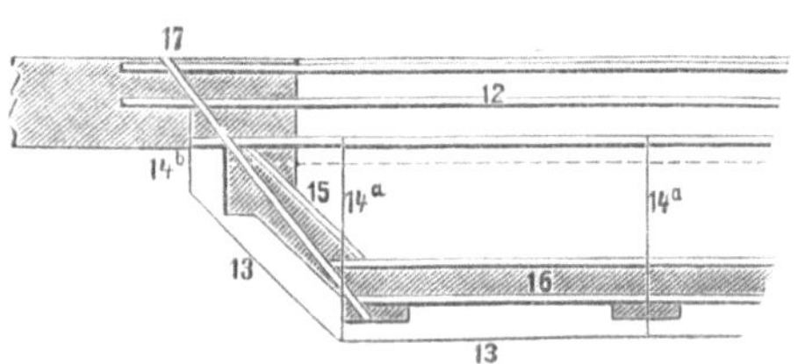

Die Träger werden beiderseits 1^{m} tief eingemauert, zur Überdeckung der ausladenden Träger 17 des oberen Erkerabschlusses. Auflagerplatten $51^{\mathrm{cm}} \cdot 25^{\mathrm{cm}}$.

Die obere Konstruktion des Erkers, aus den Hauptträgern 16, 17 und den Hilfsträgern 13, 14, 15 bestehend, dient dazu, das Erkermauerwerk auch am oberen Endpunkt in feste Verbindung mit dem Frontmauerwerk zu bringen und die wagerechten Kräfte (Winddruck) genügend zu verteilen. [Die vielfach übliche Verbindung der oberen und unteren Erker-Konstruktion durch lotrechte Anker ist von nur zweifelhaftem Wert, da sie (wegen der Durchbrechung des Mauerwerk-Verbandes und wegen der Längenänderungen durch Temperaturschwankungen) der beabsichtigten festeren Vereinigung beider Konstruktionen eher hinderlich als förderlich ist.]

Träger 13. Grösste Freilänge $2{,}35^{\mathrm{m}}$. Die Träger sind bestimmt, das $0{,}50^{\mathrm{m}}$ frei ausladende Gesims aus Holz und Stuck sicher zu befestigen.[1] Wird das Gewicht dieses Gesimses geschätzt wie $0{,}10^{\mathrm{m}}$ starkes Mauerwerk aus Vollziegeln, so ist die Meistbelastung

$$2{,}35 \cdot 0{,}50 \cdot 0{,}10 \cdot 1600^{\mathrm{kg}} = 2{,}35 \cdot 80^{\mathrm{kg}} = 188^{\mathrm{kg}}.$$

Erforderlich $\quad W = \dfrac{188 \cdot 235}{8 \cdot 875} = 6{,}3\,^{\mathrm{cm^3}}.$

Gewählt L $65 \cdot 65 \cdot 7^{\mathrm{mm}}$ mit

$$W_s = 33{,}4 : (6{,}5 - 1{,}85) = 7{,}2\,^{\mathrm{cm^3}}.$$

---

[1] Gewöhnlich wird man ein hölzernes Gesims durch hölzerne Knaggen befestigen und die dargestellte Anordnung nur in Verbindung mit Sprosseneisen zur Herstellung feuersicherer Gesimse anwenden.

Träger 14a. Bei 0,25^m Ausladung beträgt die grösste Belastung am freien Ende

$$2 \cdot \frac{188}{2} = 188^{\,kg}.$$

Erforderlich $W = \dfrac{188 \cdot 25}{875} = 5,4^{\,cm^3}.$

Gewählt ⌐ Nr. 6/6 mit

$$W_x = 23,8 : (6,0 - 1,66) = 5,5^{\,cm^3}.$$

Die Träger 14a tragen mit ihrem inneren Teil die angehängten Sparrenhölzer der Erkerdeckenschalung.

Träger 14b. Bei 0,50^m Ausladung Belastung am freien Ende mit

$$\frac{1,50}{2} \cdot 80^{\,kg} = 60^{\,kg}.$$

Erforderlich $W = \dfrac{60 \cdot 50}{875} = 3,4^{\,cm^3}.$

Gewählt ∟ 60 . 60 . 6^{mm} mit

$$W_s = 22,7 : (6,0 - 1,69) = 5,3^{\,cm^3}.$$

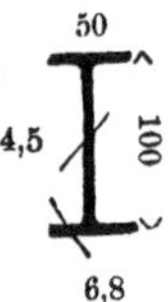

Träger 15 ist fast ohne Belastung und dient wesentlich nur zur Aussteifung.

Gewählt I Nr. 10.

Bei Ansatz der Belastung der Träger 16 wird das Erkerdach (profiliertes Kupferblech oder drgl. auf Schalung, darunter die leichte Holzdecke, dazwischen loses Füllmaterial) sehr reichlich gerechnet zu 250$^{kg}/_{qm}$ im Grundriss. Das leichte Gesims wird als darin enthalten angesehen.

Träger 16. Mittlere Freilänge 4,80^m. Belastung durch Aufmauerung in porigen Lochsteinen und das Dach mit höchstens

$$4,80 \cdot \left\{ 0,50 \cdot 0,52 \cdot 1100^{\,kg} + \left(0,52 + \frac{0,78}{2} \right) \cdot 250^{\,kg} \right\}$$
$$= 4,80 \cdot 513,5^{\,kg} = 2465^{\,kg}.$$

Erforderlich $W = \dfrac{2465 \cdot 480}{8 \cdot 875} = 169^{\,cm^3}.$

Gewählt zwei I Nr. 15 mit $W_x = 2 \cdot 97,9 = 195,8^{\,cm^3}.$

2 Stück.

Träger 17 ladet in schräger Richtung über den Risalit 1,40ᵐ frei aus. Die Belastung wird geschätzt

1) in Verbindung mit Träger 15

$$1,0 \cdot 0,50 \cdot 0,39 \cdot 1100^{\text{kg}} \quad . \quad . = 215^{\text{kg}}$$

$$+ 0,80 \cdot \frac{0,40 + 1,20}{2} \cdot 250^{\text{kg}} \quad . = 160 \text{ „} \quad = 375^{\text{kg}},$$

angreifend in etwa 0,50ᵐ Schwerpunkts-Abstand von der Risalitkante;

2) in 1,05ᵐ mittlerem Abstand von der Risalitkante

durch Träger 16 mit $\frac{2465}{2}$ = rd. . . . . 1233 „

zus. 1608ᵏᵍ.

Moment mit Bezug auf den Risalit, in schräger Richtung,

$$M_1 = 375 \cdot 0,50 + 1233 \cdot 1,05 = 1482^{\text{mkg}}.$$

Erforderlich $W = \dfrac{1482 \cdot 100}{875} = 169^{\text{cm}^3}.$

Gewählt I Nr. 19 mit $W_x = 185^{\text{cm}^3}.$

Biegungsmoment, senkrecht zur Front, mit Bezug auf eine 0,13ᵐ hinter der Risalitkante liegende Achse (d. i. mit Bezug auf die Bauflucht)

$$M_2 = 1482 \cdot \frac{1,14}{1,40} + 1608 \cdot 0,13 = 1416^{\text{mkg}}.$$

Wird von der Belastung $^1/_2 \cdot 24516 = 12258^{\text{kg}}$ durch Träger 12 nur ein Mindestbetrag von . . 9000ᵏᵍ, und von dem Auflagerdruck der Träger 9a und 9b, zus. $^1/_2 \cdot 12504 + 9410 = 15662^{\text{kg}}$, nur die Hälfte mit rd. . . . 8000 „

zus. 17000ᵏᵍ

gerechnet, so steht dem Biegungsmoment $M_2 = 1416^{\text{mkg}}$ ein Stabilitätsmoment von mindestens $M_3 = 17000 \cdot 0,26 = 4420^{\text{mkg}}$ gegenüber.

Eine Unterlagsplatte, bis zur Risalitkante reichend, von $38 \cdot 25 = 950^{\text{qcm}}$ genügt reichlich für Last und Gegenlast

$$\left(= 1608^{\text{kg}} + \frac{1416^{\text{mkg}}}{0,26^{\text{m}}} = 1608 + 5446 = 7054^{\text{kg}} \right).$$

Die Decke über dem Erdgeschoss soll unverbrennlich hergestellt werden. Die Lagerhölzer für den Fussboden sind auf schmiedeiserne Träger gelegt, die ihrerseits wieder von Trägern getragen werden. Unter dieses System wird eine 4ᶜᵐ starke

Rabitzdecke gespannt (Gipskalk = 1 Teil Gips mit 1 Teil Kalkmörtel unter Beimengung von Kuhhaaren, ein Drahtgewebe umhüllend); diese trägt ausser ihrem Eigengewicht eine Schüttung von 6 cm Sand und 20 cm (in dem äusseren Rahmen der Decke

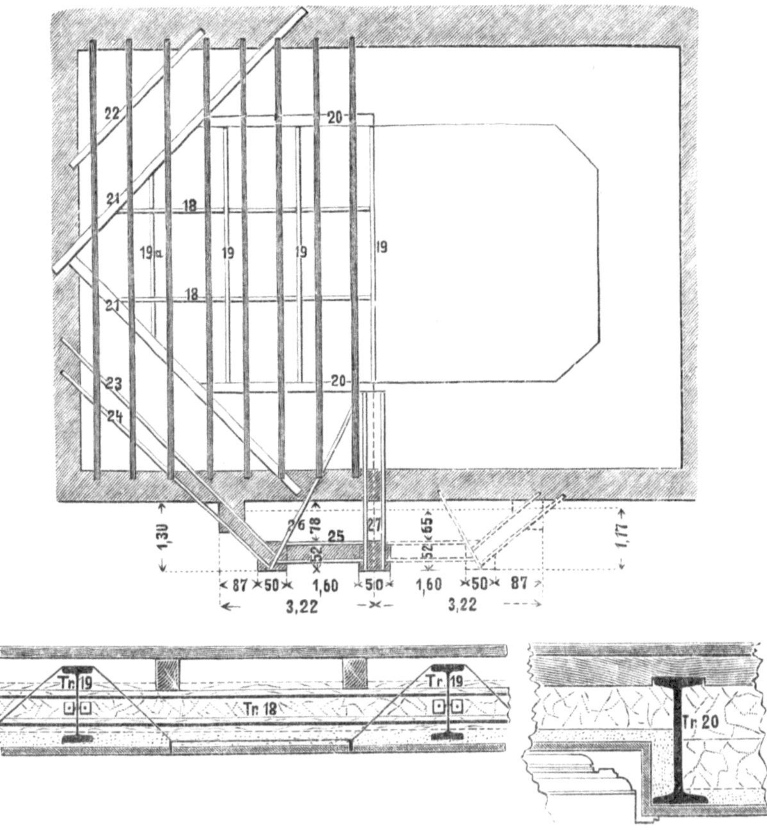

33 cm) Torfmull (Sand und Mull, durchaus trocken). Hierdurch wird alles Eisenwerk derartig isoliert, dass es dem Feuer weder mittelbar noch unmittelbar ausgesetzt ist. Auch wird das Wärmeleitungsvermögen sowie die Schalldurchlässigkeit in hohem Masse herabgemindert.

Das Gewicht der Rabitzdecke mit Schüttung beträgt auf 1 qm
1) Gipskalk (Gewicht 1500 kg/cbm) 4 cm und Sand 6 cm
(ebenso schwer) $[0,04 + 0,06] \cdot 1500$ kg . . . . . = 150 kg,
2) Torfmull bei 20 cm höchstens $0,20 \cdot 300$ kg . . . = 60 „

zus. 210 kg,
und in dem seitlichen Teil der Decke
$210 + 0,13 \cdot 300$ kg . . . . . = rd. 250 kg.

Die Rabitzdecke liegt höchstens $0{,}75^{\mathrm{m}}$ frei zwischen den Hängedrähten (in dem höheren Deckenrande nur $0{,}50^{\mathrm{m}}$). Die Belastung auf diese Freilänge beträgt auf 1^{m} Breite

$$Q = 0{,}75 \cdot 210 = 158^{\mathrm{kg}}.$$

Bei einem Widerstandsmoment auf 1^{m} Breite von

$$W = \frac{b h^2}{6} = \frac{100 \cdot 4^2}{6} \ \mathrm{cm}^3$$

beträgt daher die grösste Druckspannung in der Oberkante und die grösste Zugspannung in der Unterkante der Rabitzdecke

$$k = \frac{M}{W} = \frac{Q l}{8\,W} = \frac{158 \cdot 75 \cdot 6}{8 \cdot 100 \cdot 4^2} = 5{,}6 \ ^{\mathrm{kg}}/_{\mathrm{qcm}}.$$

Bezüglich der Druckbeanspruchung ist dies nach vorliegenden amtlichen Druckproben eine $\frac{160}{5{,}6} = 28{,}6$-fache Sicherheit. Auf die Zugfestigkeit des Gipskalks wird Verzicht geleistet, da die eingebetteten Drähte für die gesamte Zugspannung genügen. Auf das Feld eines Drahts kommt (bei 2^{cm} Maschenweite des Gewebes) eine Zugkraft von

$$2 \cdot \frac{4}{2} \cdot \frac{5{,}6}{2} = 11{,}2^{\mathrm{kg}}.$$

Die $1{,}2^{\mathrm{mm}}$ starken Drähte des Netzes genügen für

$$\frac{\pi}{4} \cdot 0{,}12^2 \cdot 1200 = 0{,}0113 \cdot 1200 = 13{,}6^{\mathrm{kg}},$$

da die zulässige Zugbeanspruchung des Eisendrahts $k = 1200\ ^{\mathrm{kg}}/_{\mathrm{qcm}}$.

Die Hängedrähte liegen in Abständen von $0{,}50^{\mathrm{m}}$. Auf einen Draht-Anschlusspunkt kommt daher eine grösste Belastung von

$$0{,}50 \cdot \frac{1{,}50}{2} \cdot 210^{\mathrm{kg}} = 79^{\mathrm{kg}},$$

da der Abstand der Träger 19 von Mitte zu Mitte $1{,}50^{\mathrm{m}}$ ist.

Träger 19 ist 26^{cm} hoch und seine Flanschbreite $11{,}3^{\mathrm{cm}}$ (s. f. S.). Da $\frac{150}{2 \cdot 2} - \frac{11{,}3}{2} = 31{,}85^{\mathrm{cm}}$, so ist die grösste in einem Hängedraht auftretende Zugkraft

$$\frac{\sqrt{31{,}85^2 + 26^2}}{26} \cdot 79 = \frac{41{,}1}{26} \cdot 79 = 125^{\mathrm{kg}}.$$

Bei 4^{mm} Stärke genügt der Draht für eine Zugkraft von

$$\frac{\pi}{4} \cdot 0{,}4^2 \cdot 1200 = 0{,}126 \cdot 1200 = 151^{\mathrm{kg}}.$$

Die Lagerhölzer $12/12^{\mathrm{cm}}$ liegen höchstens $1{,}72^{\mathrm{m}}$ frei. Ihre Belastung durch Eigengewicht und das Gewicht des $4{,}5^{\mathrm{cm}}$ starken Stabfussbodens beträgt auf 1^{qm} der Grundfläche

$$\left[\frac{0{,}12 \cdot 0{,}12}{0{,}75} + 0{,}045 \right] \cdot 650^{\mathrm{kg}} = 42^{\mathrm{kg}},$$

also einschliesslich Befestigungsknaggen und Nagelung rund   50 kg,
dazu Verkehrsbelastung . . . . 500 „

$$\text{zus. } 550 \text{ kg.}$$

Bei 0,75 m Abstand der Lagerhölzer von Mitte zu Mitte ist die Belastung für eine Freistrecke von 1,72 m Länge

$$1,72 . 0,75 . 550 \text{ kg} = 710 \text{ kg.}$$

Erforderlich $\qquad W = \dfrac{710 . 172}{8 . 60} = 254 \text{ cm}^3.$

Vorhanden bei einem Profil von 12/12 cm

$$W = \frac{12 . 12^2}{6} = 288 \text{ cm}^3.$$

Über den Trägern 20 und 21, deren Oberkante die Träger 18 um 2 cm überragt, sind die Lagerhölzer entsprechend eingekämmt.

Zwischenträger 18 (s. S. 150). Freilänge 1,50 m. Teilung 1,72 m.
Träger-Eigengewicht und Belastung durch die Lagerhölzer mit

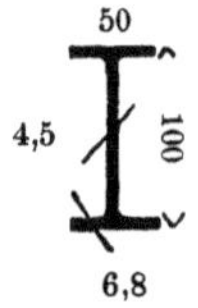

$$1,50 . [8,3 \text{ kg} + 1,72 . 550 \text{ kg}] = 1431 \text{ kg.}$$

Erforderlich $W = \dfrac{1431 . 150}{8 . 875} = 30,7 \text{ cm}^3.$

Gewählt I Nr. 10 mit $W_x = 34,1 \text{ cm}^3.$

Über den Trägern 19a, auf denen die Zwischenträger 18 unmittelbar aufliegen und noch 0,75 m darüber frei ausladen, ist aus konstruktiven Gründen I Nr. 15 statt I Nr. 10 zu wählen.

Träger 19. Freilänge 5,16 m. Teilung 1,50 m. Belastung

1) durch Träger-Eigengewicht und die angehängte Rabitzdecke mit
$$5,16 . [41,6 \text{ kg} + 1,50 . 210 \text{ kg}] = 5,16 . 356,6 \text{ kg} \quad . \quad = 1840 \text{ kg,}$$

2) in den Drittelpunkten, je 1,72 m vom Auflager, durch zwei Träger 18 mit je
$$2 . \frac{1431 \text{ kg}}{2} = 1431 \text{ kg,} \quad \text{also } 2 . 1431 = 2862 \text{ „}$$

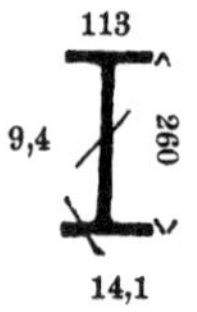

$$\text{zus. } 4702 \text{ kg.}$$

Erforderlich $W = \dfrac{1840 . 516}{8 . 875} + \dfrac{1431 . 172}{875} = 417 \text{ cm}^3.$

Gewählt I Nr. 26 mit $W_x = 441 \text{ cm}^3.$

Träger 19a. Die Träger liegen in Unterkante bündig mit den Trägern 20 und 21. Freilänge 3,16 m. Belastung

1) durch Eigengewicht und Gipskalkdecke mit

$$3,16 \cdot \left(47,6^{\,kg} + \frac{1,50}{2} \cdot 210^{\,kg}\right) \quad . \quad . \quad . \quad = 648^{\,kg}$$

$$+ \left(0,16 \cdot \frac{1,50}{2} + 3,0 \cdot \,^2/_3 \cdot \frac{1,50}{2}\right) \cdot 250^{\,kg} \;=\; 405\; \text{\textquotedbl} \quad = 1053^{\,kg},$$

2) in zwei Punkten, je 0,72 m vom Ende, durch Träger 18 ($\mathbf{I}$ Nr. 15) mit je

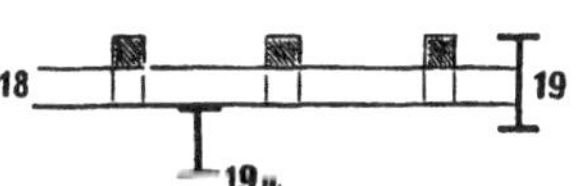

$$\left(\frac{1,50}{2} + 0,75\right) \cdot 15,9^{\,kg} \; . \; . \; . \; = \quad 24^{\,kg}$$

$$+ \, (1,72 + 1,205) \cdot 0,75 \cdot 550^{\,kg} \;=\; 794\; \text{\textquotedbl}$$

$$2 \cdot 818^{\,kg} = 1636\; \text{\textquotedbl}$$

zus. 2689 ^{kg}.

Erforderlich $W = \dfrac{1053 \cdot 316}{8 \cdot 875} + \dfrac{818 \cdot 72}{875} = 115^{\,cm^3}.$

Gewählt (aus konstruktiven Gründen)
$\mathbf{I}$ Nr. 28 mit $W_x = 541^{\,cm^3}.$

Träger 20. Freilänge 7,00 m (zwischen den Trägern 21).
Die Belastung beträgt

1) durch Eigengewicht, Gipskalkdecke und Lagerhölzer

$$7,0 \cdot \left\{115^{\,kg} + \frac{1,50}{2} \cdot 250^{\,kg} + \frac{1,72 + 1,50}{2} \cdot 550^{\,kg}\right\}$$

$$= 7,0 \cdot 1188^{\,kg} \quad . \quad . \quad . \quad . \quad . \quad = \; 8316^{\,kg},$$

2) je 0,50 m und 2,00 m vom Auflager und in der Mitte durch fünf Träger 19 mit je $^1/_2 \cdot 4702 =$ 2351 ^{kg}, $5 \cdot 2351$ . . . . $= 11755\; \text{\textquotedbl}$

zus. 20071 ^{kg}.

Erforderlich

$$W = \frac{8316 \cdot 700}{8 \cdot 875} + \frac{2351 \cdot (50 + 200 + \,^1/_2 \cdot 350)}{875} = 1973^{\,cm^3}.$$

Gewählt $\mathbf{I}$ Nr. 45 mit $W_x = 2040^{\,cm^3}.$

Dasselbe Profil wird für den durch die Erkerkonstruktion entlasteten Träger 20 gewählt.

Träger 21. Freilänge $5{,}66^{\mathrm{m}}$ $(= 4{,}0 \cdot \sqrt{2})$. Belastung

1) durch Eigengewicht $5{,}66 \cdot 115^{\mathrm{kg}}$ . . . . $=\ \ 651^{\mathrm{kg}}$,

2) durch Gipskalkdecke und Lagerhölzer mit rund

$$4{,}0 \cdot \frac{1{,}80}{2} \cdot (250^{\mathrm{kg}} + 550^{\mathrm{kg}}) \ . \ . \ . = 2880 \ \text{„}$$

3) $2{,}12^{\mathrm{m}}$ $(= 1{,}5 \cdot \sqrt{2})$ vom Auflager A durch Träger 19a mit $^{1}/_{2} \cdot 2689$ . . . . $= 1345 \ \text{„}$

4) $2{,}12^{\mathrm{m}}$ $(= 1{,}5 \cdot \sqrt{2})$ vom Auflager B durch Träger 20 mit $^{1}/_{2} \cdot 20071$ . . . . $= 10036 \ \text{„}$

$$\text{zus. } 14912^{\mathrm{kg}}.$$

Auflagerdruck

$$A = \frac{651 + 2880}{2} + \frac{1}{4{,}00} \cdot \left\{ 1345 \cdot 2{,}50 + 10036 \cdot 1{,}50 \right\} = 6370^{\mathrm{kg}},$$

$$B = 14912 - 6370 \ . \ . \ . \ . \ . \ . \ . \ . \ . \ . = 8542^{\mathrm{kg}}.$$

Da $\dfrac{1{,}5}{4{,}0} \cdot (651 + 2880) = 1324^{\mathrm{kg}}$ und $8542 - 1324 = 7218^{\mathrm{kg}}$,

so ist erforderlich

$$W = \frac{(7218 + {}^{1}/_{2} \cdot 1324) \cdot 212}{875} = 1909^{\mathrm{cm^3}}.$$

Gewählt $\mathbf{I}$ Nr. 45 mit $W_x = 2040^{\mathrm{cm^3}}$.

Auflagerplatten $25^{\mathrm{cm}} \cdot 38^{\mathrm{cm}}$.

Träger 22. Freilänge $3{,}11^{\mathrm{m}}$ $(= 2{,}20 \ \sqrt{2})$. Belastung

1) durch Eigengewicht $3{,}11^{\mathrm{m}} \cdot 17{,}8^{\mathrm{kg}}$ . . . . . $=\ \ 55^{\mathrm{kg}}$,

2) durch Gipskalkdecke und Lagerhölzer mit

$$2{,}20 \cdot \left(\frac{1{,}80}{2} + \frac{2{,}20}{2 \cdot 2} \right) (250^{\mathrm{kg}} + 550^{\mathrm{kg}}) \ . \ . = 2525 \ \text{„}$$

$$\text{zus. } 2580^{\mathrm{kg}}.$$

Erforderlich $W = \dfrac{2580 \cdot 311}{8 \cdot 875} = 114{,}6^{\mathrm{cm^3}}.$

Gewählt $\mathbf{I}$ Nr. 16 mit $W_x = 117^{\mathrm{cm^3}}$.

Träger 23. Der Träger liegt, wie Träger 22, im Inneren $3{,}11^{\mathrm{m}}$ frei, durchschneidet die Frontmauer und ladet über den Risalit noch $1{,}40^{\mathrm{m}}$ frei aus. Im Inneren ist die Belastung (wegen des Trägers 24) geringer als die des Trägers 22. Die Aussenlast durch das Erkermauerwerk aus porigen Lochsteinen beträgt

$$1,40 \cdot 6,00 \cdot \frac{0,39}{2} \cdot 1100^{\text{kg}} = 1,40 \cdot 1287^{\text{kg}} \quad . \quad = 1802^{\text{kg}}$$

$+$ (auf die äusseren 0,30 m) $0,25 \cdot \dfrac{0,13}{2} \cdot 6,0 \cdot 1100^{\text{kg}} = \quad 107$ „

und durch die untere Erkerschale mit weniger als

$$0,90 \cdot \frac{0,78}{2} \cdot 1000^{\text{kg}} . \quad . \quad . \quad . \quad = \quad 351 \text{ „}$$

zus. 2260^{kg}.

Biegungsmoment mit Bezug auf die Risalitkante

$$M = (1802 + 351) \cdot 0,70 + 107 \cdot \left(1,40 - \frac{0,30}{2}\right) = 1641^{\text{mkg}}.$$

Erforderlich $W = \dfrac{1641 \cdot 100}{875} = 188^{\text{cm}^3}.$

Gewählt (w. f. Tr. 24) $\mathbf{I}$ Nr. 23 mit $W_x = 314^{\text{cm}^3}.$

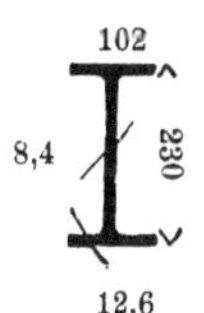

Träger 24. Der äussere Teil ladet 1,92 m frei aus. Eine Strecke von 0,40 m zunächst der Frontmauer liegt unbelastet im Gesims eingehüllt. Darüber hinaus beträgt die Belastung

$$1,52 \cdot 6,00 \cdot \frac{0,39}{2} \cdot 1100^{\text{kg}} = 1,52 \cdot 1287^{\text{kg}} \quad . \quad . \quad . \quad = 1956^{\text{kg}},$$

hierzu (vrgl. Tr. 23) $2 . 107^{\text{kg}} \quad . \quad . \quad . \quad . \quad . \quad . \quad = \quad 214$ „

zus. 2170^{kg}.

Biegungsmoment mit Bezug auf die Kippkante

$$M = 2170 \cdot \left(0,40 + \frac{1,52}{2}\right) = 2517^{\text{mkg}}.$$

Erforderlich $W = \dfrac{2517 \cdot 100}{875} = 288^{\text{cm}^3}.$

Gewählt $\mathbf{I}$ Nr. 23 mit $W_x = 314^{\text{cm}^3}.$

Im Inneren reicht der Träger, wie Tr. 23, bis zur Querwand.

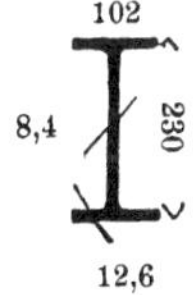

Träger 25 (untere Erker-Konstruktion, s. S. 150). Der äussere der beiden Träger von 1,60 m Freilänge wird belastet mit

$$1,60 \cdot 1,80 \cdot \frac{0,39}{2} \cdot 1100^{\text{kg}} \quad . \quad . \quad . \quad . \quad = \quad 618^{\text{kg}},$$

der innere mit

$$618^{\text{kg}} + 1,60 \cdot \frac{0,78}{2} \cdot 1000^{\text{kg}} \quad . \quad . \quad . \quad = 1242^{\text{kg}}.$$

Erforderlich für den inneren Träger

$$W = \frac{1242 \cdot 160}{8 \cdot 875} = 28,4^{\text{cm}^3}.$$

Gewählt für beide Träger $\mathbf{I}$ Nr. 10 mit $W_x = 34,1^{\text{cm}^3}.$

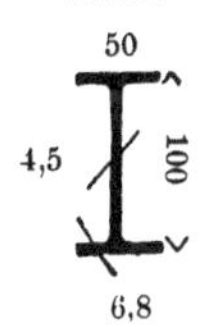

Träger 26. Der Träger ladet in schräger Richtung $1{,}46^{\mathrm{m}}$ frei aus (in gerader Richtung $1{,}30^{\mathrm{m}}$). Die Belastung wird angesetzt:

1) obgleich schon in der Belastung der Träger 23 und 24 enthalten

$$0{,}25 \cdot \left\{ 6{,}0 \cdot 0{,}52 \cdot 1100^{\mathrm{kg}} + \frac{0{,}78}{2} \cdot 1000^{\mathrm{kg}} \right\} . \quad = \quad 956^{\mathrm{kg}},$$

2) vom Erkerfenstersturz (durch drei Träger I Nr. 8 übertragen)

$$\frac{1{,}60}{2} \cdot 0{,}50 \cdot 0{,}52 \cdot 1100^{\mathrm{kg}} \ . \ . \ . \ . \quad = \quad 229 \ _{,,}$$

3) durch Träger 25 $\quad {}^1\!/_2 . (618 + 1242) \ . \ . \ . \ . \quad \underline{= \quad 930 \ _{,,}}$

$$\text{zus. } 2115^{\mathrm{kg}}.$$

Bei $1{,}16^{\mathrm{m}}$ Schwerpunkts-Abstand ist das Biegungsmoment mit Bezug auf die Kippkante

$$M_1 = 2115 . 1{,}16 = 2453^{\mathrm{mkg}}.$$

$$\text{Erforderlich } W = \frac{2453 . 100}{875} = 280^{\mathrm{cm}^3}.$$

$$\text{Gewählt } \mathsf{I} \text{ Nr. 22 mit } W_x = 278^{\mathrm{cm}^3}.$$

Gerades Biegungsmoment mit Bezug auf die Frontmauermitte

$$M_2 = 2115 \cdot \left(1{,}04 + \frac{0{,}65}{2} \right) = 2887^{\mathrm{mkg}}.$$

Dem Träger 20 ist eine Gegenlast zu entnehmen von

$$\frac{2887}{0{,}325 + 1{,}50} = 1582^{\mathrm{kg}}.$$

Daher Druck auf die Frontmauer $2115 + 1582 = 3697^{\mathrm{kg}}.$

Träger 27. Die beiden Träger laden $1{,}30^{\mathrm{m}}$ frei aus und werden belastet, wie Träger 26, mit je 2115^{kg}.

Biegungsmoment eines Trägers mit Bezug auf die Kippkante

$$M = 2115 . 1{,}04 = 2200^{\mathrm{mkg}}.$$

$$\text{Erforderlich } W = \frac{2200 . 100}{875} = 251^{\mathrm{cm}^3}.$$

$$\text{Gewählt } \mathsf{I} \text{ Nr. 22 mit } W_x = 278^{\mathrm{cm}^3}.$$

Gegenlast vom Träger 20 wie bei Träger 26, derselbe Druck auf die Frontmauer.

Der Gesimsrahmen kann bezüglich der Anordnung und der gewählten Profile dem Rahmen am Erkerdach entsprechen.

Träger 28 im Erdgeschoss, über den Fensteröffnungen unter dem Erker. Freilänge 1,60 m. Belastung

1) $1,60 \cdot \left\{ 1,60 \cdot 0,65 \cdot 1600^{\,kg} + \dfrac{1,50}{2} \cdot 800^{\,kg} + \dfrac{0,78}{2} \cdot 1000^{\,kg} \right\}$

$$= 1,60 \cdot 2654^{\,kg} = 4246^{\,kg},$$

2) 1,10 m vom Auflager A durch Träger 26 . . $= 3697$ „

3) 0,40 m von demselben Auflager durch Tr. 21 $= 8542$ „

$$\text{zus. } 16485^{\,kg}.$$

Auflagerdruck

$$B = \frac{4246}{2} + \frac{1}{1,60} \cdot (3697 \cdot 1,10 + 8542 \cdot 0,40) = 6800^{\,kg},$$

$$A = 16485 - 6800 \ldots \ldots \ldots \ldots = 9685^{\,kg}.$$

Da $9685 - 0,40 \cdot 2654 = 9685 - 1062 = 8623^{\,kg}$, so ist erforderlich

$$W = \frac{1062 \cdot 20 + 8623 \cdot 40}{875} = 418^{\,cm^3}.$$

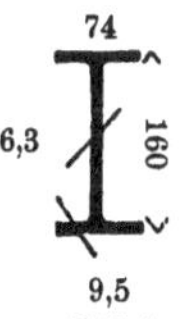

Gewählt vier Träger I Nr. 16 mit

$$W_x = 4 \cdot 117 = 468^{\,cm^3}.$$

Auflagerplatten 64 cm . 25 cm.

Träger 29 im Erdgeschoss, über der Verbindungs-Öffnung mit den Restaurationsräumen. Freilänge 5,25 m. Belastung

1) $5,25 \cdot [2,30 \cdot 0,52 + (2,88 + 2 \cdot 4,20) \cdot 0,39 + \sim 3,0 \cdot 0,39] \cdot 1600^{\,kg}$

$$= 5,25 \cdot 10200^{\,kg} = 53550^{\,kg},$$

2) 1,40 m vom Auflager A durch Träger 24 mit

$$\left(\frac{1,75}{2} \cdot \frac{\sim 0,60}{2} + {}^2/_3 \cdot 1,75 \cdot \frac{1,50}{2 \cdot 2} \right) \cdot (250^{\,kg} + 550^{\,kg}) = \qquad 560 \text{ „}$$

3) 2,10 m vom Auflager A durch Träger 23 mit

$$\frac{2,20}{2} \cdot \frac{1,80 + \sim 0,60}{2} \cdot (250^{\,kg} + 550^{\,kg}) = \quad 1056 \text{ „}$$

4) etwa 3,95 m vom Auflager A durch Tr. 21 mit

$$2 \cdot 6370^{\,kg} \ldots \ldots \ldots = 12740 \text{ „}$$

$$\text{zus. } 67906^{\,kg}.$$

Obgleich die Belastungen 2), 3) und 4) wegen der hohen Untermauerung als gleichmässig verteilt gerechnet werden könnten, wird doch zur grösseren Sicherheit gerechnet: Auflagerdruck

$$B = \frac{53550}{2} + \frac{1}{5,25} \cdot (560 \cdot 1,40 + 1056 \cdot 2,10 + 12740 \cdot 3,95) = 36932^{\,kg},$$

$$A = 67906 - 36932 \ldots \ldots \ldots \ldots \ldots = 30974^{\,kg}.$$

Da $36\,932 - 12\,740 = 24\,192^{\,kg}$, so liegt der Bruchquerschnitt von B entfernt um

$$x = \frac{24\,192}{53\,550 : 525} = \frac{24\,192}{102} = 237,2^{\,cm}.$$

Erforderlich $W = \dfrac{12\,740 \cdot 130}{875} + \dfrac{24\,192 \cdot 237,2}{2 \cdot 875} = 5172^{\,cm^3}.$

(Bei gleichmässig verteilter Belastung ergibt sich

$$W = \frac{67\,906 \cdot 525}{8 \cdot 875} = 5093^{\,cm^3}.)$$

Gewählt drei Träger $\mathbf{I}$ Nr. $42^{1}/_{2}$ mit

$$W_x = 3 \cdot 1739 = 5217^{\,cm^3}.$$

Auflagerplatten von $51 \cdot 64 = 3264^{\,qcm}$ übertragen einen Druck von $36\,932 : 3264 = $ rd. $11^{\,kg}/_{qcm}.$

Decke des Kellergeschosses. Gesamtbelastung $1000^{\,kg}/_{qm}$, s. die nähere Angabe vor Träger 90.

Träger 30. Freilänge $2,42^{\,m}$. Belastung bei den

ersten neun Trägern $2,42 \cdot 2 \cdot \dfrac{2,33}{2} \cdot 1000^{\,kg} = 5639^{\,kg},$

letzten drei Trägern $2,42 \cdot \dfrac{2,33 + 2,55}{2} \cdot 1000^{\,kg} = 5905^{\,kg}.$

Erforderlich $W = \dfrac{5905 \cdot 242}{8 \cdot 875} = 204^{\,cm^3}.$

Gewählt für alle zwölf Träger 30 Normal-Profil $\mathbf{I}$ Nr. 20 mit $W_x = 214^{\,cm^3}.$

Über den Pfeilern werden die einzelnen Träger verlascht; dort Auflagerplatten $25^{\,cm} \cdot 25^{\,cm}.$

Träger 31. Freilänge $1,60^{\,m}$. Es sind drei nebeneinander liegende Träger vorgesehen. Belastung des inneren Trägers

1) gleichmässig mit $1,60 \cdot 0,39 \cdot 1000^{\,kg} = 1,60 \cdot 390^{\,kg} = 624^{\,kg},$

2) durch Träger 30 mit $^{1}/_{2} \cdot 5639^{\,kg}$ . . . . . . $= 2820$ „

zus. $3444^{\,kg}.$

In den mittleren Öffnungen greift die Belastung 2) am ungünstigsten, und zwar höchstens $0,60^{\,m}$ vom Auflager B entfernt, an, daher Auflagerdruck

$$A = \frac{624}{2} + 2820 \, \frac{0,60}{1,60} = 1369^{\,kg}; \qquad B = 3444 - 1369 = 2075^{\,kg}.$$

Da $0{,}60 \cdot \dfrac{624}{1{,}6} = 0{,}60 \cdot 390 = 234^{\,kg}$ und $2075 - 234$

$= 1841^{\,kg}$, so ist erforderlich

$$W = \frac{234 \cdot 30 + 1841 \cdot 60}{875} = 134^{\,cm^3}.$$

Gewählt für sämtliche innere Träger I Nr. 17 mit

$$W_x = 137^{\,cm^3}.$$

Belastung der beiden äusseren Träger mit

$$1{,}60 \cdot 1{,}0 \cdot 0{,}39 \cdot 1600^{\,kg} = 1{,}60 \cdot 624^{\,kg} = 998^{\,kg}.$$

Erforderlich $\qquad W = \dfrac{998 \cdot 160}{8 \cdot 875} = 22{,}8^{\,cm^3}.$

Gewählt zwei Träger I Nr. 8 mit

$$W_x = 2 \cdot 19{,}4 = 38{,}8^{\,cm^3}.$$

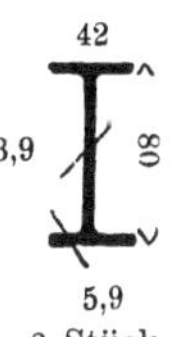

Treppenhaus (vrgl. den Schnitt E — F der angehängten Zeichnung).

Die Läufe der Treppe sind sämtlich massiv gewölbt zwischen Wangenträgern (32 a bis 32 e) mit aufgesattelten Stufen. Die Wangenträger sind gegen Horizontalschub in zwei Zwischenpunkten (den Träger-Drittelpunkten) miteinander verankert.

Träger·32 a (im untersten Lauf). Wagerechte Freilänge 2,80 m.

Belastung (bei 1000 kg/qm vorgeschriebenem Gesamtgewicht)

$$2{,}80 \cdot \frac{1{,}40}{2} \cdot 1000^{\,kg} = 2{,}80 \cdot 700^{\,kg} = 1960^{\,kg}.$$

Erforderlich $\qquad W = \dfrac{1960 \cdot 280}{8 \cdot 875} = 78{,}4^{\,cm^3}.$

Gewählt I Nr. 14 mit $W_x = 81{,}7^{\,cm^3}.$

Träger 32 b (im 2., 4. und 5. Lauf). Wagerechte Freilänge 1,68 m.

Belastung (vrgl. Tr. 32 a) 1,68 . 700 kg . . . . . = 1176 kg.

Profil wie Träger 32 a.

Träger 32 c (im 3. Lauf). Wagerechte Freilänge 2,52 m.

Belastung $\qquad$ 2,52 . 700 kg . . . . = 1764 kg.

Profil wie Träger 32 a.

Träger 32 d (im 6. und 7. Lauf). Wagerechte Freilänge 3,08 m.

Belastung $3{,}08 \cdot \dfrac{1{,}40}{2} \cdot 1000^{\text{kg}} = 3{,}08 \cdot 700^{\text{kg}}$ . . $= 2156^{\text{kg}}$.

Erforderlich $W = \dfrac{2156 \cdot 308}{8 \cdot 875} = 95^{\text{cm}^3}$.

Gewählt Ⅰ Nr. 15 mit $W_x = 97{,}9^{\text{cm}^3}$.

Träger 32 e (im 8. Lauf). Wagerechte Freilänge 2,24 m.

Belastung $\qquad\qquad 2{,}24 \cdot 700^{\text{kg}}$ . . . . $= 1568^{\text{kg}}$.

Profil wie Träger 32 a.

Podestträger 33 a (über dem Keller). Freilänge 2,74 m. Belastung

1) gleichmässig $2{,}74 \cdot \dfrac{1{,}50 + 1{,}40}{2} \cdot 1000^{\text{kg}} = 2{,}74 \cdot 1450^{\text{kg}}$

$$= 3973^{\text{kg}},$$

2) 1,27 m vom Auflager B durch Träger 32 a . . $= 980$ „

zus. 4953^{kg}.

Auflagerdruck $A = \dfrac{3973}{2} + \dfrac{1{,}27}{2{,}74} \cdot 980 = 2441^{\text{kg}}$,

$\qquad\qquad B = 4953 - 2441 \qquad = 2512^{\text{kg}}$.

Da $1{,}27 \cdot 1450^{\text{kg}} = 1841^{\text{kg}}$ und $2512 - 1841 = 671^{\text{kg}}$, so ist erforderlich

$$W = \frac{1841 \cdot 63{,}5 + 671 \cdot 127}{875} = 231^{\text{cm}^3}.$$

Gewählt Ⅰ Nr. 21 mit $W_x = 244^{\text{cm}^3}$.

Träger 33 b (im 1., 5., 6. und 7. Podest). Die Belastung ist bei 3,00 m Freilänge annähernd gleich; am ungünstigsten ist sie im 6. Podest, und zwar

1) gleichmässig mit $3{,}0 \cdot \dfrac{1{,}10}{2} \cdot 1000^{\text{kg}} = 3{,}0 \cdot 550^{\text{kg}} = 1650^{\text{kg}}$,

2) je 1,40 m vom Auflager durch Tr. 32 d mit $1078^{\text{kg}} = 2156$ „

zus. 3806^{kg}.

Erforderlich $W = \dfrac{1650 \cdot 300}{8 \cdot 875} + \dfrac{2156 \cdot 140}{2 \cdot 875} = 243^{\text{cm}^3}$.

Gewählt Ⅰ Nr. 21 mit $W_x = 244^{\text{cm}^3}$.

Träger 33c (im 2. und 3. Podest). Belastung bei $3,00^{\mathrm{m}}$ Freilänge am ungünstigsten im 3. Podest, und zwar

1) gleichmässig mit $3,0 \cdot \dfrac{1.40}{2} \cdot 1000^{\mathrm{kg}} = 3,0 \cdot 700^{\mathrm{kg}} = 2100^{\mathrm{kg}}$,

2) je $1,40^{\mathrm{m}}$ vom Auflager durch Träger 32c u. 32b

mit 882^{kg} und 588^{kg} . . . . $= 1470$ „

$$\text{zus. } 3570^{\mathrm{kg}}.$$

Auflagerdruck

$$A = \frac{2100}{2} + \frac{1}{3,00} \cdot (882 . 1,60 + 588 . 1,40) = 1795^{\mathrm{kg}},$$

$$B = 3570 - 1795 \quad . \quad . \quad . \quad . \quad . \quad . = 1775^{\mathrm{kg}}.$$

Da $1,40 . 700^{\mathrm{kg}} = 980^{\mathrm{kg}}$ und $1795 - 980 = 815^{\mathrm{kg}}$, so ist erforderlich

$$W = \frac{980 . 70 + 815 . 140}{875} = 209^{\mathrm{cm^3}}.$$

Gewählt $\mathbf{I}$ Nr. 20 mit $W_x = 214^{\mathrm{cm^3}}$.

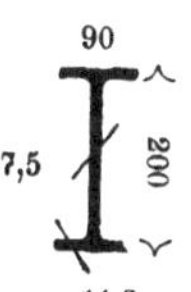

Träger 33d (im 4. Podest). Belastung bei $3,00^{\mathrm{m}}$ Freilänge

1) gleichmässig $3,0 \cdot \dfrac{1,20}{2} \cdot 1000^{\mathrm{kg}} = 3,0 . 600^{\mathrm{kg}} . . = 1800^{\mathrm{kg}}$,

2) je $1,40^{\mathrm{m}}$ vom Auflager durch Tr. 32b mit $588^{\mathrm{kg}} = 1176$ „

$$\text{zus. } 2976^{\mathrm{kg}}.$$

Erforderlich $W = \dfrac{1800 . 300}{8 . 875} + \dfrac{1176 . 140}{2 . 875} = 171^{\mathrm{cm^3}}.$

Gewählt $\mathbf{I}$ Nr. 19 mit $W_x = 185^{\mathrm{cm^3}}$.

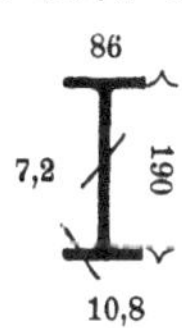

Träger 33e (im 8. Podest). Belastung bei $3,00^{\mathrm{m}}$ Freilänge

1) gleichmässig $3,0 \cdot \dfrac{3,03}{2 . 2} \cdot 1000^{\mathrm{kg}} = 3,0 . 757,5^{\mathrm{kg}} . = 2273^{\mathrm{kg}}$,

2) $1,40^{\mathrm{m}}$ vom Auflager A durch Träger 32e . . $= 784$ „

$$\text{zus. } 3057^{\mathrm{kg}}.$$

Auflagerdruck $B = \dfrac{2273}{2} + \dfrac{1,40}{3,00} \cdot 784 = 1502^{\mathrm{kg}},$

$$A = 3057 - 1502 \quad = 1555^{\mathrm{kg}}.$$

Da $1,40 . 757,5^{\mathrm{kg}} = 1061^{\mathrm{kg}}$ und $1555 - 1061 = 494^{\mathrm{kg}}$, so ist erforderlich

$$W = \frac{1061 . 70 + 494 . 140}{875} = 164^{\mathrm{cm^3}}.$$

Gewählt $\mathbf{I}$ Nr. 19 mit $W_x = 185^{\mathrm{cm^3}}$.

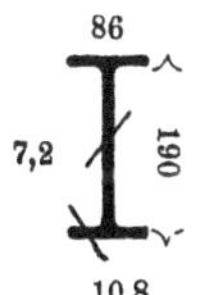

Träger 34a (über dem Keller). Freilänge 2,74 m. Belastung gleichmässig durch zwei halbe Kappen mit zusammen

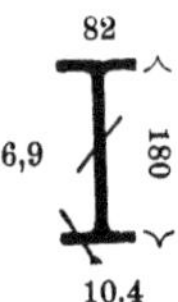

$$2,74 \cdot 1,40 \cdot 1000^{kg} = 2,74 \cdot 1400^{kg} = 3836^{kg}.$$

Erforderlich $W = \dfrac{3836 \cdot 274}{8 \cdot 875} = 150\ cm^3.$

Gewählt I Nr. 18 mit $W_x = 161\ cm^3.$

Träger 34b (im 2. Podest). Freilänge 3,00 m. Belastung

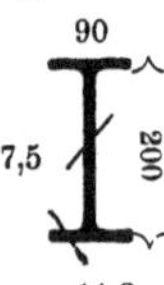

$$3,0 \cdot 1,31 \cdot 1000^{kg} = 3,0 \cdot 1310^{kg} = 3930^{kg}.$$

Erforderlich $W = \dfrac{3930 \cdot 300}{8 \cdot 875} = 168\ cm^3.$

Gewählt I Nr. 19 mit $W_x = 185\ cm^3.$

Träger 34c (im 4. und 6. Podest). Freilänge 3,00 m. Meistbelastung

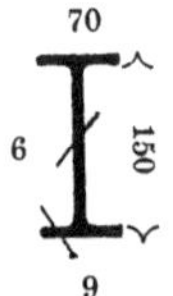

$$3,0 \cdot 1,20 \cdot 1000^{kg} = 3,0 \cdot 1200^{kg} = 3600^{kg}.$$

Erforderlich $W = \dfrac{3600 \cdot 300}{8 \cdot 875} = 154\ cm^3.$

Gewählt I Nr. 18 mit $W_x = 161\ cm^3.$

Träger 34d (im 8. Podest). Freilänge 3,00 m. Belastung

$$3,0 \cdot \frac{3,03}{2} \cdot 1000^{kg} = 3,0 \cdot 1515^{kg} = 4545^{kg}.$$

Erforderlich $W = \dfrac{4545 \cdot 300}{8 \cdot 875} = 195\ cm^3.$

Gewählt I Nr. 20 mit $W_x = 214\ cm^3.$

Träger 34e (in gleicher Höhenlage). Freilänge 3,00 m. Belastung durch zwei halbe Kappen mit Wohnraum-Verkehrslast

$$3,0 \cdot 1,0 \cdot 750^{kg} = 2250^{kg}.$$

Erforderlich $W = \dfrac{2250 \cdot 300}{8 \cdot 875} = 96,4\ cm^3.$

Gewählt I Nr. 15 mit $W_x = 97,9\ cm^3.$

Träger 35a (über dem Keller). Freilänge 2,74 m. Meistbelastung durch eine halbe Kappe mit

$$2,74 \cdot \frac{1,50}{2} \cdot 1000^{kg} = 2,74 \cdot 750^{kg} = 2055^{kg}.$$

Erforderlich $W = \dfrac{2055 \cdot 274}{8 \cdot 875} = 80,4\ cm^3.$

Gewählt I Nr. 14 mit $W_x = 81,7\ cm^3.$

Verankerung mit dem Nachbarträger gegen Horizontalschub in zwei Zwischenpunkten; ebenso bei den Trägern 35b bis 35f.

Träger 35b (im 1., 3., 5., 7. und 8. Podest). Freilänge 3,00 m. Meistbelastung (im 8. Podest)

$$3,0 \cdot \frac{3,03}{2 \cdot 2} \cdot 1000^{\,kg} = 3,0 \cdot 757,5^{\,kg} = 2273^{\,kg}.$$

Erforderlich $W = \dfrac{2273 \cdot 300}{8 \cdot 875} = 97,4^{\,cm^3}.$

Gewählt $\mathbf{I}$ Nr. 15 mit $W_x = 97,9^{\,cm^3}.$

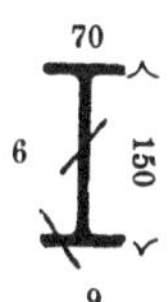

Träger 35c (im 2. und 4. Podest). Freilänge 3,00 m. Meistbelastung (im 2. Podest)

$$3,0 \cdot \frac{1,31}{2} \cdot 1000^{\,kg} = 3,0 \cdot 655^{\,kg} = 1965^{\,kg}.$$

Erforderlich $W = \dfrac{1965 \cdot 300}{8 \cdot 875} = 84,2^{\,cm^3}.$

Gewählt $\mathbf{I}$ Nr. 15 mit $W_x = 97,9^{\,cm^3}.$

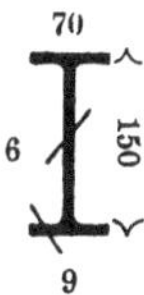

Träger 35d (in der Höhenlage des 4. Podestes). Freilänge 3,00 m. Belastung

$$3,0 \cdot \frac{1,88}{2} \cdot 1000^{\,kg} = 3,0 \cdot 940^{\,kg} = 2820^{\,kg}.$$

Erforderlich $W = \dfrac{2820 \cdot 300}{8 \cdot 875} = 121^{\,cm^3}.$

Gewählt $\mathbf{I}$ Nr. 17 mit $W_x = 137^{\,cm^3}.$

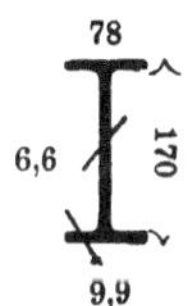

Träger 35e (im 6. Podest). Freilänge 3,00 m. Belastung

$$3,0 \cdot \frac{1,10}{2} \cdot 1000^{\,kg} = 3,0 \cdot 550^{\,kg} = 1650^{\,kg}.$$

Erforderlich $W = \dfrac{1650 \cdot 300}{8 \cdot 875} = 70,7^{\,cm^3}.$

Gewählt $\mathbf{I}$ Nr. 14 mit $W_x = 81,7^{\,cm^3}.$

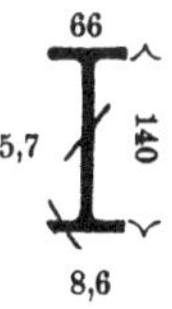

Träger 35f (in der Höhenlage des 8. Podestes). Freilänge 3,00 m. Belastung

$$3,0 \cdot \frac{1,0}{2} \cdot 750^{\,kg} = 3,0 \cdot 375^{\,kg} = 1125^{\,kg}.$$

Erforderlich $W = \dfrac{1125 \cdot 300}{8 \cdot 875} = 48,2^{\,cm^3}.$

Gewählt $\mathbf{I}$ Nr. 12 mit $W_x = 54,5^{\,cm^3}.$

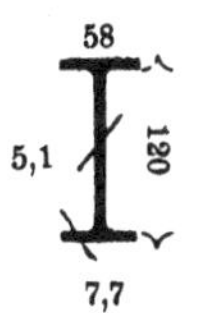

Träger 36. In Dachhöhe. Freilänge 3,00 m. Teilung $^1/_7$. (9,44 —
2 . 0,25) = 1,28 m. Belastung durch Kappengewölbe mit Holz-
zement

$$3,00 . 1,28 . 500\ ^{kg} = 3,00 . 640\ ^{kg} = 1920\ ^{kg}.$$

$$\text{Erforderlich}\ W = \frac{1920 . 300}{8 . 875} = 82,3\ ^{cm^3}.$$

$$\text{Gewählt}\ \mathbf{I}\ \text{Nr. 14 mit}\ W_x = 81,7\ ^{cm^3}.\ ^1)$$

Dasselbe Profil erhalten auch die beiden nur mit einer halben
Kappe belasteten Träger an den Frontwänden; sie sind mit den
Nachbarträgern zu verankern.

II. Das Wohngebäude.

Dreiläufige, gewölbte Treppe.

Träger 37a (Wangenträger der Treppe in allen Geschossen) wird
bei 2,08 m wagerechter Freilänge belastet mit

$$2,08 \cdot \frac{1,30}{2} \cdot 1000\ ^{kg} = 2,08 \cdot 650\ ^{kg} = 1352\ ^{kg}.$$

Profil wie Träger 37c (s. S. 166).

Träger 37b besteht aus zwei miteinander verlaschten Teilen,
einem wagerechten von 1,30 m und einem geneigten von
1,56 m (wagerechter) Freilänge. Die Belastung beträgt

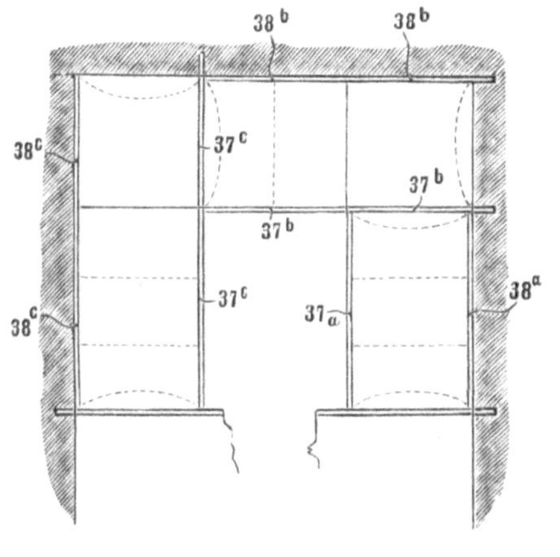

1) auf der wagerechten
Strecke

$$1,30 \cdot \frac{1,30}{2} \cdot 1000\ ^{kg}$$

$$= 1,30 . 650\ ^{kg} = 845\ ^{kg},$$

2) auf der geneig-
ten Strecke
1,56 . 650 ^{kg} . . = 1014 „

3) im Verbin-
dungs - Punkt
beider Strek-
ken durch Trä-
ger 37a mit
$^1/_2 . 1352$ . . . = 676 „

zus. 2535 ^{kg}.

---

1) Das gewählte W darf etwa 3 v. H. kleiner sein als das erforderliche

Im Stosspunkt vereinigt sich die Belastung 676 ^{kg} mit den Drucken $^1/_2$. 845 ^{kg} und $^1/_2$. 1014 ^{kg} zu 1606 ^{kg} und erzeugt (nach dem skizzierten Kräfteparallelogramm) in den beiden Trägerstrecken die achsialen Kräfte

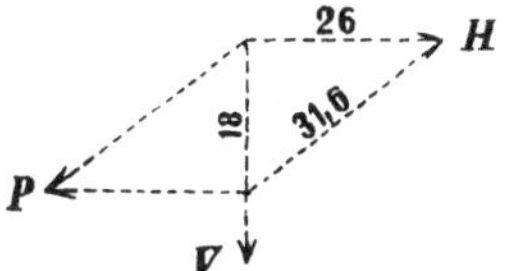

$$H = \frac{26}{18} \cdot 1606 = 2320\,^{kg}$$

und

$$P = \frac{31,6}{18} \cdot 1606 = 2819\,^{kg}$$

neben den Biegungsmomenten

$$M_1 = \frac{845 \cdot 130}{8} = 13731\,^{cmkg} \quad \text{und} \quad M_2 = \frac{1014 \cdot 156}{8} = 19773\,^{cmkg}.$$

Profil wie Träger 37 c.

Im unteren Stützpunkt zerlegt sich die Kraft $P = 2819\,^{kg}$ in eine wagerechte Seitenkraft

$$H = \frac{26}{31,6} \cdot 2819 = 2320\,^{kg},$$

die vom Gewölbe aufgenommen wird, und in eine lotrechte Seitenkraft

$$V = \frac{18}{31,6} \cdot 2819 = 1606\,^{kg},$$

die sich mit $^1/_2$. 1014 ^{kg} zu dem Druck 2113 ^{kg} vereinigt.

———

Träger 37 c besteht aus zwei miteinander verlaschten Teilen, einem wagerechten von 1,30 ^{m} und einem geneigten von 2,08 ^{m} (wagerechter) Freilänge. Die Belastung beträgt

1) auf der wagerechten Strecke 1,30 . 650 ^{kg} . . = 845 ^{kg},
2) auf der geneigten Strecke 2,08 . 650 ^{kg} . . . = 1352 „
3) im Stosspunkt durch Träger 37 b mit . . . = 2113 „

zus. 4310 ^{kg}.

Im Stosspunkt vereinigt sich die Last 2113 ^{kg} mit $^1/_2$. 845 ^{kg} und $^1/_2$. 1352 ^{kg} zu 3212 ^{kg}; diese Last erzeugt in den Trägerstrecken die achsialen Kräfte

$$H = \frac{26}{18} \cdot 3212 = 4640\,^{kg}$$

und

$$P = \frac{31,6}{18} \cdot 3212 = 5572\,^{kg}$$

neben den Biegungsmomenten

$$M_1 = \frac{845 \cdot 130}{8} = 13731\,^{cmkg} \quad \text{und} \quad M_2 = \frac{1352 \cdot 208}{8} = 35152\,^{cmkg}.$$

Das gewählte Profil $\mathbf{I}$ Nr. 13 mit

$$W_x = 67^{\,\mathrm{cm^s}} \text{ und } F = 16{,}1^{\,\mathrm{qcm}}$$

ergibt als grösste Beanspruchung des Flusseisens

$$k = \frac{5572}{16{,}1} + \frac{35\,152}{67} = 346 + 524 = 870^{\,\mathrm{kg}}/_{\mathrm{qcm}}.$$

Im unteren Stützpunkt des Trägers 37c zerlegt sich P in eine wagerechte Seitenkraft

$$H = \frac{26}{31{,}6} \cdot 5572 = 4640^{\,\mathrm{kg}},$$

die von dem Gewölbe des Hauptpodestes aufgenommen wird, und in eine lotrechte Seitenkraft

$$V = \frac{18}{31{,}6} \cdot 5572 = 3212^{\,\mathrm{kg}},$$

die sich mit $^1/_2 \cdot 1352^{\,\mathrm{kg}}$ zu dem Druck $3888^{\,\mathrm{kg}}$ vereinigt.

Bei der kürzeren Strecke des Trägers 37b genügt einmalige, bei den längeren Strecken 37a und 37c zweimalige Verankerung mit den entsprechenden Strecken der Träger 38a, b und c.

Träger 38a. Freilänge und Belastung wie bei Träger 37a.
Profil wie Träger 38c.

Träger 38b. Freilängen wie bei Träger 37b. Belastung wie bei
37b mit $845^{\,\mathrm{kg}} + 1014^{\,\mathrm{kg}} = 1859^{\,\mathrm{kg}}$.
Profil wie Träger 38c.

Träger 38c. Freilängen wie bei Träger 37c. Belastung (vrgl.
Träger 37c) mit $845^{\,\mathrm{kg}} + 1352^{\,\mathrm{kg}} = 2197^{\,\mathrm{kg}}$. Die im Stoss
sich vereinigenden Drucke von zusammen $^1/_2 \cdot 2197 = 1099^{\,\mathrm{kg}}$
erzeugen die achsialen Kräfte

$$H = \frac{26}{18} \cdot 1099 = 1587^{\,\mathrm{kg}}$$

und

$$P = \frac{31{,}6}{18} \cdot 1099 = 1929^{\,\mathrm{kg}}$$

neben den Biegungsmomenten (wie bei Träger 37c)

$$M_1 = 13\,731^{\,\mathrm{cmkg}} \text{ und } M_2 = 35\,152^{\,\mathrm{cmkg}}.$$

Das gewählte Profil $\mathbf{I}$ Nr. 12 mit

$$W_x = 54{,}5^{\,\mathrm{cm^s}} \text{ und } F = 14{,}2^{\,\mathrm{qcm}}$$

ergibt als grösste Beanspruchung des Flusseisens

$$k = \frac{1929}{14{,}2} + \frac{35\,152}{54{,}5} = 136 + 645 = 781^{\,\mathrm{kg}}/_{\mathrm{qcm}}.$$

Träger 39a (über dem III. Geschoss, vrgl. die angehängte Zeichnung). Freilänge 4,16 ^{m}. Belastung

1) gleichmässig mit $4{,}16 \cdot \dfrac{1{,}50}{2} \cdot 1000^{\text{kg}} = 4{,}16 \cdot 750^{\text{kg}} = 3120^{\text{kg}}$,

2) 1,30 ^{m} vom Auflager B durch Träger 37a mit $= \underline{676}$ „

zus. 3796 ^{kg}.

Auflagerdruck $A = \dfrac{3120}{2} + \dfrac{1{,}30}{4{,}16} \cdot 676 = 1709^{\text{kg}}$,

$B = 3796 - 1709 \qquad = 2087^{\text{kg}}$.

Da $1{,}30 \cdot 750^{\text{kg}} = 975^{\text{kg}}$ und $2087 - 975 = 1112 > 676^{\text{kg}}$, so liegt der Bruchquerschnitt zwischen dem Angriffspunkt der Einzellast und A, u. zw. von A ab

$$x = \frac{1709}{3120 : 416} = \frac{1709}{7{,}5} = 228^{\text{cm}}.$$

Erforderlich $\qquad W = \dfrac{1709 \cdot 228}{2 \cdot 875} = 222^{\text{cm}^3}.$

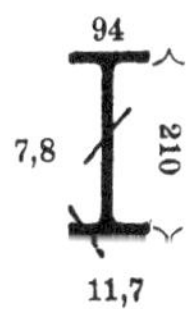

Gewählt $\mathbf{I}$ Nr. 21 mit $W_x = 244^{\text{cm}^3}$.

Träger 39b (über dem II. und I. Geschoss). Freilänge 4,16 ^{m}.
Belastung

1) gleichmässig mit $4{,}16 \cdot \dfrac{1{,}50}{2} \cdot 1000^{\text{kg}} = 4{,}16 \cdot 750^{\text{kg}} = 3120^{\text{kg}}$,

2) 1,30 ^{m} vom Auflager B durch Träger 37a mit $=$ 676 „

3) 1,30 ^{m} vom Auflager A (= 2,86 ^{m} vom Auflager B) durch Träger 37c mit . . . . $= \underline{3888}$ „

zus. 7684 ^{kg}.

Auflagerdruck

$$A = \frac{3120}{2} + \frac{1}{4{,}16} \cdot (676 \cdot 1{,}30 + 3888 \cdot 2{,}86) = 4444^{\text{kg}},$$

$B = 7684 - 4444 \ldots \ldots \ldots \ldots = 3240^{\text{kg}}.$

Da $1{,}30 \cdot 750^{\text{kg}} = 975^{\text{kg}}$ und $4444 - 975 = 3469^{\text{kg}}$, so ist erforderlich

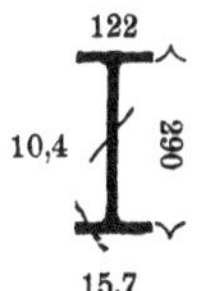

$$W = \frac{975 \cdot 65 + 3469 \cdot 130}{875} = 588^{\text{cm}^3}.$$

Gewählt $\mathbf{I}$ Nr. 29 mit $W_x = 594^{\text{cm}^3}$.

Auflagerplatten 20 $^{\text{cm}} \cdot 25$ ^{cm}.

(Wird der Podest ungleich geteilt, so dass auf Träger 39b nur die Hälfte einer Kappe von 1,30 ^{m} Breite fällt, so ergibt sich als erforderlich $W = 567$ $^{\text{cm}^3}$.)

Träger 39c (über dem Erdgeschoss). Die Belastung ist unerheblich geringer als bei Träger 39b.

Profil wie Träger 39b.

Träger 39d (über dem Keller). Belastung bei $4,16^{\,m}$ Freilänge

$$1)\ 4,16 \cdot \frac{1,435 + 1,69}{2} \cdot 1000^{\,kg} = 4,16 \cdot 1562,5^{\,kg} = 6\,500^{\,kg},$$

$$2)\ 1,30^{\,m}\ \text{vom Auflager } A \text{ durch Träger } 37\,c = 3888\ _{n}$$

zus. $10\,388^{\,kg}$.

$$\text{Auflagerdruck } B = \frac{6500}{2} + \frac{1,30}{4,16} \cdot 3888 = 4465^{\,kg},$$

$$A = 10\,388 - 4465 = 5923^{\,kg}.$$

Da $1,30 \cdot 1562,5^{\,kg} = 2031^{\,kg}$ und $5923 - 2031 = 3892 > 3888^{\,kg}$, so liegt der Bruchquerschnitt zwischen dem Angriffspunkt der Einzellast und B, u. zw. von B entfernt

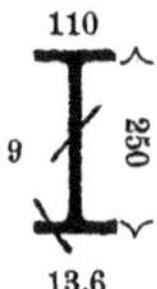

$$x = \frac{4465}{6500 : 416} = \frac{4465}{15,625} = 285,8^{\,cm}.$$

$$\text{Erforderlich } W = \frac{4465 \cdot 285,8}{2 \cdot 875} = 729^{\,cm^3}.$$

Gewählt I Nr. 32 mit $W_x = 781^{\,cm^3}$.

Auflagerplatten $25^{\,cm} \cdot 25^{\,cm}$.

Träger 40a. Podestteilungs-Träger in allen Obergeschossen. Freilänge $4,16^{\,m}$. Meistbelastung

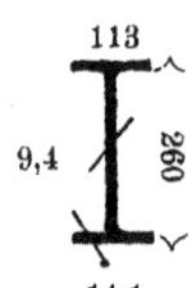

$$4,16 \cdot 1,50 \cdot 1000^{\,kg} = 4,16 \cdot 1500^{\,kg} = 6240^{\,kg}.$$

$$\text{Erforderlich } W = \frac{6240 \cdot 416}{8 \cdot 875} = 371^{\,cm^3}.$$

Gewählt I Nr. 25 mit $W_x = 396^{\,cm^3}$.

Träger 40b (über dem Keller). Freilänge $4,16^{\,m}$.
Belastung

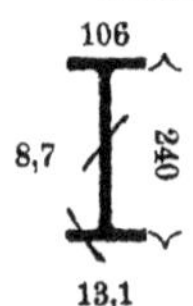

$$4,16 \cdot 1,69 \cdot 1000^{\,kg} = 4,16 \cdot 1690^{\,kg} = 7030^{\,kg}.$$

$$\text{Erforderlich } W = \frac{7030 \cdot 416}{8 \cdot 875} = 418^{\,cm^3}.$$

Gewählt I Nr. 26 mit $W_x = 441^{\,cm^3}$.

Träger 40c (über dem Keller). Freilänge $4,16^{\,m}$. Teilung $1,435^{\,m}$.
Belastung

$$4,16 \cdot 1,435 \cdot 1000^{\,kg} = 4,16 \cdot 1435^{\,kg} = 5970^{\,kg}.$$

$$\text{Erforderlich } W = \frac{5970 \cdot 416}{8 \cdot 875} = 355^{\,cm^3}.$$

Gewählt I Nr. 24 mit $W_x = 353^{\,cm^3}$.

Träger 41a (in allen Geschossen, ausser dem Kellergeschoss). Freilänge 4,16 m. Halbe Belastung wie bei Tr. 40a.

Erforderlich $W = \dfrac{371}{2} = 185,5$ cm³.

Gewählt I Nr. 19 mit $W_x = 185$ cm³.

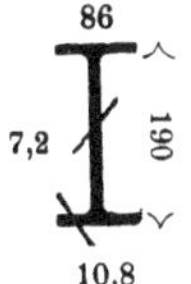

Träger 41b (über dem Keller). Freilänge 4,16 m. Halbe Belastung wie bei Träger 40b.

Erforderlich $W = \dfrac{418}{2} = 209$ cm³.

Gewählt I Nr. 20 mit $W_x = 214$ cm³.

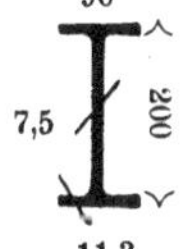

Träger 41c (über dem Keller). Freilänge 4,16 m. Halbe Belastung wie bei Träger 40c.

Erforderlich $W = \dfrac{355}{2} = 177,5$ cm³.

Gewählt I Nr. 19 mit $W_x = 185$ cm³.

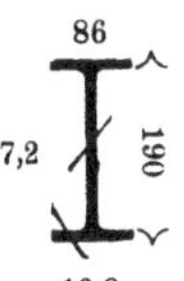

Sämtliche Korridorwände (bis auf die über den Trägern 56a und 57a) werden als Rabitzwände 5 cm stark ausgeführt und sind nicht als belastend anzusehen.

Die Treppen, welche aufwärts vom Erdgeschoss zum Gesindezimmer und einem Abort im Halbgeschoss und vom I. Geschoss abwärts zu einem Abort im Halbgeschoss führen, sind in schmiedeisernen Wangen und aufgesattelten Eisenblechstufen mit Holzbelag herzustellen. Belastung auf 1 qm im Grundriss:

150 kg Eigenlast, 500 kg Verkehrslast, zusammen 650 kg.

Der Fussboden des Halbgeschosses wird in Trägerwellblech hergestellt. Die Belastung auf 1 qm im Grundriss beträgt·

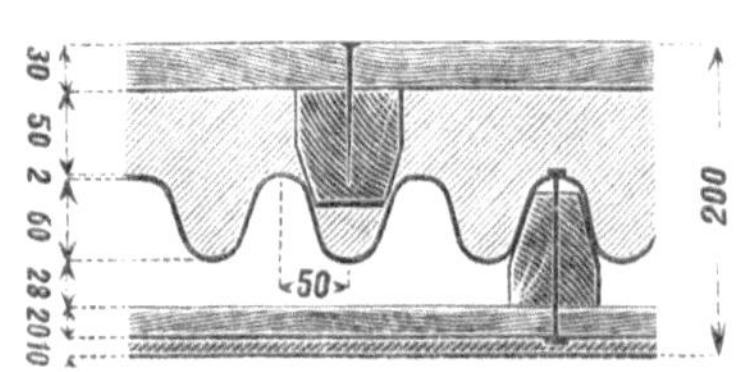

1) Trägerwellblech 60 mm hoch, 50 mm halbe Welle, 2 mm stark, 28 kg/qm, mit Überlappung . . . . = 31 kg,

2) Beton-Aus- und Auffüllung nebst Deckenputz

$$\left(\frac{0,06}{2} + 0,05 + 0,01\right) \cdot 1600 \text{ kg} \quad \ldots \quad = 144 \text{ „}$$

3) Holzfussboden und Deckenschalung

$$[0,03 + 0,02] \cdot 650 \text{ kg} \quad \ldots \quad = 33 \text{ „}$$

4) Hölzer zur Befestigung der Deckenschalung . . = 7 „

zus. 215 kg.

Einschliesslich des Trägergewichts soll gerechnet werden

Eigenlast . . . . 250 $^{kg}/_{qm}$,

Wohnraum-Verkehrslast . . . . 250 „

zus. 500 $^{kg}/_{qm}$.

Die Decke des Halbgeschosses wird ebenso konstruiert, jedoch wird mit Rücksicht darauf, dass der Raum darüber einen zweiten Zugang zu dem Festsaal des Westflügels bildet, eine Verkehrslast von 500 $^{kg}/_{qm}$, also im ganzen 750 $^{kg}/_{qm}$ gerechnet.

Das Trägerwellblech wird über dem Erdgeschoss bei 1,30 ^{m} Freilänge auf 1 ^{m} Breite belastet mit 1,30 . 500 ^{kg} = 650 ^{kg}.

Erforderlich $\qquad W = \dfrac{650 . 130}{8 . 875} = 12,1 \, ^{cm^3}$.

Über dem Halbgeschoss beträgt seine Belastung bei 1,04 ^{m} Freilänge auf 1 ^{m} Breite 1,04 . 750 ^{kg} = 780 ^{kg}.

Erforderlich $\qquad W = \dfrac{780 . 104}{8 . 875} = 11,6 \, ^{cm^3}$.

Das gewählte Profil (s. S. 169) mit $h = 60 \, ^{mm}$ und $b = 50 \, ^{mm}$ hat (nach der Tafel IV im fünften Abschnitt) bei 1 ^{mm} Stärke

$$W = 1 . 5,0 . 5,21 = 26 \, ^{cm^3}.$$

Da das Wellblech 2 ^{mm} stark gewählt wird, so genügt es in beiden Geschossen sehr reichlich.

Träger 42. Die Belastung einer Setzstufe der Nebentreppen beträgt bei 0,90 ^{m} Freilänge 0,90 . 0,26 . 650 ^{kg} = 152 ^{kg}.

Erforderlich $W = \dfrac{152 . 90}{8 . 875} = $ rd. $2 \, ^{cm^3}$.

Vorhanden, wenn das 2 ^{mm} starke Stehblech gegen die Nietlöcher vernachlässigt wird,

$$W = \frac{2,0 . 18,4^3 - 1,6 . 17,6^3 - 0,4 . 14,4^3}{12 . \frac{1}{2} . 18,4} = 17,6 \, ^{cm^3}.$$

Wangenträger 43a (des Antrittslaufs). Wagerechte Freilänge 2,40 ^{m}. Belastung

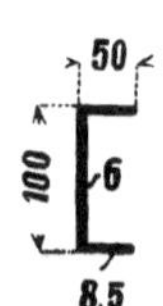

$$2,40 \cdot \frac{0,90}{2} \cdot 650 \, ^{kg} = 702 \, ^{kg}.$$

Erforderlich $W = \dfrac{702 . 240}{8 . 875} = 24 \, ^{cm^3}$.

Gewählt ⌐ Nr. 10 mit $W_x = 41,1 \, ^{cm^3}$.

Träger 43b. Wagerechte Freilänge 1,04 m. Belastung

$$1,04 \cdot \frac{0,90}{2} \cdot 650^{kg} = 304^{kg}.$$

Profil wie Träger 43c.

Träger 43c. Wagerechte Freilänge 1,56 m. Belastung

$$1,56 \cdot \frac{0,90}{2} \cdot 650^{kg} = 456^{kg}.$$

Erforderlich $W = \dfrac{456 \cdot 156}{8 \cdot 875} = 10,2^{cm^3}.$ 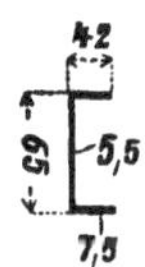

Gewählt $\sqsubset$ Nr. $6^{1}/_{2}$ mit $W_x = 17,7^{cm^3}.$

Träger 44. Freilänge 2,04 m. Belastung

$$2,04 \cdot \frac{0,90 + 1,00}{2} \cdot 650^{kg} = 2,04 \cdot 317,5^{kg} = 648^{kg}.$$

Erforderlich $W = \dfrac{648 \cdot 204}{8 \cdot 875} = 18,9^{cm^3}.$ 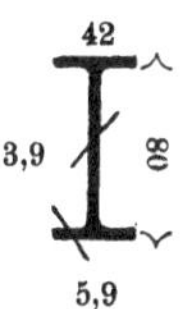

Gewählt $\mathbf{I}$ Nr. 8 mit $W_x = 19,4^{cm^3}.$

Träger 45a. Freilänge 1,90 m. Belastung

1) gleichmässig mit $1,90 \cdot \dfrac{0,90}{2} \cdot 650^{kg} = 1,90 \cdot 292,5^{kg} = 556^{kg},$

2) durch Träger 43a 0,90 m vom Auflager B mit

$^{1}/_{2} \cdot 702^{kg}$ . . . . $= 351\ _{„}$

zus. $907^{kg}.$

Druck auf Träger 46

$$A = \frac{556}{2} + \frac{0,90}{1,90} \cdot 351 = 444^{kg},$$

auf die Treppenhauswand $B = 907 - 444 = 463^{kg}.$

Da $\dfrac{0,90}{1,90} \cdot 556^{kg} = 263^{kg},$ so ist erforderlich 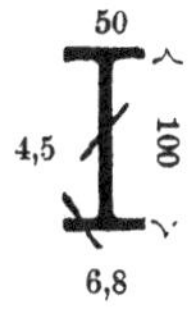

$$W = \frac{263 \cdot 90}{2 \cdot 875} + \frac{200 \cdot 90}{875} = 34,1^{cm^3}.$$

Gewählt $\mathbf{I}$ Nr. 10 mit $W_x = 34,1^{cm^3}.$

Träger 45b. Freilänge 1,90 m. Belastung

1) gleichmässig mit $1,90 \cdot \dfrac{0,90}{2} \cdot 650^{kg} = 1,90 \cdot 292,5^{kg} = 556^{kg},$

2) 0,90 m und 1,80 m vom Auflager B durch Trä-

ger 43b mit je 152^{kg}, $2 \cdot 152$ . . . . $= 304\ _{„}$

zus. $860^{kg}.$

Druck auf Träger 46

$$A = \frac{556}{2} + \frac{0,90 + 1,80}{1,90} \cdot 152 = 494^{\text{kg}},$$

auf die Treppenhauswand $B = 860 - 494 = 366^{\text{kg}}$.

Da $494 - [152 + 1,0 \cdot (556 : 1,9)] = 494 - [152 + 293] = 494 - 445$
$= 49 < 152^{\text{kg}}$, so liegt der Bruchquerschnitt im Angriffspunkt der Einzellast nächst der Mitte. Erforderlich

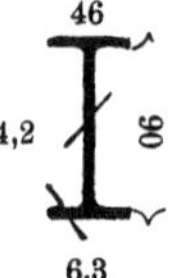

$$W = \frac{152 \cdot 10 + 49 \cdot 100 + 293 \cdot 50}{875} = 24,1^{\text{cm}^3}.$$

Gewählt $\mathbf{I}$ Nr. 9 mit $W_x = 25,9^{\text{cm}^3}$.

Träger 45c. Freilänge $1,90^{\text{m}}$. Belastung

1) $0,90^{\text{m}}$ vom Auflager B durch Träger 43b, 43c und 44 mit
$$\tfrac{1}{2} \cdot (304 + 456 + 648) \ldots \ldots \ldots = 704^{\text{kg}},$$

2) $1,80^{\text{m}}$ vom Auflager B durch Träger 43b $\ . \ . = 152 \,_{\text{„}}$

zus. 856^{kg}.

Druck auf Träger 47c

$$A = \frac{1}{1,90} \cdot (704 \cdot 0,90 + 152 \cdot 1,80) = 477^{\text{kg}},$$

auf die Treppenhauswand $B = 856 - 477 = 379^{\text{kg}}$.

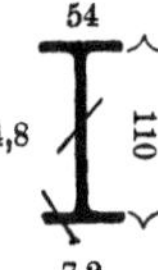

Erforderlich $\quad W = \dfrac{379 \cdot 90}{875} = 39^{\text{cm}^3}.$

Gewählt $\mathbf{I}$ Nr. 11 mit $W_x = 43,3^{\text{cm}^3}$.

Träger 45d. Freilänge $1,80^{\text{m}}$. Belastung durch Träger 44 mit
$\tfrac{1}{2} \cdot 648 = 324^{\text{kg}}$.

Erforderlich $\quad W = \dfrac{324 \cdot 180}{4 \cdot 875} = 16,7^{\text{cm}^3}.$

Gewählt (aus konstruktiven Gründen) wie für Träger 43a
$\quad \mathbf{C}$ Nr. 10 mit $W_x = 41,1^{\text{cm}^3}$.

Träger 45e. Freilänge $0,90^{\text{m}}$. Belastung

1) durch die Balkenlage über dem Erdgeschoss (von
unten feuersicher bekleidet) mit
$$0,90 \cdot \frac{2,80}{2} \cdot 500^{\text{kg}} = 0,90 \cdot 700^{\text{kg}} \ldots = 630^{\text{kg}},$$

2) an den Auflagern durch Träger 43c mit je $228^{\text{kg}} = 456 \,_{\text{„}}$

zus. 1086^{kg}

Erforderlich $W = \dfrac{630 \cdot 90}{8 \cdot 875} = 8{,}1\ ^{cm^3}$.

Gewählt $\mathbf{I}$ Nr. 8 mit $W_x = 19{,}4\ ^{cm^3}$.

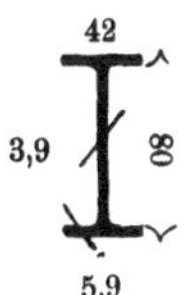

Träger 46. Freilänge 4,30 m. Belastung
1) 0,81 m vom Auflager A durch Träger 45 a . . = 444 kg,
2) 1,71 m vom Auflager A durch Träger 45 b . . = 494 „

zus. 938 kg.

Auflagerdruck $B = \dfrac{1}{4{,}30} \cdot (444 \cdot 0{,}81 + 494 \cdot 1{,}71) = 280\ ^{kg}$,

$$A = 938 - 280 \ldots \ldots \ldots = 658\ ^{kg}.$$

Da $4{,}30 - 1{,}71 = 2{,}59$ m, so ist erforderlich

$$W = \frac{280 \cdot 259}{875} = 83\ ^{cm^3}.$$

Gewählt $\mathbf{I}$ Nr. 15 mit $W_x = 97{,}9\ ^{cm^3}$.

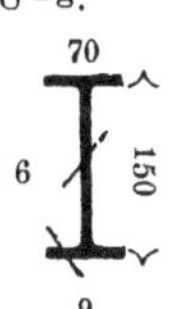

Träger 47a. Freilänge 4,02 m. Belastung, gleichmässig mit
4,02 . 1,30 . 500 kg = 4,02 . 650 kg = 2613 kg.

Erforderlich

$$W = \frac{2613 \cdot 402}{8 \cdot 875}$$

$$= 150{,}6\ ^{cm^3}.$$

Gewählt $\mathbf{I}$ Nr. 18 mit
$W_x = 161\ ^{cm^3}$.

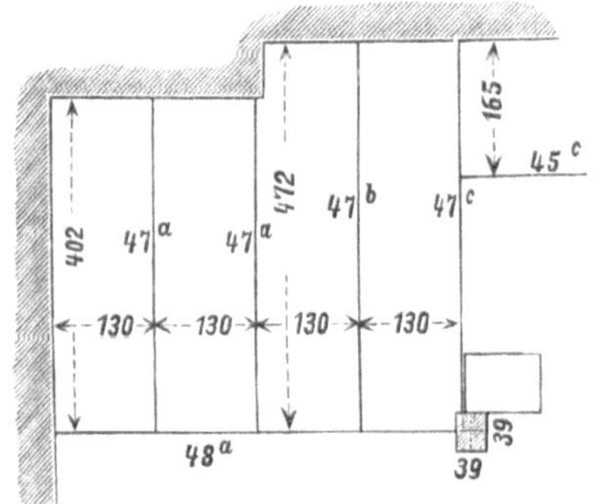

Träger 47b. Freilänge 4,72 m.
Belastung, gleichmässig mit
4,72 . 1,30 . 500 kg = 4,72 . 650 kg = 3068 kg.

Erforderlich $W = \dfrac{3068 \cdot 472}{8 \cdot 875} = 207\ ^{cm^3}$.

Gewählt $\mathbf{I}$ Nr. 20 mit $W_x = 214\ ^{cm^3}$.

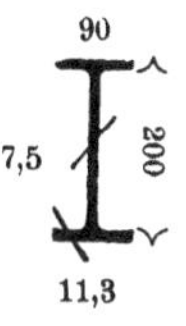

Träger 47c. Freilänge 4,72 m. Belastung
1) gleichmässig mit 4,72 . $^1/_2$. 1,30 . 500 kg = 4,72 . 325 kg

= 1534 kg,

2) auf den letzten 1,65 m mit
1,65 . $^1/_2$. 1,30 . 500 kg = 1,65 . 325 kg . . = 536 „
3) 1,65 m vom Auflager B durch Träger 45 c mit = 477 „

zus. 2547 kg.

Auflagerdruck

$$A = \frac{1534}{2} + \frac{1}{4,72} \cdot (536 \cdot 0{,}825 + 477 \cdot 1{,}65) = 1027^{\,kg},$$

$$B = 2547 - 1027 \quad\ldots\ldots\ldots\ldots = 1520^{\,kg}.$$

Da $1{,}65 \cdot (325 + 325) = 1072^{\,kg}$ und $1520 - 1072 = 448 < 477^{\,kg}$, so liegt der Bruchquerschnitt im Anschlusspunkt des Trägers 45 c.

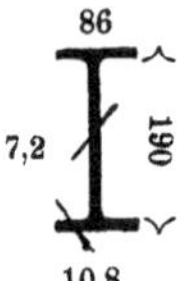

Erforderlich $W = \dfrac{1072 \cdot 82{,}5 + 448 \cdot 165}{875} = 185{,}6^{\,cm^3}.$

Gewählt $\mathbf{I}$ Nr. 19 mit $W_x = 185^{\,cm^3}.$

Träger 48a. Freilänge bis zu dem Sattelträger in der Pfeilermitte 5,26 m. Belastung durch zwei Träger 47a und durch Träger 47b und c mit

$$2 \cdot 1307 + 1534 + 1027 \quad\ldots\ldots\quad = 5175^{\,kg}.$$

Druck auf den gemauerten Zwischenpfeiler

$$B = \frac{1{,}30}{5{,}26} \cdot ([1+2] \cdot 1307 + 3 \cdot 1534 + 4 \cdot 1027) = 3122^{\,kg},$$

Endauflagerdruck $A = 5175 - 3122 \quad\ldots\ldots\quad = 2053^{\,kg}.$

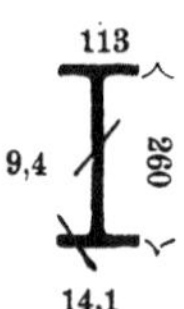

Da $2053 - 1307 = 746^{\,kg}$, so ist erforderlich

$$W = (1307 + 2 \cdot 746) \cdot \frac{130}{875} = 416^{\,cm^3}.$$

Gewählt $\mathbf{I}$ Nr. 26 mit $W_x = 441^{\,cm^3}.$

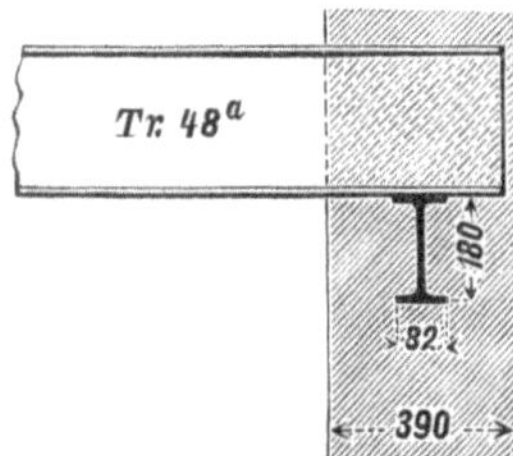

Der 0,39 m lange Sattelträger $\mathbf{I}$ Nr. 18 auf dem Pfeiler gibt eine Druckfläche von

$$39 \cdot 8{,}2 = 320^{\,qcm},$$

überträgt daher einen Druck von

$$3122 : 320 = 9{,}8^{\,kg/qcm}.$$

Träger 48b. Freilänge 5,20 m. Belastung

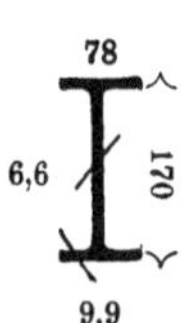

$$5{,}20 \cdot \frac{1{,}40}{2} \cdot 500^{\,kg} = 5{,}20 \cdot 350^{\,kg} = 1820^{\,kg}.$$

Erforderlich $W = \dfrac{1820 \cdot 520}{8 \cdot 875} = 135^{\,cm^3}.$

Gewählt $\mathbf{I}$ Nr. 17 mit $W_x = 137^{\,cm^3}.$

Träger 49 zwischen den Balken über dem I. Geschoss. Freilänge 6,25 m. Belastung

1) 3,34 m vom Auflager B durch Träger 45 e

    mit $^1/_2$. 1086 . . . . $= 543$ kg,

2) Trägereigengewicht 6,25 . 17,8 . . . . $= 111$ „

zus. 654 kg.

Auflagerdruck $\quad A = \dfrac{111}{2} + \dfrac{3,34}{6,25} \cdot 543 = 56 + 290 = 346$ kg,

$$B = 654 - 346 \quad . . . . = 308 \text{ kg.}$$

Da $308 - 3,34 . 17,8 = 308 - 59 = 249$ kg, so ist

erforderlich $\quad W = \dfrac{(^1/_2 . 59 + 249) . 334}{875} = 106$ cm³.

Gewählt I Nr. 16 mit $W_x = 117$ cm³.

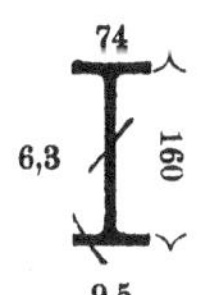

Träger 50a (über dem Halbgeschoss). Freilänge 4,15 m. Belastung

$$4,15 . 1,04 . 750 \text{ kg} = 4,15 . 780 \text{ kg}$$
$$= 3237 \text{ kg.}$$

Erforderlich

$$W = \frac{3237 . 415}{8 . 875} = 192 \text{ cm}^3.$$

Gewählt I Nr. 20 mit

$$W_x = 214 \text{ cm}^3.$$

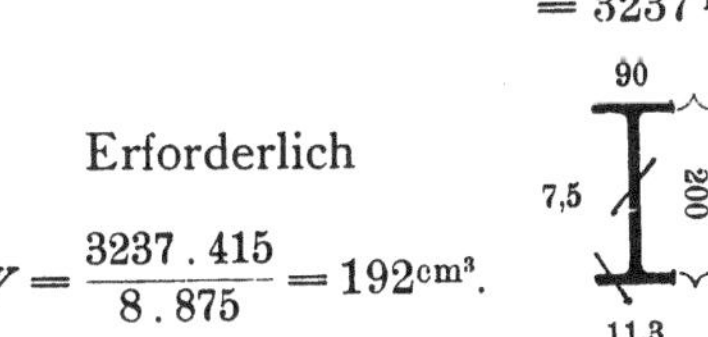

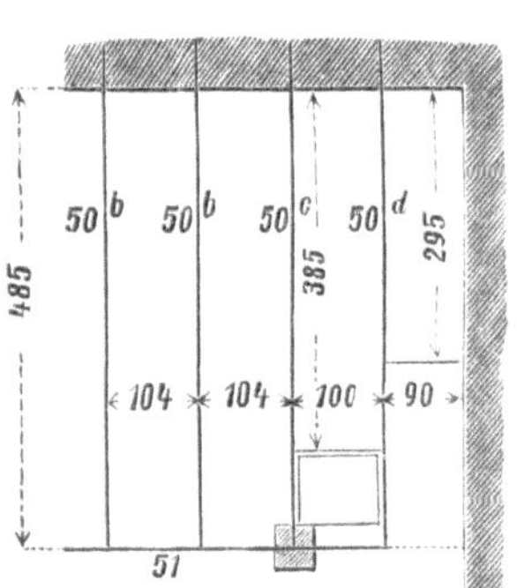

Träger 50b. Freilänge 4,85 m. Belastung

    4,85 . 1,04 . 750 kg = 4,85 . 780 kg = 3783 kg.

Erforderlich $\quad W = \dfrac{3783 . 485}{8 . 875} = 262$ cm³.

Gewählt I Nr. 22 mit $W_x = 278$ cm³.

Träger 50c. Freilänge 4,85 m. Belastung

$$4,85 \cdot \frac{1,04 + 1,00}{2} \cdot 750 \text{ kg} = 4,85 . 765 \text{ kg} . \quad . = 3710 \text{ kg,}$$

hiervon ab (auf 1,00 m Länge) $1,0 \cdot \dfrac{1,0}{2} \cdot 750$ kg . $\quad . = 375$ „

bleiben 3335 kg.

Auflagerdruck $B = \dfrac{3710}{2} - \dfrac{0,50}{4,85} \cdot 375 = 1816\,^{\text{kg}}$,

$$A = 3335 - 1816 \quad = 1519\,^{\text{kg}}.$$

Ohne erst die Lage des Bruchquerschnitts zu bestimmen, ist erforderlich

$$W = \frac{100 \cdot 1816^2}{2 \cdot 875 \cdot 765} = 246\,^{\text{cm}^3}.$$

Gewählt ⲒⲒ Nr. 21 mit $W_x = 244\,^{\text{cm}^3}$.

———

Der Fussboden des 0,40 m über dem des Vorzimmers liegenden Geschirr-Raums ist, wie die Wände desselben, auf 0,40 m Höhe feuersicher herzustellen.

———

Träger 50 d. Freilänge 4,85 m. Belastung

$$4,85 \cdot \frac{1,0 + 0,90}{2} \cdot 750\,^{\text{kg}} = 4,85 \cdot 712,5\,^{\text{kg}}. \quad . = 3437\,^{\text{kg}},$$

ab: $1,0 \cdot \dfrac{1,0}{2} \cdot 750\,^{\text{kg}} + 190 \cdot \dfrac{0,90}{2} \cdot 750\,^{\text{kg}} = 375\,^{\text{kg}} + 656\,^{\text{kg}} = 1031$ „

bleiben 2406 ᵏᵍ.

Auflagerdruck

$$B = \frac{3437}{2} - \frac{1}{4,85} \cdot (375 \cdot 0,50 + 656 \cdot 0,95) = 1551\,^{\text{kg}},$$

$$A = 2406 - 1551 \ldots \ldots \ldots . = 855\,^{\text{kg}}.$$

Erforderlich $W = \dfrac{100 \cdot 1551^2}{2 \cdot 875 \cdot 712,5} = 193\,^{\text{cm}^3}.$

Gewählt ⲒⲒ Nr. 20 mit $W_x = 214\,^{\text{cm}^3}$.

———

Träger 51 liegt bis zu dem Sattelträger in der Mitte des gemauerten Zwischenpfeilers 5,26 m und, darüber ausladend, noch 0,94 m frei. Die Belastung auf der Freistrecke 5,26 m beträgt in Abständen von 1,04 m durch Träger 50 a, b, c

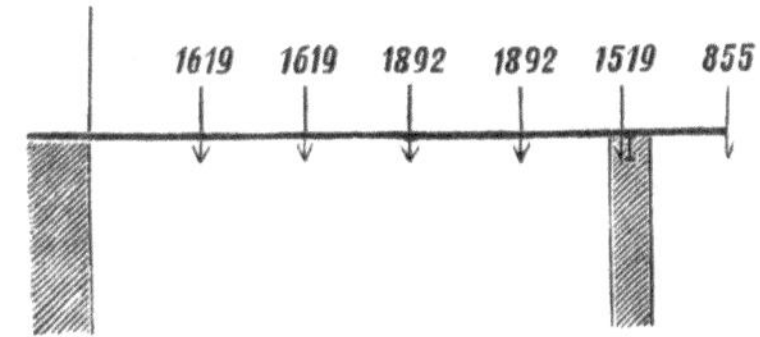

$$2 \cdot 1619 + 2 \cdot 1892 + 1519 \ldots \ldots . = 8541\,^{\text{kg}},$$

Belastung am freien Ende durch Träger 50 d . . = 855 „

zus. 9396 ᵏᵍ.

Biegungsmoment der letzten Belastung mit Bezug auf den Sattelträger

$$M = 855 \cdot 0,94 = 804\,^{\text{mkg}}.$$

Druck auf den Sattelträger

$$855^{\,kg} + \frac{1{,}04 \cdot [(1+2) \cdot 1619 + (3+4) \cdot 1892 + 5 \cdot 1519] + 804}{5{,}26} = 6088^{\,kg},$$

Endauflagerdruck $A = 9396 - 6088 \quad \ldots \ldots \ldots = 3308^{\,kg}.$

Da $3308 - 2 \cdot 1619 = 70^{\,kg}$, so ist erforderlich

$$W = [(1+2) \cdot 1619 + 3 \cdot 70] \cdot \frac{104}{875} = 602^{\,cm^3};$$

beim Fortfall der Verkehrslast des Trägers 50 d ergibt sich ein Geringes mehr.

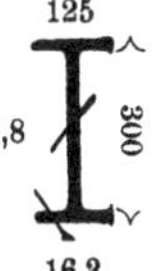

Gewählt I Nr. 30 mit $W_x = 652^{\,cm^3}.$

Der Sattelträger ist ein $20^{\,cm}$ langer Träger I Nr. 10, der seinerseits auf zwei $0{,}39^{\,m}$ langen Trägern I Nr. 17 liegt. Hierdurch wird eine Druckfläche gewonnen von

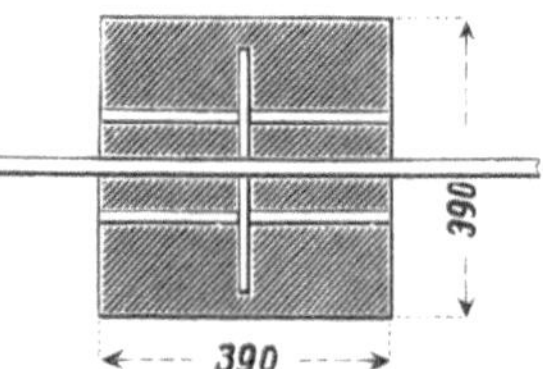

$$2 \cdot 39 \cdot 7{,}8 = 608^{\,qcm},$$

so dass die Druck-Übertragung

$$6088 : 608 = \text{rd. } 10^{\,kg}/_{qcm} \text{ beträgt.}$$

Die Belastung des im Querschnitt mit $39^{\,cm} \cdot 39^{\,cm}$ bemessenen Hilfspfeilers beträgt in Fussbodenhöhe des Erdgeschosses

1) durch Träger 51 . . . . $= \quad 6088^{\,kg},$
2) durch Träger 48 a . . . . $= \quad 3122 \ "$
3) durch Träger 48 b $^1/_2 \cdot 1820$ . . . . $= \quad 910 \ "$
4) durch Träger 46 . . . . $= \quad 658 \ "$
5) durch Eigengewicht $6{,}12 \cdot 0{,}39 \cdot 1600^{\,kg}$ . . . $= \quad 1489 \ "$

zus. $12\,267^{\,kg}.$

Die Druckbeanspruchung beträgt daher $\dfrac{12\,267}{39 \cdot 39} = 8{,}1^{\,kg}/_{qcm}.$

Der Pfeiler ist aus guten Ziegeln in verlängertem Zementmörtel herzustellen.[1]

---

[1] Da der Speiseaufzug darauf berechnet ist, je nach den Mietsverhältnissen eine Versorgung des Festsaals im I. Geschoss des Westflügels durch die Küche im Erdgeschoss oder im II. Geschoss zu ermöglichen, so ergibt sich eine Hubhöhe von $9{,}00^{\,m}$ bei nur $4{,}50 + 2{,}80 = 7{,}30^{\,m}$ gesamter Konstruktionshöhe für den Betriebs-Apparat. Es ist daher ein mittelbar wirkender, hydraulischer oder elektrischer Aufzug mit Übersetzung im Verhältnis $1:2$ zu wählen, falls nicht etwa ein unmittelbar wirkender Aufzug (mit Taucherkolben) vorgezogen wird.

Träger 52a (über dem III. Geschoss). Freilänge 1,60 m. Belastung

$$1,60 \cdot \left\{ [0,90 \cdot 0,39 + 1,10 \cdot 0,26] \cdot 1600^{\,kg} + \frac{6,38}{2} \cdot 750^{\,kg} \right\}$$

$$= 1,60 \cdot 3412^{\,kg} = 5459^{\,kg}.$$

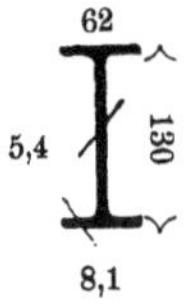

Erforderlich $W = \dfrac{5459 \cdot 160}{8 \cdot 875} = 125^{\,cm^3}.$

Gewählt zwei Träger I Nr. 13 mit $W_x = 2 \cdot 67$ $= 134^{\,cm^3}.$ Auflagerplatten 38 cm . 15 cm.

Träger 52b (über dem II. und I. Geschoss). Freilänge 1,60 m. Belastung

$$1,60 \cdot \left\{ [0,90 \cdot 0,52 + 0,80 \cdot 0,39] \cdot 1600^{\,kg} + \frac{6,25}{2} \cdot 500^{\,kg} \right\}$$

$$= 1,60 \cdot 2810,5^{\,kg} = 4497^{\,kg},$$

bezw. $1,60 \cdot \left\{ [0,42 + 0,80] \cdot 0,52 \cdot 1600^{\,kg} + \dfrac{6,25}{2} \cdot 500^{\,kg} \right\}$

$$= 1,60 \cdot 2577,5^{\,kg} = 4124^{\,kg}.$$

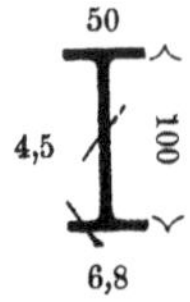

Erforderlich $W_{max} = \dfrac{4497 \cdot 160}{8 \cdot 875} = 102,8^{\,cm^3}.$

Gewählt drei Träger I Nr. 10 mit $W_x = 3 \cdot 34,1$ $= 102,3^{\,cm^3}.$ Auflagerplatten 51 cm . 15 cm.

Träger 52c (über dem Halbgeschoss). Freilänge 1,60 m. Belastung

1) $1,60 \cdot [0,42 + 0,80] \cdot 0,52 \cdot 1600^{\,kg} = 1,60 \cdot 1015^{\,kg} = 1624^{\,kg},$

2) 0,59 m vom Auflager B durch Träger 50 b . . $= 1892$ „

zus. 3516 kg.

$$A = \frac{1624}{2} + \frac{0,59}{1,60} \cdot 1892 = 1510^{\,kg}; \qquad B = 3516 - 1510 = 2006^{\,kg}.$$

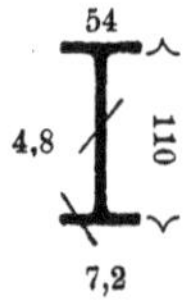

Da $0,59 \cdot 1015 = 599^{\,kg}$ und $2006 - 599 = 1407^{\,kg}$ so ist erforderlich

$$W = \frac{599 \cdot 29,5 + 1407 \cdot 59}{875} = 115^{\,cm^3}.$$

Gewählt drei Träger I Nr. 11 mit $W_x = 3 \cdot 43,3$ $= $ rd. $130^{\,cm^3}.$ Auflagerplatten 51 cm . 15 cm.

Träger 52d (über dem Erdgeschoss). Freilänge 1,60 m. Belastung

1) $1,60 \cdot [0,42 \cdot 0,65 + 0,80 \cdot 0,52] \cdot 1600^{\,kg}$

$$= 1,60 \cdot 1102,4^{\,kg} = 1764^{\,kg},$$

2) 0,85 m vom Auflager B durch Träger 47 b . . $= 1534$ „

zus. 3298 kg.

Auflagerdruck $A = \dfrac{1764}{2} + \dfrac{0,85}{1,60} \cdot 1534 = 882 + 815 = 1697^{\,kg},$

$B = 3298 - 1697 \quad \ldots \ldots \ldots = 1601^{\,kg}.$

Da $0,85 \cdot 1102,4 = 937^{\,kg}$ und $1601 - 937 = 664^{\,kg}$, so ist erforderlich

$$W = \frac{937 \cdot 42,5 + 664 \cdot 85}{8 \cdot 875} = 110^{\,cm^3}.$$

Gewählt vier Träger I Nr. 10 mit $W_x = 4 \cdot 34,1 = 136,4^{\,cm^3}$. Auflagerplatten $64^{\,cm} \cdot 15^{\,cm}$.

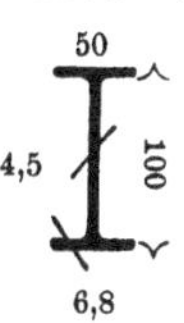

Träger 53 (über dem Halbgeschoss). Freilänge $1,80^{\,m}$. Belastung

    1) (vrgl. Träger 52 c) $1,80 \cdot 1015^{\,kg} \quad \ldots \ldots = 1827^{\,kg},$

    2) in der Mitte durch Träger 50 d mit $\ldots . = 1551 \,\,{}_{\textit{n}}$

    3) auf zweimal $0,10^{\,m}$ mit

$0,20 \cdot \Big\{ [\,(0,42 + 2,88 + 4,20) \cdot 0,52 + 4,20 \cdot 0,39$

$+\, 1,10 \cdot 0,26] \cdot 1600^{\,kg} + {}^{1}/_{2} \cdot (2 \cdot 6,25 + 1{}^{1}/_{2} \cdot 6,38) \cdot 500^{\,kg} \Big\}$

$\qquad\qquad = 0,20 \cdot 14836^{\,kg} = 2967^{\,kg}$

$+$ durch Tr. 52a, b: $5459 + 4497 + 4124 = \underline{14080 \,\,{}_{\textit{n}}} = 17047 \,\,{}_{\textit{n}}$

$\qquad\qquad\qquad\qquad\qquad\qquad\qquad$ zus. $20425^{\,kg}.$

Erforderlich

$$W = \frac{(1827 + 2 \cdot 1551) \cdot 180 + 17047 \cdot 20}{8 \cdot 875} = 175^{\,cm^3}.$$

Gewählt vier Träger I Nr. 11 mit $W_x = 4 \cdot 43,3 = 173^{\,cm^3}$. Auflagerplatten $51^{\,cm} \cdot 15^{\,cm}$.

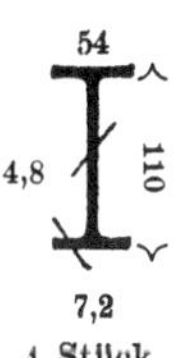

Der im Erdgeschoss $0,55^{\,m}$ breite Pfeiler zwischen den Trägern 52d und 53 wird am Fuss belastet mit

    1) $0,55 \cdot \Big\{ [3,24 \cdot 0,65 + (2 \cdot 2,88 + 4,20) \cdot 0,52 + 4,20 \cdot 0,39$

$\qquad + 1,10 \cdot 0,26] \cdot 1600^{\,kg} + {}^{1}/_{2} \cdot (2 \cdot 6,25 + 1{}^{1}/_{2} \cdot 6,38) \cdot 500^{\,kg} \Big\}$

$\qquad\qquad\qquad = 0,55 \cdot 20252^{\,kg} = 11139^{\,kg},$

    2) durch Träger 47c und 50c mit $1520 + 1816 \cdot = 3336 \,\,{}_{\textit{n}}$

    3) durch Träger 52a, b, d, c mit

$\qquad\quad {}^{1}/_{2} \cdot (5459 + 4497 + 4124 + 3298) + 2006 \cdot = 10695 \,\,{}_{\textit{n}}$

    4) durch Träger 53 mit ${}^{1}/_{2} \cdot 20425 \ldots \ldots . = \underline{10213 \,\,{}_{\textit{n}}}$

$\qquad\qquad\qquad\qquad\qquad\qquad\qquad$ zus. $35383^{\,kg}.$

Bei dem gewählten Pfeilerquerschnitt $64^{\,cm} \cdot 55^{\,cm}$ ist die Druckbeanspruchung

$$\frac{35383}{64 \cdot 55} = \frac{35383}{3520} = \text{rd. } 10^{\,kg}/\text{qcm}.$$

Der Pfeiler wird aus Klinkern in reinem Zementmörtel hergestellt (wegen etwa später noch eintretender Verschwächungen).

Holzbalken. Die über dem III. Geschoss 6,38 ^{m} frei liegenden Balken nehmen für 1 ^{m} Breite eine Belastung auf von

$$6,38 \,.\, 750^{\,\mathrm{kg}} = 4785^{\,\mathrm{kg}}.$$

Erforderlich $\quad W = \dfrac{4785 \,.\, 638}{8 \,.\, 60} = 6360^{\,\mathrm{cm^3}}.$

Die Balken von 24/30 ^{cm} mit

$$W = \frac{24 \,.\, 30^2}{6} = 3600^{\,\mathrm{cm^3}}$$

genügen daher auf eine Balken-Entfernung von

$$\frac{3600}{6360} = 0{,}565^{\,\mathrm{m}} \text{ von Mitte zu Mitte.}$$

Die 6,25 ^{m} frei liegenden Balken über dem II. und I. Geschoss mit einer Belastung auf 1 ^{m} Breite von

$$6,25 \,.\, 500^{\,\mathrm{kg}} = 3125^{\,\mathrm{kg}}$$

erfordern hierfür $\quad W = \dfrac{3125 \,.\, 625}{8 \,.\, 60} = 4069^{\,\mathrm{cm^3}}.$

Das gewählte Balkenprofil 24/30 ^{cm} mit $W = 3600^{\,\mathrm{cm^3}}$ genügt also bei einer Balken-Entfernung von

$$\frac{3600}{4069} = 0{,}885^{\,\mathrm{m}} \text{ von Mitte zu Mitte.}$$

Träger 54a (über dem I. Geschoss). Freilänge 5,55 ^{m}. Belastung

1) durch Füllholz mit

$$5,55 \,.\, 1{,}20 \,.\, 500^{\,\mathrm{kg}} = 5,55 \,.\, 600^{\,\mathrm{kg}} \,.\ \ .\ = 3330^{\,\mathrm{kg}},$$

2) auf 1,30 ^{m} durch Mehrbelastung des Wellblechs gegen Füllholz mit

$$1{,}30 \,.\, 1{,}20 \,.\, (1000^{\,\mathrm{kg}} - 500^{\,\mathrm{kg}}) = 1{,}30 \,.\, 600^{\,\mathrm{kg}} = \underline{\quad 780 \quad \text{„}}$$

zus. 4110 ^{kg}.

Auflagerdruck $\quad A = \dfrac{3330}{2} + \dfrac{0{,}65}{5{,}55} \,.\, 780 = 1756^{\,\mathrm{kg}},$

$$B = 4110 - 1756 \,.\ \ .\ = 2354^{\,\mathrm{kg}}.$$

Ohne Bestimmung des Bruchquerschnitts ist erforderlich

$$W = \frac{100 \,.\, 1756^2}{2 \,.\, 875 \,.\, 600} = 294^{\,\mathrm{cm^3}}.$$

Gewählt ⌶ Nr. 23 mit $W_x = 314^{\,\mathrm{cm^3}}.$

Träger 54b (über dem I. und II. Geschoss). Freilänge 5,55 m.
Belastung halb so gross wie bei Träger 54a . . = 2055 kg.

Erforderlich $W = \dfrac{294}{2} = 147$ cm³.

Gewählt I Nr. 18 mit $W_x = 161$ cm³.

Das 1,20 m frei liegende Wellblech unter dem Kochherd wird auf 1 m Breite belastet mit

$$1,20 \cdot 1000 = 1200 \text{ kg.}$$

Erforderlich $W = \dfrac{1200 \cdot 120}{8 \cdot 875} = 20,6$ cm³.

Das auf S. 170 gewählte Profil mit $h = 60$ mm, $b = 50$ mm und $d = 2$ mm genügt auch hier sehr reichlich.

Träger 55a (im III. Geschoss). Freilänge 1,30 m.
Die grösste Belastung beträgt

$$1,30 \cdot \left\{ 1,20 \cdot 0,39 \cdot 1600 \text{ kg} + {}^5/_8 \cdot (5,76 + 5,78) \cdot 750 \text{ kg} \right\}$$
$$= 1,30 \cdot 6158 \text{ kg} = 8005 \text{ kg.}$$

Erforderlich $W = \dfrac{8005 \cdot 130}{8 \cdot 875} = 148,7$ cm³.

Gewählt zwei Träger I Nr. 14 mit
$$W_x = 2 \cdot 81,7 = 163,4 \text{ cm³.}$$

2 Stück.

Träger 55b (über dem II. und I. Geschoss). Freilänge 1,30 m.
Die grösste Belastung beträgt

$$1,30 \cdot \left\{ 1,50 \cdot 0,39 \cdot 1600 \text{ kg} + {}^5/_8 \cdot (5,63 + 5,65) \cdot 500 \text{ kg} \right\}$$
$$= 1,30 \cdot 4461 \text{ kg} = 5799 \text{ kg.}$$

Erforderlich $W = \dfrac{5799 \cdot 130}{8 \cdot 875} = 107,7$ cm³.

Gewählt zwei Träger I Nr. 12 mit
$$W_x = 2 \cdot 54,5 = 109 \text{ cm³.}$$

2 Stück.

Küche und Badezimmer des I. Geschosses haben ebensolchen (Wellblech-) Fussboden wie das Halbgeschoss. Auch hier sind 500 kg/qm im Grundriss zu rechnen.

Träger 56a. Freilänge 2,30ᵐ. Belastung

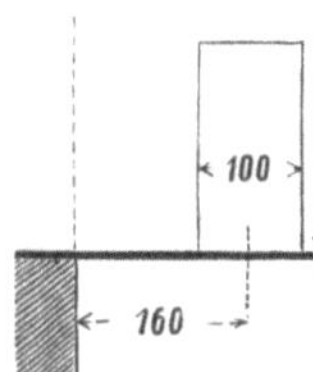

1) $2,30 \cdot \dfrac{1,34+1,35}{2} \cdot 500^{kg} = 2,30 \cdot 672,5^{kg} = 1547^{kg}$,

2) auf 0,70ᵐ ist die Mehrbelastung durch den Küchenherd

$$0,70 \cdot \dfrac{1,35}{2} \cdot 500^{kg} = 0,70 \cdot 337,5^{kg} = \quad 236 \text{ „}$$

3) $2,30 \cdot 4,50 \cdot 0,13 \cdot 1600^{kg} = 2,30 \cdot 936^{kg} = 2153^{kg}$

davon ab $\quad 1,0 \cdot 2,20 \cdot 0,13 \cdot 1600^{kg} = \quad 458 \text{ „} = 1795 \text{ „}$

zus. 3588ᵏᵍ.

Auflagerdruck

$$B = \dfrac{1547+2153}{2} + \dfrac{1}{2,30} \cdot (236 \cdot 0,35 - 458 \cdot 1,60) = 1567^{kg},$$

$$A = 3588 - 1567 \quad \ldots \ldots \ldots \ldots \ldots = 2021^{kg}.$$

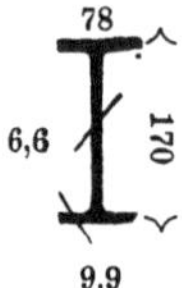

Da $2021 - 236 = 1785^{kg}$, so ist erforderlich

$$W = \dfrac{236 \cdot 35}{875} + \dfrac{100 \cdot 1785^2}{2 \cdot 875 \cdot (672,5+936)} = 123^{cm^3}.$$

Gewählt I Nr. 17 mit $W_x = 137^{cm^3}$.

Träger 56b. Freilänge 2,44ᵐ. Belastung

1) $2,44 \cdot 1,35 \cdot 500^{kg} = 2,44 \cdot 675^{kg} \quad \ldots \ldots \quad = 1647^{kg}$,

2) auf 0,84ᵐ ist die Mehrbelastung durch den

Küchenherd $\quad 0,84 \cdot \dfrac{1,35}{2} \cdot 500^{kg} = 0,84 \cdot 337,5^{kg} = \quad 284 \text{ „}$

zus. 1931ᵏᵍ.

Auflagerdruck $\quad B = \dfrac{1647}{2} + \dfrac{0,84}{2,44} \cdot 284 = 872^{kg}$,

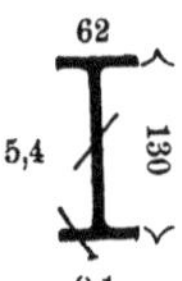

$$A = 1931 - 872 \quad = 1059^{kg}.$$

Erforderlich $\quad W = \dfrac{100 \cdot 872^2}{2 \cdot 875 \cdot 675} = 64,4^{cm^3}.$

Gewählt I Nr. 13 mit $W_x = 67^{cm^3}$.

Träger 56c. Freilänge 2,70ᵐ. Belastung

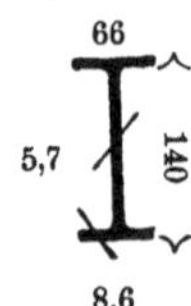

$$2,70 \cdot 1,35 \cdot 500^{kg} = 2,70 \cdot 675^{kg} = 1822^{kg}.$$

Erforderlich $\quad W = \dfrac{1822 \cdot 270}{8 \cdot 875} = 70,3^{cm^3}.$

Gewählt I Nr. 14 mit $W_x = 81,7^{cm^3}$.

Träger 57a. Freilänge 3,77 m. Belastung (vrgl. Träger 56a)

$$3,77 \cdot \{672,5 + 4,50 \cdot 0,13 \cdot 1600 \, \text{kg}\}$$
$$= 3,77 \cdot 1608,5 \, \text{kg} = 6064 \, \text{kg},$$

davon ab 1,17 m und 2,27 m,
also im Mittel 1,72 m vom
Auflager A zusammen

$$2 \cdot 0,80 \cdot 2,20 \cdot 0,13 \cdot 1600 \, \text{kg} = 732 \text{ „}$$

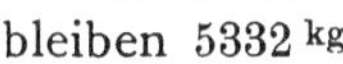
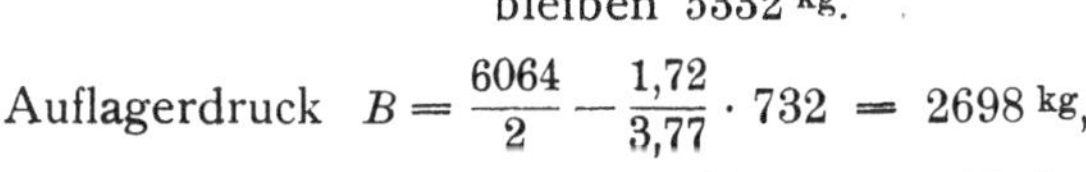

bleiben 5332 kg.

$$\text{Auflagerdruck} \quad B = \frac{6064}{2} - \frac{1,72}{3,77} \cdot 732 = 2698 \, \text{kg},$$

$$A = 5332 - 2698 \, . \quad . = 2634 \, \text{kg}.$$

$$\text{Erforderlich} \quad W \sim \frac{5332 \cdot 377}{8 \cdot 875} = 287 \, \text{cm}^3.$$

Gewählt I Nr. 23 mit $W_x = 314$ cm³.

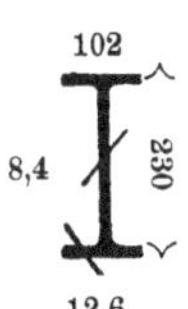

Träger 57b. Freilänge 3,90 m. Belastung

$$3,90 \cdot 1,35 \cdot 500 \, \text{kg} = 3,90 \cdot 675 \, \text{kg} = 2633 \, \text{kg}.$$

$$\text{Erforderlich} \quad W = \frac{2633 \cdot 390}{8 \cdot 875} = 147 \, \text{cm}^3.$$

Gewählt I Nr. 18 mit $W_x = 161$ cm³.

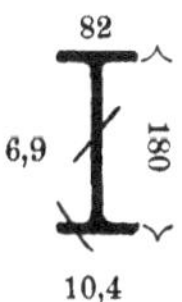

Träger 58. Freilänge 5,39 m. Belastung
1) durch Träger 56a u.
   57a mit 1567 + 2634 = 4201 kg,
2) durch Träger 56b u.
   57b mit 872 + 1317 = 2189 „
3) durch Träger 56c u.
   57b mit 911 + 1317 = 2228 „

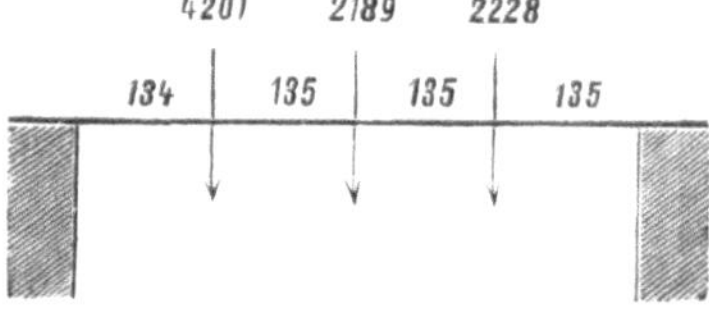

zus. 8618 kg.

$$\text{Auflagerdruck} \quad A = \frac{1,35}{5,39} \cdot (3 \cdot 4201 + 2 \cdot 2189 + 2228) = 4811 \, \text{kg},$$

$$B = 8618 - 4811 \quad . \quad . \quad . \quad . \quad . \quad . = 3807 \, \text{kg}.$$

Da 3807 − 2228 = 1579 kg, so ist erforderlich

$$W = \frac{135}{875} \cdot (2228 + 2 \cdot 1579) = 831 \, \text{cm}^3.$$

Gewählt I Nr. 34 mit $W_x = 922$ cm³.

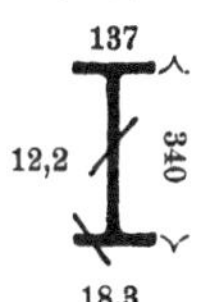

Träger 59. Freilänge 2,25 m. Belastung

1) $2,25 \cdot \{ [0,60 \cdot 0,52 + (4,50 + 2 \cdot 4,20) \cdot 0,39] \cdot 1600$ kg

$+ \frac{1}{2} \cdot (5,50 + 2 \cdot 5,63 + 1\frac{1}{2} \cdot 5,76) \cdot 500$ kg $\}$

$= 2,25 \cdot 14899$ kg $= 33523$ kg,

hierzu durch Träger 73 . . . . . $= \underline{\quad 1903 \text{ „}} = 35426$ kg,

2) $0,35$ m vom Auflager A durch Träger 79 . . $= 2693$ „

zus. 38119 kg.

Auflagerdruck $B = \dfrac{35426}{2} + \dfrac{0,35}{2,25} \cdot 2693 = 18132$ kg,

$$A = 38119 - 18132 \dots = 19987 \text{ kg.}$$

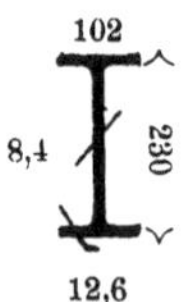

Erforderlich $W = \dfrac{18132^2 \cdot 225}{2 \cdot 875 \cdot 35426} = 1193$ cm³.

Gewählt vier Träger I Nr. 23 mit

$$W_x = 4 \cdot 314 = 1256 \text{ cm}^3.$$

Auflagerplatten 51 cm . 38 cm.

Träger 60. Freilänge im Erdgeschoss 1,20 m. Belastung

$1,20 \cdot 2,30 \cdot 0,39 \cdot 1600$ kg $= 1722$ kg.

Freilänge in den Obergeschossen 1,40 m.

Grösste Belastung dort

$1,40 \cdot 2,00 \cdot 0,26 \cdot 1600$ kg $= 1165$ kg.

(Die Belastung durch Träger 41a greift am Auflager an.)

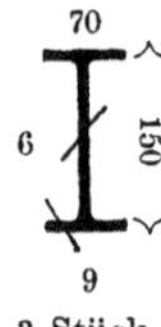

Erforderlich $W = \dfrac{1722 \cdot 120}{8 \cdot 875} = 29,5$ cm³,

bezw. $W = \dfrac{1165 \cdot 140}{8 \cdot 875} = 23,3$ cm³.

Gewählt zwei Träger I Nr. 8 mit

$$W_x = 2 \cdot 19,4 = 38,8 \text{ cm}^3.$$

Träger 61. Freilänge 0,90 m. Belastung (vrgl. Träger 62)

$0,90 \cdot (3054 + 20339 + 827) = 21798$ kg.

Erforderlich $W = \dfrac{21798 \cdot 90}{8 \cdot 875} = 280,3$ cm³.

Gewählt drei Träger I Nr. 15 mit $W_x = 3 \cdot 97,9$

$= 293,7$ cm³. Auflagerplatten 51 cm . 25 cm.

Träger 62. Freilänge von Säulenmitte bis Säulenmitte 4,60 m.

Belastung

1) $4,60 \cdot \Big\{ 1,0 \cdot 0,52 \cdot 1600^{\,kg} + (5,50 + 1,40)$

$\qquad \cdot \dfrac{5,50 + 0,52 + 1,40}{2 \cdot (5,50 + 0,26)} \cdot 500^{\,kg} \Big\} = 4,60 \cdot 3054^{\,kg} \quad = 14\,048^{\,kg},$

2) auf zweimal $1,65^{\,m}$, zus. $3,30^{\,m}$

$\quad 4,60 \cdot \Big\{ [4,50 + 2 \cdot 4,20] \cdot 0,39 \cdot 1600^{\,kg} + {}^{5}/_{8} \cdot (2 \cdot 5,63$

$\qquad + 1^{1}/_{2} \cdot 5,76 + 3^{1}/_{2} \cdot 5,55) \cdot 500^{\,kg} \Big\}$

$\qquad \qquad = 4,60 \cdot 20\,339^{\,kg} = 93\,559^{\,kg},$

hiervon ab $3 \cdot 1,30 \cdot 3,00 \cdot 0,39 \cdot 1600^{\,kg} = 7\,301$ „ $\quad = 86\,258$ „

3) einerseits auf $1,65^{\,m}$ als Zusatz-Belastung aus den längeren Balken

$\qquad 1,94 \cdot {}^{5}/_{8} \cdot (2 \cdot 0,70 + 1^{1}/_{2} \cdot 0,83) \cdot 500^{\,kg}$

$\qquad \qquad \qquad = 1,94 \cdot 827^{\,kg} = \quad 1604$ „

$\qquad \qquad \qquad \qquad \qquad \qquad \text{zus. } 101\,910^{\,kg}.$

Auflagerdruck

$$A = \frac{14\,048 + 86\,258}{2} + \frac{0,825}{4,60} \cdot 1604^{\,kg} = 50\,441^{\,kg},$$

$$B = 101\,910 - 50\,441 \ . \ . \ . \ . \ . \ . \ . - 51\,469^{\,kg}.$$

Da $50\,441 - {}^{1}/_{2} \cdot 86\,258 = 50\,441 - 43\,129 = 7\,312^{\,kg}$, so ist erforderlich (ohne Bestimmung des Bruchquerschnitts)

$$W = \frac{43\,129 \cdot 82,5}{875} + \frac{100 \cdot 7312^{2}}{2 \cdot 875 \cdot 3054} = 5067^{\,cm^3}.$$

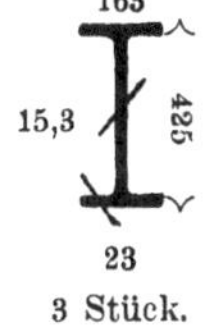

Gewählt drei Träger I Nr. $42^{1}/_{2}$ mit

$$W_x = 3 \cdot 1739 = 5217^{\,cm^3}.$$

Die am stärksten belastete der beiden Säulen (B) trägt

1) $.\ 51\,469 + 0,25 \cdot (3054 + 20\,339 + 827) \ . \ . \ . \ . \ = 57\,524^{\,kg},$

2) hierzu für das Säulen-Eigengewicht (geschätzt) $= \quad 476$ „

$\qquad \qquad \qquad \qquad \qquad \qquad \text{zus. } 58\,000^{\,kg}.$

Die gusseiserne Säule ist bis Tischhöhe im Mauerwerk eingeschlossen. Wird indes hiervon abgesehen und eine freie Höhe von $3,50^{\,m}$ angenommen, so ist, unter Ansatz von 50 v. H. Zuschlag zur Last, wegen der Möglichkeit exzentrischer Lastwirkung (vrgl. S. 125), erforderlich

$$T = 8 \cdot 1^{1}/_{2} \cdot 58 \cdot 3,5^{2} = 8526^{\,cm^4} \quad \text{und} \quad F = \frac{1^{1}/_{2} \cdot 58\,000}{500} = 174^{\,qcm}.$$

Das nebenstehende, gewählte Profil hat

$$T = \frac{\pi}{64} \cdot (25^4 - 20^4) = 11\,321 \text{ cm}^4$$

und
$$F = \frac{\pi}{4} \cdot (25^2 - 20^2) = 176,7 \text{ qcm}[1]).$$

Zur Aufnahme des Unterzugträgers 62 wird die Auflagerfläche der Säulenkopfplatte auf 10 cm in der Mitte um 1 cm verstärkt, so dass die exzentrische Beanspruchung höchstens erfolgen kann mit einem Biegungsmoment

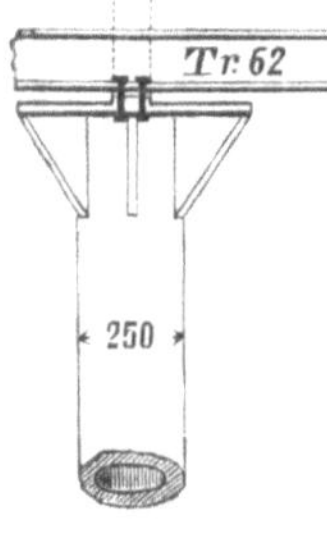

$$M = 57\,524 \cdot \frac{10}{4} = 143\,810 \text{ cmkg}.$$

Hiermit, da $W = \dfrac{2 \cdot 11\,321}{25} = 905,7 \text{ cm}^3$, ergibt sich als grösste Druckbeanspruchung der Säule

$$k = \frac{57\,524}{176,7} + \frac{143\,810}{905,7} = 326 + 159 = 485 \text{ kg}/\text{qcm}.$$

Die $81 \cdot 65 = 5265$ qcm grosse Sohle der Fussplatte der Säule überträgt einen Druck von $58000 : 5265 =$ rd. 11 kg/qcm auf das Zementmauerwerk darunter. Wird als lichter Querschnitt des

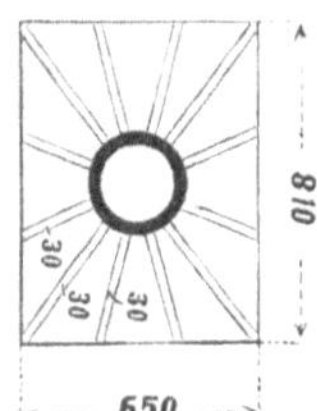

(grösstmöglichsten) Kernlochs der Platte $1/4 \cdot \pi \cdot 20^2 = 314$ qcm in Abzug gebracht, so ist dieser Druck $58000 : (5265 - 314) = 58000 : 4951 = 11,7$ kg/qcm.

Anzahl der Rippen 12, da die Säulenlast zwischen 30 t und 120 t liegt (s. Taf. VI a. S. 232).

Plattenstärke. Grösste Länge eines äusseren Plattenstreifens von Mitte zu Mitte Rippe gleich $1/3 \cdot 81 = 27$ cm. Bei 1 cm Breite kommt auf den Streifen eine Last von $27,0 \cdot 1,0 \cdot 11,7 = 316$ kg.

Erforderlich
$$W = \frac{316 \cdot 27}{12 \cdot 250} = 2,844 \text{ cm}^3 \text{ (nach S. 85, oben).}$$

Ist x die Plattenstärke in cm, so muss sein
$$\frac{1,0 \cdot x^2}{6} = 2,844, \text{ woraus } x^2 = 17,06 \text{ und } x = 4,13 \text{ cm}.$$

Gewählt als Plattenstärke 4,5 cm, was reichlich genügt. Rippenhöhe $h = 1/2 \cdot (81 - 25) \cdot 0,5 = 14$ cm über Plattenoberkante.

---

[1]) Die Höhendifferenzen aus den Temperaturschwankungen sind verschwindend gering. Wird mit Rücksicht auf den eingemauerten Teil für die ganze Säulenhöhe eine grösste Temperaturschwankung von 30^0 C. angenommen, so ergibt dies nur eine Längenänderung von $0,30 \cdot 0,0011 \cdot 3500 = 1,155$ mm, die als gegenstandslos anzusehen ist.

Träger 63. Freilänge 1,04 m. Belastung

1) $1{,}04 \cdot \left\{ 2{,}0 \cdot 0{,}52 \cdot 1600\,^{kg} + \dfrac{5{,}50}{2} \cdot 500\,^{kg} \right\}$
$$= 1{,}04 \cdot 3039\,^{kg} = 3161\,^{kg},$$

2) auf $0{,}15\,^m$

$0{,}72 \cdot \big\{ [4{,}50 + 2 \cdot 4{,}20] \cdot 0{,}39 \cdot 1600\,^{kg}$

$+\,{}^1/_2 \cdot (2 \cdot 5{,}63 + 1{}^1/_2 \cdot 5{,}76) \cdot 500\,^{kg} \big\} \cdot$
$$= 0{,}72 \cdot 13025\,^{kg} = 9508\,^{kg},$$

hiervon ab

$3 \cdot 0{,}57 \cdot 2{,}50 \cdot 0{,}39$
$$\cdot 1600\,^{kg} = \underline{2668\,{}_{„}}$$
$$6840\,^{kg},$$

dazu d. Tr. 48a, b, 51
$$2053 + 910 + 3208 = 6171\,{}_{„} = \underline{13011\,{}_{„}}$$
$$\text{zus. } 16172\,^{kg}.$$

Auflagerdruck $\quad A = \dfrac{3161}{2} + \dfrac{0{,}075}{1{,}04} \cdot 13011 = 2519\,^{kg},$

$$B = 16172 - 2519 \quad . \quad . = 13653\,^{kg}.$$

Erforderlich $\quad W = \dfrac{100 \cdot 2519^2}{2 \cdot 875 \cdot 3039} = 119\,^{cm^3}.$

Gewählt drei Träger $\mathbf{I}$ Nr. 11 mit
$$W_x = 3 \cdot 43{,}3 = 129{,}9\,^{cm^3}.$$

Auflagerplatten $51\,^{cm} \cdot 25\,^{cm}.$

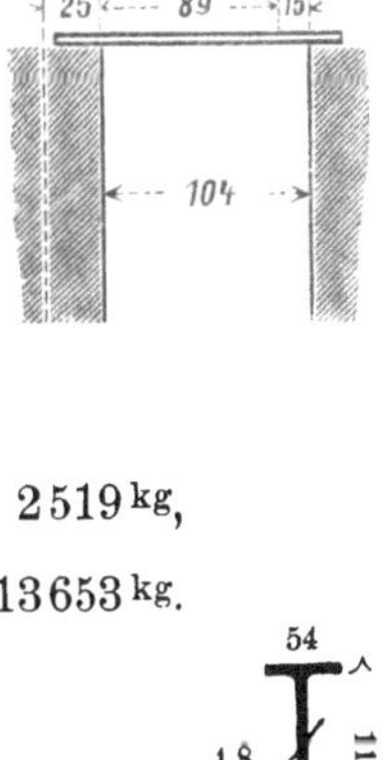

Der Pfeiler, auf dem die Träger 82a, b, 81a, b und 63 zusammenstossen, hat den nebenstehenden Querschnitt

$$F = 112 \cdot 65 + 25 \cdot 52$$
$$= 7280 + 1300 = 8580\,^{qcm};$$

der Abstand der Schwerpunkts-Achse von der rechtsseitigen Kante ist

$$e = \dfrac{7280 \cdot 56 + 1300 \cdot 26}{8580} = 51{,}5\,^{cm}.$$

Trägheitsmoment mit Bezug auf diese neutrale Achse
$$T = \dfrac{1}{3} \cdot \left[90 \cdot 51{,}5^3 + 25 \cdot 0{,}5^3 + 65 \cdot 60{,}5^3 \right] = 8895705\,^{cm^4}$$

und das Widerstandsmoment mit Bezug auf das Schmalende
$$W_1 = \dfrac{8895705}{60{,}5} = 147036\,^{cm^3},$$

mit Bezug auf das Breitende
$$W_2 = \dfrac{8895705}{51{,}5} = 172732\,^{cm^3}.$$

Die unmittelbare Belastung des Pfeilers beträgt

1) Eigenlast von Oberkante Balken über Erdgeschoss bis zum Fuss

$$4,5 \cdot 0,8580 \cdot 1600^{\text{kg}} \ldots \ldots = 6178^{\text{kg}},$$

2) Balkenlage über Erdgeschoss

$$\left(1,12 \cdot \frac{5,50}{2} + 0,52 \cdot \frac{1,40}{2} + (0,25 + 0,13) \cdot \frac{5,50}{2}\right) \cdot 500^{\text{kg}} = 2245\ _{\text{„}}$$

3) darauf (vrgl. Träger 82a)

$$0,32 \cdot 3,75 \cdot 0,39 \cdot 1600^{\text{kg}} \ldots \ldots = 749^{\text{kg}}$$

$$+ (0,28 + 0,52) \cdot [4,50 + 2 \cdot 4,20] \cdot 0,39 \cdot 1600^{\text{kg}} = 6465\ _{\text{„}}$$

$$+ 0,28 \cdot \frac{2 \cdot 8,63 + 1^{1}/_{2} \cdot 5,76}{2} \cdot 500^{\text{kg}} \ldots = 1393\ _{\text{„}}$$

$$+ 0,52 \cdot \frac{5}{8} \cdot \left(2 \cdot 5,63 + 1^{1}/_{2} \cdot 5,76 \right.$$

$$\left. + 3^{1}/_{2} \cdot 5,55\right) \cdot 500^{\text{kg}} = 6390\ _{\text{„}}$$

$$+ \text{(vrgl. Träger 63)}\ 0,70 \cdot 13025 - 2668 = 6450\ _{\text{„}} \quad = 21447\ _{\text{„}}$$

$$= 29870^{\text{kg}},$$

4) durch Träger 82a im I. Geschoss . . . . 25956 „

5) durch Träger 82b im Erdgeschoss 5773 + 2404 = 8177 „

6) durch Träger 81b im Erdgeschoss . . . . 8331 „

7) durch Träger 81a im II. Geschoss . . . . 4459 „

8) durch Träger 63 im Erdgeschoss . . . . 2519 „

zus. 79312 ^{kg}.

Die annähernd zentrische Belastung des aus besten Klinkern in Zementmörtel herzustellenden Pfeilers ist gewährleistet durch eine Verrückung der Auflagerplatte des Trägers 82a über dem I. Geschoss um 0,32 m von der Aussenkante. Wird nämlich davon abgesehen, dass die Träger 81a, 81b und 63 über die neutrale Achse hinaus nach dem Breitende des Pfeilers hin angreifen und für den

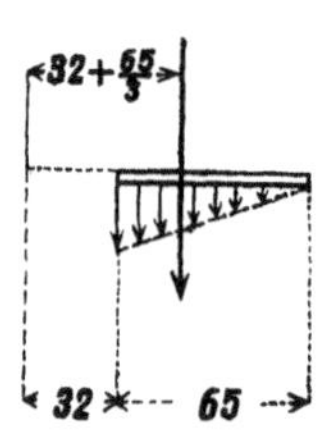

Auflagerdruck des Trägers 82a als Abstand von der neutralen Achse $60,5 - \left(32 + \frac{65}{3}\right) = $ rd. 7 cm, für den des Trägers 82b ein solcher von $60,5 - \frac{26}{3} = $ rd. 52 cm angenommen, so ergibt sich, ohne Rücksicht auf die ausgleichend wirkenden Lasten, ein Biegungsmoment

$$M = 25956 \cdot 7 + 8175 \cdot 52 = 606792\ ^{\text{cmkg}}.$$

Bei dieser zu ungünstigen Berechnung folgt als grösste Druck-Beanspruchung des Mauerwerks

$$k = \frac{79312}{8580} + \frac{606792}{147036} = 9,24 + 4,13 = 13,37\ ^{\text{kg}}/_{\text{qcm}}.$$

Über den Frontöffnungen der Obergeschosse, 1,50ᵐ
weit, werden für die Mauerwerks-Belastungen durch Sturz und
Brüstung Bögen mit geringer Pfeilhöhe angeordnet. Für die
Balkenlast dagegen sind die Unterzüge 64a und 64b vorgesehen.

Träger 64a (im III. Geschoss). Freilänge 1,50ᵐ. Belastung

$$1,50 \cdot \frac{5,76}{2} \cdot 750\,^{kg} = 1,50 \cdot 2160\,^{kg} = 3240\,^{kg}.$$

Erforderlich $W = \dfrac{3240 \cdot 150}{8 \cdot 875} = 69,4\,^{cm^3}.$

Gewählt $\mathbf{I}$ Nr. 14 mit $W_x = 81,7\,^{cm^3}.$

Träger 64b (im II. und I. Geschoss), 1,50ᵐ frei. Belastung

$$1,50 \cdot \frac{5,76}{2} \cdot 500\,^{kg} = 1,50 \cdot 1440\,^{kg} = 2160\,^{kg}.$$

Erforderlich $W = \dfrac{2160 \cdot 150}{8 \cdot 875} = 46,3\,^{cm^3}.$

Gewählt $\mathbf{I}$ Nr. 12 mit $W_x = 54,5\,^{cm^3}.$

Halbrunder Eck-Erker im II. und I. Geschoss.
Träger 65 (obere Balkenkonstruktion über dem II. Geschoss).
  Die gesamte freie Länge der beiden kreisbogenförmig ge-
  krümmten Träger beträgt, in der Mittellinie gemessen, 5,28ᵐ
  (s. Skizze). Sie werden belastet

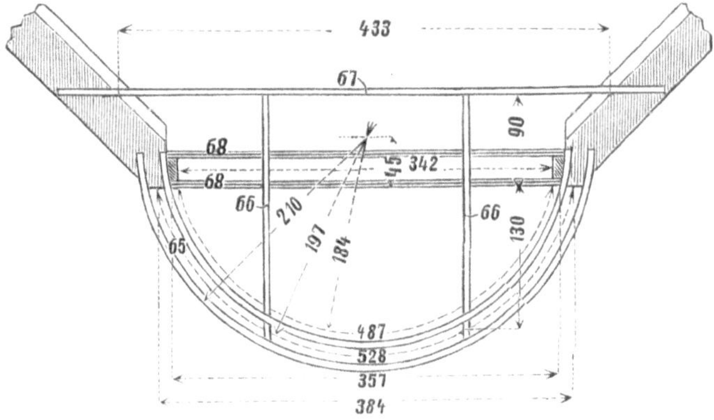

1) durch Mauerwerk aus porigen Lochsteinen mit
     $5,28 \cdot 1,10 \cdot 0,26 \cdot 1100\,^{kg} = 5,28 \cdot 314,6\,^{kg}$. $= 1661\,^{kg},$
2) durch Trägerwellblech, bei einem Flächeninhalt
     des lichten Kreisabschnitts von

$$\frac{1}{2} \cdot \left(4,87 \cdot 1,84 - 3,57 \cdot 0,45\right) = 3,68\,^{qm},$$

     mit $^1/_2 \cdot 3,68 \cdot 750\,^{kg} = ^1/_2 \cdot 2760\,^{kg}$. $\underline{\quad = 1380\ \text{„}}$

     zus. $3041\,^{kg}.$

Schwerpunkts-Abstand der ersteren Belastung vom Kreismittelpunkt $1,97 \cdot \dfrac{3,84}{5,28} = 1,43^{\,\mathrm{m}}$, des lichten Kreisabschnitts $\dfrac{3,57^3}{12 \cdot 3,68}$ $= 1,03^{\,\mathrm{m}}$. Lastmoment mit Bezug auf die Kippkante

$$M = 1661 \cdot (1,43 - 0,45) + 2 \cdot 1380 \cdot (1,03 - 0,45) = 3229^{\,\mathrm{mkg}}.$$

Dieses Moment wird ganz aufgenommen von den Ausladern (Träger 66). Angriffspunkt der Belastung $1,30^{\,\mathrm{m}}$ von der Kippkante, daher der Druck auf die Träger 66 zus. $\dfrac{3229}{1,30} = 2484^{\,\mathrm{kg}}.$

Die Belastung zwischen den Auflagerpunkten auf den letzteren Trägern beträgt auf der $1,86^{\,\mathrm{m}}$ im Bogen und $1,83^{\,\mathrm{m}}$ in der Sehne gemessenen Strecke des Trägers 65

$$1,86 \cdot 314,6^{\,\mathrm{kg}} + 1,83 \cdot \frac{\sim 1,32}{2} \cdot 750^{\,\mathrm{kg}} = 1491^{\,\mathrm{kg}}.$$

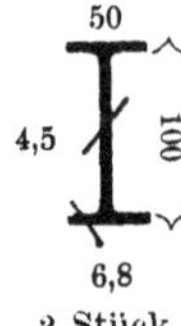

Ohne Rücksicht auf die Kontinuität ist erforderlich

$$W = \frac{1491 \cdot 186}{8 \cdot 875} = 39,6^{\,\mathrm{cm}^3}.$$

Gewählt zwei Träger ⊺ Nr. 10 mit

$$W_x = 2 \cdot 34,1 = 68,2^{\,\mathrm{cm}^3}.$$

Träger 66. Die beiden Träger laden frei aus; sie werden in rd. $1,30^{\,\mathrm{m}}$ von der Kippkante durch Träger 65 belastet mit

$$\text{je } {}^1/_2 \cdot 2484 \; . \; . \; . \; . \; . \; . = 1242^{\,\mathrm{kg}}$$

und angegriffen von je einem Lastmoment

$$M = {}^1/_2 \cdot 3229 \; . \; . \; . \; . \; . \; . = 1615^{\,\mathrm{mkg}}.$$

Erforderlich $W = \dfrac{1615 \cdot 100}{875} = 185^{\,\mathrm{cm}^3}.$

Gewählt ⊺ Nr. 19 mit $W_x = 185^{\,\mathrm{cm}^3}$.

Moment der Belastung mit Bezug auf eine $0,10^{\,\mathrm{m}}$ hinter der Kippkante liegende Drehachse, den Steg des äusseren der Träger 68,

$$M_1 = 1615 + 1242 \cdot 0,10 = 1739^{\,\mathrm{mkg}}.$$

$0,80^{\,\mathrm{m}}$ hinter dieser Drehachse entnimmt der Träger 66 die erforderliche Gegenlast dem Träger 67. Diese beträgt

$$\frac{1739}{0,80} = 2174^{\,\mathrm{kg}}.$$

Daher Druck auf Aussen-Träger 68 je $1242 + 2174 = 3416^{\,\mathrm{kg}}.$

Träger 67 liegt $4,33^{\,\mathrm{m}}$ frei und wird je $1,25^{\,\mathrm{m}}$ vom Auflager durch Träger 66 aufwärts angegriffen mit $2174^{\,\mathrm{kg}}$, zus. $4348^{\,\mathrm{kg}}.$

Hierfür erforderlich $W = \dfrac{2174 \cdot 125}{875} = 311^{\,\mathrm{cm}^3}.$

Belastet wird der Träger durch das Wellblech und die an-
geschuhten Balken mit

$$4{,}33 \cdot \frac{0{,}80}{2} \cdot 750^{\,kg} + 3{,}06 \cdot \frac{5{,}76 + 2{,}70}{2 \cdot 2} \cdot 500^{\,kg} = 5106^{\,kg}.$$

Ohne Rücksicht auf die Entlastung ist erforderlich

$$W \sim \frac{5106 \cdot 433}{8 \cdot 875} = 316^{\,cm^3}.$$

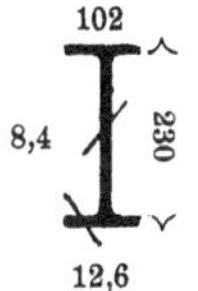

Wegen der Entlastung durch Träger 66 ist reichlich genügend

I Nr. 23 mit $W_x = 314^{\,cm^3}$.

———

Träger 68, die beiden Frontträger. Freilänge 3,42 m. Belastung

$$1)\quad 3{,}42 \cdot \left\{ 0{,}60 \cdot 0{,}39 \cdot 1600^{\,kg} + \frac{0{,}50 + \sim 1{,}10}{2} \cdot 750^{\,kg} \right\}$$
$$= 3{,}42 \cdot 974{,}4^{\,kg} = 3332^{\,kg},$$

2) auf zweimal 0,51 m mit zus.

$$2{,}87 \cdot \left\{ [4{,}20 \cdot 0{,}39 + 1{,}10 \cdot 0{,}26] \cdot 1600^{\,kg} \right.$$
$$+ \frac{5{,}76 + 3{,}43}{2 \cdot 2} \cdot \sqrt{\frac{1}{2}} \cdot (500^{\,kg}$$
$$\left. + 250^{\,kg}) \right\} = 2{,}87 \cdot 4285^{\,kg} = 12298^{\,kg},$$

hiervon ab

$$1{,}85 \cdot 3{,}20 \cdot 0{,}39 \cdot 1600^{\,kg} = \underline{3694 \;\, „} = 8604 \;\, „$$

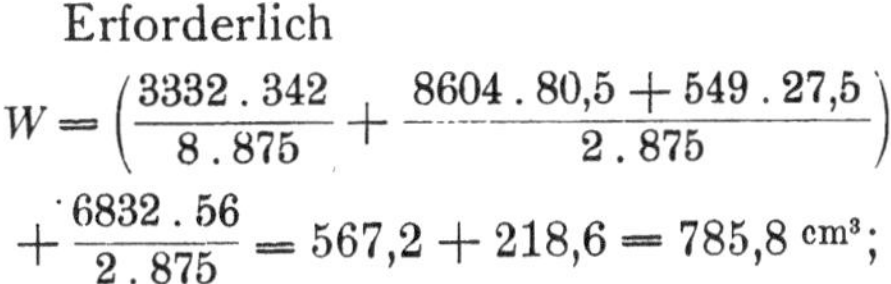

3) auf zweimal 0,55 m, zus.
$$1{,}10 \cdot 0{,}80 \cdot 0{,}39 \cdot 1600^{\,kg} = \quad 549 \;\, „$$

4) der äussere Träger erhält
noch je 0,56 m vom Auflager
durch Träger 66
$$3416^{\,kg}, \; 2 \cdot 3416 \cdot \quad . = \underline{6832 \;\, „}$$

zus. 19317 ^{kg}.

zus. 19317^{kg}.

Erforderlich

$$W = \left(\frac{3332 \cdot 342}{8 \cdot 875} + \frac{8604 \cdot 80{,}5 + 549 \cdot 27{,}5}{2 \cdot 875} \right)$$
$$+ \frac{6832 \cdot 56}{2 \cdot 875} = 567{,}2 + 218{,}6 = 785{,}8^{\,cm^3};$$

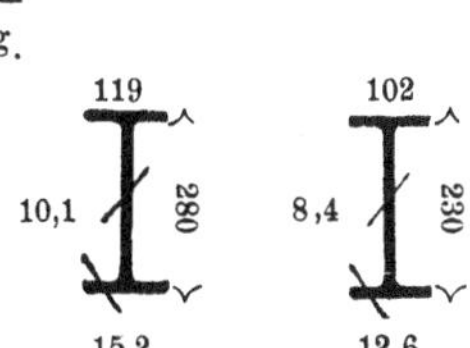

hiervon kommt auf den inneren Träger $W = \frac{1}{2} \cdot 567{,}2 = 283{,}6^{\,cm^3}$ und auf den äusseren $W = 283{,}6 + 218{,}6 = 502{,}2^{\,cm^3}$.

Gewählt aussen Träger I Nr. 28 mit $W_x = 541^{\,cm^3}$, innen Träger I Nr. 23 mit $W_x = 314^{\,cm^3}$, so dass zusammen vorhanden ist $W_x = 541 + 314 = 855^{\,cm^3}$.

Auflagerplatten 38 ^{cm} . 25 ^{cm}.

Träger 69 (über dem I. Geschoss). Freilänge 3,42 ^{m}. Belastung
1) durch Ausmauerung mit
$$3,42 \cdot 0,50 \cdot 0,52 \cdot 1600\,^{\mathrm{kg}} = 3,42 \cdot 416\,^{\mathrm{kg}} \quad . \quad . \ = 1423\,^{\mathrm{kg}},$$
2) durch Holzbalken mit
$$3,42 \cdot \left\{ \frac{5,63 + 3,30}{2 \cdot 2} \cdot \sqrt{\frac{1}{2}} + \sim 0,95 \right\} \cdot 500\,^{\mathrm{kg}} \ = 4324 \ _{\prime\prime}$$

zus. 5747 ^{kg}.

Erforderlich $W = \dfrac{5747 \cdot 342}{8 \cdot 875} = 281\,^{\mathrm{cm^3}}$.

Gewählt drei Träger I Nr. 15 mit
$$W_x = 3 \cdot 97,9 = 293,7\,^{\mathrm{cm^3}}.$$
Auflagerplatten 51 ^{cm} . 15 ^{cm}.

Träger 70 (untere Erkerkonstruktion, über dem Erdgeschoss).
Die beiden halbkreisförmig gebogenen Träger werden bei
5,08 ^{m} gesamter Freilänge, in der Mittellinie gemessen, belastet (s. Skizze)

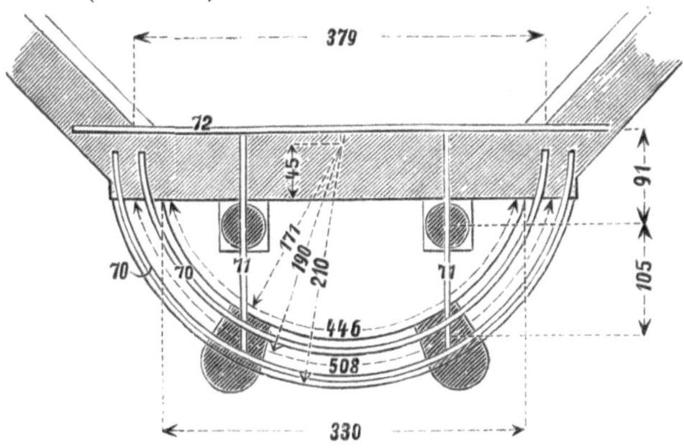

1) mit 5,08 . 1,10 . 0,39 . 1100 ^{kg} = 5,08 . 472 ^{kg} .   . = 2398 ^{kg},
2) durch Trägerwellblech bei einer Fussboden-
fläche von $^{1}/_{2}$. (4,46 . 1,71 — 3,30 . 0,45) = 3,07 ^{qm}
mit $^{1}/_{2}$. 3,07 . 750 ^{kg} . . . . . = 1151 $_{\prime\prime}$
3) auf zweimal 0,50 ^{m} mit je

$$0,50 \cdot [3,7 + 3,9] \cdot 0,39 \cdot 1100\,^{\mathrm{kg}} \quad . \ . \ . \ = 1416\,^{\mathrm{kg}}$$

$$+ \frac{\pi}{8} \cdot 0,50^2 \cdot 8,5 \cdot 1100\,^{\mathrm{kg}} \ . \ . \ . \ . \ = 918 \ _{\prime\prime}$$

$$+ 2 \cdot \frac{1,36}{2} \cdot [2,0 + 0,6] \cdot 0,39 \cdot 1100\,^{\mathrm{kg}} = 1517 \ _{\prime\prime}$$

2 . 3851 ^{kg} = 7702 $_{\prime\prime}$

zus. 11251 ^{kg}.

Von dieser Belastung entfällt auf die mittlere Freistrecke zwischen den Trägern 71, die im Bogen gemessen 1,86 m und in der Sehne gemessen 1,83 m lang ist,

$$1{,}86 \cdot 472 + 1{,}83 \cdot \frac{\sim 1{,}17}{2} \cdot 750^{\,kg} + 3851$$

$$= 878 + 803 + 3851 = 5532^{\,kg}$$

(3851 kg kommen auf beiderseits 0,25 m).

Erforderlich ohne Rücksicht auf die Kontinuität

$$W = \frac{(878 + 803) \cdot 186}{8 \cdot 875} + \frac{3851 \cdot 12{,}5}{2 \cdot 875} = 72^{\,cm^3}.$$

Gewählt zwei Träger Nr. 11 mit $W_x = 2 \cdot 43{,}3 = 86{,}6^{\,cm^3}$.

Auflagerplatten in der Frontwand 38 cm . 15 cm.

Träger 71 ladet frei aus und wird in 1,05 m Schwerpunkts-Abstand von Mitte der steinernen Säule durch Träger 70 belastet, wenn dessen ganze Belastung als auf die beiden Träger 71 übertragen angenommen wird, mit je $^{1}/_{2} \cdot 11251$

$$= 5626^{\,kg}.$$

Biegungsmoment mit Bezug auf die Drehachse

$$M = 5626 \cdot 1{,}05 = 5907^{\,mkg}.$$

Erforderlich $\qquad W = \dfrac{5907 \cdot 100}{875} = 675^{\,cm^3}.$

Gewählt $\mathbf{I}$ Nr. 32 mit $W_x = 781^{\,cm^3}$.

Die Träger reichen bis Frontmauer-Innenkante und entnehmen dort dem Träger 72 eine Gegenlast von

$$\frac{5907}{0{,}91} = 6491^{\,kg}.$$

Last und Gegenlast, zusammen $5626 + 6491 = 12117^{\,kg}$, treffen, durch eine runde, gusseiserne Deckplatte übermittelt, die unterstützende steinerne Säule (aus Klinker-Mauerwerk oder Sandstein), deren Querschnitt beträgt

$$F = \frac{\pi}{4} \cdot 40^2 = 1257^{\,qcm},$$

mit einem Druck von $12117 : 1257 = $ rd. $10^{\,kg}/_{qcm}$.

Träger 72. Freilänge zwischen den gegenbelastenden Frontwänden des I. Geschosses 3,79 m. Der Träger wird je 0,98 m vom Auflager durch die Träger 71 aufwärts angegriffen mit je 6491 kg, 2 . 6491 . . . . $= 12982^{\,kg}$, und andererseits belastet durch angeschuhte Balken mit

$$3{,}79 \cdot \sqrt{\frac{1}{2}} \cdot \frac{5{,}63 + 2{,}95}{2 \cdot 2} \cdot 500^{\,kg} \quad . \quad . \quad . = 2874^{\,kg}.$$

Ohne Rücksicht auf die zweite, der ersten entgegenwirkende Belastung ist erforderlich

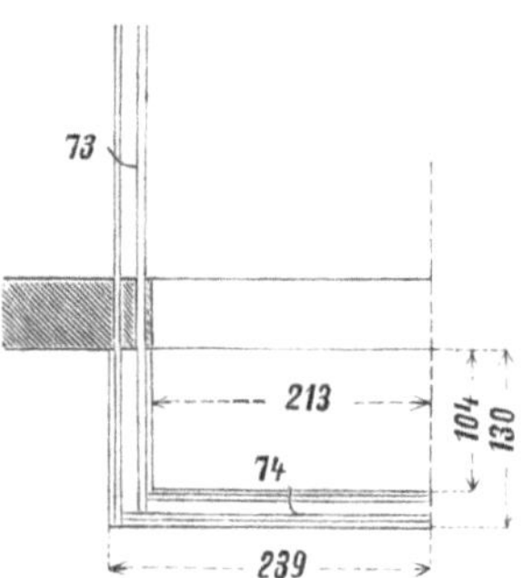

$$W = \frac{6491 \cdot 98}{875} = 727 \,^{\mathrm{cm}^3}.$$

Gewählt ⊥ Nr. 32 mit $W_x = 781 \,^{\mathrm{cm}^3}$.

Die Trägerauflager reichen bis Frontmauer-Vorderkante.

————

Rechteckiger Erker, Ostfront, im II. und I. Geschoss.

Träger 73 (Balkonträger). Die Belastung der oberen Abschluss-Konstruktion des Erkers durch $0,30 + 0,80 = 1,10^{\,\mathrm{m}}$ hohes Mauerwerk aus porigen Lochsteinen beträgt auf $1^{\,\mathrm{qm}}$ Grundriss

$$1,10 \cdot 1100^{\,\mathrm{kg}} = 1210^{\,\mathrm{kg}}.$$

Im Lichtraum fällt hiervon (wegen der Wellblechdecke, vrgl. S. 57) aus auf $1^{\,\mathrm{qm}}$

$$1210 - 750^{\,\mathrm{kg}} = 460^{\,\mathrm{kg}}.$$

Hiernach ist die Belastung durch den halben Balkon

$$2,39 \cdot 1,30 \cdot 1210 - 2,13 \cdot 1,04 \cdot 460$$
$$= 3638 - 1019 = 2619^{\,\mathrm{kg}}.$$

Moment mit Bezug auf die Kippkante

$$M = 3638 \cdot 0,65 - 1019 \cdot 0,52$$
$$= 2365 - 530 = 1835^{\,\mathrm{mkg}}.$$

Daher erforderlich $\quad W = \dfrac{1835 \cdot 100}{875} = 210\,^{\mathrm{cm}^3}.$

Linksseitig ist für den äusseren der beiden Träger gewählt ⊥ Nr. 17 mit $W_x = 137\,^{\mathrm{cm}^3}$.

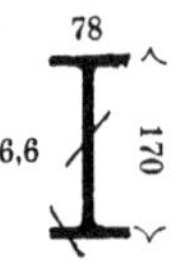

Der Träger wird innen (unter einer geringen Seitwärtsbiegung) $0,50^{\,\mathrm{m}}$ von Frontmauer-Innenkante an dem inneren Träger befestigt. Dieser reicht bis zur Mittelwand und nimmt auf beiderseits $2,165^{\,\mathrm{m}}$, zus. $4,33^{\,\mathrm{m}}$, eine Belastung auf von

$$[5,63 \cdot (0,30 + 4,20) - 1,30 \cdot 3,00] \cdot 0,13 \cdot 1600^{\,\mathrm{kg}} = 4458^{\,\mathrm{kg}}.$$

Wird von der Entlastung durch die Aussenlast abgesehen, da diese zum Teil aus Verkehrslast besteht, so ist erforderlich

$$W = \frac{4458 \cdot 433}{8 \cdot 875} = 276\,^{\mathrm{cm}^3}.$$

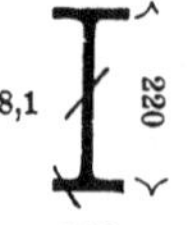

Gewählt ⊥ Nr. 22 mit $W_x = 278\,^{\mathrm{cm}^3}$.

Soll die Frontmauer kein Biegungsmoment aufnehmen, also das Moment an der Frontmauer-Innenkante gleich dem an der Aussenkante sein, so ist der Druck auf die Mittelwand

$$\frac{4458}{2} - \frac{1835}{5,63} = 1903^{\,kg},$$

daher kommen auf die Frontmauer $2619 + 4458 - 1903 = 5174^{\,kg}$.

Rechtsseitig gehen beide Träger bis zur Mittelwand und nehmen die Last einer bis $0{,}20^{\,m}$ über Dach geführten, $0{,}26^{\,m}$ starken Wand auf, mit

$$[5{,}63 \cdot (0{,}30 + 4{,}20 + \sim 3{,}50) - (1{,}30 \cdot 3{,}0 + 1{,}0 \cdot 2{,}2)] \cdot 0{,}26 \cdot 1600^{\,kg}$$
$$= 16199^{\,kg}.$$

Ohne Rücksicht auf die Aussenlast ist erforderlich

$$W = \frac{16199 \cdot 433}{8 \cdot 875} = 1002^{\,cm^3}.$$

Gewählt zwei Träger ⌶ Nr. 28 mit
$$W_x = 2 \cdot 541 = 1082^{\,cm^3}.$$

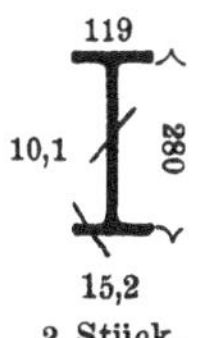

Der Druck auf die Mittelwand beträgt, unter der Voraussetzung, dass die Frontmauer kein Biegungsmoment aufnimmt,

$$\frac{16199}{2} - \frac{1835}{5,63} = 7774^{\,kg},$$

der Druck auf die Frontmauer $2619 + 16199 - 7774 = 11044^{\,kg}$.

Auflagerplatten in der Front, beiderseits $30^{\,cm} \cdot 35^{\,cm}$.

Träger 74. Der am stärksten belastete, innere der beiden Träger (s. Skizze a. v. S.) trägt bei $4{,}26^{\,m}$ Freilänge

$$4{,}26 \cdot \left\{ 1{,}10 \cdot \frac{0{,}26}{2} \cdot 1100^{\,kg} + \frac{1{,}04}{2} \cdot 750^{\,kg} \right\} = 2331^{\,kg}.$$

Hierfür erforderlich

$$W = \frac{2331 \cdot 426}{8 \cdot 875} = 142^{\,cm^3}.$$

Für jeden der beiden Träger wird gewählt
⌶ Nr. 18 mit $W_x = 161^{\,cm^3}$.

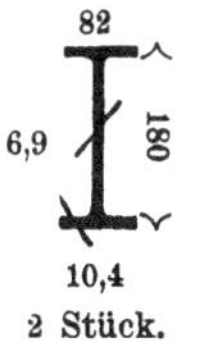

Träger 75 über der Glaswand im III. Geschoss, $2{,}70^{\,m}$ frei liegend, belastet mit

$$2{,}70 \cdot \left\{ [1{,}0 \cdot 0{,}39 + 1{,}10 \cdot 0{,}26] \cdot 1600^{\,kg} + \frac{5{,}76}{2} \cdot (500^{\,kg} + 250^{\,kg}) \right\}$$
$$= 2{,}70 \cdot 3242^{\,kg} = 8753^{\,kg}.$$

Erforderlich $\quad W = \dfrac{8753 \cdot 270}{8 \cdot 875} = 338^{\,cm^3}.$

Gewählt zwei Träger ⌶ Nr. 19 mit $W_x = 2 \cdot 185$
$= 370^{\,cm^3}$. Auflagerplatten $38^{\,cm} \cdot 20^{\,cm}$.

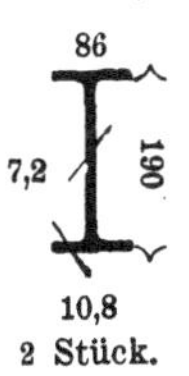

Träger 76 in der Erkeröffnung über dem II. Geschoss. Freilänge 4,00^m. Belastung

1) $4,00 \cdot \left\{ 0,60 \cdot 0,52 \cdot 1600^{kg} + \dfrac{5,63}{2} \cdot 500^{kg} \right.$

$\left. + \dfrac{1,04}{2} \cdot 750^{kg} \right\} = 4,0 \cdot 2297^{kg} = 9188^{kg},$

2) an den Enden auf zweimal 0,65^m, zus. 1,30^m

$1,30 \cdot \left\{ [4,20 \cdot 0,39 + 1,10 \cdot 0,26] \, 1600^{kg} \right.$

$\left. + \dfrac{5,76}{2} \cdot (500^{kg} + 250^{kg}) \right\} = 1,30 \cdot 5238^{kg} = 6809^{kg}$

$+$ durch Träger 75 . . . . $\underline{ 8753 \text{ „}} = 15562$ „

zus. 24 750^{kg}.

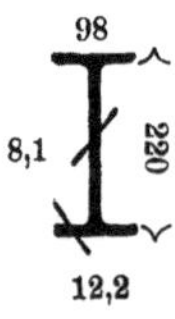

Erforderlich $W = \dfrac{9188 \cdot 400 + 15562 \cdot 130}{8 \cdot 875} = 814 \, ^{cm^3}.$

Gewählt drei Träger I Nr. 22 mit

$W_x = 3 \cdot 278 = 834 \, ^{cm^3}.$

3 Stück. Auflagerplatten von 51$^{cm} \cdot$ 38^{cm}, mit Rücksicht auf die weitere Belastung durch Träger 73.

Träger 77 in der Erkeröffnung über dem I. Geschoss. Freilänge 4,00^m. Belastung durch die Ausmauerung und eine Balkenlage mit

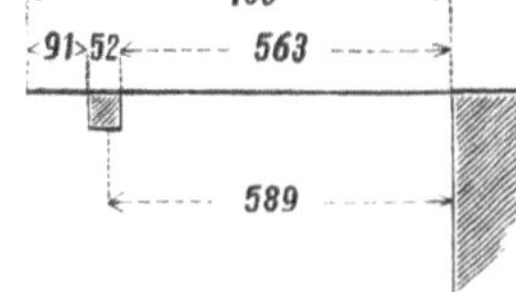

$4,00 \cdot \left\{ 0,60 \cdot 0,52 \cdot 1600^{kg} + \dfrac{7,06}{2 \cdot 5,89} \cdot (0,91 \right.$

$\left. + 5,63) \cdot 500^{kg} \right\} = 4,00 \cdot 2459^{kg} = 9836^{kg}.$

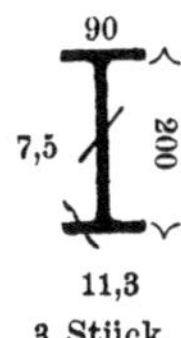

Erforderlich $W = \dfrac{9836 \cdot 400}{8 \cdot 875} = 562 \, ^{cm^3}.$

Gewählt drei Träger I Nr. 20 mit

$W_x = 3 \cdot 214 = 642 \, ^{cm}.$

3 Stück. Auflagerplatten 51$^{cm} \cdot$ 20^{cm}.

Träger 78a über dem Kuppelfenster des Erkers im II. Geschoss. Freilänge 2,70^m. Belastung

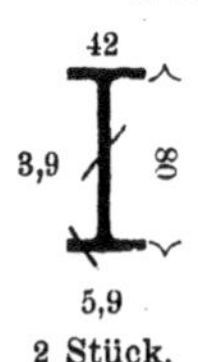

$2,70 \cdot 0,60 \cdot 0,39 \cdot 1100^{kg} = 695^{kg}.$

Erforderlich $W = \dfrac{695 \cdot 270}{8 \cdot 875} = 27 \, ^{cm^3}.$

Gewählt zwei Träger I Nr. 8 mit

$W_x = 2 \cdot 19,4 = 38,8 \, ^{cm^3}$

2 Stück.

Träger 78b. Dsgl. über dem I. Geschoss. Freilänge 2,70 m.
Belastung 2,70 . 2,00 . 0,39 . 1100 kg = 2317 kg.

Erforderlich $W = \dfrac{2317 \cdot 270}{8 \cdot 875} = 89\ \text{cm}^3.$

Gewählt zwei Träger I Nr. 12 mit $W_x = 2 \cdot 54,5$
$= 109\ \text{cm}^3.$

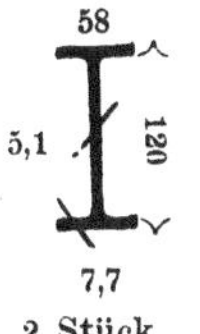

Träger 79. Die Belastung der unteren Erkerkonstruktion beträgt auf 1 qm Grundriss

$$(0,30 + 4,50 + 3,90) \cdot 1100\ \text{kg} = 9570\ \text{kg}.$$

Im Lichtraum fällt hiervon aus
auf 1 qm 9570 kg — 750 kg = 8820 kg
und in den Fensteröffnungen auf 1 qm
2 . 2,50 . 1100 kg. = 5500 kg.
Hieraus Gewicht des halben Erkers
2,39 . 1,30 . 9570 — (2,0 . 0,91 . 8820
$\qquad + 1,35 \cdot 0,39 \cdot 5500$
$+ 0,75 \cdot 0,39 \cdot 5500) = 29734$
$- (16052 + 2896 + 1609) = 9177\ \text{kg}.$

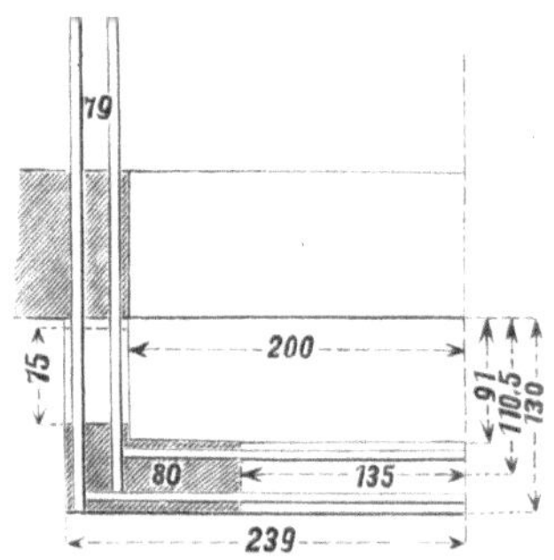

Biegungsmoment mit Bezug auf die Kippkante
$M = 29734 \cdot 0,65 - (16052 \cdot 0,455 + 2896 \cdot 1,105 + 1609 \cdot 0,45)$
$\qquad = 19327 - (7304 + 3200 + 724) = 8099\ \text{mkg}.$

Erforderlich $\qquad W = \dfrac{8099 \cdot 100}{875} = 926\ \text{cm}^3.$

Rechtsseitig gehen beide Träger bis zur Mittelwand und werden auf der inneren 5,50 m grossen Freilänge belastet mit
[5,50 . (0,30 + 4,50 + 3,90) — 1,30 . 2 . 3,00] . 0,26 . 1600 kg = 16661 kg.

Wird angenommen, dass ein Moment auf die Frontmauer nicht übertragen wird, so muss das Moment an der Frontmauer-Innenkante gleich dem an der Aussenkante sein. Also der Druck auf die Mittelwand

$$\frac{16661}{2} - \frac{8099}{5,50} = 6858\ \text{kg},$$

und der auf die Front 16661 + 9177 — 6858 . . . . = 18880 kg.

Da in dem Bruchquerschnitt zunächst der Mittelwand (weil 6858 < ½ . 16661) weniger erforderlich ist als ohne Rücksicht auf Aussenlast, u. zw. weniger als

$$W = \frac{16661 \cdot (550 - 130)}{8 \cdot 875} = 1000\ \text{cm}^3,$$

so genügen jedenfalls zwei Träger I Nr. 28 mit
$W_x = 2 \cdot 541 = 1082\ \text{cm}^3.$

Von den linksseitigen Trägern geht der eine ebenfalls durch bis zur Mittelwand und wird belastet mit

$5,50 \cdot (0,30 + 4,50 + 3,90) \cdot 0,13 \cdot 1600^{kg} = 5,50 \cdot 1809,6^{kg} = 9953^{kg}$,

hiervon ab auf der mittleren Strecke (zwei Türen)

$$1,30 \cdot 2 \cdot 3,00 \cdot 0,13 \cdot 1600^{kg} \quad . \quad . \quad . = 1622 \text{ „}$$

bleiben 8331 kg.

Der andere Träger geht durch die Frontmauer und wird $0,84^{m}$ hinter deren Innenkante (unter geringer Seitwärtsbiegung) mit seinem Nebenträger fest verbolzt.

Gilt auch hier die Annahme, dass die Front ein Biegungsmoment nicht aufnehmen soll, so ist der Druck auf die Mittelwand

$$\frac{8331}{2} - \frac{8099}{5,50} = 2693^{kg},$$

und der auf die Frontmauer $8331 + 9177 - 2693 \quad . \quad . = 14815^{kg}$.

Im Bruchquerschnitt zunächst der Mittelwand beträgt das Angriffsmoment

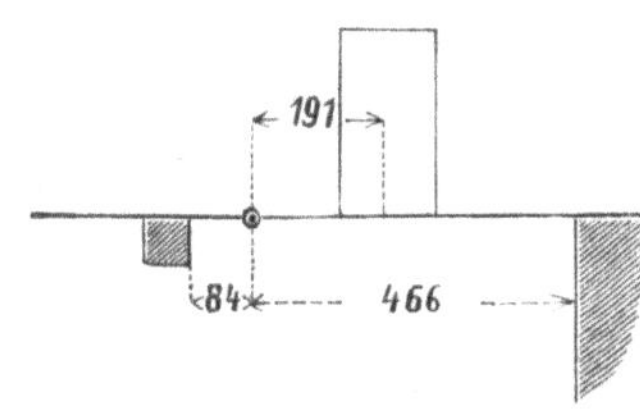

$$M_1 = \frac{2693^2}{2 \cdot 1809,6} = 2004^{mkg}$$

und, da $4,66 \cdot 1809,6 = 8433^{kg}$, im Verbindungspunkt beider Träger

$$M_2 = 2693 \cdot 4,66 - 8433 \cdot 2,33$$
$$+ 1622 \cdot 1,91 = -4001^{mkg}.$$

Das entgegengesetzte Vorzeichen der Momente lässt erkennen, dass in allen Zwischenquerschnitten ein kleineres Moment wirkt (ohne Rücksicht auf das Vorzeichen).

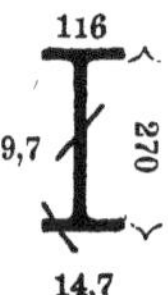

Erforderlich $W = \dfrac{4001 \cdot 100}{875} = 457^{cm^3}$.

Gewählt, sowohl für den durchgehenden als für den abgebrochenen Träger,

I Nr. 27 mit $W_x = 491^{cm^3}$.

Auflagerplatten in der Front, beiderseits $51^{cm} \cdot 35^{cm}$.

—————

Träger 80 (in der unteren Erkerkonstruktion, s. Skizze auf S. 197).

Die Träger liegen $4,00^{m}$ frei. Der am stärksten belastete, innere Träger wird belastet mit

$$1)\ 4,00 \cdot \left\{ 1,10 \cdot \frac{0,39}{2} \cdot 1100^{kg} + \frac{0,91}{2} \cdot 750^{kg} \right\} \quad . \quad . = 2309^{kg},$$

2) auf beiderseits $0,65^{m}$, zus. $1,30^{m}$

$$1,30 \cdot 7,60 \cdot \frac{0,39}{2} \cdot 1100^{kg} = 2119^{kg},$$

dazu von Tr. 78a u. 78b $\dfrac{695 + 2317}{2} = 1506 \text{ „} = 3625 \text{ „}$

zus. 5934 kg.

Erforderlich $W = \dfrac{2309 \cdot 400 + 3625 \cdot 130}{8 \cdot 875} = 199\,^{cm^3}$.

Für jeden der beiden Träger wird gewählt

$\mathbf{I}$ Nr. 20 mit $W_x = 214\,^{cm^3}$.

Hiermit ist die Konstruktion des rechteckigen
Erkers erledigt.

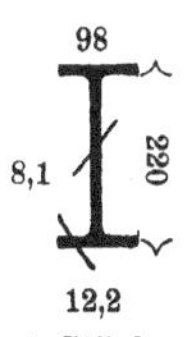

Träger 81a (über dem II. Geschoss). Freilänge 5,63 ^{m}. Belastung
$[5,63 \cdot (0,30 + 4,20) - 1,30 \cdot 3,00] \cdot 0,26 \cdot 1600\,^{kg} = 8917\,^{kg}$.

Erforderlich $W = \dfrac{8917 \cdot (563 - 130)}{8 \cdot 875} = 552\,^{cm^3}$.

Gewählt zwei Träger $\mathbf{I}$ Nr. 22 mit
$W_x = 2 \cdot 278 = 556\,^{cm^3}$.

Auflagerplatten 25 ^{cm} . 25 ^{cm}.

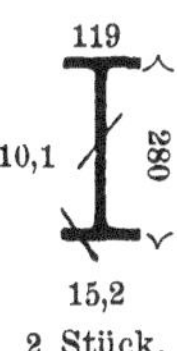

Träger 81b (über dem Erdgeschoss). Freilänge 5,50 ^{m}. Belastung
wie die Innenlast der rechtsseitigen Träger 79 mit 16661 ^{kg}.

Erforderlich $W = \dfrac{16661 \cdot (550 - 130)}{8 \cdot 875} = 1000\,^{cm^3}$.

Gewählt zwei Träger $\mathbf{I}$ Nr. 28 mit
$W_x = 2 \cdot 541 = 1082\,^{cm^3}$.

Auflagerplatten 25 ^{cm} . 38 ^{cm}.

Träger 82a (über dem I. Geschoss). Freilänge bis zur rechtsseitigen Auflagerplatte 5,35 ^{m} (vrgl. S. 188). Belastung

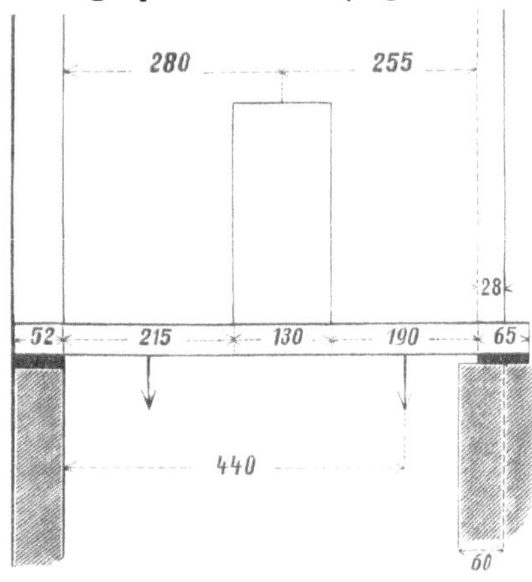

1) gleichmässig mit $5,35 \cdot \left\{0,75 \cdot 0,39 \cdot 1600^{\text{kg}} + \dfrac{5,63}{2} \cdot 500^{\text{kg}}\right\}$

$$= 5,35 \cdot 1875,5^{\text{kg}} = 10034^{\text{kg}},$$

2) auf $2,15^{\text{m}}$ mit

$2,80 \cdot \left\{8,40 \cdot 0,39 \cdot 1600^{\text{kg}} + \dfrac{1}{2} \cdot (5,63 + 1^{1}/_{2} \cdot 5,76) \cdot 500^{\text{kg}}\right\}$

$$= 2,80 \cdot 8809^{\text{kg}} = 24665^{\text{kg}},$$

hiervon ab $2 \cdot 0,65 \cdot 3,0 \cdot 0,39 \cdot 1600^{\text{kg}}$ . . $= \underline{\quad 2434 \text{ „}} = 22231$ „

3) auf $1,90^{\text{m}}$ mit $2,55 \cdot 8809 - 2434$ . . . . . $\underline{= 20029 \text{ „}}$

$$\text{zus. } 52294^{\text{kg}}.$$

Auflagerdruck

$$B = \frac{10034}{2} + \frac{1}{5,35} \cdot \left(22231 \cdot 1,075 + 20029 \cdot 4,40\right) = 25956^{\text{kg}},$$

$$A = 52294 - 25956 \dots\dots\dots\dots = 26338^{\text{kg}}.$$

Da $25956 - 20029 = 5927^{\text{kg}}$, so liegt der Bruchquerschnitt vom rechten Auflager B entfernt

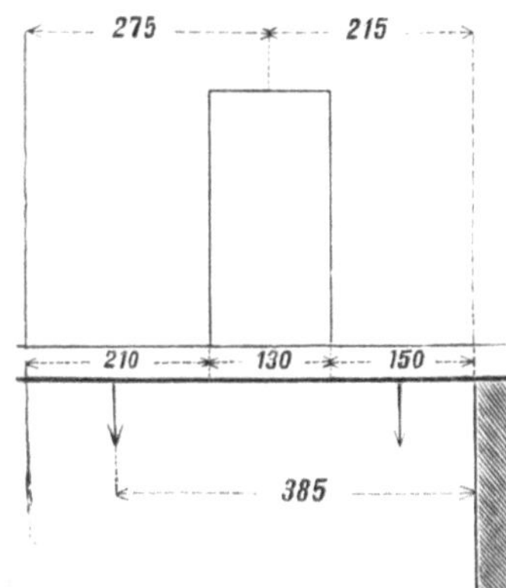

$$x = \frac{5927}{10034 : 535} = \frac{5927}{18,755} = 316^{\text{cm}}.$$

Erforderlich $W = \dfrac{5927 \cdot 316 + 20029 \cdot 190}{2 \cdot 875} = 3245^{\text{cm}^{3}}.$

Gewählt zwei Träger $\mathbf{I}$ Nr. $42^{1}/_{2}$ mit

$$W_x = 2 \cdot 1739 = 3478^{\text{cm}^{3}}.$$

Auflagerplatte in der Frontwand $51^{\text{cm}} \cdot 51^{\text{cm}}$, Auflagerplatte in der Mittelwand $38^{\text{cm}} \; 65^{\text{cm}}$.

Träger 82b (über dem Erdgeschoss, innerhalb der Balkenlage). Freilänge $4,90^{\text{m}}$. Zwei miteinander verbolzte Träger, wovon der eine Deckenlast ($500^{\text{kg}}/_{\text{qm}}$) erhält. Belastung dieses Balken tragenden Trägers gleichmässig mit

1) $4,90 \cdot 0,30 \cdot {}^{1}/_{2} \cdot 0,39 \cdot 1600^{\text{kg}}$

$$= 4,90 \cdot 94^{\text{kg}} = \quad 460^{\text{kg}},$$

2) $4,90 \cdot \dfrac{5,50}{2} \cdot 500^{\text{kg}}$

$$= 4,90 \cdot 1375^{\text{kg}} = \underline{6738 \text{ „}}$$

$$= 7198^{\text{kg}},$$

ausserdem zwei Streckenlasten

3) auf $2,10^{\text{m}}$ $\quad [2,75 \cdot 3,75 - 0,65 \cdot 3,00] \cdot {}^{1}/_{2} \cdot 0,39$

$$\cdot 1600^{\text{kg}} = 2609 \text{ „}$$

4) auf $1,50^{\text{m}}$ $\quad [2,15 \cdot 3,75 - 0,65 \cdot 3,00] \; {}^{1}/_{2} \cdot 0,39$

$$1600^{\text{kg}} = \underline{1907 \text{ „}}$$

$$\text{zus. } 11714^{\text{kg}}.$$

Auflagerdruck $A = \dfrac{7198}{2} + \dfrac{1}{4,90} \cdot \left(2609 \cdot 3,85 + 1907 \cdot 0,75\right)$

$$= 3599 + 2342 = 5941^{\,\text{kg}},$$

$$B = 11714 - 5941 \;.\;.\;.\;.\;.\;.\;. = 5773^{\,\text{kg}}.$$

Da $5941 - 2609 = 3332^{\,\text{kg}}$, so liegt der Bruchquerschnitt von A entfernt

$$x = \dfrac{3332}{\dfrac{7198}{490}} = \dfrac{3332}{14,69} = 226,8^{\,\text{cm}}.$$

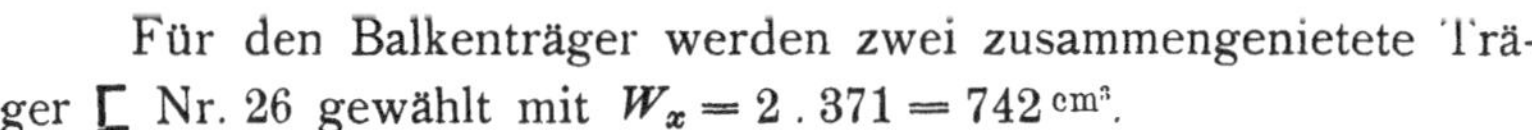

Erforderlich $W = \dfrac{2609 \cdot 210 + 3332 \cdot 226,8}{2 \cdot 875} = 745^{\,\text{cm}^3}.$

Für den Balkenträger werden zwei zusammengenietete Träger C Nr. 26 gewählt mit $W_x = 2 \cdot 371 = 742^{\,\text{cm}^3}.$

Für den anderen Träger ist die Belastung

1) gleichmässig mit . . . . 460 kg,
2) Streckenlast auf 2,10 m . . . . 2609 „
3) Streckenlast auf 1,50 m . . . . 1907 „

zus. 4976 kg.

Auflagerdruck $A = \dfrac{460}{2} + \dfrac{1}{4,90} \cdot \left(2609 \cdot 3,85 + 1907 \cdot 0,75\right)$

$$= 230 + 2342 = 2572^{\,\text{kg}},$$

$$B = 4976 - 2572 \;.\;.\;.\;.\;.\;.\;. = 2404^{\,\text{kg}}.$$

Da $2572 < 2609^{\,\text{kg}}$, so liegt der Bruchquerschnitt innerhalb der linken Strecke 2,10 m, u. zw. von A im Abstand

$$x = \dfrac{2572}{\dfrac{460}{490} + \dfrac{2609}{210}} = \dfrac{2572}{0,94 + 12,42} = 195^{\,\text{cm}}.$$

Erforderlich $W = \dfrac{2572 \cdot 195}{2 \cdot 875} = 287^{\,\text{cm}^3}.$

Gewählt I Nr. 26 mit $W_x = 441^{\,\text{cm}^3}$, so dass beide Träger gleiche Höhe haben. Da beide zusammen $W = 745 + 287 = 1032^{\,\text{cm}^3}$ erfordern, so lässt sich auch zweckmässig an ihrer Stelle ein breitflanschiger Grey-Träger I Nr. 26 mit $W_x = 1104^{\,\text{cm}^3}$ verwenden (s. Tafel VIII, S. 234).

Auflagerplatten $38^{\,\text{cm}} \cdot 25^{\,\text{cm}}$ ergeben eine grösste mittlere Beanspruchung des darunter liegenden Mauerwerks

$$k = \dfrac{5941 + 2572}{38 \cdot 25} = \dfrac{8513}{950} = \text{rd. } 9^{\,\text{kg}}/_{\text{qcm}}.$$

Der 1,04 m breite Pfeiler an der Südfront, sowie die beiden ebenso breiten Pfeiler und die beiden 0,90 m breiten Pfeiler an der

Ostfront sollen keine exzentrisch wirkenden Auflasten erhalten, um die volle Tragfähigkeit dieser Pfeiler auszunutzen. Es werden daher über den genannten fünf Pfeilern gusseiserne Deckplatten nach der Skizze auf Seite 114 angeordnet. Dementsprechend sind die Freilängen der folgenden Träger 83 bis 88 bis zu den Mitten der betreffenden Pfeiler gerechnet.

— — —

Träger 83. Freilänge $2,95 + 0,52 = 3,47^{\,m}$. Belastung

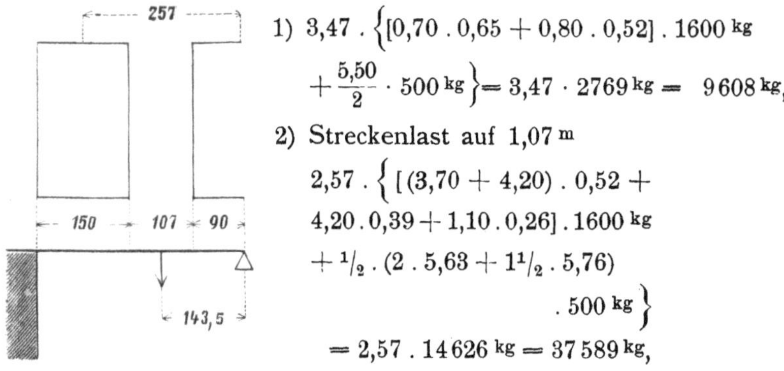

1) $3,47 \cdot \Big\{ [0,70 \cdot 0,65 + 0,80 \cdot 0,52] \cdot 1600^{\,kg}$

$\qquad + \dfrac{5,50}{2} \cdot 500^{\,kg} \Big\} = 3,47 \cdot 2769^{\,kg} = 9608^{\,kg}$,

2) Streckenlast auf $1,07^{\,m}$

$\qquad 2,57 \cdot \Big\{ [(3,70 + 4,20) \cdot 0,52 +$

$\qquad 4,20 \cdot 0,39 + 1,10 \cdot 0,26] \cdot 1600^{\,kg}$

$\qquad + \tfrac{1}{2} \cdot (2 \cdot 5,63 + 1\tfrac{1}{2} \cdot 5,76)$

$\qquad\qquad\qquad\qquad \cdot 500^{\,kg} \Big\}$

$\qquad = 2,57 \cdot 14626^{\,kg} = 37589^{\,kg}$,

hiervon ab für Fenster

$\qquad 1,50 \cdot 2,50 \cdot [2 \cdot 0,52 + 0,39] \cdot 1600^{\,kg} = 8580\ \text{„} = 29009\ \text{„}$

$\qquad\qquad\qquad\qquad\qquad\qquad\qquad\qquad\qquad\qquad \text{zus. } 38617^{\,kg}.$

Auflagerdruck $\quad A = \dfrac{9608}{2} + \dfrac{29009 \cdot 1,435}{3,47} = 16801^{\,kg}$,

$\qquad\qquad\qquad B = 38617 - 16801 \quad = 21816^{\,kg}.$

Da $\quad 1,50 \cdot 2769 = 4153^{\,kg}, \quad 16801 - 4153 = 12648^{\,kg}$ und

$\qquad\qquad 29009 + 1,07 \cdot 2769 = 31972^{\,kg}$,

so ist der Abstand des Bruchquerschnitts von A

$$x = 150 + \dfrac{12648}{\dfrac{9608}{347} + \dfrac{29009}{107}} = 150 + \dfrac{12648}{298,8} = 192\tfrac{1}{3}^{\,cm}.$$

Erforderlich $\quad W = \dfrac{(4153 + 12648) \cdot 150 + 12648 \cdot 192\tfrac{1}{3}}{2 \cdot 875} = 2830^{\,cm^3}.$

[Ohne Bestimmung des Bruchquerschnitts ist erforderlich

$$W = \dfrac{4153 \cdot 75 + 12648 \cdot 150}{875} + \dfrac{12648^2 \cdot 107}{2 \cdot 875 \cdot 31972} = 2830^{\,cm^3}.]$$

Gewählt drei Träger $\underline{\text{I}}$ Nr. 36 mit

$\qquad\qquad W_x = 3 \cdot 1088 = 3264^{\,cm^3}.$

Bei A (links) Auflagerplatte $64^{\,cm} \cdot 25^{\,cm}$.

Träger 84. Freilänge $2,95 + 0,52 = 3,47$ m. Belastung

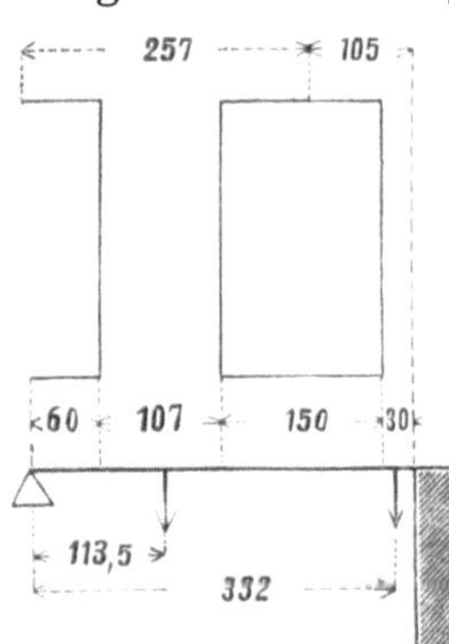

1) $3,47 \cdot [0,70 \cdot 0,65 + 0,80 \cdot 0,52]$

$\qquad \cdot 1600$ kg $= 3,47 \cdot 1394$ kg $= 4837$ kg,

2) auf $0,84$ m durch Balkenlast

$\qquad 0,84 \cdot \dfrac{5,50}{2} \cdot 500$ kg $= 0,84 \cdot 1375 = 1155$ „

3) Streckenlast auf $1,07$ m

$\qquad 2,57 \cdot [(3,70 + 4,20) \cdot 0,52 + 4,20$

$\qquad \cdot 0,39 + 1,10 \cdot 0,26] \cdot 1600$ kg

$\qquad = 2,57 \cdot 9651 = 24803$ kg,

hiervon ab (vgl. Tr. 83) $\underline{8580}$ „

$\qquad$ bleiben 16223 kg,

dazu durch Balken- und Dachlast

$$1,12 \cdot \frac{1}{2}\left(2 \cdot 5,63 + 1^{1}/_{2} \cdot 5,78\right) \cdot 500 \text{ kg} = 5572 \text{ „}$$

$\qquad$ und durch Träger 82a $\quad \underline{26338}$ „ $\ = 48133$ „

4) Streckenlast auf $0,30$ m $\quad 1,05 \cdot 9651 - {}^{1}/_{2} \cdot 8580 = 5844$ „

5) etwa $1,10$ m vom Auflager A durch Träger 82b

$\qquad 5941 + 2572 \ \ldots \ldots \ldots \underline{= 8513}$ „

$\qquad\qquad\qquad\qquad$ zus. 68482 kg.

Auflagerdruck $B = \dfrac{4837}{2} + \dfrac{1}{3,47} \cdot \Big\{ 1155 \cdot 0,42 + 48133 \cdot 1,135$

$\qquad\qquad + 5844 \cdot 3,32 + 8513 \cdot 1,10 \Big\} = 26591$ kg,

$\qquad A = 68482 - 26591 \ \ldots \ldots \ = 41891$ kg.

Da $1,80 \cdot 1394 = 2509$ kg, $48133 + 1,07 \cdot 1394 = 49625$ kg und $26591 - (5844 + 2509) = 18238$ kg, so ist erforderlich

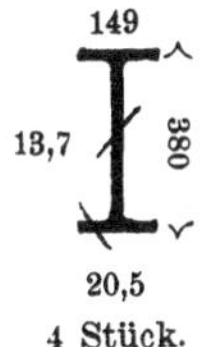

$$W = \frac{5844 \cdot 15 + 2509 \cdot 90 + 18238 \cdot 180}{875} + \frac{18238^2 \cdot 107}{2 \cdot 875 \cdot 49625}$$

$\qquad\qquad\qquad\qquad = 4520$ cm³.

Gewählt vier Träger I Nr. 38 mit

$\qquad W_x = 4 \cdot 1262 = 5048$ cm³.

Bei B (rechts) Auflagerplatte 64 cm $\cdot 38$ cm.

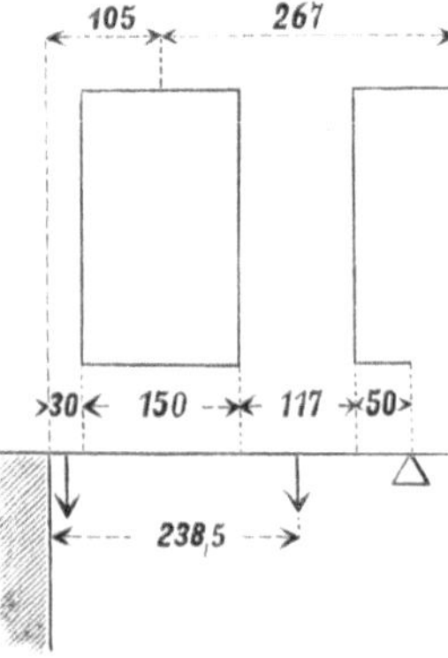

Träger 85. Freilänge $2,95 + 0,52 = 3,47$ m. Belastung (vrgl. Tr. 83)

1) gleichmässig mit

$\qquad\qquad 3,47 \cdot 2769$ kg $= 9608$ kg,

2) Streckenlast auf $0,30$ m

$\qquad\qquad 1,05 \cdot 14626 - {}^{1}/_{2} \cdot 8580 = 11067$ „

3) Streckenlast auf $1,17$ m

$\qquad 2,67 \cdot 14626 - 8580 = 30471$ kg

$\qquad +$ durch Tr. 81a $\quad \underline{4459}$ „ $= 34930$ „

4) durch Träger 81b mit $\ . \ . \quad \underline{8331}$ „

$\qquad\qquad\qquad\qquad$ zus. 63936 kg.

Auflagerdruck

$$B = \frac{9608}{2} + \frac{1}{3,47} \cdot \left\{ 11067 \cdot 0,15 + (34930 + 8331) \cdot 2,385 \right\} = 35\,018\,{}^{kg},$$

$$A = 63936 - 35018 \quad \ldots \ldots \ldots \ldots \ldots \ldots = 28\,918\,{}^{kg}.$$

Da $1,80 \cdot 2769 = 4984\,{}^{kg}$, $34930 + 1,17 \cdot 2769 = 38170\,{}^{kg}$ und $28918 - (11067 + 4984) = 12867\,{}^{kg}$, so ist erforderlich

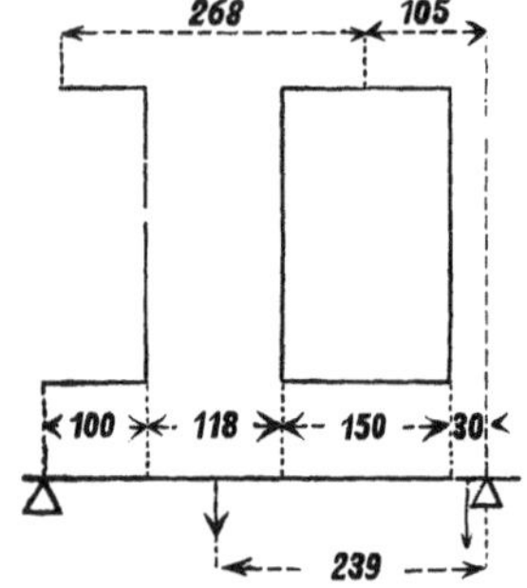

$$W = \frac{11067 \cdot 15 + 4984 \cdot 90 + 12867 \cdot 180}{875} + \frac{12867^2 \cdot 117}{2 \cdot 875 \cdot 38170}$$
$$= 3639\,{}^{cm^3}.$$

Gewählt vier Träger $\mathbf{I}$ Nr. 34 mit

$$W_x = 4 \cdot 922 = 3688\,{}^{cm^3}.$$

Eine Auflagerplatte bei A (links) von $51\,{}^{cm} \cdot 51\,{}^{cm}$ überträgt einen Druck von rd. $11\,{}^{kg}/{}_{qcm}$ ihrer Sohlfläche.

———

Träger 86. Freilänge $2,94 + 2 \cdot 0,52 = 3,98\,{}^{m}$. Belastung (vrgl. Träger 83)

1) gleichmässig mit

$$3,98 \cdot 2769 \quad \ldots \quad = 11\,021\,{}^{kg},$$

2) Streckenlast auf $1,18\,{}^{m}$

$$2,68 \cdot 14626 - 8580\,{}^{kg} = 30\,618 \; {}_{\text{\textquotedblright}}$$

3) Streckenlast auf $0,30\,{}^{m}$

$$1,05 \cdot 14626 - {}^{1}/_{2} \cdot 8580 = 11\,067 \; {}_{\text{\textquotedblright}}$$

zus. $52\,706\,{}^{kg}$.

Auflagerdruck

$$A = \frac{11021}{2} + \frac{1}{3,98} \cdot (30618 \cdot 2,39 + 11067 \cdot 0,15) = 24\,314\,{}^{kg},$$

$$B = 52706 - 24314 \quad \ldots \ldots \ldots \ldots = 28\,392\,{}^{kg}.$$

Da $1,0 \cdot 2769 = 2769\,{}^{kg}$, $30618 + 1,18 \cdot 2769 = 33886\,{}^{kg}$ und $24314 - 2769 = 21545\,{}^{kg}$, so ist erforderlich

$$W = \frac{2769 \cdot 50 + 21545 \cdot 100}{875} + \frac{21545^2 \cdot 118}{2 \cdot 875 \cdot 33886} = 3544\,{}^{cm^3}.$$

Gewählt vier Träger $\mathbf{I}$ Nr. 34 mit

$$W_x = 4 \cdot 922 = 3688\,{}^{cm^3}.$$

———

Träger 87. Freilänge $0,52 + 2,95 + 0,45 = 3,92\,{}^{m}$. Belastung (vrgl. Träger 83)

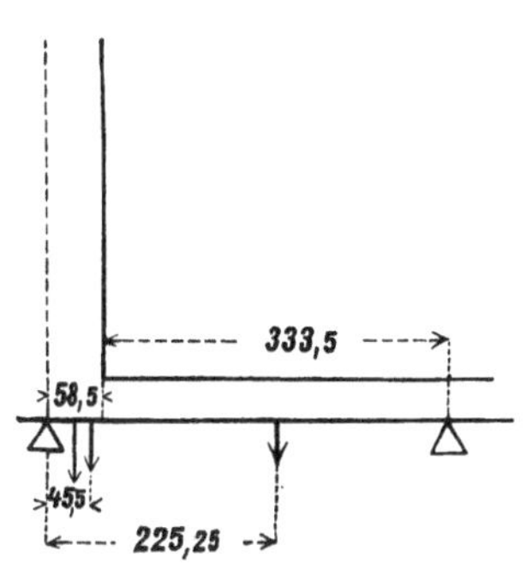

1) auf $0,585^{\,m}$

$$0,585 \cdot (2769 + 14\,626)$$
$$= 10\,176^{\,kg}$$

$+ \mathrm{Tr.}\,73, 76, 77$

$5174 + 12\,375$

$$+ 4918 = 22\,467^{\,kg} = 32\,643^{\,kg},$$

2) etwa $0,455^{\,m}$ vom Auflager A durch Träger 79
mit . . . . $= 14\,815$ „

3) auf $3,335^{\,m}$ mit

$$3,335 \cdot \left\{ 0,70 \cdot 0,65 \cdot 1600^{\,kg} + \frac{5,50}{2} \cdot 500^{\,kg} + \frac{0,91}{2} \cdot 750^{\,kg} \right\}$$
$$= 3,335 \cdot 2444^{\,kg} = \ \ 8151 \ \text{„}$$

zus. $55\,609^{\,kg}$.

Auflagerdruck

$$B = \frac{1}{3,92} \cdot \left\{ 32\,643 \cdot 0,2925 + 14\,815 \cdot 0,455 + 8151 \cdot 2,2525 \right\} = \ \ 8839^{\,kg},$$

$$A = 55\,609 - 8839 \ . \ . \ . \ . \ . \ . \ . \ . \ . \ . \ . \ . \ . = 46\,770^{\,kg}.$$

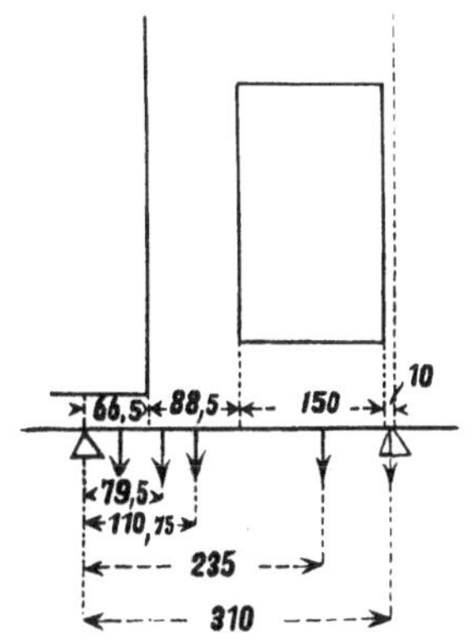

Da $8839 - 8151 = 688^{\,kg}$, so ist erforderlich

$$W = \frac{8151 \cdot 166,75 + 688 \cdot 333.5}{875} + \frac{688^2 \cdot 58,5}{2 \cdot 875 \cdot 32\,643} = 1816^{\,cm^3}.$$

Gewählt vier Träger I Nr. 27 mit
$$W_x = 4 \cdot 491 = 1964^{\,cm^3}.$$

Träger 88. Freilänge $0,45 + 2,25 + 0,45 = 3,15^{\,m}$.   Belastung
(vrgl. Träger 87 und 83)

1) auf $0,665^{\,m}$ $0,665 \cdot 2444 = \ \ 1625^{\,kg}$,

2) auf $0,885^{\,m}$

$$0,885 \cdot (2769 + 14\,626)$$
$$= 15\,395^{\,kg}$$

hierzu durch

Tr. 73, 76, 77

$11\,044 + 12\,375$

$$+ 4918 = 28\,337 \ \text{„} \ = 43\,732 \ \text{„}$$

3) etwa $0,795^{\,m}$ vom Auflager
   A durch Träger 79 mit . $18\,880$ „

4) auf $1,50 + 0,10 = 1,60^{\,m}$
$$1,60 \cdot 2769 = \ \ 4430 \ \text{„}$$

5) von dem Gewicht des $1,18^{\,m}$ breiten Pfeilers
$$= 2,68 \cdot 14\,626 - 8580 = 30\,618^{\,kg}, \text{ auf } 0,10^{\,m}$$
$$\frac{0,10}{1,18} \cdot 30\,618 \ . \ . \ . \ . \ . \ . \ . = 2595 \ \text{„}$$

zus. $71\,262^{\,kg}$.

Auflagerdruck

$$B = \frac{1}{3,15} \cdot \Big\{ 1625 \cdot 0,3325 + 43\,732 \cdot 1,1075 + 18\,880 \cdot 0,795$$

$$+\; 4430 \cdot 2,35 + 2595 \cdot 3,10 \Big\} = 26\,171^{\,\mathrm{kg}},$$

$$A = 71\,262 - 26\,171 \;\;.\;.\;.\;.\;.\;.\;.\;.\;.\;.\;. = 45\,091^{\,\mathrm{kg}}.$$

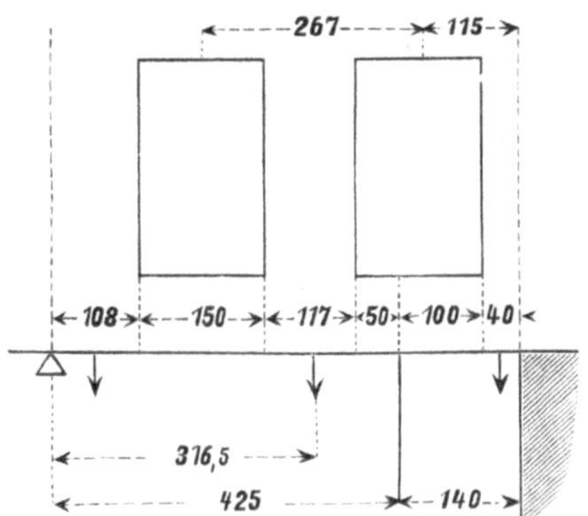

Da $26\,171 - (2595 + 4430) = 19\,146^{\,\mathrm{kg}}$, so ist erforderlich

$$W = \frac{2595 \cdot 5 + 4430 \cdot 80 + 19\,146 \cdot 160}{875} + \frac{19\,146^2 \cdot 88,5}{2 \cdot 875 \cdot 43\,732}$$

$$= 4345^{\,\mathrm{cm^3}}.$$

4 Stück.

Gewählt vier Träger I Nr. 36 mit $W_x = 4 \cdot 1088 = 4352^{\,\mathrm{cm^3}}$.

Träger 89 liegen $4,25^{\,\mathrm{m}}$ und $1,40^{\,\mathrm{m}}$, zus. $5,65^{\,\mathrm{m}}$ frei; sie erhalten im Teilpunkt der beiden Strecken eine gusseiserne Stütze.

Die Belastung beträgt (vrgl. Träger 83)

auf der grösseren Freistrecke $4,25^{\,\mathrm{m}}$:

1) gleichmässig mit $4,25 \cdot 2769 \;\;.\;.\;.\;.\;.\;.\;.\;. = 11\,768^{\,\mathrm{kg}},$

2) auf $1,08^{\,\mathrm{m}}$ (vrgl. Tr. 88) $\;30\,618 - 2595\;.\;.\;. = 28\,023$ „

3) auf $1,17^{\,\mathrm{m}}$ $\;2,67 \cdot 14\,626 - 8580 \;.\;.\;.\;.\;. = 30\,471$ „

zus. $70\,262^{\,\mathrm{kg}},$

auf der kleineren Freistrecke $1,40^{\,\mathrm{m}}$:

4) gleichmässig mit $1,40 \cdot 2769 \;.\;.\;. = \;3877^{\,\mathrm{kg}},$

5) auf $0,40^{\,\mathrm{m}}$ $\;1,15 \cdot 14\,626 - \tfrac{1}{2} \cdot 8580 = 12\,530$ „ $= 16\,407$ „

im ganzen $86\,669^{\,\mathrm{kg}}.$

Die Bestimmung des Trägerprofils ist auf vierfache Art möglich.

a) Es werden für die beiden Freistrecken zwei verschiedene Profile gewählt; die Trägerstücke sind über der eisernen Stütze gestossen und verlascht.

Für die kleinere Freistrecke 1,40 m ist

$$A = \frac{3877}{2} + \frac{12530 \cdot 0,20}{1,40} = 3728 \text{ kg},$$

$$B = 16407 - 3728 \quad = 12679 \text{ kg}.$$

Der Bruchquerschnitt liegt vom rechten Auflager entfernt um

$$x = \frac{12679}{\dfrac{12530}{40} + \dfrac{3877}{140}} = \frac{12679}{313,25 + 27,69} = 37,2 \text{ cm}.$$

Erforderlich $\quad W = \dfrac{12679 \cdot 37.2}{2 \cdot 875} = 270 \text{ cm}^3.$

Gewählt vier Träger I Nr. 13 mit

$$W_x = 4 \cdot 67 = 268 \text{ cm}^3.$$

Für die grössere Freistrecke 4,25 m ist

$$B = \frac{11768}{2} + \frac{1}{4,25} \cdot \left(28023 \cdot 0,54 + 30471 \cdot 3,165\right) = 32137 \text{ kg},$$

$$A = 70262 - 32137 \ldots \ldots \ldots \ldots \ldots = 38125 \text{ kg}.$$

Da $28023 + (1,08 + 1,50) \cdot 2769 = 28023 + 7134 = 35157$ kg und $38125 - 35157 = 2968$ kg, so liegt der Bruchquerschnitt innerhalb der Strecke 1,17 m, u. zw. vom linken Auflager entfernt

$$x = 108 + 150 + \frac{2698}{27,69 + \dfrac{30471}{117}} = 258 + 9,4 = 267,4 \text{ cm}.$$

Erforderlich $\quad W = \dfrac{1}{875} \cdot \Big(28023 \cdot 54 + 7134 \cdot 129$

$$+ 2968 \cdot (258 + 4,7)\Big) = 2824 \text{ cm}^3.$$

Gewählt vier Träger I Nr. 32 mit $W_x = 4 \cdot 781 = 3124$ cm³.

Druck auf die Stütze $3728 + 32137 = 35865$ kg.

b) Man kann auch die vorhin berechneten vier Träger I Nr. 32 für die kleinere Öffnung wählen, so dass dann der Stoss und die Verlaschung über der Stütze unnötig sind.

c) Der Träger ruht auf dem linken Auflager und auf der Stütze und kragt über diese 1,40 m frei hinaus (also Auflagerdruck rechts = Null).

Druck auf die Stütze

$$B = \frac{1}{4,25} \cdot \Big\{(11768 + 3877) \cdot {}^1/_2 \cdot 5,65 + 28023 \cdot 0,54$$

$$+ 30471 \cdot 3,165 + 12530 \cdot 5,45\Big\} = 52720 \text{ kg},$$

$$A = 86669 - 52720 \ldots \ldots \ldots \ldots \ldots = 33949 \text{ kg}.$$

Da $33\,949 - 28\,023 = 5926^{\text{kg}}$, so liegt der Bruchquerschnitt vom rechten Auflager entfernt um

$$x = \frac{5926}{27{,}96} = 212^{\text{ cm}}.$$

Erforderlich $\quad W = \dfrac{28\,023 \cdot 108 + 5926 \cdot 212}{2 \cdot 875} = 2447^{\text{ cm}^3}.$

Ein zweiter Bruchquerschnitt liegt über der Mitte der Stütze; erforderlich dort

$$W = \frac{3877 \cdot 70 + 12\,530 \cdot 120}{875} = 1775^{\text{ cm}^3}.$$

Das grössere $W = 2447^{\text{ cm}^3}$ ist massgebend; vier Träger I Nr. 30 mit $W_x = 4 \cdot 652 = 2608^{\text{ cm}^3}$ würden hiernach schon genügen.

d) Wird der Träger als ein kontinuierlicher auf drei gleich hohen Stützpunkten aufgefasst (vrgl. S. 90, unten, u. f.), so ergibt sich aus den gleichmässigen Belastungen

$$11\,768 \cdot \left(\frac{4{,}25}{2}\right)^2 + 3877 \cdot \left(\frac{1{,}40}{2}\right)^2 = 53\,140 + 1900 = 55\,140^{\text{ m}^2\text{kg}}$$

und aus den Streckenlasten

einerseits

$$28\,023 \cdot 0{,}54 + 30\,471 \cdot 3{,}165 = 15\,132 + 96\,441 = 111\,573^{\text{ mkg}},$$

$$15\,132 \cdot \left(4{,}25^2 - \frac{1{,}08^2}{2}\right) \quad . \quad . \quad . = 264\,497^{\text{ m}^3\text{kg}},$$

$$96\,441 \cdot \left(4{,}25^2 - \frac{2{,}58^2 + 3{,}75^2}{2}\right) = \underline{742\,890 \quad \text{„}}$$

$$1\,007\,387 : 4{,}25 = 237\,032^{\text{ m}^2\text{ kg}},$$

andererseits

$$12\,530 \cdot 0{,}20 = 2506^{\text{ mkg}},$$

$$2506 \cdot \left(1{,}40^2 - \frac{1{,}40^2}{2}\right) \quad . \quad . \quad . \quad . = 4711^{\text{ m}^3\text{kg}} : 1{,}4 = \quad 3365 \quad \text{„}$$

Hierzu von der gleichmässigen Belastung $= \underline{55\,140 \quad \text{„}}$

$$\text{zus. } 295\,537^{\text{ m}^2\text{kg}}$$

Moment über der gusseisernen Stütze

$$M_1 = \frac{295\,537}{2 \cdot 5{,}65} = 26\,154^{\text{ mkg}}.$$

Druck auf die Stütze (Auflagerdruck B)

einerseits $\quad \dfrac{11\,768}{2} + \dfrac{111\,573 + 26\,154}{4{,}25} \quad . \quad . \quad . \quad . = 38\,290^{\text{ kg}},$

andererseits $\quad \dfrac{3877}{2} + \dfrac{2506 + 26\,154}{1{,}40} \quad . \quad . \quad . \quad . = \underline{22\,410 \quad \text{„}}$

$$\text{zus. } 60\,700^{\text{ kg}}.$$

Mithin Auflagerdruck $A = 70\,262 - 38\,290 = \quad 31\,972\,^{\text{kg}}$,

$$C = 16\,407 - 22\,410 = -\,6\,003\,^{\text{kg}}.$$

Das Ende C des Trägers, das sich, wie das Minuszeichen erkennen lässt, mit einer Kraft von 6003 ^{kg} zu heben bestrebt, muss also durch eine gleich grosse Belastung niedergehalten werden. Man gibt dem Träger hier deshalb eine Auflagerlänge von

$$\frac{6003}{14\,626 + 2769} = \text{rd. } 0{,}40\,^{\text{m}}$$

und ordnet darüber eine Deckplatte von 64 ^{cm} . 38 ^{cm} an.

Grösstes Moment innerhalb der grösseren Freistrecke 4,25 ^{m}, da $31\,972 - 28\,023 = 3949\,^{\text{kg}}$,

$$M_2 = 28\,023 \cdot 0{,}54 + \frac{3949^2 \cdot 1{,}0}{2 \cdot 2769} = 15\,132 + 2816 = 17\,948\,^{\text{mkg}}.$$

Dieses ist nicht für die Wahl des Trägerprofils bestimmend, sondern das grössere Moment $M_1 = 26\,154\,^{\text{mkg}}$ über der Eisenstütze.

Erforderlich $\quad W = \dfrac{26\,154 \cdot 100}{875} = 2989\,^{\text{cm}^3}$.

Gewählt vier Träger $\mathbf{I}$ Nr. 32 mit

$$W_x = 4 \cdot 781 = 3124\,^{\text{cm}^3}.$$

Das Eigengewicht eines der 1,04 ^{m} breiten Pfeiler beträgt bis zur Unterkante der Träger

$$1{,}04 \cdot 3{,}80 \cdot 0{,}65 \cdot 1600\,^{\text{kg}} \ldots \ldots = \quad 4\,110\,^{\text{kg}},$$

das Eigengewicht eines der 0,90 ^{m} breiten Pfeiler

$$0{,}90 \cdot 3{,}80 \cdot 0{,}65 \cdot 1600\,^{\text{kg}} \ldots \ldots = \quad 3\,557\,^{\text{kg}}.$$

Daher die Gesamtbelastung am Pfeilerfuss im Erdgeschoss

für Pfeiler 83/84: $21\,816 + 41\,891 + 4110 \quad . \quad . = 67\,817\,^{\text{kg}}$,

„ „ 85/86: $35\,018 + 24\,314 + 4110 \quad . \quad . = 63\,442$ „

„ „ 86/87: $28\,392 + 46\,770 + 4110 \quad . \quad . = 79\,272$ „

„ „ 87/88: $8839 + 45\,091 + 3557 \ldots . = 57\,487$ „

„ „ 88/89: $26\,171 + 31\,972 + 3557 \quad . \quad . = 61\,700$ „

Der dritte Pfeiler, als der am stärksten belastete der drei ersten Pfeiler, hat eine Druckbeanspruchung des Mauerwerks im Pfeilerfuss von

$$\frac{79\,272}{104 \cdot 65} = 11{,}73\,^{\text{kg}}/_{\text{qcm}},$$

der letzte Pfeiler eine solche von

$$\frac{61\,700}{90 \cdot 65} = 10,55 \,{}^{\text{kg}}/_{\text{qcm}}.$$

Die fünf Pfeiler sind mit Rücksicht auf etwaige Verschwächungen durch Gasrohre u. s. w. aus bestem Klinkermauerwerk
in Zementmörtel herzustellen.

Um für sämtliche profilierte **Auflagerplatten** auf den
vorstehend erwähnten fünf Pfeilern dasselbe Gussmodell verwenden
zu können, wird die Plattenbreite gegen die des Musters auf S. 114
eingeschränkt von 970 auf 860 mm, also Plattensohle = 64 . 86 =
5504 qcm. Dann beträgt die Ausladung der Platte beiderseits
38 cm (statt 43,5 cm) und die grösste Druckübertragung bei 79272
— 4110 = 75162 kg Auflast 75162 : 5504 = 13,7 kg/qcm. Erforderlich
daher

$$W_1 = \frac{64 \cdot 38 \cdot 13,7 \cdot 19}{500} = 1266 \,{}^{\text{cm}^3}$$

und

$$W_2 = \frac{64 \cdot 38 \cdot 13,7 \cdot 19}{250} = 2532 \,{}^{\text{cm}^3}.$$

Bei gleicher Rippenhöhe und -Stärke wie S. 114 vorhanden

$$W_1 = 1362 \,{}^{\text{cm}^3} \quad \text{und} \quad W_2 = 2977 \,{}^{\text{cm}^3};$$

dabei soll die Stärke der Fussplatte von 30 mm noch auf (vrgl.
Tafel VI auf Seite 232) 0,17 . 195 = rd. 35 mm erhöht werden.

Gusseiserne Frontstütze. Freie Höhe 3,80 m. Belastung
durch den (kontinuierlichen) Träger 89 mit (vrgl. S. 208)   60700 kg
hierzu für das Stützeneigengewicht rd.   . . . .   300 „

zus.   61000 kg.

Erforderlich $T = 8 \cdot 61 \cdot 3{,}8^2 = 7047 \,{}^{\text{cm}^4}$

und $F = \dfrac{61\,000}{500} = 122 \,{}^{\text{qcm}}.$

Das nachstehend skizzierte Profil mit

$$T = \frac{2}{12} \cdot (17^4 - 12^4 + 6,5 \cdot 2,5^3) = 10481 \,{}^{\text{cm}^4}$$

und $F = 2 \cdot (17^2 - 12^2 + 6,5 \cdot 2,5) = 322,5 \,{}^{\text{qcm}}$

gibt den in einzelnen Städten bei eisernen Frontstützen für Wohngebäude geforderten Überschuss von 50 Prozent im Trägheits-

moment nur annähernd, im Querschnitt dagegen reichlich.

Die **Fussplatte** überträgt mit
$78^{\,cm} \cdot 71^{\,cm} = 5538^{\,qcm}$ Sohlfläche einen
Druck von $61000 : 5538 = $ rd. $11^{\,kg}/_{qcm}$.

Im Bruchquerschnitt ist erforderlich

$$W_1 = \frac{78,0 \cdot 27,0 \cdot 11 \cdot 13,5}{500} = 625,5^{\,cm^3},$$

$$W_2 = \frac{78,0 \cdot 27,0 \cdot 11 \cdot 13,5}{250} = 1251^{\,cm^3}.$$

Vorhanden (entsprechend wie auf
S. 129 ausgerechnet)

$$W_1 = 650^{\,cm^3} \text{ (Druckseite)}$$

und $\quad W_2 = 1588^{\,cm^3}$ (Zugseite).

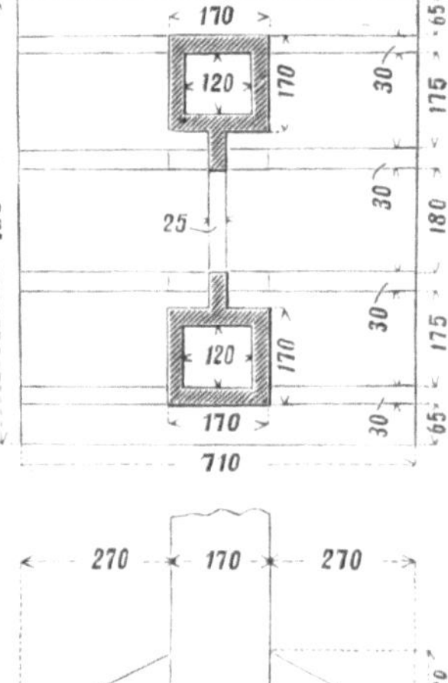

Decke des Kellergeschosses.

Gewölbte Decke, Kappen $^1/_2$ Stein stark, aus Vollsteinen.
Eigengewicht (einschl. Träger) etwa $400^{\,kg}/_{qm}$, Nutzlast $600^{\,kg}/_{qm}$,
also Gesamtbelastung $1000^{\,kg}/_{qm}$ im Grundriss.

Träger 90. Freilänge $4,28^{\,m}$. Gleichmässige Belastung

$$4,28 \cdot \frac{5,31}{3} \cdot 1000^{\,kg} = 4,28 \cdot 1770^{\,kg} = 7576^{\,kg}.$$

Erforderlich $\quad W = \dfrac{7576 \cdot 428}{8 \cdot 875} = 463^{\,cm^3}.$

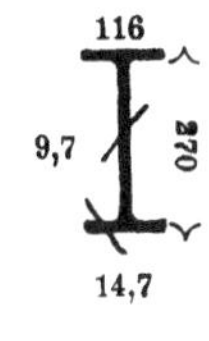

Gewählt $\mathbf{I}$ Nr. 27 mit $W_x = 491^{\,cm^3}$.

Auflagerplatte $25^{\,cm} \cdot 25^{\,cm}$.

Träger 91. Freilänge $4,85^{\,m}$. Gleichmässige Belastung

$$4,85 \cdot \frac{5,31}{3} \cdot 1000^{\,kg} = 4,85 \cdot 1770^{\,kg} = 8585^{\,kg}.$$

Erforderlich $\quad W = \dfrac{8585 \cdot 485}{8 \cdot 875} = 595^{\,cm^3}.$

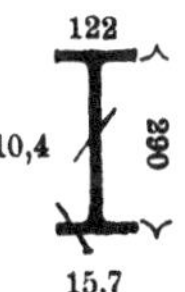

Gewählt $\mathbf{I}$ Nr. 29 mit $W_x = 594^{\,cm^3}$.

Träger 92. Freilänge 3,54^m. Gleichmässige Belastung

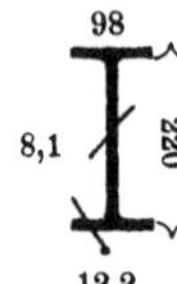

$$3,54 \cdot \frac{1,77 + 1,24}{2} \cdot 1000^{kg} = 3,54 \cdot 1505^{kg} = 5328^{kg}$$

Erforderlich $W = \dfrac{5328 \cdot 354}{8 \cdot 875} = 269^{cm^3}$.

Gewählt I Nr. 22 mit $W_x = 278^{cm^3}$.

Träger 93. Freilänge 4,10^m. Gleichmässige Belastung

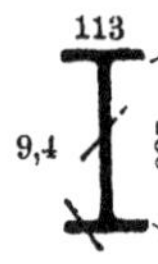

$$4,10 \cdot 1,77 \cdot 1000^{kg} = 4,10 \cdot 1770^{kg} = 7257^{kg}.$$

Erforderlich $W = \dfrac{7257 \cdot 410}{8 \cdot 875} = 425^{cm^3}$.

Gewählt I Nr. 26 mit $W_x = 441^{cm^3}$.

Träger 94. Freilänge 3,90^m. Gleichmässige Belastung

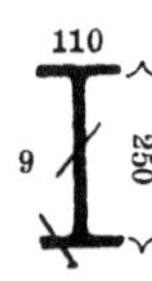

$$3,90 \cdot 1,77 \cdot 1000^{kg} = 3,90 \cdot 1770^{kg} = 6903^{kg}.$$

Erforderlich $W = \dfrac{6903 \cdot 390}{8 \cdot 875} = 385^{cm^3}$.

Gewählt I Nr. 25 mit $W_x = 396^{cm^3}$.

Träger 95. Freilänge 2,27^m. Gleichmässige Belastung

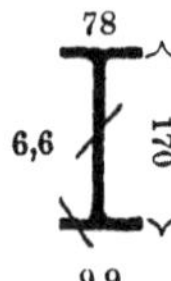

$$2,27 \cdot 1,77 \cdot 1000^{kg} = 2,27 \cdot 1770^{kg} = 4018^{kg}.$$

Erforderlich $W = \dfrac{4018 \cdot 227}{8 \cdot 875} = 130^{cm^3}$.

Gewählt I Nr. 17 mit $W_x = 137^{cm^3}$.

Träger 96. Freilänge 5,82^m. Gleichmässige Belastung

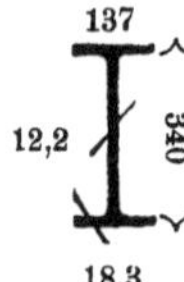

$$5,82 \cdot 1,77 \cdot 1000^{kg} = 5,82 \cdot 1770^{kg} = 10301^{kg}.$$

Erforderlich $W = \dfrac{10301 \cdot 582}{8 \cdot 875} = 855^{cm^3}$.

Gewählt I Nr. 34 mit $W_x = 922^{cm^3}$.

Auflagerplatten 25^{cm} . 25^{cm}.

Träger 97. Freilänge 5,31^m. Belastung in Abständen von 1,77^m
(in den Drittelpunkten) durch je einen Träger 90 und 91 mit

$$\frac{7576}{2} + \frac{8585}{2} = 3788 + 4293 = 8081\,^{\mathrm{kg}}, \text{ zus. } 16162\,^{\mathrm{kg}}.$$

Erforderlich $W = \dfrac{8081 \cdot 177}{875} = 1634\,^{\mathrm{cm^3}}.$

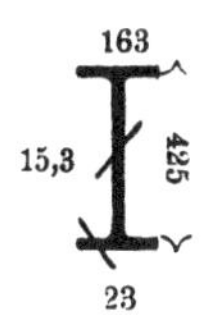

Gewählt I Nr. $42^{1}/_{2}$ mit $W_x = 1739\,^{\mathrm{cm^3}}.$

Auflagerplatten $25^{\,\mathrm{cm}} \cdot 30^{\,\mathrm{cm}}.$

Träger 98. Freilänge $5{,}90^{\,\mathrm{m}}.$ Belastung

1) gleichmässig mit

$$5{,}90 \cdot \frac{1{,}77}{2} \cdot 1000\,^{\mathrm{kg}} = 5{,}90 \cdot 885\,^{\mathrm{kg}} = 5222\,^{\mathrm{kg}},$$

hiervon ab auf $1{,}75^{\,\mathrm{m}}$: $\quad 1{,}75 \cdot \dfrac{885}{2} = 774\,\text{„} = 4448\,^{\mathrm{kg}},$

2) $1{,}12^{\,\mathrm{m}}$ und $2{,}89^{\,\mathrm{m}}$ vom Auflager A durch Träger

91 mit je $^{1}/_{2} \cdot 8585 = 4293\,^{\mathrm{kg}}$ . . . . . . zus. $8586\,\text{„}$

3) $4{,}66^{\,\mathrm{m}}$ vom Auflager A durch Tr. 92 mit $^{1}/_{2} \cdot 5328 = 2664\,\text{„}$

$$\text{zus. } 15698\,^{\mathrm{kg}}.$$

Auflagerdruck

$$B = \frac{5222}{2} + \frac{1}{5{,}90} \cdot \left(4293 \cdot (1{,}12 + 2{,}89) + 2664 \cdot 4{,}66 \right.$$
$$\left. - 774 \cdot \frac{1{,}75}{3} \right) = 7556\,^{\mathrm{kg}},$$

$$A = 15698 - 7556 \quad . \quad . \quad . \quad . \quad . \quad . \quad . \quad . \quad . \quad . \quad . \quad = 8142\,^{\mathrm{kg}}.$$

Da $5{,}90 - 4{,}66 = 1{,}24^{\,\mathrm{m}}$ und auf $1{,}24 + 1{,}77 = 3{,}01^{\,\mathrm{m}}$ (vom Auflager B gerechnet) von der Belastung 1) lasten $3{,}01 \cdot 885\,^{\mathrm{kg}} = 2664\,^{\mathrm{kg}}$, ferner $7556 - (2664 + 2664) = 2228\,^{\mathrm{kg}}$, d. h. weniger als $4293\,^{\mathrm{kg}}$, so liegt der Bruchquerschnitt im Angriffspunkt des mittleren Kappenträgers 91, und es ist erforderlich

$$W = \frac{2664 \cdot 150{,}5 + 2664 \cdot 124 + 2228 \cdot 301}{875} = 1602\,^{\mathrm{cm^3}}.$$

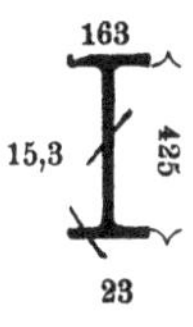

Gewählt I Nr. $42^{1}/_{2}$ mit $W_x = 1739\,^{\mathrm{cm^3}}.$

Bei A Auflagerplatte $25^{\,\mathrm{cm}} \cdot 30^{\,\mathrm{cm}}.$

Träger 99. Freilänge $5{,}31^{\,\mathrm{m}}.$ Belastung

1) gleichmässig auf $3{,}54^{\,\mathrm{m}}$ mit $3{,}54 \cdot \dfrac{1{,}24}{2} \cdot 1000\,^{\mathrm{kg}}$

$$= 3{,}54 \cdot 620\,^{\mathrm{kg}} = 2195\,^{\mathrm{kg}},$$

2) in der Mitte dieser Strecke durch Träger 93 $= 3629\,\text{„}$

3) $1{,}77^{\,\mathrm{m}}$ vom Auflager A durch Träger 98 und 93

$$7556 + 3629 = 11185\,\text{„}$$

$$\text{zus. } 17009\,^{\mathrm{kg}}.$$

Da $1{,}77 = {}^1\!/_3 \cdot 5{,}31^{\,\mathrm{m}}$ und $3{,}54 = {}^2\!/_3 \cdot 5{,}31^{\,\mathrm{m}}$, so ist der

Auflagerdruck $A = \dfrac{2195 + 3629 + 2 \cdot 11185}{3} = 9398^{\,\mathrm{kg}}$,

$$B = 17009 - 9398 \quad . \quad . \quad . = 7611^{\,\mathrm{kg}}.$$

Erforderlich $W = \dfrac{9398 \cdot 177}{875} = 1901^{\,\mathrm{cm^3}}$.

Gewählt I Nr. 45 mit $W_x = 2040^{\,\mathrm{cm^3}}$.

Auflagerplatten $25^{\,\mathrm{cm}} \cdot 38^{\,\mathrm{cm}}$.

Träger 100. Freilänge $5{,}31^{\,\mathrm{m}}$. Belastung in Abständen von $1{,}77^{\,\mathrm{m}}$ (in den Drittelpunkten) durch je einen Träger 93 und 94 mit

$$\frac{7257}{2} + \frac{6903}{2} = 3628 + 3452 = 7080^{\,\mathrm{kg}}, \ \text{zus.} = 14160^{\,\mathrm{kg}}.$$

Erforderlich $W = \dfrac{7080 \cdot 177}{875} = 1432^{\,\mathrm{cm^3}}$.

Gewählt I Nr. 40 mit $W_x = 1459^{\,\mathrm{cm^3}}$.

Auflagerplatten $25^{\,\mathrm{cm}} \cdot 30^{\,\mathrm{cm}}$.

Träger 101. Freilänge $2{,}95^{\,\mathrm{m}}$. Drei Träger. Der innere Träger wird gleichmässig belastet mit

$$2{,}95 \cdot \left(\frac{1{,}77}{2} + 0{,}39\right) \cdot 1000^{\,\mathrm{kg}} = 2{,}95 \cdot 1275^{\,\mathrm{kg}} = 3761^{\,\mathrm{kg}}.$$

Erforderlich hierfür $W = \dfrac{3761 \cdot 295}{8 \cdot 875} = 158{,}5^{\,\mathrm{cm^3}}$.

Gewählt I Nr. 18 mit $W_x = 161^{\,\mathrm{cm^3}}$.

Die beiden äusseren Träger, gleichmässig belastet mit

$$2{,}95 \cdot 1{,}0 \cdot 0{,}39 \cdot 1600^{\,\mathrm{kg}} = 2{,}95 \cdot 624^{\,\mathrm{kg}} = 1841^{\,\mathrm{kg}},$$

erfordern

$$W = \frac{1841 \cdot 295}{8 \cdot 875} = 77{,}6^{\,\mathrm{cm^3}}.$$

Gewählt zwei Träger I Nr. 11 mit

$$W_x = 2 \cdot 43{,}3 = 86{,}6^{\,\mathrm{cm^3}}$$

Träger 101a. Freilänge 3,60 m. Belastung für 1 lfd. m, wie bei
Träger 101. Für den inneren Träger ist daher erforderlich

$$W = \left(\frac{3,60}{2,95}\right)^2 . 158,5 = 1,49 . 158,5 = 236\ \text{cm}^3.$$

Gewählt ⊥ Nr. 21 mit $W_x = 244\ \text{cm}^3$.

Für die beiden äusseren Träger ist
entsprechend erforderlich

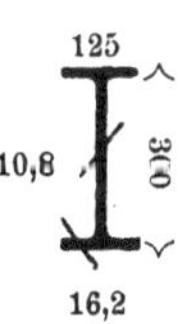

$$W = \left(\frac{3,60}{2,95}\right)^2 . 77,6 = 1,49 . 77,6 = 116\ \text{cm}^3.$$

Gewählt zwei Träger ⊥ Nr. 13 mit $W_x = 2 . 67 = 134\ \text{cm}^3$.

———

Träger 102. Freilänge 5,10 m. Teilung 1,69 m. Belastung gleichmässig mit

$$5,10 . 1,69 . 1000\ \text{kg} = 5,10 . 1690\ \text{kg} \quad . \ . \ . \ . = 8619\ \text{kg}.$$

Erforderlich $\quad W = \dfrac{8619 . 510}{8 . 875} = 628\ \text{cm}^3.$

Gewählt ⊥ Nr. 30 mit $W_x = 652\ \text{cm}^3$.

Auflagerplatten 25 cm . 25 cm.

———

Träger 103. Freilänge 2,45 m. Belastung

1) gleichmässig mit

$$2,45 . \frac{0,82}{2} . 1000\ \text{kg} = 2,45 . 410\ \text{kg} \quad . \ . \ . \ . = 1005\ \text{kg},$$

2) 0,76 m vom Auflager A durch Träger 102 mit $= 4310$ „

$$\text{zus. } 5315\ \text{kg}.$$

Auflagerdruck $\quad B = \dfrac{1005}{2} + \dfrac{4310 . 0,76}{2,45} = 1839\ \text{kg},$

$$A = 5315 - 1839 \quad = 3476\ \text{kg}.$$

Da 0,76 . 410 kg $= 312$ und $3476 - 312 = 3164$ kg, so ist erforderlich

$$W = \frac{312 . 38 + 3164 . 76}{875} = 288\ \text{cm}^3.$$

Gewählt ⊥ Nr. 23 mit $W_x = 314\ \text{cm}^3$.

Auflager bei A 35 cm lang.

———

Träger 104. Freilänge 5,92 m. Die Freilänge, bis zur Mitte des Hilfspfeilers gerechnet, beträgt 4,55 m; darüber hinaus wird der Träger als 1,37 m frei ausladend angenommen.

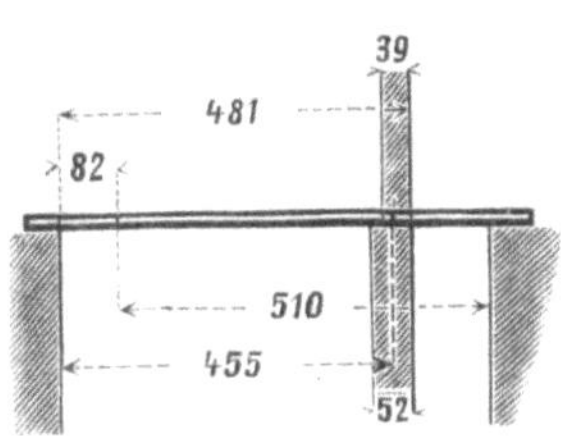

Die Belastung besteht aus zwei Streckenlasten und einer Einzellast (Träger 103), u. zw.

1) auf 4,81 m $\quad 4,81 \cdot \dfrac{1,77}{2} \cdot 1000^{\text{kg}} = 4,81 \cdot 885^{\text{kg}} = 4257^{\text{kg}}$,

2) auf 5,10 m $\quad 5,10 \cdot \dfrac{1,69}{2} \cdot 1000^{\text{kg}} = 5,10 \cdot 845^{\text{kg}} = 4310$ „

3) 0,82 m vom Auflager A durch Träger 103 . . $= 1839$ „

$\overline{\qquad\qquad}$

zus. 10406^{kg}.

Druck auf den Zwischenpfeiler

$$\frac{1}{4,55} \cdot \left\{ 4257 \cdot 2,405 + 4310 \cdot (0,82 + 2,55) + 1839 \cdot 0,82 \right\} = 5774^{\text{kg}},$$

Auflagerdruck $A = 10406 - 5774$ . . . . . . $= 4632^{\text{kg}}$.

Da $0,82 \cdot 885 = 726^{\text{kg}}$, $4632 - 726 = 3906^{\text{kg}}$ und $3906 - 1839 = 2067^{\text{kg}}$, so liegt der Bruchquerschnitt vom Angriffspunkt des Trägers 103 entfernt um

$$x = \frac{2067}{8,85 + 8,45} = \frac{2067}{17,3} = 119,5^{\text{cm}}.$$

Erforderlich

$$W = \frac{1}{875} \cdot \left\{ 726 \cdot 41 + 1839 \cdot 82 + 2067 \cdot (82 + {}^{1}/_{2} \cdot 119,5) \right\} = 542^{\text{cm}^3}.$$

[Ohne Bestimmung des Bruchquerschnitts ist erforderlich

$$W = \frac{726 \cdot 41 + 3906 \cdot 82}{875} + \frac{100 \cdot 2067^2}{2 \cdot 875 \cdot (885 + 845)} = 542^{\text{cm}^3}.]$$

Gewählt $\mathbf{I}$ Nr. 28 mit $W_x = 541^{\text{cm}^3}$.

$\overline{\qquad}$

Der Hilfspfeiler wird in Höhe des Kellerfussbodens belastet

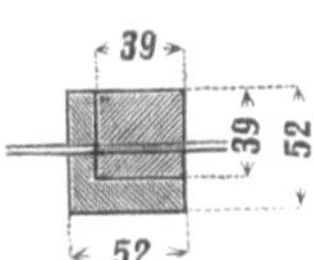

1) durch den Pfeiler darüber (vrgl. Seite 177, unten) mit . . . 12267^{kg},

2) durch Träger 104 mit . . . 5774 „

3) durch Eigenlast des Pfeilers im Keller $2,80 \cdot 0,52 \cdot 0,52 \cdot 1600^{\text{kg}} = 1211$ „

$\overline{\qquad\qquad}$

zus. 19252^{kg}.

Die Beanspruchung mit $\dfrac{19\,252}{52 \cdot 52} = 7{,}1\,^{\mathrm{kg}}/_{\mathrm{qcm}}$ Druck wird durch die nur teilweise exzentrisch (d. h. nicht im Schwerpunkt des Querschnitts) wirkende Belastung nur unerheblich vergrössert. Gutes Ziegelmauerwerk in Zementmörtel (zulässige Beanspruchung $11\,^{\mathrm{kg}}/_{\mathrm{qcm}}$) genügt daher für diesen Pfeiler.

Träger 105a. Freilänge 5,70 m. Belastung 1) gleichmässig mit

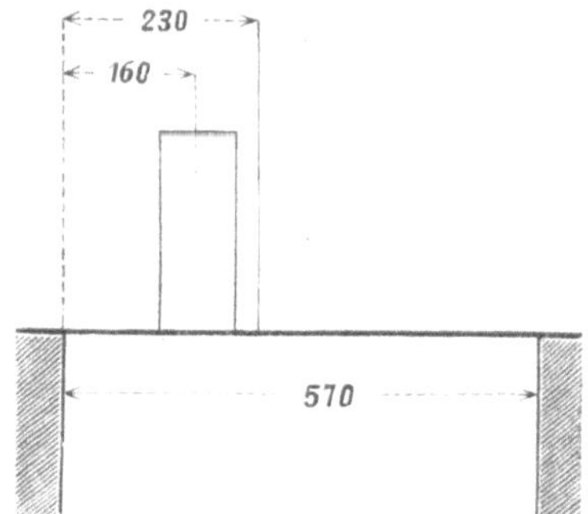

$$5{,}70 \cdot \frac{1{,}46 + 1{,}87}{2} \cdot 1000\,^{\mathrm{kg}}$$

$$= 5{,}70 \cdot 1665\,^{\mathrm{kg}} = 9490\,^{\mathrm{kg}},$$

2) Streckenlast 2,30 m

$2{,}30 \cdot 4{,}50 \cdot 0{,}13 \cdot 1600\,^{\mathrm{kg}}$

$= 2{,}30 \cdot 936\,^{\mathrm{kg}} = 2153\,^{\mathrm{kg}}$

ab: $1{,}0 \cdot 2{,}20 \cdot$

$\quad 0{,}13 \cdot 1600\,^{\mathrm{kg}} = 458\,_{,,} = 1695\,_{,,}$

$$\text{zus. } 11\,185\,^{\mathrm{kg}}.$$

Auflagerdruck

$$B = \frac{9490}{2} + \frac{1}{5{,}70}\left(2153 \cdot 1{,}15 - 458 \cdot 1{,}60\right) = 5051\,^{\mathrm{kg}},$$

$$A = 11\,185 - 5051 \ldots \ldots \ldots = 6134\,^{\mathrm{kg}}.$$

Der Bruchquerschnitt hat von B den Abstand

$$x = \frac{5051}{9490 : 570} = \frac{5051}{16{,}65} = 303{,}4\,^{\mathrm{cm}}.$$

Erforderlich $\quad W = \dfrac{5051 \cdot 303{,}4}{2 \cdot 875} = 876\,^{\mathrm{cm^3}}.$

[Ohne Bestimmung des Bruchquerschnitts ist erforderlich

$$W = \frac{100 \cdot 5051^2}{2 \cdot 875 \cdot 1665} = 876\,^{\mathrm{cm^3}}.]$$

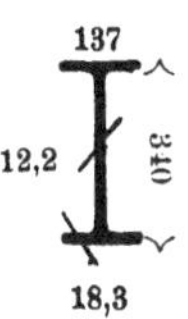

Gewählt $\mathbf{I}$ Nr. 34 mit $W_x = 922\,^{\mathrm{cm^3}}$.

Auflagerplatten $25\,^{\mathrm{cm}} \cdot 25\,^{\mathrm{cm}}$.

Träger 105b. Freilänge 5,82 m. Teilung 1,87 m. Belastung gleichmässig mit

$$5{,}82 \cdot 1{,}87 \cdot 1000\,^{\mathrm{kg}} = 5{,}82 \cdot 1870\,^{\mathrm{kg}} = 10\,883\,^{\mathrm{kg}}.$$

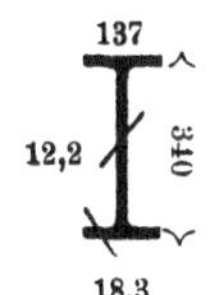

Erforderlich $\quad W = \dfrac{10\,883 \cdot 582}{8 \cdot 875} = 905\,^{\mathrm{cm^3}}.$

Gewählt $\mathbf{I}$ Nr. 34 mit $W_x = 922\,^{\mathrm{cm^3}}$.

Träger 106. Freilänge 1,40 m. Belastung gleichmässig mit

$$1{,}40 \cdot \frac{1{,}87}{2} \cdot 1000^{\text{kg}} = 1{,}40 \cdot 935 = 1309^{\text{kg}}.$$

Erforderlich $W = \dfrac{1309 \cdot 140}{8 \cdot 875} = 26{,}2^{\text{cm}^3}.$

Gewählt I Nr. 10 mit $W_x = 34{,}1^{\text{cm}^3}.$

Verankerung mit Träger 105 b gegen Horizontalschub.

Im übrigen erhalten auch die anderen Kappenträger der Keller-decke von mehr als 1,40 m Spannweite einen oder zwei Zwischen-anker, zum Schutz gegen einseitige, ungewöhnliche Belastungen.

Allgemeines über statische Berechnungen.

Die statische Berechnung ist auszudehnen:
1) auf alle Eisenkonstruktionen,
2) auf die Holzkonstruktionen von grösseren Abmessungen oder ungewöhnlicher Anordnung, bei Mangel an Erfahrungsregeln,
3) auf Gewölbe und Gurtbögen, Widerlager und Verankerungen, ähnlich wie unter 2),
4) auf steinerne Pfeiler und Säulen, auf Wände, freistehende Schornsteine u. s. w. mit so geringen Abmessungen, dass die Untersuchung der Beanspruchung durch lotrechte Lasten und Winddruck für erforderlich erachtet wird,
5) auf die Fundamentsohlen und die vorkommenden künstlichen Gründungen.

Man beginnt mit dem Dach; alsdann folgt die Berechnung der einzelnen Zwischendecken, der Pfeiler, Säulen (Stützen) und aussergewöhnlich beanspruchten Wände, die Untersuchung des oberen Abschlusses der Maueröffnungen (Fenster und Türen), die der Gurtbögen und Gewölbe nebst Widerlagern und die Ermittlung der vorkommenden Verankerungen, falls dies nicht schon vorher bei den einzelnen zu verankernden Bauteilen geschehen ist. Den Schluss bildet die Berechnung der Fundamentsohlen bezw. der gewählten künstlichen Gründungsart, je nach der Beschaffenheit und Tragfähigkeit des vorher genau untersuchten Baugrundes.

Eine von oben nach unten durchlaufende Träger-Numerierung befördert die Übersicht der Berechnung und erleichtert die Bauausführung.

Fünfter Abschnitt.

Tafeln.

I. Tafel der zweiten und dritten Potenzzahlen,
der zweiten und dritten Wurzeln, der Briggs'schen
Logarithmen, des Tausendfachen der reziproken Werte,
der Kreisumfänge und Kreisflächen

befindet fich als befondere Beilage am Schlufs.

II. Deutsche Normalprofile für Walzeisen.[1]

Die auf S. 220 bis 227 angegebenen **Gewichte** g gelten für **Schweisseisen** (spez. Gew. $= 7{,}8$); für **Flusseisen** (spez. Gew. $= 7{,}85$) sind die Gewichtszahlen g noch mit $1{,}0064$ zu multiplizieren.

1. Gleichschenklige Winkeleisen.

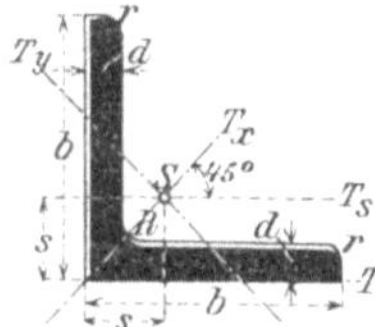

Normallänge $= 4$ bis $8^{\,m}$.

Grösste Länge $= 12$ bis $16^{\,m}$.

Abrundungshalbmesser der inneren Winkelecke
$$R = {}^1\!/_2 (d_{min} + d_{max}).$$

Abrundungshalbmesser der Schenkelenden $r = {}^1\!/_2\,R$ (auf halbe mm abgerundet).

Schwerpunkts-Abstand $s = $ rd. ${}^1\!/_4\,b + 0{,}36\,d$.

Vorprofile mit gleicher Schenkelbreite und $1^{\,mm}$ grösserer Schenkelstärke werden gewalzt.

Breite b mm	Stärke d mm	Quer-schnitt F qcm	Gewicht g f. 1 lfd. m kg	Abstand s d. Schwer-punkts mm	T cm⁴	T_s cm⁴	T_x (grösstes) cm⁴	T_y (kleinstes) cm⁴	Profil-Nr.
15	3	0,82	0,64	4,8	0,33	0,15	0,24	0,06	$1^1\!/_2$
	4	1,05	0,82	5,1	0,46	0,18	0,29	0,08	
20	3	1,12	0,87	6,0	0,78	0,38	0,62	0,15	2
	4	1,45	1,13	6,4	1,07	0,48	0,77	0,19	
25	3	1,42	1,11	7,3	1,53	0,79	1,27	0,31	$2^1\!/_2$
	4	1,85	1,44	7,6	2,08	1,00	1,61	0,40	
30	4	2,27	1,77	8,9	3,5	1,80	2,85	0,76	3
	6	3,27	2,55	9,6	5,5	2,48	3,91	1,06	
35	4	2,67	2,08	10,0	5,6	2,96	4,68	1,24	$3^1\!/_2$
	6	3,87	3,02	10,8	8,6	4,13	6,50	1,77	
40	4	3,08	2,40	11,2	8,3	4,47	7,09	1,86	4
	6	4,48	3,49	12,0	12,8	6,35	9,98	2,67	
	8	5,80	4,52	12,8	17,4	7,90	12,4	3,38	
45	5	4,30	3,36	12,8	14,9	7,85	12,4	3,25	$4^1\!/_2$
	7	5,86	4,57	13,6	21,2	10,4	16,4	4,39	
	9	7,34	5,73	14,4	27,8	12,6	19,8	5,40	
50	5	4,80	3,75	14,0	20,4	11,0	17,4	4,59	5
	7	6,56	5,12	14,9	29,0	14,5	23,1	6,02	
	9	8,24	6,43	15,6	38,0	17,9	28,1	7,67	
55	6	6,31	4,92	15,6	32,8	17,3	27,4	7,24	$5^1\!/_2$
	8	8,23	6,42	16,4	44,2	22,1	34,8	9,35	
	10	10,07	7,85	17,2	56,0	26,3	41,4	11,27	

[1] Nach dem Deutschen Normalprofilbuch für Walzeisen, 5. Auflage, Aachen 1897; Verlag von Jos. La Ruelle.

Noch: 1. Gleichschenklige Winkeleisen.

Breite b	Stärke d	Querschnitt F	Gewicht g f. 1 lfd. m	Abstand s d. Schwerpunkts	Trägheitsmoment				Profil-Nr.
					T	T_s	T_x (grösstes)	T_y (kleinstes)	
mm	mm	qcm	kg	mm	cm⁴	cm⁴	cm⁴	cm⁴	
60	6	6,91	5,39	16,9	42,5	22,7	36,1	9,43	6
	8	9,03	7,04	17,7	57,5	29,2	46,1	12,1	
	10	11,07	8,63	18,5	72,8	34,8	55,1	14,6	
65	7	8,7	6,8	18,5	63	33,4	53,0	13,8	6½
	9	11,0	8,6	19,3	82	41,3	65,4	17,2	
	11	13,2	10,3	20,0	101	48,7	76,8	20,7	
70	7	9,4	7,3	19,7	79	42,3	67,1	17,6	7
	9	11,9	9,3	20,5	102	52,5	83,1	22,0	
	11	14,3	11,1	21,3	126	62,0	97,6	26,0	
75	8	11,5	8,9	21,3	111	59,0	93,3	24,4	7½
	10	14,1	11,0	22,1	140	71,0	113	29,8	
	12	16,7	13,0	22,9	170	82,5	130	34,7	
80	8	12,3	9,6	22,6	135	72,0	115	29,6	8
	10	15,1	11,8	23,4	170	87,5	139	35,9	
	12	17,9	13,9	24,1	206	102	161	43,0	
90	9	15,5	12,1	25,4	216	116	184	47,8	9
	11	18,7	14,6	26,2	266	138	218	57,1	
	13	21,8	17,0	27,0	317	158	250	65,9	
100	10	19,2	14,9	28,2	329	177	280	73,3	10
	12	22,7	17,7	29,0	398	207	328	86,2	
	14	26,2	20,4	29,8	468	235	372	98,3	
110	10	21,2	16,5	30,7	438	239	379	98,6	11
	12	25,1	19,6	31,5	529	280	444	116	
	14	29,0	22,6	32,1	621	319	505	133	
120	11	25,4	19,8	33,6	626	340	541	140	12
	13	29,7	23,2	34,4	745	393	625	162	
	15	33,9	26,5	35,1	864	445	705	186	
130	12	30,0	23,4	36,4	869	472	750	194	13
	14	34,7	27,0	37,2	1020	540	857	223	
	16	39,3	30,6	38,0	1171	604	959	251	
140	13	35,0	27,3	39,2	1175	638	1014	262	14
	15	40,0	31,2	40,0	1363	723	1148	298	
	17	45,0	35,1	40,8	1554	805	1276	334	
150	14	40,3	31,4	42	1559	845	1343	347	15
	16	45,7	35,7	43	1790	949	1507	391	
	18	51,0	39,9	44	2023	1052	1665	438	
160	15	46,1	35,9	45	2027	1099	1745	453	16
	17	51,8	40,4	46	2308	1225	1945	506	
	19	57,5	44,9	47	2590	1348	2137	558	

2. Ungleichschenklige Winkeleisen.

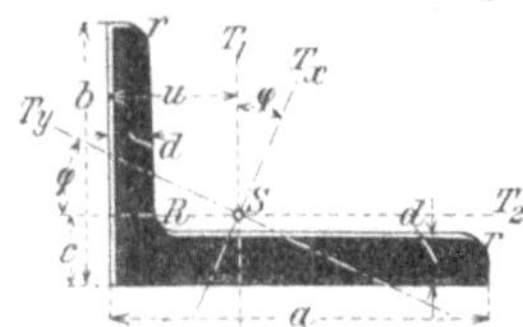

Normallänge = 4 bis 8 m.
Grösste Länge = 12 bis 16 m.
Abrundungshalbmesser der inneren Winkelecke
$$R = {}^1/_2 \, (d_{min} + d_{max}).$$
Abrundungshalbmesser der Schenkelenden $r = {}^1/_2 \, R$
(auf halbe mm abgerundet).
Vorprofile mit gleichen Schenkelbreiten und **1 mm**
grösserer Schenkelstärke werden gewalzt.

z (in mm) ist der lichte Abstand zweier ungleichschenkligen ⅃⅃, wobei die beiden Haupt-Trägheitsmomente gleich gross (= $2\,T_1$) sind.

Abmessungen in mm			Querschnitt F	Gewicht für 1 lfd. m g	Abstände des Schwerpunkts		tg φ	Trägheitsmoment				Lichter Abstand z	Profil-Nr.
								T_1	T_2	T_x (grösstes)	T_y (kleinstes)		
b	a	d	qcm	kg	c	u		cm⁴	cm⁴	cm⁴	cm⁴	mm	
					mm								
Schenkelverhältnis $b : a = 1 : 1^1/_2$.													
20	30	3	1,42	1,11	4,9	9,9	0,4216	1,25	0,45	1,42	0,28	5,2	2/3
		4	1,85	1,44	5,4	10,3	0,4214	1,60	0,55	1,82	0,33	4,3	
30	45	4	2,87	2,24	7,4	14,8	0,4334	5,77	2,05	6,63	1,19	8,0	3/4½
		5	3,53	2,75	7,8	15,2	0,4288	6,99	2,46	8,01	1,44	7,1	
40	60	5	4,79	3,74	9,7	19,5	0,4319	17,3	6,20	19,8	3,66	11,0	4/6
		7	6,55	5,11	10,5	20,4	0,4275	22,8	8,10	26,3	4,63	9,0	
50	75	7	8,33	6,50	12,4	24,7	0,4304	46.3	16,4	53,1	9,58	13,1	5/7½
		9	10,5	8,20	13,2	25,6	0,4272	57,2	20,1	65,4	11,9	11,2	
65	100	9	14,2	11,0	15,9	33,1	0,4101	140	46,6	160	26,8	19,5	6½/10
		11	17,1	13,3	16,7	34,0	0,4074	167	55,3	189	32,9	17,7	
80	120	10	19,1	14,9	19,5	39,2	0,4348	276	97,9	317	56,8	22,1	8/12
		12	22,7	17,7	20,2	40,0	0,4304	323	115	370	67,5	20,1	
100	150	12	28,7	22,4	24,2	48,9	0,4361	649	232	747	134	27,8	10/15
		14	33,2	25,9	25,0	49,7	0,4339	744	263	854	153	26,1	
Schenkelverhältnis $b : a = 1 : 2$.													
20	40	3	1,72	1,34	4,4	14,3	0,2575	2,81	0,46	2,96	0,31	14,6	2/4
		4	2,25	1,76	4,8	14,7	0,2528	3,58	0,60	3,78	0,40	13,4	
30	60	5	4,29	3,35	6,8	21,5	0,2544	15,6	2,61	16,5	1,71	21,2	3/6
		7	5,85	4,56	7,6	22,4	0,2479	20,6	3,42	21,8	2,28	19,1	
40	80	6	6,89	5,37	8,8	28,5	0,2568	44,9	7,66	47,6	4,99	28,9	4/8
		8	9,01	7,03	9,6	29,4	0,2518	57,5	9,70	60,8	6,41	26,9	
50	100	8	11,5	8,93	11,2	35,9	0,2565	116	19,6	123	12,8	35,5	5/10
		10	14,1	11,0	12,0	36,7	0,2658	141	23,5	150	14,6	33,7	
65	130	10	18,6	14,5	14,5	46,5	0,2569	320	54,4	339	35,4	46,6	6½/13
		12	22,1	17,2	15,3	47,5	0,2549	374	62,8	395	41,3	44,4	
80	160	12	27,5	21,5	17,7	57,2	0,2586	719	122	762	79,4	57,8	8/16
		14	31,8	24,8	18,5	58,1	0,2679	822	139	875	86,0	55,7	
100	200	14	40,3	31,4	21,8	71,2	0,2608	1654	282	1754	182	73,1	10/20
		16	45,7	35,6	22,6	72,0	0,2586	1863	315	1973	205	71,2	

3. I-Eisen.
(Doppel-T-Eisen oder I-Eisen.)

Normallänge = 4 bis 10 m.
Grösste Länge = 14 bis 18 m.
Neigung der inneren Flanschflächen = 14 Prozent (rd. 1 : 7).
Abrundungshalbmesser zwischen Steg und Flansch $R = d$.
Abrundungshalbmesser der inneren Flanschkanten $r = 0,6\,d$.
Die Flanschstärke t liegt im Abstand $^1/_4\,b$ beiderseits der Profilmitte;
es ist $t = $ rd. $1,5\,d$.

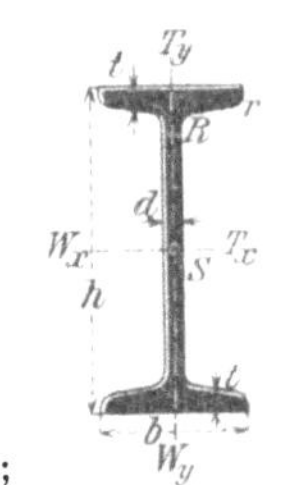

Profil-Nr.	Höhe h	Breite b	Stegstärke d	Flansch-stärke t	Quer-schnitt F	Gewicht f. 1 lfd. m g	Trägheits-moment		Widerstands-moment		Profil-Nr.
							T_y (kleinstes)	T_x (grösstes)	W_y (kleinstes)	W_x (grösstes)	
	mm	mm	mm	mm	qcm	kg	cm⁴	cm⁴	cm³	cm³	
8	80	42	3,9	5,9	7,6	5,9	6,3	77,7	2,99	19,4	8
9	90	46	4,2	6,3	9,0	7,0	8,8	117	3,81	25,9	9
10	100	50	4,5	6,8	10,6	8,3	12,2	170	4,86	34,1	10
11	110	54	4,8	7,2	12,3	9,6	16,2	238	5,99	43,3	11
12	120	58	5,1	7,7	14,2	11,1	21,4	327	7,38	54,5	12
13	130	62	5,4	8,1	16,1	12,6	27,4	435	8,85	67,0	13
14	140	66	5,7	8,6	18,2	14,2	35,2	572	10,7	81,7	14
15	150	70	6,0	9,0	20,4	15,9	43,7	734	12,5	97,9	15
16	160	74	6,3	9,5	22,8	17,8	54,5	933	14,7	117	16
17	170	78	6,6	9,9	25,2	19,7	66,5	1165	17,1	137	17
18	180	82	6,9	10,4	27,9	21,7	81,3	1444	19,8	161	18
19	190	86	7,2	10,8	30,5	23,8	97,2	1759	22,6	185	19
20	200	90	7,5	11,3	33,4	26,1	117	2139	25,9	214	20
21	210	94	7,8	11,7	36,3	28,3	137	2558	29,3	244	21
22	220	98	8,1	12,2	39,5	30,8	163	3055	33,3	278	22
23	230	102	8,4	12,6	42,6	33,3	188	3605	36,9	314	23
24	240	106	8,7	13,1	46,1	35,9	220	4239	41,6	353	24
25	250	110	9,0	13,6	49,7	38,7	255	4954	46,4	396	25
26	260	113	9,4	14,1	53,3	41,6	287	5735	50.6	441	26
27	270	116	9,7	14,7	57,1	44,5	325	6623	56,0	491	27
28	280	119	10,1	15,2	61,0	47,6	363	7575	60,8	541	28
29	290	122	10,4	15,7	64,8	50,6	403	8619	66,1	594	29
30	300	125	10,8	16,2	69,0	53,8	449	9785	71,9	652	30
32	320	131	11,5	17,3	77,7	60,6	554	12493	84,6	781	32
34	340	137	12,2	18,3	86,7	67,6	672	15670	98,1	922	34
36	360	143	13,0	19,5	97,0	75,7	817	19576	114	1088	36
38	380	149	13,7	20,5	107	83,4	972	23978	131	1262	38
40	400	155	14,4	21,6	118	91,8	1160	29173	150	1459	40
42¹/₂	425	163	15,3	23.0	132	103	1433	36956	176	1739	42¹/₂
45	450	170	16,2	24,3	147	115	1722	45888	203	2040	45
47¹/₂	475	178	17,1	25,6	163	127	2084	56410	234	2375	47¹/₂
50	500	185	18,0	27,0	179	140	2470	68736	267	2750	50
55	550	200	19,0	30,0	212	166	3486	99054	349	3602	55
60	600	215	21,6	32,4	254	198	4668	138957	434	4632	60¹)

¹) Walzprofil der Dortmunder Union, wird demnächst normal.

4. ⊏-Eisen (E- oder U-Eisen).

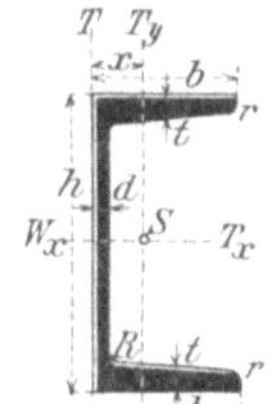

Normallänge = 4 bis 8 m.

Grösste Länge = 12 bis 16 m.

Neigung der inneren Flanschflächen = 8 Prozent (1 : 12,5).

Abrundungshalbmesser $R = t$ und $r = {}^1/_2 t$ (auf halbe mm abgerundet).

Die Flanschstärke t liegt in der Mitte der Flanschbreite b.

z (in mm) ist der lichte Abstand zweier ⊐⊏, bei dem die beiden Haupt-Trägheitsmomente gleich gross (= $2\,T_x$) sind.

Neue ⊏-Eisen.

Profil-Nr.	Höhe h mm	Breite b mm	Stegstärke d mm	Flanschstärke t mm	Querschnitt F qcm	Gewicht f. 1 lfd. m g kg	Abstand x d. Schwerpunkts S mm	Trägheitsmoment T cm⁴	T_y (kleinstes) cm⁴	T_x (grösstes) cm⁴	Rückenabstand z mm	Widerstandsmoment W_x cm³	Profil-Nr.
3	30	33	5	7	5,44	4,24	13,1	14,7	5,3	· 6,4	—	4,3	3
4	40	35	5	7	6,21	4,85	13,3	17,7	6,7	14,1	—	7,1	4
5	50	38	5	7	7,12	5,55	13,7	22,5	9,1	26,4	3,8	10,6	5
6¹/₂	65	42	5,5	7,5	9,03	7,05	14,2	32,3	14,1	57,5	15,4	17,7	6¹/₂
8	80	45	6	8	11,0	8,60	14,5	43,2	19,4	106	27,1	26,5	8
10	100	50	6	8,5	13,5	10,5	15,5	61,7	29,3	206	41,4	41,1	10
12	120	55	7	9	17,0	13,3	16,0	86,7	43,2	364	54,9	60,7	12
14	140	60	7	10	20,4	15,9	17,5	125	62,7	605	68,1	86,4	14
16	160	65	7,5	10,5	24,0	18,7	18,4	166	85,3	925	81,5	116	16
18	180	70	8	11	28,0	21,8	19,2	217	114	1354	94,7	150	18
20	200	75	8,5	11,5	32,2	25,1	20,1	278	148	1911	108	191	20
22	220	80	9	12,5	37,4	29,2	21,4	368	197	2690	120	245	22
24	240	85	9,5	13	42,3	33,0	22,3	458	248	3598	133	300	24
26	260	90	10	14	48,3	37,7	23,6	586	317	4823	146	371	26
28	280	95	10	15	53,3	41,6	25,3	740	399	6276	159	450	28
30	300	100	10	16	58,8	45,8	27,0	924	495	8026	172	535	30

Ältere ⊏-Eisen (für den Eisenbahnwagen-Bau).

Profil-Nr.	Höhe h mm	Breite b mm	Stegstärke d mm	Flanschstärke t mm	Querschnitt F qcm	Gewicht f. 1 lfd. m g kg	Abstand x d. Schwerpunkts S mm	Trägheitsmoment T cm⁴	T_y (kleinstes) cm⁴	T_x (grösstes) cm⁴	Rückenabstand z mm	Widerstandsmoment W_x cm³	Profil-Nr.
10¹/₂	105	65	8	8	17,3	13,5	18,8	122	61,2	287	34,6	54,7	10¹/₂
11³/₄	117,5	65	10	10	22,6	17,6	19,1	160	77,1	447	42,7	76,1	11³/₄
14¹/₂	145	60	8	8	19,8	15,4	15,0	98,1	53,6	585	73,6	80,7	14¹/₂
23¹/₂	235	90	10	12	42,4	33,1	22,8	492	272	3429	127	292	23¹/
26	260	90	10	10	41,6	32,5	19,7	398	237	3900	148	300	26
30	300	75	10	10	42,8	33,3	15,0	241	145	4925	181	328	30

5. ⊤-Eisen.

Normallänge = 4 bis 8 m.

Grösste Länge = 12 bis 16 m.

Abrundungshalbmesser in den Winkelecken
  $R = d$.

Abrundungshalbmesser am Fuss $r = {}^1/_2 d$.

Abrundungshalbmesser am Steg $r_1 = {}^1/_4 d$,
  jedoch r und r_1 auf halbe mm abgerundet.

Neigungen bei breitfüssigen ⊤-Eisen:
  Steg je 4 %,   Fuss je 2 %.

Neigungen bei hochstegigen ⊤-Eisen: Steg und Fuss je 2 %.

Die Stärken d werden in den Abständen ${}^1/_2 h$ bezw. ${}^1/_4 b$ von aussen gemessen.

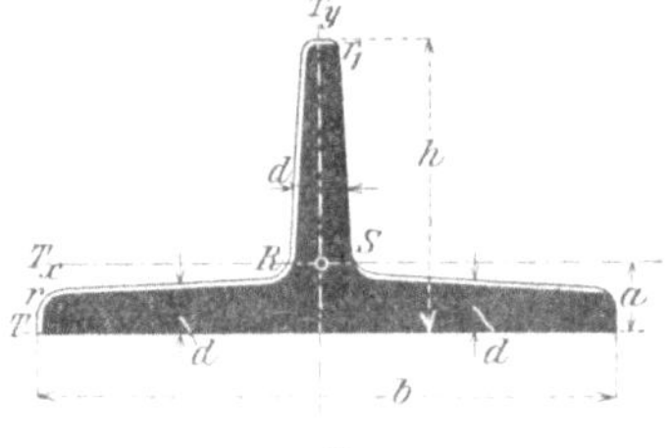

Breite b mm	Höhe h mm	Stärke d mm	Quer-schnitt F qcm	Gewicht für 1 lfd. m g kg	Abstand a des Schwer-punkts S mm	Trägheitsmoment T cm⁴	T_x cm⁴	T_y cm⁴	Profil-Nr.

Breitfüssige T-Eisen mit $h:b = 1:2$.

60	30	5,5	4,64	3,62	6,7	4,7	2,6	8,6	6/3
70	35	6	5,94	4,63	7,7	8,0	4,5	15,1	7/3¹/₂
80	40	7	7,91	6,17	8,8	13,9	7,8	28,5	8/4
90	45	8	10,2	7,93	10,0	22,9	12,7	46,1	9/4¹/₂
100	50	8,5	12,0	9,38	10,9	33,0	18,7	67,7	10/5
120	60	10	17,0	13,2	13,0	66,5	38,0	137	12/6
140	70	11,5	22,8	17,8	15,1	121	68,9	258	14/7
160	80	13	29,5	23,0	17,2	204	117	422	16/8
180	90	14,5	37,0	28,8	19,3	323	185	670	18/9
200	100	16	45,4	35,4	21,4	486	277	1000	20/10

Hochstegige T-Eisen mit $h:b = 1:1$.

20	20	3	1,12	0,87	5,8	0,76	0,38	0,20	2/2
25	25	3,5	1,64	1,28	7,3	1,74	0,87	0,43	2¹/₂/2¹/₂
30	30	4	2,26	1,76	8,5	3,35	1,72	0,87	3/3
35	35	4,5	2,97	2,32	9,9	6,01	3,10	1,57	3¹/₂/3¹/₂
40	40	5	3,77	2,94	11,2	10,0	5,28	2,58	4/4
45	45	5,5	4,67	3,64	12,6	15,5	8,13	4,01	4¹/₂/4¹/₂
50	50	6	5,66	4,42	13,9	23,0	12,1	6,06	5/5
60	60	7	7,94	6,19	16,6	45,7	23,8	12,2	6/6
70	70	8	10,6	8,27	19,4	84,4	44,5	22,1	7/7
80	80	9	13,6	10,6	22,2	141	73,7	37,0	8/8
90	90	10	17,1	13,3	24,8	224	119	58,5	9/9
100	100	11	20,9	16,3	27,4	336	179	88,3	10/10
120	120	13	29,6	23,1	32,8	684	366	178	12/12
140	140	15	39,9	31,1	38,0	1236	660	330	14/14

6. Z - Eisen.

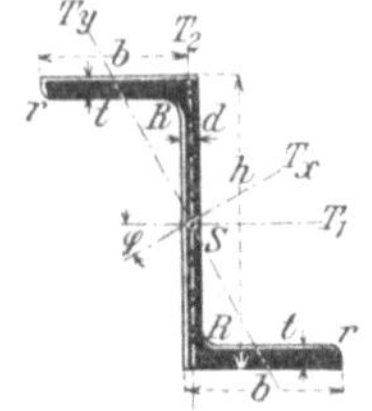

Normallänge = 4 bis 8 m.

Grösste Länge = 12 bis 16 m.

Abrundungshalbmesser am Steg $R = t$.

Abrundungshalbmesser an den Flanschen

$r = \frac{1}{2} t$ (auf halbe mm abgerundet).

Die inneren Flanschflächen sind den äusseren parallel.

Höhe h	Breite b	Stärke		Querschnitt F	Gewicht f. 1 fld. m g	tg φ	Trägheitsmoment				Profil-Nr.
		Steg d	Flansch t				T_1	T_2	T_x (grösstes)	T_y (kleinstes)	
mm	mm	mm	mm	qcm	kg		cm⁴	cm⁴	cm⁴	cm⁴	
30	38	4	4,5	4,32	3,37	1,655	5,9	13,7	18,1	1,5	3
40	40	4,5	5	5,43	4,23	1,181	13,4	17,6	28,0	3,0	4
50	43	5	5,5	6,77	5,28	0,939	25,7	24,4	44,9	5,2	5
60	45	5	6	7,91	6,17	0,779	44,0	30,8	67,2	7,6	6
80	50	6	7	11,1	8,67	0,588	108	48,7	142	14,7	8
100	55	6,5	8	14,5	11,3	0,492	220	74,5	270	24,6	10
120	60	7	9	18,2	14,2	0,433	400	108	470	37,7	12
140	65	8	10	22,9	17,9	0,385	671	154	768	56,4	14
160	70	8,5	11	27,5	21,5	0,357	1055	209	1184	79,5	16
180	75	9,5	12	33,3	26,0	0,329	1594	275	1759	110	18
200	80	10	13	38,7	30,2	0,313	2289	367	2509	147	20

7. Belag-Eisen (Zores-Eisen).

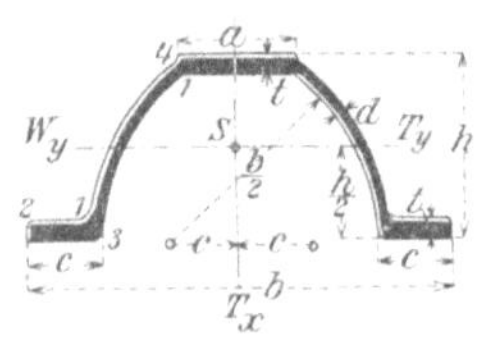

Normallänge = 4 bis 8 m.

Grösste Länge = 12 bis 16 m.

Abrundungen bei 1 mit Halbmesser = t.

Abrundungen bei 2 mit Halbmesser = d.

Abrundungen bei 3 mit Halbmesser = $d - 0,5$ mm.

Abrundungen bei 4 mit Halbmesser = $0,6 d + 1,3$ mm.

Höhe h	Breite			Stärke		Querschnitt F	Gewicht für 1 lfd. m g	Trägheitsmoment		Widerstandsmoment W_y	Profil-Nr.
	untere b	obere a	am Fuss c	Steg d	Fuss u. Kopf t			T_x (grösstes)	T_y (kleinstes)		
mm	mm	mm	mm	mm	mm	qcm	kg	cm⁴	cm⁴	cm³	
50	120	33	21	3	5	6,71	5,24	86,4	23,2	9,3	5
60	140	38	24	3,5	6	9,34	7,28	164	47,2	15,8	6
75	170	45,5	28,5	4	7	13,2	10,3	347	105	27,9	7½
90	200	53	33	4,5	8	17,9	14,0	651	206	45,8	9
110	240	63	39	5	9	24,1	18,8	1272	421	76,5	11

8. Quadrant-Eisen.

Normallänge $= 4$ bis $8^{\,m}$.
Grösste Länge $= 12$ bis $16^{\,m}$.
Abrundungshalbmesser
$$r = 0{,}12\,R,$$
$$r_1 = 0{,}06\,R.$$
Vorprofile mit $1^{\,mm}$ grösseren Stärken werden gewalzt.

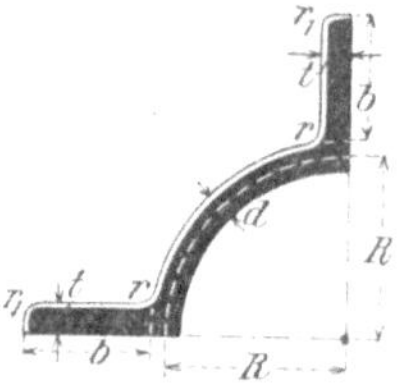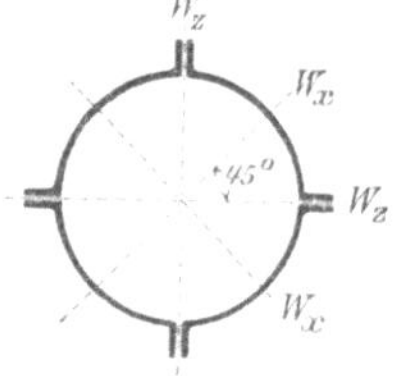

Abmessungen in mm				Querschnitt des vollen Rohrs F qcm	Gewicht des vollen Rohrs f. 1 m g kg	Trägheitsmoment des vollen Rohrs T cm⁴	Widerstandsmoment des vollen Rohrs W_x (grösstes) cm³	W_z (kleinstes) cm³	Profil-Nr.
R	b	d	t						
50	35	4	6	29,8	23,3	576	89,3	66,2	} 5
		8	8	48,0	37,4	906	135	102	
75	40	6	8	54,9	42,8	2 068	237	175	} 7¹/₂
		10	10	80,2	62,5	2 982	331	248	
100	45	8	10	88,1	68,7	5 511	501	370	}10
		12	12	120	94,0	7 478	663	495	
125	50	10	12	129	101	12 161	917	676	}12¹/₂
		14	14	169	132	15 788	1165	867	
150	55	12	14	179	140	23 637	1515	1120	}15
		18	17	249	194	32 738	2051	1530	

III. Mauern aus vollen Ziegelsteinen.

1. Ziegelmauer-Stärken in cm,
nach Vorschrift der Berliner Bau-Polizei.

Bezeichnung der Höhenlage	Wohngebäude: Frontwand mit Öffnungen und Balkenlast	Mittelwand mit Öffnungen und Balkenlast	Giebelwand ohneÖffnungen, ohneBalkenlast	Hohe Wand ohneÖffnungen, mit Balkenlast	Giebelwand mit Öffnungen, ohneBalkenlast	Treppenwand	Fabrikgebäude: Frontwand mit Öffnungen und Balkenlast	Mittelwand mit Öffnungen und Balkenlast	Giebelwand ohneÖffnungen, ohneBalkenlast	Hohe Wand ohneÖffnungen, mit Balkenlast	Treppenwand
Dachgeschoss . .	25	—	25	25	25	25	25	—	25	25	25
IV. Geschoss . .	38	38	25	38	25	25	38	38	25	38	25
III. „ . .	38	38	25	38	25	25	51	38	25	38	25
II. „ . .	51	38	25	38	38	25	51	38	38	51	25
I. „ . .	51	38	38	51	38	25	64	51	38	51	38
Erdgeschoss . .	64	51	38	51	51	38	77	51	51	64	38
Kellergeschoss .	77	51	51	64	51	38	90	64	51	77	51
Fundament . . .	90	64	64	77	64	51	103	77	64	90	64

Fundamentsohle zu berechnen für einen mittleren Druck von 2,5 kg/qcm. — Bei mehr als 2,50 m Treppenhausbreite empfehlen sich bei Wohn- und Fabrikgebäuden auch in den oberen Geschossen **Treppenwand**-Stärken von 38 cm; im Dachgeschoss kann hierbei 25 cm Stärke bleiben. — **Scheidewände**, ¹/₂ Stein stark, dürfen nur in **vier** aufeinander folgenden Geschossen wiederkehren; in den darunter liegenden Geschossen sind sie alsdann um ¹/₂ Stein, d. h. auf 25 cm zu verstärken.

2. Gewicht eines qm Wand-Mauerwerk in kg.
(Für beide Wandseiten zusammen sind 3 cm Putz mit einbegriffen.)

¹/₂ Stein (12 cm) starke Wand 250 kg	2¹/₂ Stein (64 cm) starke Wand 1050 kg
1 „ 25 „ „ „ 450 „	3 „ 77 „ „ „ 1250 „
1¹/₂ „ 38 „ „ „ 650 „	3¹/₂ „ 90 „ „ „ 1450 „
2 „ 51 „ „ „ 850 „	4 „ 103 „ „ „ 1650 „

IV. Flaches Wellblech und Trägerwellblech.

(Siehe hierzu die Abbildungen und Näheres auf S. 12 und 13.)

**Trägheitsmoment T in cm⁴ und
Widerstandsmoment W in cm³ für 1 m Tafelbreite**
nach den Formeln

$$T = d \cdot b^2 \cdot t \qquad \text{und} \qquad W = d \cdot b \cdot w$$

(b und h in cm, d in mm).

$\dfrac{h}{b}$	0	1	2	3	4	5	6	7	8	9
					t					
0,4	0,232	0,245	0,258	0,271	0,285	0,300	0,315	0,330	0,346	0,362
0,5	0,378	0,395	0,413	0,431	0,449	0,468	0,488	0,508	0,528	0,550
0,6	0,571	0,593	0,616	0,639	0,663	0,687	0,712	0,738	0,764	0,791
0,7	0,818	0,846	0,875	0,904	0,934	0,964	0,995	1,027	1,060	1,093
0,8	1,127	1,161	1,197	1,233	1,269	1,307	1,345	1,384	1,424	1,464
0,9	1,506	1,548	1,591	1,634	1,679	1,724	1,770	1,817	1,865	1,914
1,0	1,963	2,014	2,065	2,117	2,170	2,223	2,278	2,333	2,389	2,446
1,1	2,504	2,562	2,621	2,682	2,743	2,805	2,867	2,931	2,996	3,061
1,2	3,127	3,194	3,262	3,331	3,401	3,472	3,544	3,616	3,690	3,764
1,3	3,839	3,916	3,993	4,071	4,150	4,230	4,311	4,393	4,476	4,560
1,4	4,645	4,731	4,818	4,906	4,995	5,085	5,176	5,267	5,360	5,454
1,5	5,549	5,645	5,743	5,841	5,940	6,040	6,141	6,244	6,347	6,452
1,6	6,557	6,664	6,772	6,880	6,990	7,102	7,214	7,327	7,441	7,557
1,7	7,674	7,791	7,910	8,030	8,152	8,274	8,398	8,522	8,648	8,775
1,8	8,903	9,033	9,163	9,295	9,428	9,563	9,698	9,835	9,972	10,112
1,9	10,252	10,393	10,536	10,680	10,826	10,972	11,120	11,269	11,419	11,571
2,0	11,724	11,878	12,033	12,190	12,348	12,508	12,668	12,830	12,994	13,158
					w					
0,4	1,16	1,19	1,23	1,26	1,30	1,33	1,37	1,40	1,44	1,48
0,5	1,51	1,55	1,59	1,63	1,66	1,70	1,74	1,78	1,82	1,86
0,6	1,90	1,95	1,99	2,03	2,07	2,11	2,16	2,20	2,25	2,29
0,7	2,34	2,38	2,43	2,48	2,52	2,57	2,62	2,67	2,72	2,77
0,8	2,82	2,87	2,92	2,97	3,02	3,08	3,13	3,18	3,24	3,29
0,9	3,35	3,40	3,46	3,51	3,57	3,63	3,69	3,75	3,81	3,87
1,0	3,93	3,99	4,05	4,11	4,17	4,24	4,30	4,36	4,42	4,49
1,1	4,55	4,62	4,68	4,75	4,81	4,88	4,94	5,01	5,08	5,14
1,2	5,21	5,28	5,35	5,42	5,49	5,56	5,62	5,69	5,77	5,84
1,3	5,91	5,98	6,05	6,12	6,19	6,27	6,34	6,41	6,49	6,56
1,4	6,64	6,71	6,79	6,86	6,94	7,01	7,09	7,17	7,24	7,32
1,5	7,40	7,48	7,56	7,63	7,71	7,79	7,87	7,95	8,03	8,12
1,6	8,20	8,28	8,36	8,44	8,52	8,61	8,69	8,77	8,86	8,94
1,7	9,03	9,11	9,20	9,28	9,37	9,46	9,54	9,63	9,72	9,80
1,8	9,89	9,98	10,07	10,16	10,25	10,34	10,43	10,52	10,61	10,70
1,9	10,79	10,88	10,98	11,07	11,16	11,25	11,35	11,44	11,53	11,63
2,0	11,72	11,82	11,91	12,01	12,11	12,20	12,30	12,40	12,49	12,59

Noch: IV. Flaches Wellblech und Trägerwellblech.

(Siehe hierzu die Abbildungen und Näheres auf S. 12 und 13.)

Querschnitt F in qcm für 1 m Tafelbreite und Gewicht G in kg/qm Wellblech

nach den Formeln

$$F = d \cdot f \qquad \text{und} \qquad G = d \cdot g$$

(d in mm).

$\dfrac{h}{b}$	0	1	2	3	4	5	6	7	8	9
					f					
0,4	11,03	11,09	11,14	11,19	11,24	11,30	11,36	11,41	11,46	11,53
0,5	11,59	11,65	11,72	11,78	11,84	11,91	11,97	12,04	12,11	12,18
0,6	12,25	12,32	12,39	12,47	12,54	12,61	12,69	12,76	12,84	12,92
0,7	13,00	13,08	13,16	13,24	13,32	13,41	13,49	13,57	13,66	13,75
0,8	13,83	13,92	14,01	14,10	14,19	14,28	14,37	14,46	14,55	14,64
0,9	14,74	14,83	14,93	15,02	15,12	15,22	15,31	15,41	15,51	15,61
1,0	15,71	15,81	15,91	16,01	16,11	16,21	16,31	16,41	16,51	16,61
1,1	16,71	16,81	16,91	17,01	17,11	17,21	17,31	17,41	17,51	17,61
1,2	17,71	17,81	17,91	18,01	18,11	18,21	18,31	18,41	18,51	18,61
1,3	18,71	18,81	18,91	19,01	19,11	19,21	19,31	19,41	19,51	19,61
1,4	19,71	19,81	19,91	20,01	20,11	20,21	20,31	20,41	20,51	20,61
1,5	20,71	20,81	20,91	21,01	21,11	21,21	21,31	21,41	21,51	21,61
1,6	21,71	21,81	21,91	22,01	22,11	22,21	22,31	22,41	22,51	22,61
1,7	22,71	22,81	22,91	23,01	23,11	23,21	23,31	23,41	23,51	23,61
1,8	23,71	23,81	23,91	24,01	24,11	24,21	24,31	24,41	24,51	24,61
1,9	24,71	24,81	24,91	25,01	25,11	25,21	25,31	25,41	25,51	25,61
2,0	25,71	25,81	25,91	26,01	26,11	26,21	26,31	26,41	26,51	26,61
					g					
0,4	8,61	8,65	8,69	8,73	8,77	8,81	8,86	8,90	8,95	8,99
0,5	9,04	9,09	9,14	9,19	9,24	9,29	9,34	9,39	9,45	9,50
0,6	9,55	9,61	9,67	9,72	9,78	9,84	9,90	9,96	10,02	10,08
0,7	10,14	10,20	10,26	10,33	10,39	10,46	10,52	10,59	10,65	10,72
0,8	10,79	10,86	10,93	11,00	11,07	11,14	11,21	11,28	11,35	11,42
0,9	11,50	11,57	11,64	11,72	11,79	11,87	11,94	12,02	12,10	12,17
1,0	12,25	12,33	12,41	12,49	12,56	12,64	12,72	12,80	12,88	12,95
1,1	13,03	13,11	13,19	13,27	13,34	13,42	13,50	13,58	13,66	13,73
1,2	13,81	13,89	13,97	14,05	14,12	14,20	14,28	14,36	14,44	14,51
1,3	14,59	14,67	14,75	14,83	14,90	14,98	15,06	15,14	15,22	15,29
1,4	15,37	15,45	15,53	15,61	15,68	15,76	15,84	15,92	16,00	16,07
1,5	16,15	16,23	16,31	16,39	16,46	16,54	16,62	16,70	16,78	16,85
1,6	16,93	17,01	17,09	17,17	17,24	17,32	17,40	17,48	17,56	17,63
1,7	17,71	17,79	17,87	17,95	18,02	18,10	18,18	18,26	18,34	18,41
1,8	18,49	18,57	18,65	18,73	18,80	18,88	18,96	19,04	19,12	19,19
1,9	19,27	19,35	19,43	19,51	19,58	19,66	19,74	19,82	19,90	19,97
2,0	20,05	20,13	20,21	20,29	20,36	20,44	20,52	20,60	20,68	20,75

V. Säulenprofile.

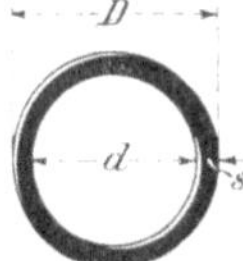

Querschnitt F und Trägheitsmoment T der Säulen mit dem äusseren Durchmesser D und der Wandstärke s.

Durchmesser D	Vollsäulen		Hohlsäulen mit einer Wandstärke s von							
			1,5 cm		2 cm		2,5 cm		3 cm	
	F	T	F	T	F	T	F	T	F	T
cm	qcm	cm⁴	qcm	cm⁴	qcm	cm⁴	qcm	cm⁴	qcm	cm⁴
5,5	23,76	45	18,85	43	21,99	45	23,56	45	—	—
6	28,27	64	21,21	60	25,13	63	27,49	64	—	---
6,5	33,18	88	23,56	80	28,27	86	31,42	87	32,99	88
7	38,48	118	25,92	105	31,42	114	35,34	117	37,70	118
7,5	44,18	155	28,27	135	34,56	148	39,27	153	42,41	155
8	50,27	201	30,63	170	37,70	188	43,20	197	47,12	200
8,5	56,75	256	32,99	211	40,84	236	47,12	249	51,84	254
9	63,62	322	35,34	258	43,98	291	51,05	309	56,55	318
9,5	70,88	400	37,70	312	47,12	355	54,98	380	61,26	392
10	78,54	491	40,06	373	50,27	427	58,90	460	65,97	478
10,5	86,59	597	42,41	441	53,41	509	62,83	552	70,69	577
11	95,03	719	44,77	518	56,55	601	66,76	655	75,40	688
11,5	103,87	859	47,12	602	59,69	703	70,69	771	80,11	814
12	113,10	1 018	49,48	696	62,83	817	74,61	900	84,82	954
12,5	122,72	1 198	51,84	799	65,97	942	78,54	1043	89,54	1111
13	132,73	1 402	54,19	911	69,12	1080	82,47	1201	94,25	1284
13,5	143,14	1 630	56,55	1034	72,26	1231	86,39	1374	98,96	1475
14	153,94	1 886	58,90	1167	75,40	1395	90,32	1564	103,67	1685
14,5	165,13	2 170	61,26	1311	78,54	1573	94,25	1770	108,38	1914
15	176,71	2 485	63,62	1467	81,68	1766	98,17	1994	113,10	2163
15,5	188,69	2 833	65,97	1635	84,82	1975	102,10	2237	117,81	2434
16	201,06	3 217	68,33	1815	87,96	2199	106,03	2498	122,52	2726
16,5	213,82	3 638	70,69	2008	91,11	2440	109,96	2780	127,23	3042
17	226,98	4 100	73,04	2214	94,25	2698	113,88	3082	131,95	3381
17,5	240,53	4 604	75,40	2434	97,39	2973	117,81	3405	136,66	3745
18	254,47	5 153	77,75	2668	100,53	3267	121,74	3751	141,37	4135
18,5	268,80	5 750	80,11	2917	103,67	3580	125,66	4119	146,08	4551
19	283,53	6 397	82,47	3180	106,81	3912	129,59	4511	150,80	4995
19,5	298,65	7 098	84,82	3461	109,96	4264	133,52	4928	155,51	5467
20	314,16	7 854	87,18	3754	113,10	4637	137,44	5369	160,22	5968
20,5	330,06	8 669	89,54	4065	116,24	5031	141,37	5836	164,93	6499
21	346,36	9 547	91,89	4394	119,38	5447	145,30	6330	169,65	7062
21,5	363,05	10 489	94,25	4739	122,52	5885	149,23	6850	174,36	7655
22	380,13	11 499	96,60	5102	125,66	6346	153,15	7399	179,07	8282
22,5	397,61	12 581	98,96	5483	128,81	6831	157,08	7977	183,78	8942

Noch: V. Säulenprofile.

Querschnitt F und Trägheitsmoment T der Säulen mit dem äusseren Durchmesser D und der Wandstärke s.

Durchmesser D	Vollsäulen		Hohlsäulen mit einer Wandstärke s von							
			2 cm		2,5 cm		3 cm		3,5 cm	
	F	T	F	T	F	T	F	T	F	T
cm	qcm	cm⁴	qcm	cm⁴	qcm	cm⁴	qcm	cm⁴	qcm	cm⁴
23	415,48	13 737	131,95	7 340	161,01	8 584	188,50	9 637	214,41	10 520
23,5	433,74	14 971	135,09	7 873	164,93	9 221	193,21	10 367	219,91	11 333
24	452,39	16 286	138,23	8 432	168,86	9 889	197,92	11 133	225,41	12 186
24,5	471,44	17 686	141,37	9 017	172,79	10 589	202,63	11 936	230,91	13 082
25	490,87	19 175	144,51	9 628	176,71	11 321	207,35	12 778	236,41	14 022
25,5	510,71	20 755	147,65	10 267	180,64	12 086	212,06	13 658	241,90	15 005
26	530,93	22 432	150,80	10 933	184,57	12 885	216,77	14 578	247,40	16 035
26,5	551,55	24 208	153,94	11 627	188,50	13 719	221,48	15 538	252,90	17 110
27	572,56	26 087	157,08	12 350	192,42	14 588	226,19	16 540	258,40	18 233
27,5	593,96	28 074	160,22	13 103	196,35	15 493	230,91	17 585	263,89	19 405
28	615,75	30 172	163,36	13 886	200,28	16 435	235,62	18 673	269,39	20 625
28,5	637,94	32 385	166,50	14 699	204,20	17 415	240,33	19 805	274,89	21 896
29	660,52	34 719	169,65	15 544	208,13	18 433	245,04	20 982	280,39	23 220
29,5	683,49	37 176	172,79	16 420	212,06	19 489	249,76	22 205	285,89	24 595
30	706,86	39 761	175,93	17 329	215,98	20 586	254,47	23 475	291,38	26 024
30,5	730,62	42 479	179,07	18 271	219,91	21 723	259,18	24 792	296,88	27 688
31	754,77	45 333	182,21	19 246	223,84	22 901	263,89	26 158	302,38	29 047
31,5	779,31	48 329	185,35	20 256	227,77	24 122	268,61	27 574	307,88	30 634
32	804,25	51 472	188,50	21 300	231,69	25 385	273,32	29 040	313,37	32 297
32,5	829,58	54 765	191,64	22 380	235,62	26 691	278,03	30 557	318,87	34 010
33	855,30	58 214	194,78	23 495	239,55	28 042	282,74	32 127	324,37	35 782
33,5	881,41	61 823	197,92	24 647	243,47	29 437	287,46	33 749	329,87	37 615
34	907,92	65 597	201,06	25 836	247,40	30 879	292,17	35 425	335,37	39 510
34,5	934,82	69 542	204,20	27 063	251,33	32 366	296,88	37 156	340,86	41 468
35	962,11	73 662	207,35	28 328	255,25	33 901	301,59	38 943	346,36	43 490
35,5	989,80	77 962	210,49	29 633	259,18	35 484	306,31	40 786	351,86	45 577
36	1017,88	82 448	213,63	30 976	263,11	37 115	311,02	42 687	357,36	47 729
36,5	1046,35	87 125	216,77	32 360	267,04	38 795	315,73	44 646	362,86	49 949
37	1075,21	91 998	219,91	33 784	270,96	40 526	320,44	46 664	368,35	52 237
37,5	1104,47	97 072	223,05	35 249	274,89	42 307	325,15	48 743	373,85	54 593
38	1134,11	102 354	226,19	36 757	278,82	44 140	329,87	50 882	379,34	57 021
38,5	1164,16	107 848	229,34	38 306	282,74	46 025	334,58	53 083	384,84	59 519
39	1194,59	113 561	232,48	39 899	286,67	47 964	339,29	55 347	390,34	62 089
39,5	1225,42	119 497	235,62	41 535	290,60	49 955	344,00	57 674	395,84	64 822
40	1256,64	125 664	238,76	43 216	294,52	52 002	348,72	60 066	401,34	67 450

VI. Gusseiserne Säulenfussplatten.

b = Plattenbreite; d = Platten- und Rippenstärke; x = Ausladung der Platte, vom Säulensockel ab gerechnet; h = Rippenhöhe am Säulensockel; a = grösster lichter Rippenabstand.

Plattenform	Gesuchte Abmessungen	bei einer Druckübertragung k =						
		11	14	15	20	30	45 kg/qcm	
	Belastung P bis 10 Tonnen (4 Rippen).							
	d =	0,082	0,089	0,091	0,101	0,118	0,135	$\cdot\ b$
	h =	0,40	0,44	0,44	0,50	0,61	0,74	$\cdot\ x$
	Belastung P = 10 bis 30 Tonnen (8 Rippen).							
	d =	0,061	0,067	0,069	0,077	0,090	0,102	$\cdot\ b$
	h =	0,44	0,49	0,50	0,56	0,67	0,80	$\cdot\ x$
	Belastung P = 30 bis 120 Tonnen (12 Rippen).							
	d =	0,044	0,046	0,047	0,053	0,062	0,070	$\cdot\ b$
	h =	0,50	0,56	0,58	0,64	0,75	0,88	$\cdot\ x$
	Belastung P über 120 Tonnen (16 Rippen).							
	d =	0,033	0,035	0,036	0,040	0,047	0,056	$\cdot\ b$
	h =	0,50	0,56	0,58	0,64	0,75	0,88	$\cdot\ x$
	Gusseiserne Türpfosten.							
	d =	0,15	0,17	0,18	0,20	0,25	0,30	$\cdot\ a$
	h =	0,44	0,49	0,50	0,56	0,67	0,77	$\cdot\ x$

Beispiel: Für 60000 kg Säulen-Belastung ist die gewählte Grösse der Fussplatte auf Ziegelmauerwerk von 11 kg/qcm zulässiger Beanspruchung 74 cm . 74 cm = 5476 qcm. Durchmesser des Säulensockels 22 cm, $x = \frac{1}{2} \cdot (74 - 22) = 26$ cm; Platten- und Rippenstärke (bei 12 Rippen) $d = 0{,}044 \cdot 74 = 3{,}3$ cm; Rippenhöhe $h = 0{,}50 \cdot 26 = 13$ cm, von Platten-Oberkante gerechnet.

Auf Sandsteinmauerwerk von 30 kg/qcm zulässiger Beanspruchung ist bei derselben Säule die Grösse der gewählten Platte 45 cm . 45 cm = 2025 qcm. $x = \frac{1}{2} \cdot (45 - 22) = 11{,}5$ cm; $d = 0{,}062 \cdot 45 = 2{,}8$ cm; $h = 0{,}75 \cdot 11{,}5 = 8{,}6$ cm, von Platten-Oberkante gerechnet.

VII. Deutsche Normalprofile für Bauhölzer.

1. Querschnitt F und Widerstandsmoment W.

$$F = b \cdot h \quad \text{und} \quad W = \frac{b \cdot h^2}{6}.$$

Profil b/h cm	F qcm	W cm³	Profil b/h cm	F qcm	W cm³	Profil b/h cm	F qcm	W cm³	Profil b/h cm	F qcm	W cm³
8/8	64	85	12/16	192	512	18/20	360	1200	20/26	520	2253
8/10	80	133	14/16	224	597	20/20	400	1333	24/26	624	2704
10/10	100	167	16/16	256	683	16/22	352	1291	26/26	676	2929
10/12	120	240	14/18	252	756	18/22	396	1452	22/28	616	2875
12/12	144	288	16/18	288	864	20/22	440	1613	26/28	728	3397
10/14	140	327	18/18	324	972	18/24	432	1728	28/28	784	3659
12/14	168	392	14/20	280	933	20/24	480	1920	24/30	720	3600
14/14	196	457	16/20	320	1067	24/24	576	2304	28/30	840	4200

2. Zulässige Balken-Freilängen in den Decken von Wohngebäuden.

Gesamtbelastung 500 kg/qm der Grundfläche. Für Freilängen bis 6 m ist die zulässige Beanspruchung $k = 80$ kg/qcm und für Freilängen über 6 m $k = 60$ kg/qcm gerechnet (nach baupolizeilicher Vorschrift).

Profil b/h cm	Freilängen in m, bei einem Abstand von Mitte zu Mitte =					Profil b/h cm	Freilängen in m, bei einem Abstand von Mitte zu Mitte =				
	1,00 m	0,95 m	0,90 m	0,85 m	0,80 m		1,00 m	0,95 m	0,90 m	0,85 m	0,80 m
14/18	3,11	3,19	3,28	3,37	3,48	18/24	4,70	4,82	4,95	5,10	5,25
16/18	3,33	3,41	3,50	3,61	3,72	20/24	4,96	5,09	5,23	5,38	5,55
14/20	3,46	3,55	3,65	3,75	3,87	20/26	5,37	5,51	5,66	5,82	6,00
16/20	3,70	3,80	3,90	4,01	4,14	24/26	5,88	6,00	6,00	6,00	6,00
18/20	3,92	4,02	4,13	4,25	4,38	22/28	6,00	6,00	6,00	6,00	6,00
16/22	4,06	4,17	4,28	4,40	4,54	26/28	6,00	6,00	6,02	6,19	6,38
18/22	4,31	4,42	4,54	4,68	4,82	24/30	6,00	6,00	6,00	6,01	6,20
20/22	4,54	4,66	4,79	4,92	5,08	28/30	6,35	6,51	6,70	6,89	7,10

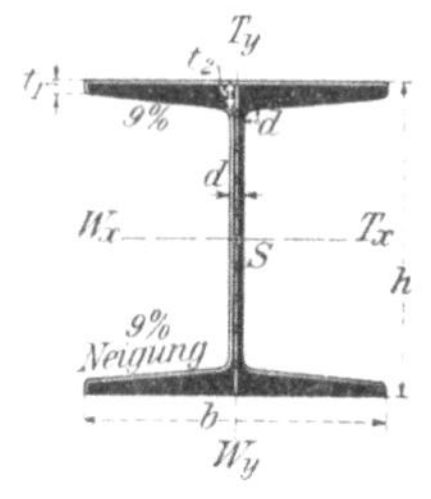

VIII. Breitflanschige Differdinger I-Grey-Profile

der Deutsch-Luxemburgischen Bergwerks- und Hütten-Aktiengesellschaft.

(Näheres s. S. 133, Fussnote.)

Profil-Nr.	Höhe h	Breite b	Stegstärke d	Flansch-stärke		Querschnitt F	Gewicht für 1 lfd. m g	Trägheits-moment		Widerstands-moment		Profil-Nr.
				t_1	t_2			T_y (kleinstes)	T_x (grösstes)	W_y (kleinstes)	W_x (grösstes)	
	mm	mm	mm	mm	mm	qcm	kg	cm⁴	cm⁴	cm³	cm³	
24	240	240	10	10,5	20,85	96,8	76	3 043	10 260	254	855	24
25	250	250	10,5	10,9	21,7	105,1	82,5	3 575	12 066	286	965	25
26	260	260	11	11,7	22,9	115,6	90,7	4 261	14 352	328	1104	26
27	270	270	11,25	11,95	23,6	123,2	96,7	4 920	16 529	365	1224	27
28	280	280	11,5	12,35	24,4	131,8	103,4	5 671	19 052	405	1361	28
29	290	290	12	12,7	25,2	141,1	110,8	6 417	21 866	443	1508	29
30	300	300	12,5	13,25	26,25	152,1	119,4	7 494	25 201	500	1680	30
32	320	300	13	14,1	27	160,7	126,2	7 867	30 119	524	1882	32
34	340	300	13,4	14,6	27,5	167,4	131,4	8 097	35 241	540	2073	34
36	360	300	14,2	16,15	29	181,5	142,5	8 793	42 479	586	2360	36
38	380	300	14,8	17	29,8	191,2	150,1	9 175	49 496	612	2605	38
40	400	300	15,5	18,2	31	203,6	159,8	9 721	57 834	648	2892	40
42¹/₂	425	300	16	19	31,75	213,9	167,9	10 078	68 249	672	3212	42¹/₂
45	450	300	17	20,3	33	229,3	180	10 668	80 887	711	3595	45
47¹/₂	475	300	17,6	21,35	34	242	190	11 142	94 811	743	3992	47¹/₂
50	500	300	19,4	22,6	35,2	261,7	205,5	11 718	111 283	781	4451	50
55	550	300	20,6	24,5	37	288	226,1	12 582	145 957	839	5308	55
65	650	300	21,1	25	37,5	314,5	246,9	12 814	217 402	854	6690	65
75	750	300	21,1	25	37,5	335,7	263,5	12 823	302 560	855	8068	75

Die angegebenen Gewichte g gelten für Flusseisen (spezifisches Gewicht = 7,85). Neigung der inneren Flanschflächen = 9 Prozent (rd. 1 : 11).

IX. Gewichte von Metallplatten in kg/qm.

Stärke mm	Gusseisen	Schweisseisen	Flusseisen	Flussstahl und gewalzter Stahl	Kupfer	Messing	Bronze	Blei	Zink
1	7,25	7,8	7,85	7,86	8,9	8,55	8,6	11,37	7,2
2	14,50	15,6	15,70	15,72	17,8	17,10	17,2	22,74	14,4
3	21,75	23,4	23,55	23,58	26,7	25,65	25,8	34,11	21,6
4	29,00	31,2	31,40	31,44	35,6	34,20	34,4	45,48	28,8
5	36,25	39,0	39,25	39,30	44,5	42,75	43,0	56,85	36,0
6	43,50	46,8	47,10	47,16	53,4	51,30	51,6	68,22	43,2
7	50,75	54,6	54,95	55,02	62,3	59,85	60,2	79,59	50,4
8	58,00	62,4	62,80	62,88	71,2	68,40	68,8	90,96	57,6
9	65,25	70,2	70,65	70,74	80,1	76,95	77,4	102,33	64,8
10	72,50	78,0	78,50	78,60	89,0	85,50	86,0	113,70	72,0
11	79,75	85,8	86,35	86,46	97,9	94,05	94,6	125,07	79,2
12	87,00	93,6	94,20	94,32	106,8	102,60	103,2	136,44	86,4
13	94,25	101,4	102,05	102,18	115,7	111,15	111,8	147,81	93,6
14	101,50	109,2	109,90	110,04	124,6	119,70	120,4	159,18	100,8
15	108,75	117,0	117,75	117,90	133,5	128,25	129,0	170,55	108,0
16	116,00	124,8	125,60	125,76	142,4	136,80	137,6	181,92	115,2
17	123,25	132,6	133,45	133,62	151,3	145,35	146,2	193,29	122,4
18	130,50	140,4	141,30	141,48	160,2	153,90	154,8	204,66	129,6
19	137,75	148,2	149,15	149,34	169,1	162,45	163,4	216,03	136,8
20	145,00	156,0	157,00	157,20	178,0	171,00	172,0	227,40	144,0
21	152,25	163,8	164,85	165,06	186,9	179,55	180,6	238,77	151,2
22	159,50	171,6	172,70	172,92	195,8	188,10	189,2	250,14	158,4
23	166,75	179,4	180,55	180,78	204,7	196,65	197,8	261,51	165,6
24	174,00	187,2	188,40	188,64	213,6	205,20	206,4	272,88	172,8
25	181,25	195,0	196,25	196,50	222,5	213,75	215,0	284,25	180,0
26	188,50	202,8	204,10	204,36	231,4	222,30	223,6	295,62	187,2
27	195,75	210,6	211,95	212,22	240,3	230,85	232,2	306,99	194,4
28	203,00	218,4	219,80	220,08	249,2	239,40	240,8	318,36	201,6
29	210,25	226,2	227,65	227,94	258,1	247,95	249,4	329,73	208,8
30	217,50	234,0	235,50	235,80	267,0	256,50	258,0	341,10	216,0

Spezifische Gewichte vorstehender Metalle, bezogen auf:

	Gusseisen	Schweisseisen	Flusseisen	Flussstahl	Kupfer	Messing	Bronze	Blei	Zink
Guss- eisen	1	1,076	1,083	1,084	1,228	1,179	1,186	1,568	0,993
Schweiss- eisen	0,929	1	1,006	1,008	1,141	1,096	1,103	1,458	0,923
Fluss- eisen	0,924	0,994	1	1,001	1,134	1,089	1,096	1,448	0,917

X. Gewichtsangaben.

1. Eigengewichte von Materialien.

Die Angaben sind als Mittelwerte anzusehen.

Gegenstand	kg/cbm
Aktengerüste, Bücherschränke	500
Asphalt	1500
Basalt	3200
Beton (1800 bis 2300)	2000
Blei	11370
Braunkohlen	650
Bronze	8600
Buchenholz	750
Eichenholz	800
Eis	910
Eisen . . . 7250 bis	7860
Erde, Sand, Lehm	1600
Flusseisen	7850
Gips, gegossen	970
Glas	2600
Granit	2700
Gusseisen	7250
Hafer	430
Heu, Stroh	100
Kalk, gelöschter	1100
Kalkmörtel	1700
Kalkstein	2600
Kiefernholz	650
Kies	1800
Klinkermauerwerk in Zementmörtel	1800
Koks	450
Kupfer	8900
Marmor	2700
Messing	8550
Roggen	680
Sandstein	2400
Schiefer	2700
Schlacken, Koksasche	600
Schweisseisen	7800
Stahl	7860
Steinkohlen	900
Tannenholz	600
Torf	600
Wasser	1000
Weizen	760
Ziegelmauerwerk, voll	1600
— porige Steine	1300
— Lochsteine	1300
— porige Lochsteine	1100
— rh. Schwemmsteine	850
Ziegelsteine, gewöhnl.	1450
— Klinker	1750
Zink, gegossen	6860
— gewalzt	7200
Zinn, gegossen	7200

2. Belastungen in kg/qm.

Gegenstand	kg/qm
Schneelast (0,6 m hoch)	75
Winddruck auf Fläche, senkrecht zur Windrichtung, 125 bis	250
Schnee- u. Winddruck zus., bei mittl. Dachneigungen 100 bis	125
Menschengedränge	400

3. Deckenbelastungen.

Gegenstand	kg/qm
Holzbalkendecke unter Wohnräumen (Nutzlast 250 kg/qm)	500
dsgl. unter Fabrikräumen, Werkstätten und Lagerräumen	750
dsgl. in Getreidespeichern 850 bis	1000
Gewölbte Decken, $\frac{1}{2}$ Stein stark, auf eisernen Trägern unter Wohnräumen, aus porigen Steinen	600
dsgl. aus Vollsteinen	750
dsgl. in Fabrikgebäuden, aus Vollst.	1000
dsgl. unter Durchfahrten und in Höfen mit Fuhrwerks-Verkehr, Kappen 1 Stein stark (dabei etwa 650 kg/qm Nutzlast)	1250
Wellblechdecken, Gesamtlast (zum Nachweis) 500 bis	1000
Gewölbte Treppen	1000
Hölzerne Treppen	600
Eiserne Treppen	650
(Für die Treppen sind dabei 500 kg/qm Nutzlast.)	
Dachlast f. 1 qm wagerechter Projektion, einschl. Schnee- und Winddruck, gemäss der Neigung:	
bei Metall- und Glasdeckung 125 bis	150
bei Schieferdeckung 200 bis	240
bei Ziegeldeckung 250 bis	300
b. Holzzementdeckung	350
steil. Mansardendächer	400
Rangkonstruktionen in Theatern	600
Fussboden der Eisenbahn-Güterschuppen	1500

XI. Zulässige Beanspruchungen für Baustoffe,

in kg/qcm, nach Vorschrift der Berliner Bau-Polizei.

Baustoff	Zug	Druck	Schub	Baustoff	Druck	Baustoff	Druck
Gusseisen	250	500	200	Sandstein 15 bis	30	Bestes Klinkermauerwerk in reinem Zementmörtel 12 bis	14
Schweisseisen	750	750	600	— im Mittel	20		
Flusseisen, Träger	875	875	700	Kalksteinmauerwerk in Kalkmörtel	5	Mauerwerk aus porigen Steinen 3 bis	6
— Konstruktionen	1000	1000	800	Ziegelmauerwerk, gewöhnliches, in Kalkmörtel	7	Guter Baugrund	2,5
Gewölbtes Wellblech	500	500	—	Ziegelmauerwerk, gutes, in Zementmörtel	11	Rammpfähle, je nach Art des Baugrundes, 20 bis	40
Eisendraht	1200	—	—				
Holz, Kiefern-	100	60	10				
— Eichen- u. Buchen-	100	80	20				
Granit	—	45	—				
Rüdersdorf. Kalkstein	—	25	—				

Additional material from *Anleitung zur statischen Berechnung von Eisenkonstruktionen im Hochbau,* ISBN 978-3-662-39403-8, is available at http://extras.springer.com